普通高等院校地理信息科学系列教材

地理信息系统概论

崔铁军 等 编著

天津市品牌专业经费资助

科学出版社

北 京

内 容 简 介

　　地理信息系统是指由计算机系统所支撑的，对地理信息进行采集、处理、存储、检索、分析和显示的综合性技术系统，是地理信息科学的核心内容之一。本书首先全面介绍了地理信息系统的概念、应用、发展及其与相关学科的关系。然后，分别研讨了地理信息系统开发的计算机技术基础、高性能计算环境、地理信息系统架构、地理信息系统功能、组件式地理信息系统、基础地理信息系统、网络地理信息系统、移动地理信息系统。最后，详细介绍了地理信息系统软件产品和地理信息系统软件开发。

　　本书条理清晰、叙述严谨、实例丰富，既适合作为地理信息科学专业或相关专业本科生、研究生教材，也可供从事信息化建设、信息系统开发等科技工作者参考。

图书在版编目（CIP）数据

地理信息系统概论/崔铁军等编著. —北京：科学出版社，2018.6
普通高等院校地理信息科学系列教材

ISBN 978-7-03-057794-8

Ⅰ.①地… Ⅱ.①崔… Ⅲ.①地理信息系统-高等学校-教材 Ⅳ.①P208.2

中国版本图书馆 CIP 数据核字（2018）第 123619 号

责任编辑：杨　红　程雷星 / 责任校对：樊雅琼
责任印制：吴兆东 / 封面设计：陈　敬

科学出版社 出版
北京东黄城根北街 16 号
邮政编码：100717
http://www.sciencep.com

北京中石油彩色印刷有限责任公司 印刷
科学出版社发行　各地新华书店经销

*

2018 年 6 月第 一 版　　开本：787×1092　1/16
2019 年 1 月第二次印刷　　印张：21 1/2
字数：540 000

定价：69.00 元
（如有印装质量问题，我社负责调换）

前　　言

1997年教育部在高等教育专业目录中增设了地理信息系统本科专业；2012年教育部将地理信息系统专业更名为地理信息科学专业。地理信息系统从研讨课、一门课程，发展到一个专业、一个学科。

随着地理信息系统应用的深入，人们开始越来越关注时空分布的地球表层（地理现象、社会发展及其外层空间整个环境）及其动态变化的过程在计算机中表达（如地理空间理解、地图结构表达和空间语言理解）的合理性、地理建模分析（如地理对象建模、空间尺度分析和空间决策过程）的科学性及地理信息系统技术（如人机交互界面、地理数据共享和地理信息系统互操作）的智能性等理论问题。地理信息系统运用各种测绘技术和工具获取有关客观世界的地理空间数据构建了现实世界的抽象化数字模型，以数据库技术存储和管理地理空间数据，以可视化为地理信息表达的主要手段，以定量分析描述地理现象的空间分布和相互关系，运用不同地理应用模型模拟和预测地理过程，以计算机编程为平台逐步完善了地理信息的获取、处理、存储、管理、提取、可视化和分析等技术体系。同时，面对艰巨而复杂的地理信息系统工程建设任务，应用工程化的方法，逐步完善形成了需求分析、系统设计、实施管理、质量评估和标准体系等地理信息工程技术体系。地理信息系统以应用为目的，以技术为引导，在为社会各行各业服务中逐步从地理学、测绘学和信息学中自然形成一门边缘学科——地理信息科学。学科内容涵盖了基础理论、技术体系、软件系统、工程质量标准和应用服务五个领域。

传统地理信息系统已经涵盖不了地理信息科学的知识体系，而是成为地理信息科学的重要组成部分。面对地理信息产业中地理空间数据产品生产、地理信息系统和地理信息服务应用开发三个方面的专业人才需求，作者对本校的地理信息科学专业课程体系进行了改革，重新梳理了地理信息科学专业的课程体系。地理信息系统成为地理信息科学专业的一门专业课，从信息系统和计算机视角重构了地理信息系统教学内容，侧重于计算机技术在地理信息系统构建中的作用。近几年出版的针对地理信息系统课程的教材，对地理信息科学专业的教学来讲，内容深度不够，不适合学生使用，这是作者编写本教材的主要初衷。

参加本书编写的还有天津师范大学地理信息科学专业的宋宜全、刘朋飞、王辉、连懿、张伟和陈磊等老师，其中，张伟负责第2章计算机技术基础和第3章高性能计算环境；刘朋飞负责第4章地理信息系统架构、第5章地理信息系统功能和第10章地理信息系统软件产品；王辉负责第6章组件式地理信息系统；宋宜全负责第7章基础地理信息系统；连懿负责第8章网络地理信息系统和第11章地理信息系统软件开发；陈磊负责第9章移动地理信息系统；第1章由崔铁军负责。全书由崔铁军最终定稿。本书撰写过程中，在读研究生协助完成了插图绘图和初稿校对等工作。对此，作者向他们表示衷心的感谢。

还需要说明的是，本书在编著过程中吸收了大量国内外有关论著的理论和技术成果，书中仅列出了部分参考文献，未公开出版的文献没有列在书后参考文献中，部分资料可能来自于某些网站，但未能够注明其出处，在此向被引用资料的作者表示感谢。

值此成书之际，感谢天津师范大学地理与环境科学学院领导和老师的支持；感谢历届博士生、硕士生在地理信息科学研究方面所做出的不懈努力。本书的撰写得到科学出版社杨红编辑的热情指导和帮助，在此表示衷心的感谢。

作　者

2018 年 2 月 1 日于天津

目　　录

第1章 绪 论

地理信息系统（geographical information system，GIS）是采集、存储、描述、分析和应用与地理分布有关的数据的计算机系统。它以测绘学为基础，以数据库储存和管理地理数据，以可视化表达地理信息为主要手段，以计算机编程为平台综合处理和分析地理空间数据，分析地理要素空间分布和相互关系，运用不同地理应用模型模拟、预测和调控地理过程，解决实际地理问题，满足不同应用需求的技术系统，是地理、测绘、计算机和遥感等多种学科与技术交叉的产物。

1.1 地理信息系统概念

1.1.1 地理信息

1. 地理

地理是指一定社会所处的地理位置及与此相联系的各种自然现象和人文现象的总和。地理学是研究地球表面的地理环境中各种自然现象和人文现象，以及它们之间相互关系的学科。它是一种介于社会科学和自然科学之间的边缘学科。自然条件包括气候、土地、河流、湖泊、山脉、矿藏及动植物资源等，人文泛指各种社会、政治、经济和文化现象。自然条件是人类赖以生存和发展的生活空间和物质基础，是人类社会存在和发展的必要条件，直接影响着人类的衣食住行。人文地理是以人地关系理论为基础，探讨各种人文现象的地理分布、扩散和变化，以及人类社会活动的地域结构的形成和发展规律的一门学科。自然地理是研究各自然地理成分的特征、结构、成因、动态和发展规律；研究各自然地理成分之间的相互关系，彼此之间的物质和能量的循环与转化的动态过程；研究自然地理环境的地域分异规律；研究各个区域的部门自然地理和综合自然地理特征，并进行自然条件和自然资源的评价，为区域开发提供科学依据；研究受人类干扰、控制的人为环境的变化特点、发展趋势、存在的问题，寻求合理利用的途径和整治措施。自然地理和人文地理是地理学的两个主要分支学科。人类社会和自然环境的关系，是现代地理学研究的重要课题，也是当今社会发展必须直面和探讨的问题，还是人类认识世界的永恒命题。

2. 信息

"信息就是信息，既非物质，也非能量。"狭义信息论将信息定义为"两次不定性之差"，即指人们获得信息前后对事物认识的差别；广义信息论认为，信息是指主体（人、生物或机器）与外部客体（环境、其他人、生物或机器）之间相互联系的一种形式，是主体与客体之间的一切有用的消息或知识。信息，指音信、消息、通信系统传输和处理的对象，泛指人类社会传播的一切内容。人通过获得、识别自然界和社会的不同信息来区别不同事物，得以认识和改造世界。信息是物质运动规律总和，是客观事物状态和运动特征的一种普遍形式，客观世界中大量地存在、产生和传递着以这些方式表示出来的各种各样的信息。

世界是由物质组成的，物质是运动变化的，客观变化的事物不断地呈现出各种不同的信息，人们是通过五种感觉器官时刻感受来自外界信息的。人们感受到各种各样的信息，对获得的信息进行加工处理，并加以利用。认知是指人认识外界事物的过程，或者说是对作用于人的感觉器官的外界事物进行信息加工的过程。所以，信息是人类认知的结果。人们将承载信息内容的文字、图形、图像、声音、影视和动画等称为信息的载体，也称为信息的媒体。同一个信息可以借助不同的信息媒体表现出来。

在自然界和人类社会中，事物都是在不断发展和变化的。事物所表达出来的信息也是无时无刻变化的，无所不在。因此，信息也是普遍存在的。因为事物的发展和变化是不以人的主观意识为转移的，所以信息也是客观存在的。信息不是具体的事物，也不是某种物质，而是客观事物的一种属性。信息必须依附于某个客观事物（媒体）而存在。

信息技术就是能够扩展人的信息器官功能，能够完成信息的获取、传递、加工、再生和施用等功能的一类技术，包括感测、通信、计算机和智能、控制等技术。通信技术、计算机与智能技术处在整个信息技术的核心位置；感测技术和控制技术则是核心与外部世界之间的接口。

数据是信息的表现形式和载体。在计算机科学中，数据是指所有能输入计算机并被计算机程序处理的符号介质的总称，是用于输入电子计算机进行处理，具有一定意义的数字、字母、符号和模拟量等的通称。信息与数据既有区别，又有联系。信息与数据是不可分离的，信息来源于数据，数据是信息的载体。数据是客观对象的表示，而信息则是数据中包含的意义，是数据的内容和解释。对数据进行处理（运算、排序、编码、分类、增强等）就是为了得到数据中包含的信息。数据包含原始事实，信息是数据处理的结果，是把数据处理成有意义的和有用的形式。

3. 地理信息概念

客观世界是一个庞大的信息源，地理信息（geographic information）是指与空间地理分布有关的信息，它表示地表物体和环境固有的数量、质量、分布特征、联系和规律的数字、文字、图形、图像等的总称。地理信息包含自然要素、人文要素和环境要素三个部分。自然要素由一切非人类创造的直接和间接影响人类生活和生产环境的自然界中各个独立的、性质不同而又有总体演化规律的基本物质组成，包括水、大气、生物、阳光、土壤、岩石等。人文要素主要表示各种人文现象的地理分布、扩散和变化，以及人类社会活动的地域结构的形成和发展规律。环境要素是在自然与人文要素的基础上，表达人类与自然的相互关系。

地理信息除具备信息的一般特性外，还具备以下独特特性：空间性、尺度性、多态性、可视性、时序性、多样性和精度性。

（1）空间性，是地理信息的最主要特征，主要表现为地理实体的形状、大小、方位、距离等空间位置、空间分布、空间组合和空间联系。空间性不但导致空间物体的位置和形态的分析处理，还会包含空间相互关系的分析处理。空间性是地理信息有别于其他信息的显著特征，因此地理信息研究过程中必须反映和遵从其地理空间特性，即按照特定的地理位置来实现空间位置的识别，并按照指定的区域进行信息的并或分。这是地表自然界最显著的特点之一。另外，也说明了地理信息在空间分布上的不均匀性。因此，对地理问题认识水平在很大程度上取决于对其地域分异了解的深度。

（2）尺度性，尺度是地理信息的重要特征，凡是与地球参考位置有关的信息都具有空间尺度。在空间认知中，认知能力是有限的，人们对现实世界的感知是有限的，即人们的心理模型是一定的。因为"超过一定的详细程度，一个人能看到的越多，他对所看到的东西能描述的就越少"（人类接收信息能力有限）。所以，人们总是以一种有序的方式对思维对象进行各种层次的抽象，以便使自己既看清了细节，又不被枝节问题扰乱了主干，往往经过采样、选取、概括等方法，利用不同地图比例尺和与其相应地图载负量表达地理信息内容。但在地理信息科学中尺度概念超出了"比例尺"的概念，更多的含义是"抽象程度"，从认知科学的观点看，它体现了人们对空间事物、空间现象认知的深度与广度。人们认知世界、研究地理环境时，往往从不同空间尺度（比例尺）上对地理现象进行观察、抽象、概括、描述、分析和表达，传递不同尺度的地理信息。空间尺度变化不仅引起地理实体的大小变化，也引起地理实体的形态变化。

（3）多态性，主要表现为：一是同尺度下不同地理实体按轮廓形态特征可分为点状分布特征、线状形态特征、面状轮廓特征、立体三维外表形态特征；二是同一地理实体在不同尺度下表现为点、线、面、体四种形态。地理对象不同形态有不同的属性特征、形态特征、逻辑关系、行为控制机制等的描述方法，不同形态地理对象有不同的生成、消亡、分解、组合、转换、关联、运动、表达等的计算与操作方法。

（4）可视性，地理信息的本质是传播，基于人类的视觉感知传播地理信息往往把地理信息抽象为图形形式表达。地图是地理信息的第一载体，也是地理信息的传播媒介。因此，地理信息可视化表达是地理信息的重要特征。

（5）时序性，主要是指地理信息的动态变化特征，即时序特征。可以按照时间尺度将地球信息划分为超短期的（如台风、地震）、短期的（如江河洪水、秋季低温）、中期的（如土地利用、作物估产）、长期的（如城市化、水土流失）、超长期的（如地壳变动、气候变化）等多种特征，因此地理信息常根据时间尺度划分成不同时间段信息。这就要求及时采集和更新地理信息，并根据多时相、区域性特点得到指定区域的数据和信息来寻找时间分布规律，进而对未来做出预测和预报。

（6）多样性，地球是一个非常复杂的系统，多样性指地理信息表达形式是多样的。多样性特征表现为同一个地理实体在几何形态上是一致的，在不同的应用中存在不同的属性。事物的属性特征有多个方面，地理信息只能从某一个（些）侧面或角度描述地理事物的属性特征。根据不同专业的需求，着重突出而尽可能完善、详尽地表示自然和社会经济现象中的某一种或几种要素，集中表现某种主题内容。多样性不仅仅表达内容取舍，同时还存在描述方式的选择，如用文字和数字描述事物或用图像来描述地理现象。

（7）精度性，空间物体或现象的变化和模糊是自然界的两个固有属性。它们直接影响着人类对空间物体或现象的准确表达。另外，人们认知能力的局限性，地理信息的尺度直接影响地理信息的精确性。地理信息只能是客观实体的一种近似和抽象，在测量学中表达为误差和不确定度两个概念。

4. 地理信息表达

地理世界是复杂的、多维的和非线性的。人们对地理现象的认识是一个从感性认识到理性认识的一个抽象过程。对于同一客观世界，不同社会部门或学科领域的人群，往往在所关心的问题、研究的对象等方面存在着差异，这就会产生不同的环境映象。人类对地理环境的认知主要通过两种途径：一种是实地考察，通过直接认知获得地理知识，但世界之大，人生有限，一个人在有限的生命里不可能阅历地球的方方面面。因此，人类对地球的认识主要通过第二种方式即阅读资料，获得地理知识。

1）地理语言

人类借助于外感官了解外面的地理现象，在认识过程中，把所感知的事物的共同本质特点抽象出来，加以概括，就成为概念。在概念层次的世界充满了复杂的形状、样式、细节。人类在表达概念的过程中形成语言，包括自然语言、文字和图形。长期以来人们用语言、文字、地图等手段描述自然现象及人文社会文化的发生和演变的空间位置、形状、大小范围及其分布特征等方面的地理信息（图 1.1）。

图 1.1　地理实体的描述

　　地理信息传递需要载体在人们之间交流和传递地理信息（即地理语言）。文字表达、语言交流或者地图，都是地理语言的一部分，通过真实的地理环境和人们所描述的地理环境结合，人类相互传递着所要表达的信息，从而更好地理解人类所生存的环境。

　　2）地图表达

　　地图就是人类表达地理信息的图形语言，按照比例建立的客观存在的地理空间模型，也是空间信息的图形表达形式，是一种视觉语言，利用人类的视觉特征获取知识。严密的数学基础（投影理论）、科学地抽象概括地理和人文现象（地图综合理论）及系统化的表达方法（地图符号理论）是地图学的基础理论。结合地图概括原则，按照比例建立空间模型，运用符号系统和最佳感受效果表达人类对地理环境的科学认识，使地图成为"空间信息的载体"和"空间信息的传递通道"。为了使计算机能够识别、存储和处理地理实体，人们不得不用离散化的数字，表达以连续方式存在于地理空间的物体。空间物体离散化的基本任务就是将以图形模拟的物体转化成计算机能够接受的数字形式。

　　现代地图不仅是描述和表达地理现象分布规律的信息载体，还是区域综合分析研究的成果，能综合分析自然与社会现象的空间分布、组合、联系、数量和质量特征及其在时间中的发展变化。人类具有独特的思维能力，即抽象和概括。地图是人类对地理世界抽象和概括表达的结晶。概括是对地理物体的化简和综合，以及对物体的取舍。地图概括性主要表现为：①空间概括性。根据空间数据比例尺或图像分辨率对地图内容按照一定的规律和法则，通过删除、夸大、合并、分割和位移等综合手法实现对图形的化简，用以反映地理空间对象的基本特征和典型特点及其内在联系的过程。②时间概括性，包括统计的周期和时间间隔的大小。③质量概括性，是通过扩大数量指标的间隔（或减少分类分级）和减少地理对象中的质量差异来体现的。④数量概括性，包括计量的单位、分级情况和使用量等信息。

　　基于地图思维的地理信息图形表达就是四维时空域的地理信息映射至二维平面的过程，它具有严格的数学基础、符号系统和文字注记，并能依据地图概括原则，运用符号系统和最佳感受效果表达人类对地理环境的认知。地图在抽象概括表达过程中基于两种观点描述现实世界：一是场的观点，地理现象借助物理学中场的概念进行表示，场表示一类具有共同属性值的地理实体或者地理目标的集合。根据应用的不同，场可以表现为二维或三维，如果包含时间即为四维空间。基于场模型的地理现象任意给定的空间位置都对应唯一的属性值。根据这种属性分布的表示方法，场模型可分为图斑模型、等值线模型和选样模型。二是对象观点，采用面向实体的构模方法将地理现象抽象为点、线、面、体的基本单元，每个基本单元表示为一个实体对象，实体对象指自然界现象和社会经济事件中不能再被分割的单元。对象之间具有明确的边界，每个对象可用唯一的几何位置形态和一系列的属性进行表示。几何位置形态在地理空间中可以用经纬度或坐标来表达。属性则表示对象的质量和数量特征，说明其是什么，如对象的类别、等级、名称和数量等。

为了解决无限地理客观世界与人类接收信息能力有限的矛盾，满足人们地理认知不同层次的需求，往往需要描述从微观到宏观各个尺度范畴的地理信息，利用不同粒度的地理实体对现实世界进行抽象和描述。不同的空间尺度具有不同形态的地理实体，从微观到宏观的现实世界通常以多个比例尺系列构建地理对象的信息描述。每种比例尺所表达的地理实体是有限的，需要采用系列比例尺表达地理现象的分级层次结构。地图比例尺影响着空间信息表达的内容和相应的分析结果，不同比例尺的变化不仅引起比例大小的缩放，而且带来了空间结构的重组；不仅可以分解为更小的地理实体，也可以组成更大的地理实体。不同尺度所表达的地理信息存在很大的差异：①同一地物在不同尺度对地物的抽象和概括的程度不同，表现为不同的几何外形；②同一属性的地物在不同的尺度下出现聚类、合并或消失现象；③同一地物在不同尺度的表达中会表现出不同的属性。地图比例尺决定着地图所表示内容的详细程度和量测精度。

对于同一客观世界，不同社会部门和学科领域的研究人员通常在其所关心的问题和研究对象等方面存在差异，从而产生不同的环境映像。地理信息的获取、处理和存储是以应用为主导的，根据不同专业的需求，着重突出并尽可能完善、详尽地表示自然和社会经济现象中的某一种或几种要素，集中表现某种主题内容，称为专题地图。

地球上自然和人文现象是随时间发展变化的。地图只能表达地理现象某一时刻的状态，地理现象变化信息需要通过不同版本的地图出版来反映，时间因素也是评价地图质量的重要因素。地理实体变化也是一个很重要的特征，时间因素赋予地图要素动态性质。时间特征用资料说明和作业时间（地图出版版本）来反映，时间因素也是评价空间数据质量的重要因素。

3）数字化表达

随着将计算机引入地图学，人们把地理实体数字化，将其表示成计算机能够接受的数字形式。人们用数据表达地理信息时，往往先用地图思维将地理现象抽象和概括为地图，再进行数字化转变，成为地理空间数据。地理空间数据是描述地球表面一定范围（地理圈和地理空间）内地理事物的（地理实体）位置、形态、数量、质量、分布特征、相互关系和变化规律的数据。地理空间数据代表现实世界地理实体或现象在信息世界的映射，是地理空间抽象的数字描述和离散表达。

（1）地理信息的多模式表达。地理现象以连续的模拟方式存在于地理空间，为了能让计算机以数字方式对其进行描述，必须将其离散化，受地图思维的影响，用离散数据描述连续的地理客观世界也有两种模式：一是表达场分布的连续的地理现象；二是表达离散的地理对象。

离散对象的矢量数据表达也有两种方式：一是基于图形可视化的地图矢量数据。地图矢量数据是一种通过图形和样式表示地理实体特征的数据类型，其中图形指地理实体的几何信息及其相关样式（地图符号）。二是基于空间分析的地理矢量数据。地理矢量数据主要通过矢量空间数据描述地理实体的形态和属性表数据描述地理实体的定性、数量、质量、时间及地理实体的空间关系。空间关系包括拓扑关系、顺序关系和度量关系。地图矢量数据和地理矢量数据是地理信息两种不同的表示方法，地图矢量数据强调数据可视化，采用"图形表现属性"方式，忽略了实体的空间关系；而地理矢量数据主要通过属性数据描述地理实体的数量和质量特征。地图矢量数据和地理矢量数据的共同特征是具有地理空间坐标，统称为地理空间数据。与其他数据相比，地理空间数据具有特殊的地球空间基准、非结构化数据结构和动态变化的时序特征。

连续分布地理现象的栅格数据表达有三种方式：一是利用光学摄影机获取的可见光图像数据（正射影像图），其包含了地物大量几何信息和物理信息；二是运用传感器/遥感器对物体的电磁波的辐射、反射特性的探测的数据（遥感影像图）；三是反映地形起伏变化的高程数据。

数字高程模型（digital elevation model，DEM）是用一组有序数值阵列形式表示地面高程的一种实体地面模型，是数字地形模型（digital terrain model，DTM）的一个分支，其他各种地形特征值均可由此派生。一般认为，DTM 是描述包括高程在内的各种地貌因子，如坡度、坡向、坡度变化率等因子在内的线性和非线性组合的空间分布，其中，DEM 是零阶单纯的单项数字地貌模型，其他如坡度、坡向及坡度变化率等地貌特性可在 DEM 的基础上派生。

数字表面模型（digital surface model，DSM）是指物体表面形态以数字表达的集合。DSM 采样点往往是不规则离散分布的地表的特征点（点云）。数字表面模型获取有两种：一种是倾斜摄影测量；另一种是激光雷达扫描。点云构建曲面一般用不规则三角形数据结构（triangulated irregular network，TIN），根据区域的有限个点云将区域划分为相等的三角面网络。

三维地物同二维一样，也存在栅格和矢量两种形式。地物三维表达是地物几何、纹理和属性信息的综合集成。三维模型内容可分为三个部分：侧重实体表面的三维模型、侧重于建筑属性的建筑信息模型（building information modeling，BIM）和侧重三维实体内部模型。侧重实体表面的三维模型是矢量数据和栅格数据的组合。地物三维的几何形态用矢量描述，地物三维的表面纹理用栅格数据表达。三维地物模型是描述建筑模型的"空壳"，只有几何模型与外表纹理，没有建筑室内信息，无法进行室内空间信息的查询和分析。BIM 是以建筑物的三维数字化为载体，以建筑物全生命周期（设计、施工建造、运营、拆除）为主线，将建筑生产各个环节所需要的信息关联起来，所形成的建筑信息集。三维实体内部构模方法归纳为栅格和矢量两种形式。矢量结构采用四面体格网（tetrahedral network，TEN），将地理实体用无缝但不重叠的不规则四面体形成的格网来表示，四面体的集合就是对原三维物体的逼近。栅格结构将地理实体的三维空间分成细小的单元，称为体元或体元素。为了提高效率，用八叉树来建立三维形体索引。三维实体模型常常以栅格结构的八叉树作为对象描述其空间的分布，变化剧烈的局部区域常常以矢量结构的不规则四面体精确地描述其细碎部分。

（2）地理信息的多尺度表达。尺度变化不仅引起地理实体的大小变化，通过不同比例尺之间的制图综合，还会引起地理实体的形态变化和空间位置关系（制图综合中位移）的变化。在不同尺度背景下，地理空间要素往往表现出不同的空间形态、结构和细节。实现对地理要素的多尺度表达，概括起来有三种基本方法：其一是单一比例尺，地理信息仅用一种比例尺的地理空间数据表达，其他比例尺的地理空间数据从中综合导出，缺点是当比例尺跨度较大时，实现综合导出难度大。其二是系列比例尺地理空间数据全部存储，问题是多种比例尺地理空间数据更新维护困难。其三就是前两种方法的折中，维护少量基础比例尺地理空间数据，由此构建系列比例尺地理数据。

（3）地理信息的多形态表达。地物形态决定了空间物体具有方向、距离、层次和地理位置等特征，是地球表面物体在地理空间场中的维度延伸。早期人们利用二维地图表达地理物体，无法真实体现三维地理空间。三维地物映射到平面而形成曲线和平面，只能将地理物体抽象为点状、线状和面状几何形态。人们用数据表达地理信息时，三维地理世界抽象成曲面和立体，形成了地物几何表面表达的三维模型和地物实体内部表达的模型。地理数据的多态特性主要表现为：①同尺度下不同地理实体按轮廓形态特征可分为点状分布特征、线状形态特征、面状轮廓特征、立体三维外表形态和三维内部分布特征。②同一地理实体在不同尺度下表现为点、线、面、体 4 种形态。地理信息多尺度的表达引发地理信息的多态性。地理对象不同形态有不同的属性特征、形态特征、逻辑关系和行为控制机制等的描述方法，不同形态地理对象有不同的生成、消亡、分解、组合、转换、关联、运动和表达等的计算与操作方法。

（4）地理信息的多时态表达。空间分布、空间变化和类聚群分是地理实体和地理现象本身固有的三个基本特征。地理现象的分布规律包括时间上的分布规律和空间上的分布规律，地理多时态描绘了空间对象随着时间变化的迁移行为和状态变化。地理数据时态表达分为三类：一是时间作为附加的属性数据。这种方法以关系数据模型为实现基础。二是基于对象模型描述地物在时间上的变化，变化也通常被认为是事件的集合。三是基于位置的时空快照表达，地理数据记录的只是这个不断变化的世界的某一"瞬间"的影像。当地理现象随时间发生变化时，新数据又成为世界的另一个"瞬间"，犹如快照一般，如遥感图像。地理信息的多时态表达主要表现为：①地理物体随时间空间形态变化，空间形态变化主要表现为地理实体的形状、大小、方位和距离等空间位置、空间分布、空间组合和空间联系的变化。②地理物体随时间属性性质变化。③地理物体随时间形态和属性变化。④地理物体随时间灭亡或重组。

（5）地理信息的多主题表达。地球是一个非常复杂的系统，为此地学研究又划分为许多学科，建立一个非常全面的描述多学科的地理空间数据库是非常困难的，与专题地图一样，一种地理数据只能从某一个专业、某（些）侧面或角度描述地理事物的属性特征。属性则表示空间数据所代表的空间对象的客观存在的性质。这些属性不仅存在表达内容的取舍，还存在描述方式的选择，如用文字和数字描述事物或用图像来描述地理现象。专题地理数据是根据应用主题的要求突出而完善地表示与主题相关的一种或几种要素，内容侧重于某种专业应用。地理信息的多主题表现为同一个地理实体在几何形态上是一致的，面对不同的应用存在不同的属性。

1.1.2 地理信息系统

客观世界极其复杂，运用各种测量手段和工具获取有关客观世界的地理空间数据构建了现实世界的抽象化数字模型。地理信息系统是以地理空间数据为基础，在计算机软硬件的支持下，运用系统工程和信息科学的理论，科学管理和综合分析具有空间内涵的地理数据，以提供管理、决策等所需信息的技术系统。

1. 系统

英文中系统（system）一词来源于古代希腊文（systema），意为部分组成的整体。系统是由相互作用、相互依赖的若干组成部分结合而成的，具有特定功能的有机整体，而且这个有机整体又是它从属的更大系统的组成部分。定义如下：

如果对象集 S 满足下列两个条件：一是 S 中至少包含两个不同元素；二是 S 中的元素按一定方式相互联系，则称 S 为一个系统，S 的元素为系统的组分。

这个定义指出了系统的三个特性：一是多元性，系统是多样性的统一、差异性的统一；二是相关性，系统不存在孤立元素组分，所有元素或组分间相互依存、相互作用、相互制约；三是整体性，系统是所有元素构成的复合统一整体。这个定义强调元素间的相互作用及系统对元素的整合作用。

2. 信息系统

信息系统（information system）是由计算机硬件、网络和通信设备、计算机软件、信息资源、信息用户和规章制度组成的以处理信息流为目的的人机一体化系统。信息系统包括五个基本功能：输入、存储、处理、输出和控制。

（1）输入功能：信息系统的输入功能取决于系统所要达到的目的及系统的能力和信息环境的许可。

（2）存储功能：存储功能指的是系统存储各种信息资料和数据的能力。

（3）处理功能：数据处理工具，基于数据仓库技术的联机分析处理（on-line analytical processing，OLAP）和数据挖掘（data mining，DM）技术。

（4）输出功能：信息系统的各种功能都是为了保证最终实现最佳的输出功能。

（5）控制功能：对构成系统的各种信息处理设备进行控制和管理，对整个信息加工、处理、传输、输出等环节通过各种程序进行控制。

从信息系统的发展和系统特点来看，可分为数据处理系统（data processing system，DPS）、管理信息系统（management information system，MIS）、决策支持系统（decision sustainment system，DSS）、专家系统（expert system，ES）和虚拟办公室（office automation，OA）等五种类型。

3. 地理信息系统

地理信息系统是一个信息系统，与其他信息系统的区别是其处理的数据是经过地理编码的空间数据。它是在计算机软、硬件系统支持下，对整个或部分地表层空间中的有关地理分布数据进行采集、储存、管理、运算、分析、显示和描述的技术系统。从技术和应用的角度看，GIS 是解决空间问题的工具、方法和技术；从功能上讲，GIS 具有空间数据的获取、存储、显示、编辑、处理、分析、输出和应用等功能。从系统学的角度来说，GIS 是具有一定结构和功能（获取、存储、编辑、处理、分析和显示地理数据）的完整系统。

地理信息系统是一个集地理、测绘、信息、计算机、通信等学科技术为一体的新兴交叉学科，不同团体、机构和学者从不同角度给出不同定义：

1983 年美国咨询中心（National Referral Center，NRC）定义："…any system of spatially referenced information or data. Spatially referenced information or data have a unifying characteristic-association with a specific place on the Earth's surface. A GIS is designed to gather, process, and provide a wide variety of geographically referenced information that may be relevant for research, management decisions, or administrative processes"。

英国教育部定义：GIS 是一种获取、存储、检索、操作、分析和显示地球空间数据的计算机系统。

美国国家地理信息与分析中心定义：GIS 是为了获取、存储、检索、分析和显示空间定位数据而建立的计算机化的数据库管理系统。

1990 年美国环境系统研究所公司（Environmental Systems Research Institute，ESRI）定义："An organised collection of computer hardware, software, geographic data, and personnel designed to efficiently capture, store, update, manipulate, analyse and display all forms of geographically referenced data"。

美国联邦数字地图协调委员会（Federal Interagency Coordinating Committee on Digital Cartography，FICCDC）定义：GIS 是由计算机硬件、软件和不同方法组成的系统，该系统设计用来支持空间数据采集、管理、处理、分析、建模和显示，以便解决复杂的规划和管理问题。

陈述彭等（1999）定义：GIS 由计算机系统、地理数据和用户组成，通过对地理数据的集成、存储、检索、操作和分析，生成并输出各种地理信息，从而为土地利用、资源管理、环境监测、交通运输、经济建设、城市规划及政府部门行政管理提供新的知识，为工程设计和规划、管理决策服务。

吴信才（2014）定义：地理信息系统（GIS）是在计算机软硬件支持下，以采集、存储、管理、检索、分析和描述空间物体的地理分布数据及与之相关的属性，并回答用户问题等为主要任务的技术系统。

总之，本书定义地理信息系统是以地理空间数据为基础，采用地理模型分析方法，适时提供多种空间的和动态的地理信息，为地理研究和地理决策服务的计算机技术系统，支持进行空间地理数据管理，并由计算机程序模拟常规的或专门的地理分析方法，作用于空间数据，产生有用信息，完成人类难以完成的任务。

地理信息系统兼具"工具"、"资源"和"学科"三大属性，其"工具"属性是指为人们采用数字形式表示和分析现实空间世界提供了一系列空间操作和分析方法；"资源"属性是指将单一分散的数据资源集成起来，成为研究和解决空间问题所需的综合信息资源；"学科"属性是指它有着相对独特的研究对象和技术体系，正在逐步地发展形成一门关于地理空间信息处理分析的科学与技术。地理信息系统从外部来看，表现为计算机软硬件系统；而其内涵是由计算机程序和地理数据组织而成的地理空间信息模型，是一个逻辑缩小的、高度信息化的地理系统。

4. 地理信息系统组成

地理信息系统主要由四部分组成：计算机硬件系统、计算机软件系统、地理空间数据及系统的组织和使用维护人员（即用户）。硬件和软件为地理信息系统建设提供环境；地理空间数据反映了地理信息系统应用的信息内容，用户决定了系统的工作方式，如图 1.2 所示。

（1）计算机硬件系统是计算机系统中实际物理设备的总称，主要包括计算机主机和网络设备、输入设备、存储设备和输出设备。

（2）计算机软件系统是地理信息系统运行时所必需的各种程序，主要包括：①计算机系统软件，如操作系统、数据库系统、办公软件等。②地理信息系统软件及其支撑软件。包括地理信息系统工具或地理信息系统实用软件程序，以完成空间数据的输入、存储、转换、输出及其用户接口功能等。③应用程序。这是根据专题分析模型编制的特定应用任务的程序，是地理信息系统功能的扩充和延伸。

（3）地理空间数据是地理信息系统的重要组成部分，也是地理信息系统的灵魂和生命，是系统分析加工的对象，是地理信息系统表达现实世界并经过抽象的实质性内容。它一般包括三个方面的内容：空间位置数据、属性数据及地理实体之间的空间拓扑关系。通常，它们

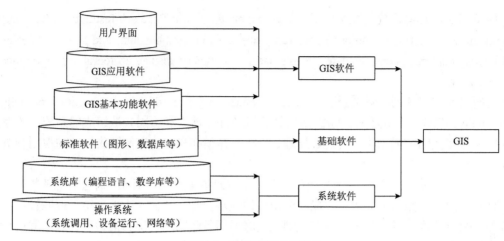

图 1.2　地理信息系统组成

以一定的逻辑结构存放在地理空间数据库中。地理空间数据来源比较复杂，研究对象不同，范围、类型多样，因而可采用不同的空间数据结构和编码方法，目的就是更好地管理和分析空间数据。数据组织和处理是地理信息系统建设中的关键环节。

地理信息系统是一个复杂的系统，仅依靠计算机硬件、软件及数据还不能构成一个完整的系统，必须要有系统的使用管理人员。包括具有地理信息系统专业知识的高级应用人才、具有计算机专业知识的软件应用人才及具有较强实际操作能力的软、硬件维护人才。

5. 地理信息系统功能

地理信息系统功能包括：①数据采集与编辑（手扶跟踪数字化）；②数据处理（矢栅转换、制图综合）；③数据存储与组织（矢量栅格模型）；④空间查询与分析（空间检索、空间拓扑叠加分析、空间模型分析）；⑤图形交互与显示（各种成果表现方式）。

（1）数据采集与编辑主要用于获取数据，保证地理信息系统数据库中的数据在内容与空间上的完整性、数值逻辑一致性、时效性与正确性等。一般而言，数据采集和编辑即数据库建设占整个系统投资的 70%或更多，并且这种比例在近期不会有明显的改变。因此，信息共享与自动化数据输入成为数据采集编辑研究的重要内容。

（2）对数据处理而言，初步的数据处理主要包括数据格式化、数据转换、地图概括。数据的格式化是指不同数据结构的数据间变换，是一种耗时、易错、需要做大量计算的工作，应尽可能避免；数据转换包括数据格式转化、数据变换等。在数据格式的转换方式上，矢量到栅格的转换要比其逆运算快速、简单。数据变换涉及数据投影变换、比例尺缩放、平移、旋转等方面，其中最为重要的是投影变换；地图概括（generalization）包括数据平滑、特征集结等，目前地理信息系统所提供的数据概括功能极弱，与地图综合的要求还有很大差距，需要进一步发展。

（3）数据存储与组织是建立地理信息系统数据库的关键步骤，涉及空间数据和属性数据的表达及组织。栅格模型、矢量模型或栅格/矢量混合模型是常用的空间数据表达方法。空间数据结构的选择在一定程度上决定了系统所能执行的数据与分析的功能；在地理数据组织与管理中，最为关键的是如何将空间数据与属性数据融合为一体。经典的组织方法是将二者分开存储，通过公共项（一般定义为地物标识码）来进行关联。这种组织方式优点在于结构简单，对系统软件要求较低；缺点是数据的定义与数据操作相分离，无法有效记录地物在时间域上的变化属性。随着技术的进步，目前也有很多软件直接将属性和数据存储于面向对象的空间数据库中。

（4）空间查询与分析是地理信息系统最核心的功能。空间查询是地理信息系统及许多其他自动化地理数据处理系统应具备的最基本分析功能；空间分析是地理信息系统的核心功能，也是地理信息系统与其他计算机系统的根本区别。空间分析是在地理信息系统支持下，分析和解决现实世界中与空间相关的问题。它是地理信息系统应用深化的重要标志，可分为三个不同的层次。首先是空间检索，包括从空间位置检索空间物体及其从属性条件集检索空间物体。"空间索引"是空间检索的关键技术，如何有效地从大型的地理信息系统数据库中检索出所需信息，将影响地理信息系统的分析能力。另外，空间物体的图形表达也是空间检索的重要部分。其次是空间拓扑叠加分析，本质是空间意义上的布尔运算，实现了输入要素属性的合并（union）及在空间上的连接（join）。最后是空间模型分析，目前多数研究工作着重于如何将地理信息系统与空间模型分析相结合。

（5）图形交互与显示同样是一项重要功能。地理信息系统为用户提供了许多用于地理数据表现的工具，其形式既可以是计算机屏幕显示，也可以是诸如报告、表格、地图等硬拷贝图件。一个好的地理信息系统应能提供一种良好的、交互式的制图环境，以供地理信息系统的使用者设计和制作出高质量的地图。

6. 地理信息系统结构

GIS 技术依托的主要平台是计算机及其相关设备。地理信息系统结构分物理结构与逻辑结构两种，物理结构是指不考虑系统各部分的实际工作与功能结构，只抽象地考察其硬件系统的空间分布情况；逻辑结构是指信息系统各种功能子系统的综合体。

1）地理信息系统的物理结构

按照信息系统硬件在空间上的拓扑结构，其物理结构一般分为集中式与分布式两大类。集中式结构是指物理资源在空间上集中配置。早期的单机系统是最典型的集中式结构，它将软件、数据与主要外部设备集中在一套计算机系统之中。由分布在不同地点的多个用户通过终端共享资源的多用户系统，也属于集中式结构。集中式结构的优点是资源集中，便于管理，资源利用率较高。但是随着系统规模的扩大，以及系统的日趋复杂，集中式结构的维护与管理越来越困难，也不利于用户发挥在信息系统建设过程中的积极性与主动性。此外，资源过于集中会造成系统的脆弱性，一旦主机出现故障，就会使整个系统瘫痪。目前在信息系统建设中，一般很少使用集中式结构。

随着数据库技术与网络技术的发展，分布式结构的信息系统开始产生，通过计算机网络把不同地点的计算机硬件、软件、数据等资源联系在一起，实现不同地点的资源共享。各地的计算机系统既可以在网络系统的统一管理下工作，也可以脱离网络环境利用本地资源独立运作。由于分布式结构适应了现代管理发展的趋势，即部门组织结构朝着扁平化、网络化方向发展，分布式结构已经成为信息系统的主流模式。它的主要特征是：可以根据应用需求来配置资源，提高信息系统对用户需求与外部环境变化的应变能力，系统扩展方便，安全性好，某个结点所出现的故障不会导致整个系统停止运作。然而由于资源分散，且又分属于各个子系统，系统管理的标准不易统一，协调困难，不利于对整个资源的规划与管理。

分布式结构又可分为一般分布式与客户机/服务器模式。一般分布式系统中的服务器只提供软件与数据的文件服务，各计算机系统根据规定的权限存取服务器上的数据文件与程序文件。客户机/服务器结构中，网络上的计算机分为客户机与服务器两大类。服务器包括文件服务器、数据库服务器、打印服务器等；网络结点上的其他计算机系统则称为客户机。用户通过客户机向服务器提出服务请求，服务器根据请求向用户提供经过加工的信息。

2）地理信息系统的逻辑结构

地理信息系统的逻辑结构是其功能综合体和概念性框架。由于地理信息系统种类繁多，规模不一，功能上存在较大差异，其逻辑结构也不尽相同。一个完整的地理信息系统支持各种功能子系统，使得每个子系统可以完成事务处理、操作管理、管理控制与战略规划等各个层次的功能。在每个子系统中可以有自己的专用文件，同时可以共用系统数据库中的数据，通过接口文件实现子系统之间的联系。与之相类似，每个子系统有各自的专用程序，但也可以调用服务于各种功能的公共程序，以及系统模型库中的模型。

7. 地理信息系统分类

根据地理信息系统的应用方式，可分为两大基本类型：通用型地理信息系统和应用型地理信息系统。运用各种技术和方法设计地理信息系统软件，称为 GIS 开发。按开发技术 GIS 可分为五类：

（1）基础地理信息系统软件（GIS system platform）被誉为地理信息行业的操作系统，指具有数据输入、编辑、结构化存储、处理、查询分析、输出、二次开发、数据交换等全套功能的 GIS 软件产品，如 MapInfo、ArcInfo 等，解决大多数用户共性问题，能够管理资源的空间数据和属性数据，进行通用型的问题分析，又称通用型地理信息系统。同时提供供其他系统调用或用户进行二次开发的工具，也就是 GIS 工具软件（GIS developing toolkit）。它独立性强、规模大、功能全、费用高，是地理信息系统出现以来的主流产品，分为两类产品：大型系统具有复杂的数据结构、完善的功能体系；桌面系统为便于用户使用及与其他系统的结合，提取常用的 GIS 功能，采用简单的数据结构，实现了从输入、存储、查询到简单的分析和输出的完整流程。

（2）专业地理信息系统（professional GIS）是针对某一专业领域和业务部门的工作流程，而开发的独立的 GIS 运行系统，旨在利用 GIS 工具有针对性地解决具体的问题，又称应用型地理信息系统。它符合专业领域或业务部门的工作流程，针对性强，是 GIS 产品向专业化发展的产物，对扩大 GIS 产品影响力具有重要作用。专业地理信息系统开发有两种途径：一是自主独立开发针对某一领域或用途的专业 GIS 软件；二是在工具型 GIS 软件基础上，进一步扩展为为专门用户解决特定专业问题而设计的软件，如地籍信息系统软件、规划信息系统软件、矿产预测 GIS 软件等。

（3）地理信息系统开发工具具有基本 GIS 功能，以嵌入方式供用户利用计算机系统开发工具（各种高级程序设计语言）进行 GIS 应用开发。随着地理信息系统应用领域的扩展，专业型 GIS 的开发工作日显重要。GIS 的集成二次开发目前主要有两种方式：一种是 OLE/DDE 方式，采用 OLE 或 DDE 技术，用软件开发工具开发前台可执行应用程序，以 OLE 自动化方式或 DDE 方式启动 GIS 工具软件在后台执行，利用回调技术动态获取其返回信息，实现应用程序中的地理信息处理功能。另一种是 GIS 控件方式，利用 GIS 工具软件生产厂家提供的建立在 OCX 技术基础上的 GIS 功能控件，如 ESRI 的 Map Objects、MapInfo 公司的 MapX 等，在 Delphi 等编程工具编制的应用程序中，直接将 GIS 功能嵌入其中，实现地理信息系统的各种功能。采用 GIS 构件在开发上有许多优势，但是也存在一些功能上的欠缺和技术上的不成熟，如效率相对降低、支持的数据量减少、只覆盖了 GIS 软件的部分功能等。

（4）Web 地理信息系统（WebGIS）是随着网络和 Internet 技术的发展，运行于 Internet

或 Internet 环境下的地理信息系统，其目标是实现地理信息的分布式存储和信息共享，以及远程空间导航等。目前 WebGIS 仅限于地理信息的分布式存储、空间信息的发布、地址查询和 Internet 环境中的地图显示，是当前 GIS 领域中的热点领域。独立运行的 WebGIS 产品系统具有通过 Internet 或 Intranet 远程调用、传输和发布地理信息的功能。嵌入式运行的 WebGIS 产品嵌入 Web 浏览器中运行的 GIS 软件系统，包括服务器 WebGIS 软件组件、浏览器 WebGIS 组件等。以 GIS 软件为服务器的 WebGIS 是实现 WebGIS 的一种变通方式。Web 浏览器发出 GIS 数据或分析的请求，交由作为服务器的 GIS 软件处理，并将结果返回给浏览器。

（5）嵌入式 GIS。嵌入式地理信息系统（embedded GIS）是集成 GIS 功能的嵌入式系统产品，是 GIS 走向大众化，服务于大众的一种应用。同时，它也是导航、定位、地图查询和空间数据管理的一种理想解决方案。

1.2　地理信息系统应用

GIS 在应用领域沿着两个方向发展：其一仍是在专业领域（如测绘、环境、规划、土地、房产、资源、军事等应用系统）的深化，由数据驱动的空间数据管理系统发展为模型驱动的空间决策支持系统，主要包括资源开发与管理、环境分析、灾害监测。其二就是作为基础平台和其他信息技术相融合（如物流信息系统、智能交通和城市管理信息系统等），通过分布式计算等技术实现和其他系统、模型及应用的集成而深入行业应用中，如电子政务、电子商务、公众服务、数字城市、数字农业、区域可持续发展及全球变化等领域。

1.2.1　地理科学研究作用

GIS 在地学应用中主要解决四类基本问题：①与分布、位置有关的基本问题。这些基本问题包括：一是对象（地物）在哪里；二是哪些地方符合特定的条件。②各因素之间的相互关系，对人地关系的研究，即揭示各种地物之间的空间关系，如交通、人口密度和商业网点之间的关联关系。从事人地关系研究，同样需要处理大量社会、人文、经济等统计数据，需要和自然地理数据叠加，这在技术上存在一定难度，而利用地理信息系统可以较轻松地完成任务。③对未来变化过程的预测、预报，这是科学研究的最终目标。事物发展动态过程和发展趋势，表示空间特征与属性特征随时间变化的过程，回答某个时间的空间特征与属性特征，从何时起发生了哪些变化。④模拟问题，对自然过程进行模拟，即对自然过程进行时空流场的动力学模拟，利用数据及已掌握的规律建立模型，就可以模拟某个地方如具备某种条件时将出现的结果。

GIS 在地学专业领域应用的核心是空间模型分析，其研究可分三类：第一类是地理信息系统外部的空间模型分析，将地理信息系统当做一个通用的空间数据库，而空间模型分析功能则借助于其他软件。第二类是地理信息系统内部的空间模型分析，试图利用地理信息系统软件来提供空间分析模块及发展适用于问题解决模型的宏语言，这种方法一般基于空间分析的复杂性与多样性，易于理解和应用，但由于地理信息系统软件所能提供空间分析功能极为有限，在实际地理信息系统的设计中较少使用这种紧密结合的空间模型分析方法。第三类是混合型的空间模型分析，其宗旨在于尽可能地利用地理信息系统所提供的功能，同时充分发挥地理信息系统使用者的能动性。

综合起来，利用地理空间分析进行地学研究，可以解决以下几个问题：

1. 研究各种现象的分布规律

地理位置是指地理事物在某区域的空间分布，是表示地理事物属性的重要内容。地理位置体现了地理事物在地球表面或参照物之间的空间绝对关系，能反映其在宇宙空间、地球表面存在的具体地点或分布的准确范围，以及地理事物之间的相对性和联系性。通过空间分析，能比较准确地把握地理事物在空间距离、方位、面积等方面的空间属性。通过对地理事物地理位置的分析，可以得出该事物的地理空间特征和空间属性、空间分布规律和特点，从而为解决地理问题提供或明或暗的基础条件。

2. 揭示地理事象的空间关联

地理环境是一个整体，各要素间是相互关联的。这里说的关联是指地理事物之间内在的必然联系。地理事象的空间关联可分为地理位置关联、交通和通信上的关联等，是通过人流、物流和信息流来实现的。区域研究或行业生产发展中涉及大量的地理事象空间关联的分析。

地理事象总是发生在一定的时间和空间。工业和农业区位选择经常涉及地理事象的空间关联。例如，气候与自然就具有一定的空间关联；京津唐工业区背靠山西煤炭工业基地，它们之间存在着紧密的空间关联。复杂的空间关联则需要采用多种数学手段，借助地理信息系统通过确定相关系数、建立数据模型和空间模型来进行分析。

3. 揭示地理事象的时空演变

把同一地区不同时间的地理数据放在一起进行对比，能反映地理事物的空间演变。例如，对某台风进行追踪监测，通过对台风所经过的同海域卫星遥感影像进行对比，可以预测台风的移动方向、路径、速度和暴风雨出现的范围。再如，将同一城市不同时期的地理数据放在一起进行分析，可以反映该城市的城市化进程和地域空间结构的变化。又如，森林发生火灾时，将该地区不同时期关于火灾的地理数据进行对照分析，可以揭示火灾发生的位置、演变方向和风向的关系等，从而为科学灭火提供重要依据。

4. 分析地理事象的空间结构

任何地理事物都不是孤立存在的，总是存在于一定的空间结构之中，利用地理数据能分析地理事物的空间结构、相互联系和发展变化的过程。通过对政区图的空间分析能掌握某行政单元处在什么样的地理空间结构之中，通过对某城市遥感图或平面图的空间分析能把握该城市的地域空间结构。例如，针对我国"山地多，平地少，耕地比重更少"的土地资源结构特征，综合分析评价土地利用方面的利弊，限制耕地业的发展，有利于林牧业的发展。把地理事物放到空间结构中去认识，有利于人们形成地理空间"智慧"。

5. 阐释地理事物的空间效应

在通过对地理事物的空间位置、分布规律、空间结构分析的基础上，进一步阐释地理事象的空间效应。不同的空间位置和空间结构产生不同的空间效应。例如，河流的治理必须考虑上、中、下游之间引起的空间效应。不同自然、社会经济因素在某地点的空间组合会产生不同的空间效应。在工业、农业区位选择中，必须对区位因素所形成的空间效应进行科学的阐释。

不同的地理数据具有不同的空间分析功能。基础地理数据能比较准确地分析地理位置的空间分布；等高线地形图能对地形、地势进行空间分析；专题地理数据能对一个或几个地理要素进行空间分析。

1.2.2　政府管理决策应用

地理空间分析得以广泛地应用于政府管理中，是由政府的职能所决定的。政府管理的事物通常涉及面广、综合性强，往往不是单一政府职能部门就可以解决的，需要调动各方面力量，协调行动。为实现各类信息的有效关联，地理编码系统作为连接空间信息与专题信息的桥梁，可以保障地理信息、与地理位置相关的专业信息能够得到统一应用，在此基础上借助GIS空间分析、统计分析及模型分析等功能实现多种信息的快速、及时、准确地集成处理与分析，为管理人员提供科学的辅助决策信息。

1. 政府管理决策作用

政府管理的事务几乎没有一样不与空间位置发生联系。宏观方面，资源、环境、经济、社会、军事等活动都发生在地球上的某个地域；中观方面，政府主管的房屋土地、环保、交通、人口、商业、税务、教育、医疗、体育、文物等都有具体位置；微观方面，城市社会服务的内容也都发生在具体地点，如金融商业网点、旅游景点、派出所、机关学校等。通过统一空间位置、地理编码关联可以将各种信息进行关联、定位。通过空间分析快速获取需要的信息，掌握社会、环境动态变化，为决策者分析问题、建立模型、模拟决策过程和方案提供依据，提高政府应对紧急事件的能力。

1）为部门专业化管理提供科学依据

专业部门作为政府管理的主要组成部分，其内容与自身的业务特点紧密结合，形成了各具特色的地理信息应用系统，如地震应急辅助决策空间信息服务系统，服务于中国地震局的地理信息应用系统，利用国家基础地理信息数据、遥感信息、综合县情数据及国民经济统计数据建立地震重点监视防御区；地理基础信息服务数据库，通过研究人口与经济数据空间的非线性分布规律建立空间数据与人口、重要国民经济统计数据相关分析模型，获取任意区域统计数据，提高统计数据地理定位精度，为抗震救灾指挥提供空间数据集成与管理技术支持。在河流流域管理方面，充分运用现代地理信息系统技术、先进的三维虚拟仿真可视化技术、大型数据库管理技术及通信技术，对水文专题信息的空间分析模型与查询技术进行整合，实现从空间结构、时间过程、特征属性和客观规律等方面对流域进行信息化描述。诸如此类。

2）为地方政府管理提供分析工具

地方政府的管理实际上是一种对区域的管理和治理，涉及区域内的自然环境、经济、人口、社会等各个方面的信息，多数与空间信息密切相关。因此，政府可能是空间信息资源潜在的最大拥有者和应用者，使空间信息成为政务信息化的重要环节。从数据库中找出必要的数据，并利用数学模型，为用户生成所需信息的系统，主要是为了解决由计算机自动组织和协调多模型的运行及数据库中大量数据的存取和处理，达到更高层次的辅助决策能力。

3）为政府管理提供决策支持

随着社会经济政治的发展，政府面临的需要决策的事情越来越多，政府各部门每天要为大量的而且许多是从来没有碰到过的问题下结论、作决定。这就要求工作人员能够迅速及时掌握充分的支持决策的信息，从而做出正确决策。GIS可以为政府人员决策提供及时、准确的参考信息，为政府决策者提供一套进行宏观分析决策的辅助工具，用以解决经济建设和社会发展中所遇到的各种问题。

2. 政府应用领域

GIS政府应用领域主要包括：①资源管理（resource management）主要应用于农业和林业领域，解决农业和林业领域各种资源（如土地、森林、草场）分布、分级、统计、制图等问题。②资源配置（resource configuration）问题主要应用于各种公用设施、救灾减灾中物资的分配、全国范围内能源保障、粮食供应等资源配置。GIS在这类应用中的目标是保证资源的最合理配置和发挥最大效益。③城市规划和管理（urban planning and management）是 GIS 的一个重要应用领域。例如，在大规模城市基础设施建设中如何保证绿地的比例和合理分布，如何保证学校、公共设施、运动场所、服务设施等能够有最大的服务面（城市资源配置问题）等。④土地信息系统和地籍管理系统（land information system and cadastral management system）涉及土地使用性质变化、地块轮廓变化、地籍权属关系变化等许多内容，借助 GIS 技术可以高效、高质量地完成这些工作。⑤生态、环境管理与模拟（ecological, environmental management and modeling）主要应用于区域生态规划、环境现状评价、环境影响评价、污染物削减分配的决策支持、环境与区域可持续发展的决策支持、环保设施的管理、环境规划等。⑥应急响应（emergency response）用于解决在发生洪水、战争、核事故等重大自然或人为灾害时，如何安排最佳的人员撤离路线并配备相应的运输和保障设施的问题。⑦基础设施管理（facilities management）。城市的地上地下基础设施（电信、自来水、道路交通、天然气管线、排污设施、电力设施等）广泛分布于城市的各个角落，且这些设施明显具有地理参照特征，它们的管理、统计、汇总都可以借助 GIS 完成，而且可以大大提高工作效率。

3. 电子政务应用

电子政务中信息服务（地理信息服务是其中一个重要的组成部分）的主要目的是加强政府与企业、政府与公众之间的联系与沟通。在电子政务中，往往需要提供各级政府所管辖的行政空间范围，以及所管辖范围内的企业、事业单位甚至个人家庭的空间分布，所管辖范围内的城市基础设施、功能设施的空间分布等信息。另外，政府各职能部门也需要提供其部门独特的行业信息，如城市规划、交通管理等。

GIS 可为政府和企业提供极为有力的管理、规划和决策工具，用于企业生产经营管理、税收、地籍管理、宏观规划、开发评价管理、交通工程、公共设施使用、道路维护、市区设计、公共卫生管理、经济发展、赈灾服务等。

1.2.3　经济活动决策作用

随着市场经济的快速发展，社会需求的复杂性和多样性使得企业的市场决策变得尤为重要。地理空间分析成为进行现代商业决策分析不可或缺的利器。利用空间信息可以优化资源配置，降低商业运行成本，并用于规划、监测、改善区域商业环境。地理空间分析提供了认识空间经济学现象的思维方式和解决空间经济学问题的方法，可用于表现和分析复杂的空间经济现象，其在商业领域的价值也越来越受到人们的关注。

1. 商业地理分析

地理信息系统在商业上的应用是近年来 GIS 应用研究的新热点。地理空间分析正在直接或间接地渗透到包括商业和经济在内的各种社会活动中，主要有市场交易收入预测、市场共享、商店业务分割、商品组合分析、零售店效益监测、促销效果分析、收购及兼并计划、新产品的市场分析、销售网络优化、广场路线设计等。在西方发达国家，地理空间分析已经成为制定商业战略有力的工具，并且现在形成一个新的 GIS 分支——商业地理分析技术。商业地理分析技术具有广泛的应用前景，主要有：①零售业（消费者分布与特征、城区及临区特点、广告布置、按人口的消费者目标区）；②路线选择（垃圾回收、送货服务、出租、公共汽车、救护与消防车）；③银行业[根据地理位置及人口设置广告、银行地址选择、自动取款机（ATM）设置]；④商业建筑地点（选择用户接近度分析、竞争情况分析、环境、交通）；⑤房地产业（地价评估、区域增长历史、自然、环境、给水、设施、当地房地产销售情况）；

⑥保险业（客房与市场分析、险情的地理分析与评估）；⑦饭店区位选择与促销（快餐销售覆盖、交通与人流量）。这些应用有的还有待研究和开发，但某些应用已经发展成熟，并在经济生活中被广泛使用。

2. 市场营销辅助决策

信息是决策的宝贵资源，决策离不开信息。拥有了高质量的信息，再辅以 GIS 强大的空间分析功能，地理信息系统在市场营销决策中的应用也显示出巨大的优越性和潜力。地理空间分析在市场营销辅助决策的应用主要表现在：①在目标市场确定中的应用；②在竞争状况分析中的应用；③在销售网络和销售渠道选取中的应用；④在商品供应调控及销售情况空间模拟方面的应用。其基本的模式是：在确定了目标市场的评价体系后，建立适当的评价模型，以各待选市场的地理位置为信息中心，从空间数据库中提取出与该地的自然条件、社会经济条件等有关属性信息；根据建立的模型，在对资料进行空间查询的基础上，进行空间分析，对各区域进行综合评价；通过空间分析功能，对各区域进行比较，按照统一的确定标准，输出该市场各方面的信息，供进一步的决策应用。

3. 商业选址分析

商业选址在商业经营活动中属于投资性决策的范畴，其重要性远远高于一般的经营性决策，选址的成功在很大程度上可以决定整个商业项目的成功。因选址本身资金投入大，同时又与企业后期经营战略的制定相关，很容易受到长期约束。因此，企业都非常重视其前期商店选址工作，科学、合理的市场需求分析和商业企业区位选定在商业企业家投资决策中成为重要的依据。

商业选址要宏观、中观、微观分析相结合，不同尺度的视角需要不同来源数据的整合分析。大的方向性问题要注重宏观分析，与城市的总体经济发展水平保持一致；中观的角度探讨商业选址与城镇体系的发展紧密性；微观的角度分析消费者的需求、网点的布局等细节问题。从中观和微观中抓住商业地址规划的实质。

商业选址的最大特点是空间性。空间分析功能可以直接用于商业与经济管理活动中，解决一些实际问题，如应用缓冲区分析商业区影响区间、竞争对象分布统计；应用叠加分析进行多因素综合评价与预测；应用网络分析进行最佳路径分析、商业网点优化布设与选址和市场配置与优化等。

4. 电子商务

在电子商务中，企业往往需要向客户（企业或个人）提供销售、配送或服务网点的空间分布等空间信息，同时允许客户在电子地图上标注自己的位置或输入门牌号等信息，这样可以准确定位客户的位置。为了使电子商务得以高效实施，企业往往还配备了相应的信息管理系统，以对客户、销售点、配送中心、服务网点等信息加以管理，并实现最近配送点搜索、路径规划、配送车辆监控等功能。电子商务中的地理信息服务以提高电子商务的效率、增加销售额和降低成本为主要目的。房地产开发和销售过程中也可以利用 GIS 功能进行决策和分析。选址分析（site selecting analysis）根据区域地理环境的特点，综合考虑资源配置、市场潜力、交通条件、地形特征、环境影响等因素，在区域范围内选择最佳位置，是 GIS 的一个典型应用领域，充分体现了 GIS 的空间分析功能。

1.2.4　公众出行决策作用

地理空间分析已逐步渗透进大众的日常生活中，如车辆导航系统、智能出行服务、信息查询和未来汽车自动驾驶等。面向公众的综合地理信息服务正在迅猛发展。

1. 车辆导航系统

车载导航仪内装导航电子地图和导航软件，通过 GPS 卫星信号确定的位置坐标与此匹配，实现路况和交通服务设施查询、路径规划、行驶导航等功能。路径规划是车载导航仪的核心功能，在导航电子地图支撑下，找出从节点 A 到节点 B 的累积权值最小的路径，是 GIS 中网络分析的最基本功能。路径规划能帮助驾驶员在旅行前或旅途中选择合适的行车路线。如有可能，在进行路径规划时还应考虑从无线通信网络中获取的实时交通信息，以便对道路交通状况的变化及时做出反应。路径引导是指挥司机沿着由路径规划模块计算出的路线行驶的过程，该引导过程可以在旅行前或者在途中以实时的方式进行。确定车辆当前的位置和产生适当的实时引导指令，如路口转向、街道名称、行驶距离等，需借助地图数据库和准确的定位。

2. 行车安全驾驶

智能交通是实现了车与车之间、车与路之间信息交换的智能化车辆控制系统。例如，如果离前车太近，控制系统会自动调节与前车的安全距离；前车紧急刹车时，会自动通知周边的车辆，以尽可能避免追尾；道路上出现交通事故时，事故车辆会发出警告，通过车与车或者车与路之间的高速通信，使其他车辆几乎在发生事故的同时就得到信息，便于其他车辆及时采取措施或选择另外的路线；当车辆处于非安全状态时，即使驾驶员实施并线或超车操作，汽车也可以自动启动安全保护功能，使并线和加速不能实现。这些行车安全驾驶实现需要空间分析算法支撑。

3. 智能出行服务

智能出行查询服务解决了公交车运行到哪了、哪辆车离我最近、我要坐的车还有几站才来等问题。市民可以通过电脑及手机移动网络随时随地查询。智能出行服务向公众提供与之衣食住行密切相关的各类地理信息，如购物商场、旅游景点、公共交通、休闲娱乐、宾馆饭店、房地产、医院、学校等空间查询服务。从服务的空间范围来说，有的覆盖全国，有的覆盖全省，有的覆盖某个城市，也有的覆盖某个地区。

1.3　地理信息系统发展

GIS 作为计算机科学、地理学、测量学、地图学等多门学科综合的一门边缘性学科，其发展与其他学科的发展特别是计算机技术的发展密切相关。近年来 GIS 技术发展迅速，主要的原动力来自于日益广泛的应用领域对地理信息系统不断提高的要求。另外，计算机科学及网络技术的飞速发展为地理信息系统提供了先进的工具和手段，许多计算机领域的新技术，如 Internet 技术、面向对象的数据库技术、三维技术、图像处理和人工智能技术都可直接应用到 GIS。

1.3.1　GIS 国内外发展简史

地理信息系统脱胎于地图，地图是地理学的第二代语言，而地理信息系统将成为地理学的第三代语言。20 世纪 60 年代初，麻省理工学院为它的旋风一号计算机制造了第一台图形显示器；1958 年，滚筒式绘图仪研制成功；1962 年，麻省理工学院的一名研究生在其博士学位论文中，首次提出了计算机图形学的术语，并论证了交互式计算机图形学是一个可行的、有用的研究领域，从而确立了这一科学分支的独立地位。在计算机图形学的基础上出现了计算机化的数字地图。它在航空摄影测量与地图制图学中的应用，使人们开始有可能用电子计算机来收集、存储和处理各种与空间和地理分布有关的图形和属性数据，并希望通过计算机对数据的分析直接为管理和决策服务，这样就导致了地理信息系统的问世。综观 GIS 发展的 60 多年，可将地理信息系统的发展分为四个时期：开拓期，巩固发展期，繁荣发展期，普及时代。

　　我国在地理信息系统方面的工作起步晚于世界其他国家，但发展迅速，成绩喜人。20 世纪 70 年代初期，我国开始推广电子计算机在测量、制图和遥感领域中的应用。环境资源调查的需求带动，以及航空摄影测量和地形测图的发展，为 GIS 的发展奠定了良好的基础。20 世纪 80 年代，我国在地理信息系统方面的工作步入正轨。几年的起步发展中，我国地理信息系统在理论探索、硬件配置、软件研究、规范定制、区域试验研究、局部系统建立、初步应用试验和技术队伍培养等方面都取得了进步，积累了经验。地理信息系统进入发展阶段的标志是第七个五年计划。地理信息系统研究作为政府行为，正式列入国家科技攻关计划，开始了有计划、有组织、有目标的科学研究、应用试验和工程建设工作。通过近 5 年的努力，在地理信息系统技术上的应用开创了新的局面，并在全国性应用、区域管理、规划和决策中取得了实际的效益。20 世纪 90 年代起，地理信息系统步入快速发展阶段。执行地理信息系统和遥感联合科技攻关计划，强调地理信息系统的实用化、集成化和工程化，力图使地理信息系统从初步发展时期的研究试验、局部应用走向实用化和生产化，为国民经济重大问题提供分析和决策的依据，努力实现基础环境数据库的建设，推进国产软件系统的实用化、遥感和地理信息系统技术一体化。这期间开展的主要研究及今后尚需进一步发展的领域有：重大自然灾害监测与评估系统的建设和应用；重点产粮区主要农作物估产；城市地理信息系统的建设与应用；建立数字化测绘技术体系；国家基础地理信息系统建设与应用；专业信息系统与数据库的建设和应用；基础通用软件的研制与建立；地理信息系统规范化与标准化；基于地理信息系统的数据产品研制与生产。同时，经营地理信息系统业务的公司逐渐增多。国产的 GIS 软件，如 SuperMap、MapGIS、GeoWay、GeoStar 等发展势头强劲，有的已经进入了国际市场，占有了一席之地。

　　总之，中国地理信息系统事业经过几十年的发展，取得了重大的进展，在理论研究、软件研制、人才培养等方面达到国际水平。地理信息系统的研究和应用正逐步形成行业，具备了走向产业化的条件。

1.3.2　未来 GIS 发展趋势

　　随着计算机和信息技术的发展，GIS 迅速地变化着。从系统角度看，在未来的几十年内，GIS 将向着数据标准化、数据多维化、系统集成化、平台网络化、系统智能化和应用社会化的方向发展。

1. 数据标准化

　　目前的地理信息系统大多是基于具体的、相互独立和封闭的平台开发的，它们采用不同的数据格式，对地理数据的组织也有很大的差异。这使得在不同软件上开发的系统之间的数据交换存在困难，采用数据转换标准也只能部分地解决问题。另外，不同的应用部门对地理现象有不同的理解，对地理信息有不同的数据定义，这就阻碍了应用系统之间的数据共享，带来了领域间共同协作时信息共享和交流的障碍，限制了地理信息系统处理技术的发展。

地理数据的继承与共享、地理操作的分布与共享的社会化和大众化等客观需求，使得尽可能降低采集、处理地理数据的成本及实现地理数据的共享和互操作成为共识。互操作地理信息系统的出现就是为了解决传统开发方式带来的数据语义表达上不可调和的矛盾，这是一个新的系统集成平台，它实现了在异构地学下多个地理信息系统之间的互相通信和协作，以完成某一特定任务。

1996 年，美国成立了开放地理信息系统联合会，旨在利用其提出的开放地理数据互操作规范给出一个分布式访问地理数据和获得地理数据处理能力的软件框架，各软件开发商可以通过实现和使用规范所描述的公共接口模板进行互操作。规范是互操作研究中的重大进展，它在传统地理信息系统软件和未来的高带宽网络环境下的异构地学处理环境之间架起一座桥梁。目前，规范初具规模，很多软件开发商也先后声明支持该规范。国内的一些具有战略眼光的软件商也在密切关注着规范，并已着手开发遵循该规范的基础性软件。

2. 数据多维化

GIS 处理的空间数据，从本质上说是三维连续分布的。但是，目前 GIS 的主要应用还停留在处理地球表面的数据上，大多数平台都支持点、线、面三类空间物体，不能很好地支持曲面体，这主要是因为三维 GIS 在数据的采集、管理、分析、显示和系统设计等方面要比二维 GIS 复杂得多。尽管有些 GIS 软件还采用建立数字高程模型的方法来处理和表达地形的起伏，但涉及地下和地上的三维的自然和人工景观就显得无能为力，只能把它们先投影到地表，再进行处理，这种方式实际上还是以二维的形式来处理数据的。这种试图用二维系统来描述三维空间的方法，必然存在不能精确地反映、分析和显示三维信息的问题。

三维 GIS 目前的研究重点集中在三维数据结构，如数字表面模型、断面、柱状实体等的设计、优化与实现，以及可视化技术的运用、三维系统的功能和模块设计等方面。

另外，地理信息系统所描述的地理对象往往具有时间属性，即时态。随着时间的推移，地理对象的特征会发生变化，而这种变化可能是很大的，但目前大多数地理信息系统都不能很好地支持地理对象和组合事件时间维的处理。许多 GIS 应用领域的要求都是基于时间特征的，如区域人口的变化、平均年龄的变化、洪水最高水位的变化等。对于这样的应用背景，仅采取作为属性数据库中的一个属性不能很好地解决问题，因此，如何设计并运用四维来描述、处理地理对象的时态特征也是 GIS 的一个重要研究领域。

3. 系统集成化

构件式软件技术成为当今软件技术的潮流之一，它的出现改变了以往封闭、复杂、难以维护的软件开发模式。顺应这一潮流的新一代地理信息系统，是面向对象技术和构件式软件技术在软件开发中的应用。

组件 GIS 的基本思想是把 GIS 的功能模块划分为多个控件，每个控件完成不同的功能。各个 GIS 控件之间，以及 GIS 控件与其他非控件之间可以方便地通过可视化的软件开发工具集成起来，形成最终 GIS 的应用。控件如同一堆各式各样的积木，可以分别实现不同的功能，包括非功能，根据需要把实现各种功能的"积木"搭建起来，就构成了地理信息系统基础平台和应用系统。

组件软件的可编程和可重用的特点在为系统开发商提供有效的系统维护方法的同时，也为 GIS 最终用户提供了方便的二次开发手段。因此，组件 GIS 会在很大程度上推动软件的系统集成化和应用大众化，同时也很好地适应了网络技术的发展，是一种 WebGIS 的解决方案。

目前，国内外一些著名 GIS 软件厂商都推出了基于组件技术的软件。组件 GIS 的出现给国内基础软件的开发提供了一个良好的机遇，它打破了 GIS 基础软件由几个厂商垄断的格局，开辟了以提供专业组件来打入 GIS 市场的新途径。

4. 平台网络化

飞速发展的 Internet/Intranet 已经成为新的系统平台，利用 Internet 技术在 Web 上发布空间数据供用户浏览和使用是发展的必然趋势。从 WWW 的任一节点，Internet 用户可以浏览站点中的空间数据、制作专题图，进行各种空间检索和空间分析，这就是基于 WWW 的地理信息系统（WebGIS）。WebGIS 显然要求支持 Internet/Intranet 标准，具有分布式应用体系结构，它可以看作是由多主机、多数据库与多台终端通过 Internet/Intranet 组成的网络。其网络 Client 端为 GIS 功能层和数据管理层接口，用以获得信息和各种应用，网络 Server 端为数据维护层，提供数据信息和系统服务。

WebGIS 系统可以分为四个部分：WebGIS 浏览器，用以显示空间数据信息并支持 Client 端的在线处理，如查询和分析等；WebGIS 信息代理，用以均衡网络负载，实现空间信息网络化；WebGIS 服务器，用以满足浏览器的数据请求，完成后台空间数据库的管理；WebGIS 编辑器，提供导入空间数据库数据的功能，形成完整的 GIS 对象、模型和数据结构的编辑和表现环境。

目前，WebGIS 的实现方法有 Java 编程法、Active 法、公共网络接口法（GCI）、服务器应用程序接口法（Server API）和插件法等。WebGIS 已是 GIS 走向社会化和大众化的有效途径，也是发展的必由之路。

5. 系统智能化

赛博空间（Cyber space）是以计算机技术、现代通信、网络技术、虚拟现实技术的综合应用为基础，构造出一种人们进行社会交往和交流的新型空间。在赛博空间中以这种空间智能体作为构成模块的 GIS 系统就是 CyberGIS，它自动地接受用户以高级的语言描述的指令，利用它能感知并作用于赛博空间的"本领"，通过与其他空间智能体的交互，为用户找到赛博空间中所需信息。科学家预言未来的人们将在赛博空间里的信息海洋中生活，从一个结点到另一个结点，从一个信息源到另一个信息源进行信息交流和信息创造。世界各地的人们在全新的赛博空间中漫游，实现相互之间的通信、贸易和科教活动。

计算机软件技术发展经历了从软件的模块化到软件的对象化转变的过程。目前，正在进一步向软件的智能化发展。软件智能体（agent）是软件设计进一步抽象的结果，是为适应广泛的分布式网络计算环境而发展起来的软件技术。CyberGIS 实现了空间数据的智能获取、处理、存储、搜索、表现及决策支持。这种空间智能体拥有两种非常重要的能力：一是利用空间知识进行推理；二是可进化。

6. 应用社会化

"数字地球"一词近年来风靡全球，从哲学上说，数字地球是对真实地球及其相关现象统一性的数字化的重现与认识；从技术上说，数字地球是在全球范围内建立的一个以空间位置为主线，将信息组织起来的复杂系统，也就是全球范围的、以地理位置及其相互关系为基础而组成的信息框架，并在该框架内嵌入人们所能获得的信息的总称。

数字地球是 GIS 的延伸，建立数字地球的核心技术包括 GIS 与数据库、遥感、遥测、信息技术等。遥感、遥测技术用来完成数据采集、处理和识别，GIS 和数据库技术用于完成数据存储、检索、集成、融合、综合和分析，从而完成数字地球的核心功能，光缆、卫星通信技术及计算机网络等技术则完成海量空间数据的传输任务。

数字地球在当前以工农业经济为主体的经济建设中的重大作用已初见端倪，它在农业、林业、水利、地矿、交通、通信、教育、环境、人口、城市建设等几十个领域都能产生巨大的经济效益和社会效益，如农作物监测和估产、土地覆盖物的识别和评价、地籍的管理和规划、灾害的模拟和预报及监测和评估等。

1.4   地理信息系统与相关学科

地理信息系统是结合地理学、地图学、测绘科学、计算机科学及数学等多个学科，运用遥感、GPS、计算机及网络通信等现代技术手段，对地理空间数据进行采集、存储、显示、管理、分析与挖掘，并从中获取信息与知识的一门交叉性、综合性学科。其源于地图学，又不同于传统的地图学；属于地理技术类学科，在从地理学吸取精华的同时，还利用测绘学、遥感学、计算机科学、数学、管理学等多个学科作为实现的工具，结合各应用领域，建立基于地图可视化的信息分析与决策系统。GIS 的基础是地理科学和测绘科学，技术支撑是计算机技术，应用领域是地理、规划与管理等许多行业。如图 1.3 所示，与地理信息系统相关的学科很多，目前国内研究的学者也很多，他们分别从各自的角度对本学科进行研究，主要基于地理学、测绘学、地质学（地球科学）、计算机、数学及与地理学有关联的相关学科的研究，或侧重理论研究，或侧重工程应用，或侧重系统集成，或侧重地学建模与空间分析、或侧重三维显示等。地理信息科学百家争鸣，百花齐放，正突飞猛进地向前发展。

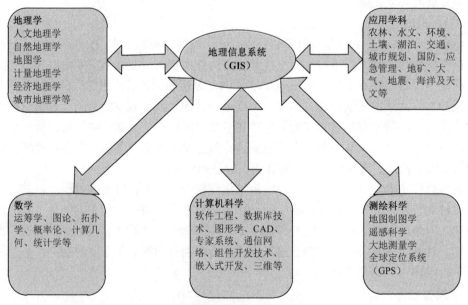

图 1.3   地理信息系统与相关学科的关系

1.4.1   GIS 与地理学

地理学是一门研究人类居住空间的学科，是研究地球表面，即人类生活在其中或与人类活动相关的地理环境的科学。地理学主要研究内容之一就是地球表面自然和经济地理要素的分布规律、空间关系和发展趋势。在传统地理学研究中，空间分析理论和空间分析方法是地理学科中的重要组成部分，具有悠久的历史和成熟的基础，而这些可以直接成为今天人们利用 GIS 进行空间分析的基础理论和基本方法。它为 GIS 提供了一些引导空间分析的方法与观点，成为 GIS 部分理论的依托。另外，地理信息系统也以一种新的思想和新的技术手段解决地理学的问题，使地理学研究的数学传统得到充分发挥。

GIS 的问世、应用和发展，也为地理学研究，包括对许多现象的解释，以及对许多地理问题的认识、分析、解决，提供了新的技术手段和技术支持。地理信息系统和信息地理学是地理科学第二次革命的主要工具和手段。如果说 GIS 的兴起和发展是地理科学信息革命的一把钥匙，那么，信息地理学的兴起和发展将是打开地理科学信息革命的一扇大门，必将为地理科学的发展和提高开辟一个崭新的天地。GIS 被誉为地学的第三代语言——用数字形式来描述空间实体。在 GIS 的支持下，可以使地理学研究中的许多数学方法更进一步发挥作用。作为传统科学与现代技术相结合的产物，地理信息系统的核心是空间分析，为各种涉及空间分析的学科提供了新的研究方法，利用现代科技手段，紧密结合地理与环境应用，建立空间分析与决策系统。同时，这些学科的发展也不同程度地构成了地理信息系统的技术与方法。另外，应用的不断深入也使得地理信息系统学科得到不断完善，二者相辅相成，共同发展。

1.4.2 GIS 与测绘学

测绘是采集、量测、处理、解译、描述、分析、利用和评价与地理和空间分布有关的数据的一门科学、工艺和技术。由此可见，现代测绘的内涵与外延早已远远地超过了原来意义的测量与绘图。传统的地图一般以纸张为基本载体，将人们用测量等手段获得的信息，包括空间图像、符号和文本等印制在纸上。大地测量、工程测量、矿山测量、地籍测量、航空摄影测量和遥感技术为 GIS 中的空间实体提供各种不同比例尺和精度的定位数据；电子速测仪、GPS 全球定位技术、解析或数字摄影测量工作站、遥感图像处理系统等现代测绘技术的使用，可直接、快速和自动地获取空间目标的数字信息产品，为 GIS 提供丰富和更为实时的信息源，并促使 GIS 向更高层次发展。

1.4.3 GIS 与地图学

GIS 脱胎于地图，地图学理论与方法对 GIS 的发展有着重要的影响。地图学与人类社会的发展有着密切的关系，它是人类记录地理信息最直接的图形语言形式。人们可以清楚地看到，GIS 的问世不仅源于地图，而且，地图学的理论和方法对 GIS 的发展也有着无可替代的重要影响。作为地图信息又一新的载体，GIS 具有存储、整理、归纳、分析、显示和传输空间信息的功能，特别是计算机制图技术，包括电子地图，为地图特征和地图语言的数字表达、操作和显示，提供了更加丰富多彩的方式方法，为 GIS 的图形显示、图形输出提供了强有力的技术支持。而作为 GIS 的重要组成之一的数据起着至关重要的作用。数据的组成包括了地图信息，因此，时至今日，地图仍是 GIS 的最主要数据源之一。

GIS 最初是从计算机辅助制图起步的，早期的 GIS 往往会受地图制图中的内容表达、处理和应用方面的习惯影响。但是，建立在计算机技术和空间信息技术基础上的 GIS 数据库和空间分析方法，并不受地图纸平面的限制。GIS 不仅具有存取和绘制地图的功能，而且已经成为存取和处理空间实体的有效工具和手段。

1.4.4 GIS 与计算机科学

计算机科学的发展对 GIS 的发展起到了重要的促进作用，近十几年，尤其是进入 21 世纪前后若干年,随着信息时代的到来,GIS 在计算机数据库技术、计算机辅助设计(computer aided design,CAD)、计算机辅助制图(computer aided mapping,CAM)和计算机图形学(computer graphics)等的支持下,有了长足的发展。

数据库管理系统(database management system,DBMS)主要用于存储、查询和管理非空间的属性数据,并且还具有一些基本的统计分析功能。GIS 在对数据进行管理时,利用 DBMS "可被多个应用程序和用户调用,支持可被多个应用程序和用户调用的数据库的建立、更新、查询和维护功能"等理论和方法,成为现代 GIS 不可缺少的重要组成部分。虽然 DBMS 对空间数据进行管理,一般来说不具备空间实体定义能力,缺乏空间关系查询能力和空间分析能力,但它所具备的基本功能是 GIS 有关数据操作功能的重要组成部分。

计算机图形学是现代 GIS 所依赖的基本技术理论之一,它主要是利用计算机处理图形信息,并依据图形信息完成人机通信处理,是 GIS 算法设计的基础。计算机图形学技术不断发展进步,促进了 GIS 技术向更加完善的方向发展。

计算机辅助设计主要是利用计算机代替或辅助专业技术人员进行设计,利用 CAD 可以节省人力资源和设计时间,提高设计的自动化程度。CAD 处理的对象是规则的几何图形及其组合,而且它的图形处理功能很强,包括 CAD 软件的图形数据采集和编辑功能等。因此,CAD 为 GIS 提供了数据输入、显示与表达的软件与方法,成为 GIS 数据采集、输出的辅助工具。而用于几何图形的编辑与绘制的计算机辅助制图方法也在一定程度上支持 GIS 技术,成为 GIS 几何图形编绘的辅助工具。

管理信息系统(manage information system,MIS)是在计算机硬件和软件支持下,能够进行信息搜集、传输、加工、保存、输出、维护和使用的信息系统,它是综合管理科学、系统理论、计算机科学的系统性科学。传统意义上的 MIS 的规模不同,服务对象也不同,如电话 MIS、财务 MIS、人事 MIS 等。MIS 的最主要特征是只有属性数据库的管理,即使存储的图形,也是以文件形式管理,不能对图形要素进行分解、查询,没有拓扑关系。换而言之,它处理的数据不包括空间特征。目前,出现了以具有空间数据处理和空间分析功能的 GIS 为技术支持,以管理为目标的新一类信息系统,比较典型的应用于城市管理的信息系统,如土地 GIS、城市交通 GIS、城市管网 GIS 等。GIS 与 MIS 在技术上是相互促进、相互支持的。为了实现最佳管理目标,除了 MIS 本身的功能外,对空间信息的处理也提出了要求,从而促进了 GIS 的进步。而 GIS 作为一种工具,其发展的最终目的还是服务于现代经济与现代管理的某些需求,如环境科学、地理学、防灾减灾、社会科学、城市管理、可持续发展等。

计算机网络在现代 GIS 技术中占有十分重要的地位,它是确保 GIS 信息传递迅速、畅通,实现共享、共用的必要条件。目前,这种属空间信息技术范畴的技术系统正在向宽带化、无线化、集成化迅速发展。计算机网络与 GIS 相辅相成,密不可分。传统地理信息系统在 Internet/Intranet 上得到扩展,万维网地理信息系统 WebGIS 可以简单地定义为在 Web 上工作的 GIS,它是在 Internet 上提供地理信息服务的。与一般的 GIS 相比,WebGIS 的最大特点是采用环球信息网技术的基于网络的用户/服务器系统,客户端只用一般的浏览器即可,不需要特殊的软件。它是一个分布式的系统,用户和服务器可以位于不同地点和不同的计算机平台上,彼此之间的通信联络利用互联网。因此,有人称 WebGIS 是利用 Web 技术来扩展和完善 GIS 的一项新技术。

1.4.5 GIS 与遥感

遥感（remote sensing，RS），字面意思为遥远的感知（这里介绍的是通常意义上的 RS，只限于地球科学范围内地表以上部分所涉及的内容，不包括地震波和声呐等技术对地表以下部分所采用的 RS 技术），是 20 世纪 60 年代以后发展起来的新兴学科。简单地说，它是关于使用各种传感器，从一定的距离获取特定目标的各种图像，并对这类图像进行处理和分析，以提取信息的专门技术。RS 的特点是不直接接触目标物，主要用于获取和处理地球表面的信息，如自然资源、人文环境、地理地貌等。作为采集空间数据的重要手段，RS 已经成为 GIS 的重要信息源，同时也是 GIS 数据更新的途径之一。由于遥感具有多源性，在一定程度上弥补了常规野外测量技术数据不足的缺陷。RS 的图像处理技术包括对像片和数据影像进行处理的操作，具体有影像压缩、影像存储、影像增强、处理及量化影像模式识别，还包含若干复杂的解析函数，用于信息分类的许多方法等。RS 图像处理技术的发展，使人们能够从宏观到微观的范围内，快速、相对准确而有效地获取并利用多时相、多波段的地球资源与环境的影像信息。尽管遥感系统本身对空间信息分析的能力有限，并很难与数据库管理系统（DBMS）相连，但是，在 GIS 的支持下，遥感信息会得到更加充分的开发与综合利用。同时，遥感技术为资源开发和环境监测提供丰富、实时的宏观信息，并为计算机制图系统和 GIS 的数据更新提供快速、可靠的数据源，这一点是十分重要的。

1.4.6 GIS 与全球定位系统

全球定位系统（global position system，GPS）是 20 世纪 70 年代美国研制的新一代空间卫星导航定位系统。GPS 由地面控制、空间和用户装置三个部分组成。地面控制部分通过主控站负责管理、协调整个地面控制系统的工作；空间部分由基本能够覆盖全球的 24 颗卫星组成，它们分布在 6 个轨道平面上；用户装置部分主要由卫星接收天线和 GPS 接收机组成。利用 GPS 可以快速、准确、廉价地获取地表特征的数字位置信息。它的特点是不受天气影响，全天候接收；全球覆盖率达到 98%以上；三维定点精度高，快速省时效率高，应用广泛功能多。GPS 除了在城市大型建造（包括桥梁、地铁、隧道等）、车辆导航、应急反应、大气物理观测、海洋石油平台定位、低轨卫星定轨、导弹制导、载人航天器防护探测等方面的多种用途之外，还广泛应用于测量和勘测领域。GPS 可以取代常规大地测量来完成各个等级的大地定位工作，从而为 GIS 提供快速高精度的空间定位信息。

随着人们对 GPS 的精确度要求的提高，美国将把现在的 24 颗卫星增加至 28 颗，争取在世界上绝大部分地区可以接收 7～10 个卫星的信号，而且精度也将比现在提高百倍以上。

1.4.7 GIS 与地球科学

地球科学是以地球系统（包括大气圈、水圈、岩石圈、生物圈和日地空间）的过程与变化及其相互作用为研究对象的基础学科，主要包括地质学、地理学、地球物理学、地球化学、大气科学、遥感科学、海洋科学和空间物理学及新的交叉学科（地球系统科学、地球信息科学）等分支学科。从历史发展的角度看，人类活动对地球生态的影响总体是向着变坏的方向发展，人口、资源、环境和灾害是当今人类社会可持续发展所面临的四大问题。地球信息科学的研究为人类监测全球变化和区域可持续发展提供了科学依据和手段。自 GIS 发展以来，就与地球科学建立了深厚的联系，应用的潜力也越来越大，特别在土地利用与规划、环境监测保护与治理、灾害监测和防治、生物资源保护与利用等诸多领域得到了深入的应用。

1.5　阅读本书需要的相关知识

地理信息系统是地理信息科学的主要内容之一，是在地理学、地图学、测量学、信息学、遥感、统计学、计算机和应用领域等学科基础上发展起来的。学习本书必须了解掌握五类学科领域的知识：第一类是数学。数学是地理信息获取与处理的基础，必须掌握高等数学、线性代数、概率论与数理统计、离散数学等知识。第二类是地理科学知识，如地理科学概论、自然地理学、人文地理和环境与生态科学、经济地理、环境科学等课程。第三类是测绘学知识，测绘学是地理空间数据获取与处理的基础，包括测绘学概论、测量学基础、GPS 原理、遥感基础、图像处理、地图学、摄影测量等课程。第四类是计算机科学知识和技能，主要掌握计算机语言、数据结构、计算机图形学、计算机网络、数据库原理和人工智能等专业课程。第五类是地理信息科学基础知识，包括地理信息科学基础理论、地理信息技术（地理空间数据获取与处理、地理空间数据库原理、地理信息空间可视化原理和地理空间分析原理）。每类所含学科内容如图 1.4 所示。

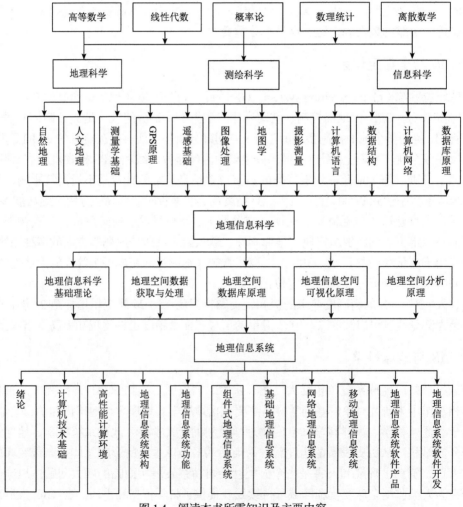

图 1.4　阅读本书所需知识及主要内容

第 2 章　计算机技术基础

计算机是一种现代化的信息处理工具，它对信息进行处理并提供所需结果，其结果（输出）取决于所接收的信息（输入）及相应的处理算法。本章对计算机科学与技术进行了概述性的介绍，包括计算机科学、计算机网络、数据库、可视化、信息安全等方面内容。

2.1　计算机科学与技术

计算机科学是研究计算机的设计、制造和利用计算机进行信息获取、表示、储存、处理、控制等的理论、原则、方法和技术的学科。它包括科学与技术两方面，科学侧重研究现象与揭示规律；技术则侧重研制计算机及使用计算机进行信息处理的方法与技术手段。科学与技术相辅相成、相互作用，二者高度融合是计算机科学的突出特点。计算机科学除了具有较强的科学性外，还具有较强的工程性，因此，它是一门科学性与工程性并重的学科。计算机科学的迅猛发展，除了源于微电子学等相关学科的发展外，主要源于其应用的广泛性与强烈需求。它已逐渐渗透到人类社会的各个领域，成为经济发展的"倍增器"，科学文化与社会进步的"催化剂"。计算机科学的基本内容可概括为计算机科学理论、计算机组织与体系结构、计算机软件、计算机硬件、计算机应用技术及人工智能等领域。

2.1.1　计算机科学理论

计算机科学理论包括数值计算、离散数学、计算理论和程序理论四部分。

1. 数值计算

数值计算理论用于模拟物理过程或社会过程的各种算法的开发、分析和使用。早在 18 世纪与 19 世纪，高斯、牛顿、傅里叶等著名数学家就开发过数值计算方法，而计算机的诞生更大大促进了数值计算的发展。数值计算涉及的内容颇多，如方程求根、数值逼近、数值微分、数值积分、数值代数、线性代数方程组的数值解法、矩阵特征值计算、微分方程数值解法等。

2. 离散数学

离散数学泛指数学中讨论离散对象的分支。与连续数学不同，离散数学通常涉及整数，由于数字计算机是离散机，离散数学的重要性不言而喻。通常认为离散数学包括集合论、图论、组合学、数理逻辑、抽象代数、线性代数、差分方程、离散概率论等学科。

3. 计算理论

计算理论主要包括算法、算法学、计算复杂性理论、可计算性理论、自动机理论、形式语言理论等。算法是解题过程的精确描述，它包括有限多个规则，将算法作用于特定的输入集或问题描述，可导致由有限多个动作构成的动作序列；该动作序列具有唯一一个初始动作；序列中的每一动作具有一个或多个后继动作（序列中的末一动作的后继动作可视为空动作）；序列或者终止于问题的解，或者终止于一陈述，以表明问题对该输入集而言不可解。算法学是系统研究算法的学科，通常包括设计、验证及分析三部分。设计是创建算法的过程，并从中研究出良好的创建方法；验证在于证明算法的正确性，基本途径是数学归纳法；分析着重确定算法的效用，当一问题有多种算法可用时，则比较其相对效用。计算复杂性确定从数学上提出的问题的固有难度，通过研究计算复杂性，可以断定哪些问题是固有困难的，从而有助于寻求更为优越的算法。算法复杂性是针对特定算法而言，最佳算法复杂性等于计算复杂性，计算复杂性理论则是用数学方法研究各类问题的计算复杂性的学科，它在计算机科学技术中既有理论意义，又有实用价值。可计算性理论是研究计算的一般性质的数学理论，它通过建立计算的数学模型，精确区分哪些问题是可计算的，哪些问题是不可计算的。计算的过程就是执行算法的过程，主要包括图灵机、丘奇图灵论题、λ演算、原始递归函数、部分递归函数、递归集、递归可枚举集、可判定性等。自动机理论是研究被称作自动机的抽象理想机的数学学科。自动机是信息处理设备（如计算机）的抽象，多数自动机都是图灵机的特例。自动机理论一般包括有限自动机理论、无限自动机理论、概率自动机理论、细胞自动机理论等。形式语言理论是用数学方法研究自然语言（如英语）和人工语言（如程序设计语言）的语法的理论。形式语言就是模拟这些语言的数学工具，只研究语言的组成规则，不研究语言的含义；内容包括描述工具、文法分类（如乔姆斯基层次）、语言分类，以及各类语言的性质及其间的关系等。

4. 程序理论

程序理论研究程序的语义性质和程序的设计与开发，主要包括程序语义理论、数据类型理论、程序逻辑理论、程序验证理论、并发程序设计理论和混合程序设计理论等。程序理论和计算理论是计算机科学理论的两大支柱。程序语义理论是用数学方法研究程序语言的含义的理论，包括操作语义、公理语义、指称语义及代数语义等。此外，还有旨在用计算机研究代数演算的"计算机代数"及用计算机研究数学证明的"计算机数学"等。

2.1.2　计算机组织与体系结构

计算机体系结构着重研究计算机系统的物理或硬件结构、各组成部分的属性及这些部分的相互联系，可分为系统体系结构和实现体系结构两个方面。前者着重从系统软件开发人员的角度看计算机系统的功能行为和概念结构；后者从计算机系统的价格和性能特征出发，考虑该系统的结构和实现，包括中央处理器、存储器等部件的结构和实现。也有人认为计算机体系结构专指系统体系结构，而将实现体系结构称为计算机组织，可从不同角度来区分计算机类型。

计算机体系结构包括处理机体系结构、存储系统、并行处理系统、分布式处理系统等。处理机体系结构包括各种类型的处理机结构，特别是精简指令集计算机的体系结构对计算机的发展有重要的影响。存储系统具有层次结构。一般由四级存储器组成：第一级是寄存器（在中央处理器中）；第二级是高速缓冲存储器；第三级是主存储器；第四级是辅助存储器。这四级存储器都是实际存储器。虚拟存储器为用户提供比主存储器容量大得多的可随机访问地址空间。并行处理系统旨在突破单机运算速度与作业吞吐量的限制，以适应日益增长的巨大计算能力需求。它将多个处理机通过互联网络连接起来，实现并行处理。其体系结构大体上可分为单指令流多数据流和多指令流多数据流两种。由成千上万个微处理器构成的大规模并行处理系统和其他并行处理系统已经实现。分布式处理系统将不同地点或不同功能的多台计算机用通信网络连接起来，协同完成信息处理任务，主要包括客户-服务器计算、计算机簇、分布式异构型计算机系统等。

　　按计算机内数据表示的方式分，有数字计算机、模拟计算机、混合计算机等。按系统规模和性能分，有微型计算机、小型计算机、大型计算机、巨型计算机等。按用途分，有通用计算机和专用计算机，通用计算机能够处理不同类型的问题，专用计算机只适合处理某一类特定问题。按工作风格分，有基于冯·诺依曼结构的传统计算机和非传统计算机。传统计算机的特征是命令驱动、指令串行执行；非传统计算机可以是数据驱动或需求驱动、指令并行执行。

　　计算机组织包括数据表示、算术逻辑运算、指令系统、中央处理器、存储器组织和输入输出技术。数据表示包括二进制数制、浮点数标准和字符集；算术逻辑运算包括二进制算术运算和逻辑运算；指令系统包括指令类型、指令格式和寻址方式；中央处理器包括运算器、控制器、数据通路等；存储器组织包括各种存储器、存储器的差错校验及对存储器的性能评价；输入输出技术是主机和输入输出设备连接的技术，包括总线、输入输出通道、输入输出接口等。

2.1.3　计算机软件

　　计算机软件一般指计算机系统中的程序及其文档，也可以指在研究、开发、维护以及使用上述含义下的软件所涉及的理论、方法、技术所构成的学科。软件的作用主要包括三个方面：一是用作计算机用户与硬件之间的接口界面；二是在计算机系统中起指挥管理作用；三是计算机体系结构设计的重要依据。

　　一般来说，软件可分为系统软件、支撑软件及应用软件三类。系统软件是计算机系统中最靠近硬件层次的软件，如操作系统、编译程序等。它与具体的应用领域无关，解决任何领域的问题一般都要用到系统软件。支撑软件是支撑其他软件的开发与维护的软件，如软件开发环境。应用软件是特定应用领域的专用软件，如财务软件、订票软件等。上述分类也并非绝对，而是相互有所覆盖交叉和变动，三者既有分工，又相互结合，不能截然分开。

　　软件的基本内容包括软件语言、软件方法学、软件工程及软件系统。软件语言是用于书写软件的语言，包括书写软件需求定义的需求级语言、书写软件功能规约的功能级语言、书写软件设计规约的设计级语言、书写实现算法的实现级语言及书写软件文档的文档语言。软件方法学是以软件方法为研究对象的学科。从开发范型上看，有自顶向下的软件开发方法及自底向上的软件开发方法；从表现形式上看，有形式方法与非形式方法；从适用范围来看，有整体性方法与局部性方法。软件工程是应用计算机科学与数学原理制作软件的工程。它含有四个要素：第一为目标，如产品的正确性、可用性及价格合宜等。第二为范型，它反映软件开发过程的原则与风格。范型是模型的基础，模型是范型的体现，方法又是模型的体现。一般有功能分解范型、功能综合范型等。第三为过程，主要包括需求、设计、实现、确认以及支撑等阶段。第四为原则，主要涉及系统设计、软件设计、软件过程支撑及软件过程管理等方面，如认识需求的变动性、采用稳妥的设计方法、提供高水平的支撑、提供有效的管理等。

　　软件系统包括操作系统、语言处理系统、数据库系统、分布式软件系统、网络软件系统及人-机交互软件系统等。操作系统是用以管理系统资源的软件，旨在提高计算机的总体效用，一般包括存储管理、设备管理、信息管理、作业管理等。语言处理系统包括各种类型的语言处理程序，如解释程序、汇编程序、编译程序、编辑程序、装配程序等。数据库系统包括数据库及其管理系统。数据库是相互关联的在某种特定的数据模式指导下组织而成的各种类型的数据的集合。数据库管理系统则是为数据库的建立、使用和维护而配置的软件，它建立在操作系统的基础上，对数据库进行统一的控制和维护，一般包括模式翻译、应用程序的编译、查询命令的解释执行及运行管理等部分。分布式软件系统是管理、支撑分布式计算系统的软件系统，一般包括分布式操作系统、分布式程序设计语言及其编译程序、分布式数据库管理系统、分布式算法及其软件包、分布式开发工具包等。网络软件系统是在计算机网络环境中，用于支持数据通信和各种网络活动的软件系统，主要包括通信软件、网络协议软件和网络应用系统、网络服务管理系统及用于特殊网络站点的软件等。人-机交互软件系统是人-机交互系统中的软件子系统，一般包括人-机接口软件、命令语言及其处理系统、用户接口管理系统、多媒体软件、超文本软件等。

2.1.4　计算机硬件

计算机硬件是构成计算机系统的所有物质元器件、部件、设备及相应的工作原理与设计、制造、检测等技术的总称。计算机系统的部件和设备包括控制器、运算器、存储器、输入输出设备、电源等。元器件包括集成电路、印制电路板及其他磁性元件、电子元件等。

控制器用于控制整个计算机自动地执行程序指令，由指令部件、时序部件和操作控制部件三部分组成。控制器调动计算机各个部件参与运行，依次接受程序指令，进行解释，并把相应的控制信号送往各个部件以完成规定的操作。运算器用以实现二进制编码的算术与逻辑运算，由算术逻辑部件、累加器和通用寄存器等组成。运算器在控制器的控制和存储器的支持下，完成程序的算术和逻辑运算。存储器用来储存程序所需的数据和指令信息。根据不同的功能、结构与工作原理，存储器可分为半导体存储器、磁盘存储器、磁带存储器、光盘存储器等。输入输出设备是计算机和用户的交互接口部件，主要包括输入设备、输出设备及终端设备等三大类。输入设备有批式输入设备（如纸带输入机、软盘输入机等）、交互式输入设备（如键盘、鼠标器、触屏等）及语音、文字、图形输入设备等。输出设备有显示设备、印刷设备、语音输出设备、绘图仪等。终端是用户与网络进行交互操作以利用其计算机资源的一种设备，通常可分为两类：一类是通用终端，适用于一般用户；另一类是面向特定作业的终端，如商业收款机、银行柜员机等。

集成电路是微电子学和制造工艺技术高度发展的产物，它是将大量晶体管、二极管、电阻、电容等各种元件集成在一块半导体芯片上，以实现特定完整功能的器件。集成电路是现代计算机最主要的物质基础，它的发展大大促进了计算机体系结构和硬件的发展，促进了计算机科学技术的发展。

此外，计算机硬件还应包括计算机制造、计算机检测及计算机维护等技术。

2.2　计算机网络技术

计算机网络是计算机与通信技术相结合的产物，通过它可实现计算机之间的通信和资源共享，主要包括网络体系结构、网络协议、网络种类、网络互连、网络管理和网络应用，特别是因特网的应用。

2.2.1　计算机网络

1. 网络的定义

计算机网络（computer network）是利用通信设备和线路将地理位置不同的、功能独立的多个计算机系统连接起来，在网络软件及协议的支持下实现资源共享和信息传递的系统。最简单的计算机网络就只有两台计算机和连接它们的一条链路，即两个结点和一条链路。有时也能见到"计算机通信网"这一名词，其含义与"计算机网络"相同。"计算机通信"与"数据通信"这两个名词也常混用。前者强调通信的主体是计算机中运行的程序，后者强调通信的内容是数据。计算机网络向用户提供的最重要的功能是连通性和共享。

2. 网络的基本组成

计算机网络主要完成数据处理与数据通信两大功能。从逻辑功能上看，计算机网络可以分为资源子网和通信子网两部分。资源子网由主机系统、终端（客户机）、连接设备、各种软件资源和信息资源组成，负责网络的数据处理业务，向网络用户提供各种网络资源和网络服务。通信子网由通信控制处理机、通信线路和其他通信设备组成，负责完成网络数据传输、转发等通信处理任务。

计算机网络系统主要由网络通信系统、网络操作系统和网络应用系统组成。网络通信系统提供结点间的数据通信功能，涉及传输介质、拓扑结构及介质访问控制等一系列核心技术，决定着网络的性能。网络操作系统对网络资源进行有效管理，提供基本的网络服务、网络操作界面、网络安全性和可靠性等，是实现用户透明性访问网络必不可少的人机接口。网络应用系统是根据应用要求而开发的基于网络环境的应用系统，为网络用户提供各种服务。

2.2.2 计算机网络的类别

计算机网络分类的方法很多，从不同的角度观察网络系统，划分网络系统，可以得到不同的分类结果。

1. 按网络的作用范围分类

（1）个人区域网（personal area network，PAN）：覆盖范围一般为 10m 半径左右，是在个人范围内把属于个人使用的电子设备连接起来组成的网络，简称个域网。个域网允许设备围绕着一个人进行通信，具有活动半径较小、业务类型丰富、针对特定群体、实现无缝隙的连接等特点。一个常见的例子就是计算机通过无线网络与外部设备连接，能够有效地解决"最后的几米电缆"的问题。个域网通常的连接方式包括有线和无线两种：①有线连接，如 USB、Firewire 等。②无线连接，采用无线通信技术组成的个域网被称为无线个域网（wireless PAN，WPAN）。虽然个域网通常采用无线连接方式，但个域网不等同于无线个域网。经常使用的技术包括蓝牙（bluetooth）、射频识别（radio frequency identification，RFID）、超宽带（ultra wide band，UWB）等。

（2）局域网（local area network，LAN）：覆盖范围一般在几千米以内。局域网是在一个局部的地理范围内（如一个学校、工厂和机关内），将各种计算机、外部设备、软件及数据等资源互相连接起来组成的计算机通信网。它可以通过数据通信网或专用数据电路，与远方的局域网、处理中心相连接，构成一个较大范围的计算机网络。局域网被广泛用来连接个人计算机和消费类电子设备，实现资源共享和信息交换等。当局域网被用于学习、企业时，它们被称为校园网或企业网。

局域网的类型很多，若按网络使用的传输介质分类，可分为有线网和无线网；若按网络拓扑结构分类，可分为总线型、星型、环型、树型、混合型等；若按传输介质所使用的访问控制方法分类，又可分为以太网、令牌环网、FDDI 网和无线局域网等。其中，以太网是当前应用最普遍的局域网技术。

（3）城域网（metropolitan area network，MAN）：范围通常是一个城市。城域网是在一个城市范围内所建立的计算机网络，与 LAN 相比扩展的距离更长，连接的计算机数量更多，在地理范围上可以说是 LAN 网络的延伸。城域网一个重要用途是用作骨干网，作为一种公用设施，用来将多个局域网进行互连。城域网通常使用与 LAN 相似的技术，但城域网拥有独立的技术标准：分布式队列双总线（distributed queue dual bus，DQDB），即 IEEE802.6。

城域网的典型应用为宽带城域网，就是在城市范围内，以 IP 和 ATM 电信技术为基础，以光纤作为传输媒介，集数据、语音、视频服务于一体的高带宽、多功能、多业务接入的多媒体通信网络。

（4）广域网（wide area network，WAN）：范围通常为几十到几千千米。广域网也称为远程网（long haul network），通常跨接很大的物理范围，用来连接多个城市或国家，或横跨几个洲并能提供远距离通信，形成国际性的远程网络。广域网是因特网的核心部分，其任务是通过长距离运送主机所发送的数据，连接广域网各结点交换机的链路一般都是高速链路，且具有较大的通信容量。

2. 按使用者的不同分类

（1）公用网（public network）。公用网是指网络服务提供商建设，供公共用户使用的大型通信网络。"公用"的意思就是所有愿意按服务商的规定交纳费用的人都可以使用这种网络。因此，公用网也可称为公众网。

（2）专用网（private network）。专用网是某个部门为本单位的特殊业务工作的需要而建造的网络，这种网络不向本单位以外的人提供服务。例如，政府、军队、铁路、电力等系统均有本系统的专用网。

公用网和专用网都可以传送多种业务，如传送的是计算机数据，则分别是公用计算机网络和专用计算机网络。

2.2.3 计算机网络体系结构

计算机网络是个非常复杂的系统，其体系结构是用层次结构方法设计出来的，是计算机网络的各层及其协议的集合，或者是计算机网络及其构件所应完成的各种功能的精确定义。计算机网络的实现是在遵循这种体系结构的前提下用何种硬件或软件完成这些功能的问题。体系结构是抽象的，而实现是具体的，是真正在运行的计算机硬件和软件。

国际标准化组织（International Organization for Standardization，ISO）在 1977 年提出了开放系统互连基本参考模型 OSI/RM（Open System Interconnection Reference，OSI），在 1983 年形成了著名的 ISO 7498 国际标准，也就是计算机网络七层协议的体系结构，如图 2.1（a）所示。由于 OSI 标准制定周期长、过于复杂、缺乏商业驱动力等，现今规模最大、覆盖全世界的因特网并未使用法律上的国际标准 OSI，而是非国际标准的 TCP/IP，这样，四层结构的 TCP/IP 标准被称为事实上的国际标准，如图 2.1（b）所示。在学习计算机网络的基本原理时，通常综合 OSI 和 TCP/IP 的优点，采用一种只有五层协议的体系结构，如图 2.1（c）所示。

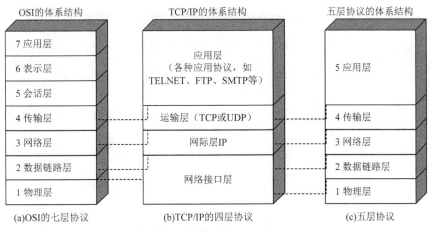

图 2.1　计算机网络体系结构

在网络分层体系结构中，每一个层次在逻辑上都是相对独立的，每层都有具体的功能。层与层之间的功能有明显的界线，相邻层之间有接口标准，接口定义了低层向高层提供的操作服务。

在计算机网络中要做到有条不紊地交换数据，就必须遵守一些事先约定好的规则。这些规则明确规定了所交换的数据的格式及有关的同步问题。这些为进行网络中的数据交换而建立的规则、标准或约定称为网络协议（network protocol），也可简称为协议。

2.2.4　Internet

Internet 指当前全球最大的、开放的、由众多网络相互连接而成的特定的计算机网络，采用 TCP/IP 协议族作为通信的规则，是在美国早期的军用计算机网 ARPANET（阿帕网）的基础上经过不断发展变化而形成的。1985 年，美国国家科学基金会（National Science Foundation，NSF）围绕六个大型计算机中心建立用于支持科研和教育的全国性规模的 NSFNET（国家科学基金网），覆盖了美国主要的大学和研究所，成为因特网中的主要组成部分。1991 年起，因特网使用范围不断扩大，世界上各国通过远程通信，将本地的计算机和网络接入因特网，用户快速增加，使其成为世界上最大的互联网络。

1. Internet 的组成

因特网作为"网络的网络"，用户数以十亿计，互连的网络数以百万计，其拓扑结构非常复杂，并且在地理上覆盖了全球，但从其工作方式上看，可以划分为两大部分（图 2.2）。

（1）边缘部分：由所有连接在因特网上的主机组成。这部分是用户直接使用的，用来进行通信（传送数据、音频或视频）和资源共享。

大家通常把连接在因特网上的计算机都称为主机，这些主机又称为端系统（end system），"端"就是"末端"的意思，即因特网的末端，因特网的边缘部分就是所有端系统。端系统在功能上有很大的差别，小的端系统可以是一台具有上网的智能终端（如手机、笔记本电脑、平板电脑、普通个人电脑等），甚至可能是体积更小的能够利用因特网通信的智能传感器；而大的端系统则可能是一台体积巨大、复杂而昂贵的大型计算机系统。端系统的拥有者可以是个人，也可以是单位，甚至可以是因特网服务提供者。边缘部分利用核心部分所提供的服务，使众多端系统之间能够互相通信并交换、共享信息。

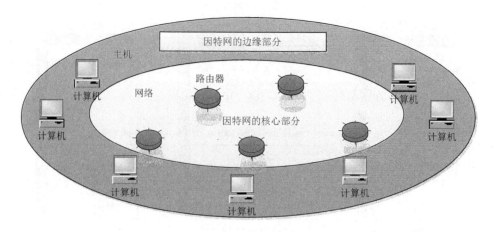

图 2.2　Internet 的组成示意图

（2）核心部分：由大量网络和连接这些网络的路由器组成。这部分要向网络边缘中的大量主机提供连通性，使边缘部分中的任何一个主机都能够向其他主机通信，传送或接收各种形式的数据，因此，网络核心部分是因特网中最复杂的部分。因特网的核心部分由许多网络和把它们互连起来的路由器组成。在网络核心部分起特殊作用的是路由器（router），路由器是实现分组交换（packet switching）的关键构件，其任务是转发收到的分组，即进行分组交换，这是网络核心部分最重要的功能。

在因特网核心部分的路由器之间一般都用高速链路相连接，而在网络边缘的主机接入核心部分则通常以相对较低速率的链路相连接。

2. Internet 的接入

因特网服务提供者（internet service provider，ISP）是众多企业和个人用户接入因特网的桥梁，在许多情况下，ISP 就是一个进行商业活动的公司，因此，ISP 又常被译为因特网服务提供商。例如，中国电信、中国联通和中国移动就是我国最有名的 ISP。

因特网上的主机都必须拥有 IP 地址、通信线路及路由器等联网设备才能够上网，而 IP 地址管理机构只是将一批 IP 地址打包有偿租赁给经审查合格的 ISP，ISP 拥有大量的 IP 地址，同时 ISP 通过自己建立或租赁拥有了通信线路，因此，任何个人和机构只要向某个 ISP 缴纳规定的费用，就可以获得 IP 地址的使用权，并通过该 ISP 接入因特网。所以说，当计算机连接因特网时，它并不是直接连接到因特网，而是采用某种方式与 ISP 提供的某一种服务器连接起来，通过它再接入因特网。

在因特网发展初期，用户通常利用电话的用户线通过调制解调器连接到 ISP，为了提高用户的上网速率，近年来已经有多种宽带技术被广为使用。

3. TCP/IP 的体系结构

TCP/IP 协议是因特网赖以存在的基础，是因特网各种协议中最基本的协议，也是最重要和最著名的两个协议，即传输控制协议（transmission control protocol，TCP）和网际协议（internet protocol，IP）。因特网中计算机之间的通信必须遵循 TCP/IP 通信协议。往往人们所提到的 TCP/IP 协议，通常是指因特网所使用的体系结构或是指整个的 TCP/IP 协议族。TCP/IP 协议族的体系结构如图 2.3 所示，从上到下依次是应用层、传输层、网际层和网络接口层。

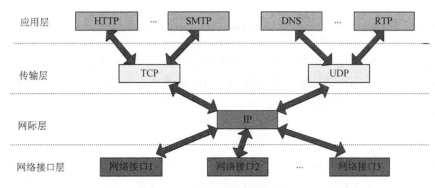

图 2.3　TCP/IP 协议族示意图

1）网络接口层

网络接口层与 OSI 参考模型中的物理层和数据链路层相对应，是 TCP/IP 与各种 LAN 和 WAN 的接口。网络接口层在发送端将上层的 IP 数据报封装成帧后发送到网络上；数据帧通过网络到达接收端时，接收端的网络接口层对数据帧拆封，并检查帧中包含的 MAC 地址。如果该地址是本机的 MAC 地址或是广播地址，则上传网际层，否则丢弃该数据帧。

网络接口层上运行的是互联网网上的协议，如以太网（Ethernet）协议、令牌环网（Token Ring）协议等。

2）网际层

网际层主要解决的是计算机到计算机之间的通信问题，主要功能包括：把传输层产生的报文段或用户数据报封装成分组或包，填充报头、选择路径后将包发往适当的接口，处理数据包，处理网络控制报文等。

IP 协议的基本任务是在因特网中传送 IP 数据包，具体包括数据包的传输、数据包的路由和拥塞控制等功能，同时详细地规定了 IP 数据包的格式。

3）传输层

传输层用于解决不同计算机进程之间的通信问题，为两个主机中进程之间的通信提供通用的数据传输服务。在传输层，信息的传送单位是报文。当报文较长时，先要把它分割成若干个分组，然后交给下一层（网际层）进行传输。

传输层有两个主要协议：传输控制协议（transmission control protocol，TCP）和用户数据报协议（user datagram protocol，UDP）。其中，TCP 提供面向连接的、可靠的数据传输服务，能保证信息无差错地从发送端应用程序传送到目的主机上的应用程序。TCP 具有差错控制、数据报排序和流量控制、多路复用、优先权和安全性控制等功能，其数据传输的单位是报文段。

UDP 提供无连接的、尽最大努力的数据传输服务，其数据传输的单位是用户数据报。

UDP 只负责数据包的发出，不考虑对方的接收情况。因此，UDP 速度快、可靠性低，而 TCP 的速度较慢，但可靠性较高。

4）应用层

应用层定义了应用程序使用因特网的规范，提供一组常用的应用程序给用户。在应用层，用户调用访问网络的应用程序，通过应用进程间的交互来完成特定的网络应用。

在因特网的应用层协议很多，目前广泛使用的主要有超文本传输协议（hyper text transfer procotol，HTTP）、简单邮件传输协议（simple mail transfer protocol，SMTP）、域名系统（domain name system，DNS）、文件传输协议（file transfer protocol，FTP）等。

如图 2.3 所示，应用层和网络接口层都有多种协议，而中间的 IP 层很小，上层的各种协议都向下汇聚到一个 IP 协议中。这种很像沙漏计时器形状的 TCP/IP 协议族表明，TCP/IP 协议可以为各种的应用提供服务，同时也允许 IP 协议在各种的网络构成的互联网上运行，即 everything over IP 和 IP over everything。这也是今天因特网成为全球最大互联网络的重要原因。

4. IP 地址

IP 地址是给因特网上的每一个主机（或路由器）的每一个接口分配一个在全世界范围内唯一的标识符，IP 地址的结构使人们可以在因特网上很方便地进行寻址。IP 地址现在由因特网名字与数字分配机构（Internet Corporation for Assigned Names and Numbers，ICANN）进行分配。由 32 位二进制数组成的地址称为 IPv4 地址，为了提高可读性，通常将这 32 位二进制数分成 4 段，每段包含 8 位二进制数。为了便于应用，将每段都转换为十进制数，段与段之间用"."隔开，称为点分十进制，如 192.168.0.1。IP 地址采用层次结构，由网络号和主机号组成。这种两级的 IP 可记为

$$IP 地址：: =\{<网络号>，<主机号>\}$$

其中，"：: ="表示定义为，网络号用来标识一个逻辑网络，主机号用来标识网络的一个接口。

IP 地址的编址方法共经历了分类的 IP 地址、子网的划分和构成超网三个历史阶段。IP 地址具有以下一些重要特点。

（1）IP 地址是一种分等级的地址结构。分两个等级的好处是：IP 地址管理机构在分配 IP 地址时只分配网络号，而剩下的主机号则由得到该网络号的单位自行分配，这样就方便了 IP 地址的管理。路由器仅根据目的主机所连接的网络号来转发分组（而不考虑目的主机号），这样就可以使路由表中的项目数大幅度减少，从而减小了路由表所占的存储空间及查找路由表的时间。

（2）实际上 IP 地址是标志一个主机（或路由器）和一条链路的接口。当一个主机同时连接到两个网络上时，该主机就必须同时具有两个相应的 IP 地址，其网络号 net-id 必须是不同的。这种主机称为多归属主机（multihomed host）。因为一个路由器至少应当连接到两个网络以实现将 IP 数据报从一个网络转发到另一个网络，所以一个路由器至少应当有两个不同的 IP 地址。

（3）按照因特网的观点，一个网络是指具有相同网络号的主机的集合，因此，用转发器或网桥连接起来的若干个局域网仍为一个网络，因为这些局域网都具有同样的网络号。具有不同网络号的局域网必须使用路由器进行互连。

（4）在所有的 IP 地址中，因特网同等对待每一个 IP 地址，所有分配到网络号的网络都是平等的。

5. 域名系统

域名系统（domain name system，DNS）是因特网使用的命名系统，通过为每台主机建立域名与 IP 地址的映射关系，用户在访问因特网时可以避免记忆用数字表示的 IP 地址，只需记忆对应的域名即可。

因特网的域名系统被设计成一个遍布在因特网上的联机分布式数据库系统，采用客户-服务器（C/S）工作模式。域名系统的基本任务是将文字表示的域名翻译成 IP 协议能够理解的

IP 地址格式，而通过域名获得对应的 IP 地址的过程称为域名解析。域名解析是由分布在因特网上的许多域名服务器程序共同完成的。域名服务程序在专设的结点上运行，而人们通常把运行域名服务器程序的机器称为域名服务。域名系统使大多数名字都在本地进行解析，仅少量解析需要在因特网上通信，因此域名系统的效率很高。同时，由于域名系统是分布式系统，即使单个域名服务器出现故障，也不会妨碍整个系统的正常运行。

目前，因特网的域名采用层次树状结构的命名方法，任何一个连接在因特网上的主机都有一个唯一的层次结构的名字，即域名（domain name）。这里，域是名字空间中一个可被管理的划分，域还可以划分为子域，而子域还可以继续划分为子域的子域，这样就形成了顶级域、二级域、三级域等。每一个域名都由标号序列组成，而各标号之间用"."隔开，分别代表不同级别的域名。

域名服务器的组织采用层次化的分级结构。每个域名服务器只对域名系统一部分内容进行管理，即只包含整个域名数据库的一部分信息。例如，根服务器用来管理顶级域名，不负责对顶级域名以下的各级域名进行管理，但根服务器一定能够找到所有的二级域名服务器。也就是说，域名服务器除了负责域名到 IP 地址的解析外，还必须具有与其他域名服务器通信的能力，一旦出现不能进行域名解析的情况，也能够知道如何去联络其他域名服务器，以完成域名解析工作。

为了提高解析效率，减少查询开销，每个域名服务器都维护一个高速缓存，存放最近解析过的域名和对应的 IP 地址。这样，当用户下次再查找该主机时，可以跳过每项查找过程，直接从高速缓存中查找到该主机的 IP 地址，极大地缩短了查找时间，加快了查询过程，同时也减轻了根域名服务器的查找负担。

6. Internet 基本服务

目前，因特网所提供的服务有很多，其中基本服务有万维网、文件传输、远程登录、电子邮件、网上寻呼等。

1）万维网

WWW（world wide web）即万维网，简称 Web。WWW 是以超文本标记语言（hyper text markup language，HTML）与超文本传输协议 HTTP 为基础，能够以十分友好的接口提供 Internet 信息查询服务的多媒体信息系统。WWW 的结构采用客户机/服务器工作模式，所有的客户端和 Web 服务器统一使用 TCP/IP 协议，使得客户端和服务器的逻辑连接变成简单的点对点连接，用户只要提出查询请求就可以自动完成查询操作。

2）文件传输

文件传输协议（FTP）是 Internet 上使用得最广泛的文件传送协议。FTP 采用客户机/服务器工作方式，用户计算机称为客户机，远程提供 FTP 服务的计算机称为 FTP 服务器。利用 FTP 传输文件的方式主要有三种：FTP 命令行、浏览器和 FTP 下载工具。

3）远程登录（Telnet）

Telnet 采用客户机/服务器工作方式。进行远程登录时需要满足以下条件：在本地计算机上必须装有包含 Telnet 协议的客户程序；必须知道远程主机的 IP 地址或域名；必须知道登录用户名和密码。一旦登录成功，用户便可使用远程计算机对外开放的全部信息和资源。

4）电子邮件

电子邮件（electronic mail，Email）是一种利用计算机网络交换电子信件的通信手段，是互联网上使用最多、最受欢迎的一种服务。电子邮件将邮件发送到收信人的邮箱中，收信人可随时进行读取。电子邮件不仅能传递文字信息，还可以传递图像、声音、动画等多媒体信息。电子邮件系统采用客户机/服务器工作模式，由邮件服务器端和邮件客户端两部分组成。

5）网上寻呼

网上寻呼可以及时地传送文字信息、语音信息、聊天和发送文件。使用网上寻呼，首先要在计算机中安装一个寻呼软件，通过软件登录到网络寻呼服务器，提出申请并获得一个唯一的寻呼号码。有了寻呼号码后，就能寻找并添加网友，别人也可以添加你为好友。通过网上寻呼可以与在线的朋友发消息、聊天等，这些操作都是即时的。

2.3　数据库技术

数据库技术研究和管理的对象是数据，根本目标是解决数据的共享问题，所涉及的具体内容主要包括：通过对数据的统一组织和管理，按照指定的结构建立相应的数据库；利用数据库管理系统设计出能够实现对数据库中的数据进行添加、修改、删除、处理、分析、理解和打印等多种功能的数据管理和数据挖掘应用系统；并利用应用管理系统最终实现对数据的处理、分析和理解。数据库技术是通过研究数据库的结构、存储、设计、管理及应用的基本理论和实现方法，并利用这些理论来实现对数据库中的数据进行处理、分析和理解的技术。数据库技术涉及许多基本概念，主要包括信息、数据、数据模型、数据库、数据库管理系统及数据库系统等。

2.3.1　数据模型

数据模型（data mode）是对现实世界数据特征的抽象，是数据库系统的核心和基础。数据库技术的发展是沿着数据模型的主线推进的，现有数据库系统都是基于某种数据模型的。因此，对数据库系统发展阶段的划分应该以数据模型的发展演变为主要依据和标志。按照数据模型的发展演变过程，数据库技术从开始到如今短短的 30 年中，主要经历了三个发展阶段：第一代是网状和层次数据库系统；第二代是关系数据库系统；第三代是以面向对象数据模型为主要特征的数据库系统。

1. 数据模型的层次类型

因为计算机无法直接处理现实世界中的具体事物，所以人们必须首先通过数字化将具体事物转换成计算机能够处理的数据，使用数据模型实现对现实世界中具体的人、物、活动、概念等的抽象、表示和处理。通俗地讲，数据模型就是现实世界的模拟。数据模型按不同的应用层次分成三种类型：分别是概念数据模型（conceptual data model）、逻辑数据模型（logical data model）、物理数据模型（physical data model）。

（1）概念数据模型也称为信息模型，是按用户的观点来对数据和信息建模，主要用于数据库设计。概念数据模型是现实世界到信息世界的第一层抽象，是面向数据库用户的现实世界的模型，用来描述世界的概念化结构。概念数据模型既是数据库设计人员进行数据库设计的有力工具，也是数据库设计人员和用户之间交流的语言。概念数据模型的常用表示方法包括实体-联系方法（entity-relationshipapproach，E-R）、扩展的实体-联系方法等。

（2）逻辑数据模型是按计算机系统的观点对数据建模，主要用于数据库管理系统的实现。逻辑数据模型是具体的数据库管理系统所支持的数据模型，主要包括层次模型（hierarchical model）、网状模型（network model）、关系模型（relational model）、面向对象数据模型

（objectoriented data model）和对象关系数据模型（object relational data model）等。从概念数据模型到逻辑数据模型的转换通常由数据库设计人员或数据库辅助设计工具协助完成。

（3）物理数据模型是对数据最底层的抽象，是面向计算机系统的模型，描述了数据在储存介质上的组织结构和访问方法。物理数据模型的实现与数据库管理系统有关，并且与操作系统和硬件设备有关。从逻辑数据模型到物理数据模型的转换主要由数据库管理系统完成，数据库设计人员要了解和选择物理模型，对于最终用户则是透明的。

2. 数据模型的组成

数据模型是严格定义的一组概念的集合，这些概念精确地描述了数据库系统的静态特性、动态特性和完整性约束条件。数据模型所描述的内容主要包括三方面。

（1）数据结构主要用于描述数据的静态特征，包括数据的结构和数据间的联系，描述数据库的组成对象及对象间的联系。数据结构是刻画一个数据模型性质最重要的方面，数据操作和约束都基本建立在数据结构上。因此，在数据库系统中，通常按照其数据结构的类型命名数据模型。例如，层次结构、网状结构和关系结构的数据模型分别为层次模型、网状模型和关系模型。数据结构是对系统静态属性的描述。

（2）数据操作是指对数据库中各种对象的实例允许执行的操作的集合，在数据库中能够进行查询、修改、删除现有数据或增加新数据的各种数据访问方式，并且包括数据访问相关的规则。数据操作是对系统动态特性的描述。

（3）数据的完整性约束条件是一组完整的规则。完整性规则是给定的数据模型中数据及其联系所具有的制约和依存规则，用以限定符合数据模型的数据库状态及状态的变化，以保证数据的正确、有效和相容。数据模型应该反映和规定其必须遵守基本和通用的完整性约束条件，并提供定义完整性条件的机制，以反映具体应用所涉及的数据必须遵守的特定的语义约束条件。

3. 常用的数据模型

层次模型、网状模型和关系模型是三种最常用的数据模型，其中，层次模型和网状模型统称为格式化模型。

（1）层次模型是数据库系统中最早出现的数据模型，采用树形结构来表示各类实体及实体间的联系。现实世界中，如行政机构等许多实体之间的联系就是层次关系。层次模型中每个结点表示一个记录类型（实体），每个记录类型可包含若干个字段（实体的属性），结点间的连线（有向边）表示记录类型之间一对多的父子联系。在层次模型中，有且只有一个根结点（没有双亲结点的结点），其他结点有且只能有一个双亲结点。层次模型的典型示例如图 2.4 所示，看起来像一棵倒立的树。层次模型具有任何一个给定的记录值只能按其层次路径查看、没有一个子女记录能够脱离双亲记录而独立存在的特点。

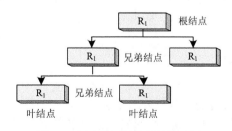

图 2.4　层次模型的数据结构示例

层次模型主要优点包括数据结构简单清晰、查询效率高及具有良好的完整性支持等，但其具有不适合表示多对多等非层次性联系、结构呆板等明显的缺点。

（2）网状模型是一种比层次模型更具有普遍性的结构，允许有多个结点没有双亲结点，允许结点有多个双亲结点，同时允许两个结点之间有多种联系（复合联系）。因此，网状模型可以更直接地描述现实世界。这样，层次模型成了网状模型的一个特例。如图 2.5 所示，由于网状模型中实体之间的联系不唯一，需要指出与该联系有关的双亲记录和子女记录，并为其命名。

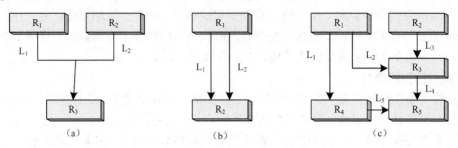

图 2.5　网状模型的数据结构示例

网状模型能够明确而方便地描述现实世界，具有较高的存取效率；但其数据结构比较复杂，必须选择适当的存取路径访问数据，用户必须了解系统结构的细节，不容易使用。

（3）关系模型建立在严格的数学概念基础之上，其数据结构非常简单，只包含关系——一种数据结构；但可以表达丰富的语义，描述出现实世界的实体及实体之间的各种联系。也就是说，在关系模型中，现实世界的实体及实体间的各种联系都是用单一的结构类型即关系来表示。从用户观点来看，关系模型由一组关系组成，每个关系的数据结构计算一张规范化的二维表，如表 2.1 所示。

表 2.1　关系模型的数据结构示例

学号	姓名	年龄	性别	学院
2016001	赵恒顺	18	男	金融
2016002	钱多多	17	男	会计
2016003	孙富贵	17	男	历史
⋮	⋮	⋮	⋮	⋮

关系模型数据结构简单清晰，概念单一，用户易懂易用。同时，关系模型的存取路径对用户是透明的，具有更高的数据独立性和更好的安全保密性，简化了数据库开发建立工作和程序员的工作。虽然关系模型的查询效率往往低于格式化数据模型，但是依然深受用户喜爱、发展迅速，采用关系模型的关系数据库系统的研究和发展也取得了辉煌的成就。

2.3.2　数据库系统

数据库系统（data base system，DBS）是为适应数据处理的需要而发展起来的一种较为理想的数据处理系统，也是一个为实际可运行的存储、维护和应用系统提供数据的软件系统，是存储介质、处理对象和管理系统的集合体。数据管理员负责创建、监控和维护整个数据库，使数据能被任何有权使用的人有效使用。数据库管理员一般由业务水平较高、资历较深的人员担任。

1. 数据库系统的组成

数据库系统通常由软件、数据库、数据库管理系统、应用系统、数据库管理员和用户构成。其软件主要包括操作系统、各种宿主语言、实用程序及数据库管理系统。数据库由数据库管理系统统一管理，数据的插入、修改和检索均要通过数据库管理系统进行。如图 2.6 所示，数据库系统一般由数据库、数据库管理系统（及其开发工具）、应用系统和数据库管理员几个部分组成。

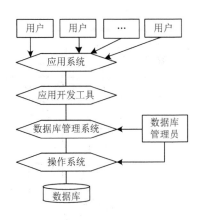

图 2.6 数据库系统

1）硬件平台及数据库

指构成计算机系统的各种物理设备，包括存储所需的外部设备。硬件的配置应满足整个数据库系统的需要。因为数据库系统数据量都很大，加之数据库管理系统丰富的功能使得自身的规模也很大，所以整个数据库系统对硬件资源提出了较高的要求，主要包括足够大的内存（存放操作系统、数据库管理系统的核心模块、数据缓冲区和应用程序）、充足容量的存储介质（存放数据库及备份）和较高的 I/O 通道能力。

2）软件

数据库系统的软件主要包括支持数据库管理系统运行的操作系统、数据库管理系统、具有与数据库接口的高级语言及其编译系统、以数据库管理系统为核心的应用开发工具及为特定应用环境开发的数据库应用系统。数据库管理系统是数据库系统的核心软件，是在操作系统的支持下工作，解决如何科学地组织和存储数据，如何高效获取和维护数据的系统软件。对数据库的一切操作，如原始数据的装入、检索、更新、再组织等，都是在 DBMS 的指挥、调度下进行的，它是用户与物理数据库之间的桥梁，根据用户的命令对数据库执行必要的操作。其主要功能包括：数据定义功能、数据操纵功能、数据库的运行管理和数据库的建立与维护。

3）人员

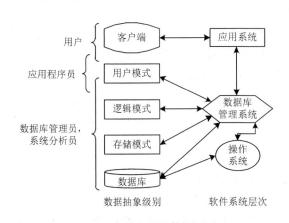

图 2.7 各种人员的数据视图

人员主要有四类，如图 2.7 所示。第一类为系统分析员和数据库设计人员：系统分析员负责应用系统的需求分析和规范说明，他们和用户及数据库管理员一起确定系统的硬件配置，并参与数据库系统的概要设计。数据库设计人员负责数据库中数据的确定、数据库各级模式的设计。第二类为应用程序员，负责编写使用数据库的应用程序。这些应用程序可对数据进行检索、建立、删除或修改。第三类为最终用户（end user），他们利用系统的接口或查询语言访问数据库。最终用户通过应用系统的用户接口使用数据库。常用的接口方式有浏览器、菜单驱动、表格操作、图形显示、报表等。第四类为数据库管理员（data base administrator，DBA），负责数据库的总体信息控制。DBA 的具体职责包括：定义具体数据库中的信息内容和结构，决定数据库的存储结构和存取策略，定义数据库的安全性要求和完整性约束条件，监控数据库的使用和运行，负责数据库的性能改进、数据库的重组和重构，以提高系统的性能。

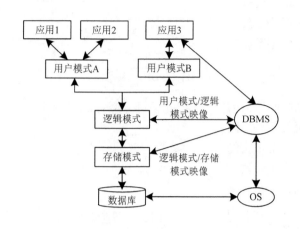

图 2.8　数据库系统的三级模式结构

2. 数据库系统的模式

数据库系统的系统结构通常采用三级模式结构，即由用户模式（外模式）、逻辑模式（模式）和存储模式（内模式）构成，如图 2.8 所示。其中，模式是数据库中全体数据的逻辑结构和特征的描述，是相对稳定的。模式的一个具体值称为模式的一个实例，是相对变动的。模式反映的是数据的结构及其联系，实例反映的是数据库某一时刻的状态。

（1）用户模式，又称为外模式（external schema）或子模式（sub schema），是数据库用户（包括应用程序员和最终用户）能够看见和使用的局部数据的逻辑结构与特征的描述，是数据库用户的数据视图，是与某一应用有关的数据的逻辑表示。用户模式是保证数据库安全性的一个有力措施。每个用户只能看见和访问所对应的用户模式中的数据，数据库中的其余数据是不可见的。数据库管理系统提供用户模式描述语言（用户模式 DDL）来严格地定义用户模式。

（2）逻辑模式，也称模式（schema），是数据库中全体数据的逻辑结构与特征的描述，是所有用户的公共数据视图。逻辑模式是数据库系统模式结构的中间层，既不涉及数据的物理存储细节和硬件环境，又与具体的应用程序、所使用的应用开发工具及高级程序设计语言无关。模式实际上是数据库数据在逻辑级上的视图。数据库模式以某一种数据模型为基础，统一综合地考虑了所有用户的需求，并将这些需求有机地结合成一个逻辑整体。定义模式时不仅要定义数据的逻辑结构，如数据记录由哪些数据项构成，数据项的名字、类型、取值范围等，而且要定义数据之间的联系，定义与数据有关的安全性、完整性要求。一个数据库只有一个模式。数据库管理系统提供模式定义语言（模式 DDL）来严格地定义模式。

外模式通常是模式的子集。一个数据库可以有多个外模式。由于它是各个用户的数据视图，如果不同的用户在应用需求、看待数据的方式、对数据保密的要求等方面存在差异，则其用户模式描述就是不同的，即使对模式中同一数据，在外模式中的结构、类型、长度、保密级别等都可以不同。另外，同一外模式也可以为某一用户的多个应用系统所使用，但一个应用程序只能使用一个外模式。

（3）存储模式（storage schemal），也称为内模式（internal schemal），是数据物理结构和存储方式的描述，是数据在数据库内部的组织方式。一个数据库只有一个存储模式。例如，记录的存储方式是堆存储，还是按照某个（些）属性值的升（降）序存储，还是按照属性值聚簇（cluster）存储；索引按照什么方式组织，是 B+树索引还是 hash 索引；数据是否压缩存储，是否加密；数据的存储记录结构有何规定，如定长结构或变长结构，一个记录不能跨物理页存储等。

3. 数据库系统独立性

数据库系统的三级模式是数据的三个抽象级别，它把数据的具体组织留给数据库管理系统管理，使用户能逻辑地、抽象地处理数据，而不必关心数据在计算机中的具体表示方式与存储方式。为了能够在系统内部实现这三个抽象层次的联系和转换，数据库管理系统在这三级模式之间提供了两层映像：用户模式/逻辑模式映像和逻辑模式/存储模式映像，如图 2.8 所示。通过这两层映像使数据库系统中的数据能够具有较高的逻辑独立性和物理独立性。

1）用户模式/逻辑模式映像

逻辑模式描述的是数据的全局逻辑结构，用户模式描述的是数据的局部逻辑结构。对应于同一个逻辑模式可以有任意多个用户模式。每一个用户模式，数据库系统都有一个用户模式/逻辑模式映像，它定义了该用户模式与逻辑模式之间的对应关系。这些映像定义通常包含在各自用户模式的描述中。

当模式改变时（如增加新的关系、新的属性、改变属性的数据类型等），由数据库管理员对各个用户模式/逻辑模式的映像作相应改变，可以使用户模式保持不变。应用程序是依据数据的用户模式编写的，从而应用程序不必修改，保证了数据与程序的逻辑独立性，简称数据的逻辑独立性。

2）逻辑模式/存储模式映像

数据库中只有一个逻辑模式，也只有一个存储模式，所以逻辑模式与存储模式映像是唯一的，它定义了数据全局逻辑结构与存储结构之间的对应关系。例如，说明逻辑记录和字段在内部是如何表示的，该映像定义通常包含在逻辑模式描述中。当数据库的存储结构改变了（如选用了另一种存储结构），由数据库管理员对逻辑模式/存储模式映像作相应改变，可以使逻辑模式保持不变，从而应用程序也不必改变。这保证了数据与程序的物理独立性，简称数据的物理独立性。

4. 数据库的特点

数据库不同层次之间的联系是通过映射进行转换的。数据库具有以下主要特点。

（1）实现数据共享。数据共享包含所有用户可同时存取数据库中的数据，也包括用户可以用各种方式通过接口使用数据库，并提供数据共享。

（2）减少数据的冗余度。同文件系统相比，由于数据库实现了数据共享，从而避免了用户各自建立应用文件，减少了大量重复数据及数据冗余，维护了数据的一致性。

（3）数据的独立性。数据的独立性包括数据库中数据库的逻辑结构和应用程序相互独立，也包括数据物理结构的变化不影响数据的逻辑结构。

（4）数据实现集中控制。文件管理方式中，数据处于一种分散的状态，不同的用户或同一用户在不同处理中其文件之间毫无关系。利用数据库可对数据进行集中控制和管理，并通过数据模型表示各种数据的组织及数据间的联系。

（5）数据一致性和可维护性，以确保数据的安全性和可靠性。主要包括：①安全性控制。防止数据丢失、错误更新和越权使用。②完整性控制。保证数据的正确性、有效性和相容性。③并发控制。使在同一时间周期内，允许对数据实现多路存取，又能防止用户之间的不正常交互作用。④故障的发现和恢复。由数据库管理系统提供一套方法，可及时发现故障和修复故障，从而防止数据被破坏。

2.3.3 数据库管理系统

数据库管理系统（DBMS）是操纵和管理数据库的软件系统，所有的数据库管理系统软件都是基于某种数据模型或者说是支持某种数据模型的，用于建立、使用和维护数据库，并对数据库进行统一的管理和控制，以保证数据的安全性和完整性。数据库管理系统位于用户和操作系统之间，与操作系统一样属于计算机的系统软件。数据库管理系统提供了良好的界面接口供用户访问数据库中的数据，方便地定义和操纵数据，以及进行多用户下的并发控制和数据恢复。通过数据库管理系统，多个应用程序和用户可以用不同的方法在同时或不同时刻去建立、修改和查询数据库。

1. 数据库管理系统功能

数据库管理系统是由众多的程序模块组成的大型软件系统，主要功能包括以下几方面。

1）数据定义功能

数据库管理系统提供了数据定义语言（data definition language，DDL），用户使用数据定义语言可以方便地对数据库中的数据对象的组成与结构进行定义，定义的数据库逻辑结构、完整性约束和物理存储结构被保存在数据字典（data dictionary，DD）中，作为数据库的各种数据操作（如查询、修改、插入和删除等）和数据库维护管理的依据。

2）数据组织、存储和管理

数据库管理系统要分类组织、存储和管理各种数据，包括数据字典、用户数据、数据的存取路径等。要确定以何种文件结构和存取方式在存储介质上组织这些数据，如何实现数据之间的联系。数据组织和存储的基本目标是提高存储空间利用率和方便存取，提供多种存取方法（如索引查找、hash查找、顺序查找等）来提高存取效率。

3）数据操纵功能

数据库管理系统提供数据操纵语言（data manipulation language，DML），用户可以使用DML操纵数据，实现对数据库的基本操作，如查询、插入、删除和修改等。

4）数据库的事务管理和运行管理

数据库在建立、运用和维护时由数据库管理系统统一管理、统一控制，以保证数据的安全性、完整性、多用户对数据的并发使用及发生故障后的系统恢复。

5）数据库的建立和维护功能

数据库管理系统提供一系列管理工具或实用程序，以实现数据库初始数据的输入、转换功能，数据库的转储、恢复功能，数据库的重组织功能和性能监视、分析功能等。

6）其他功能

其他功能包括数据库管理系统与网络中其他软件系统的通信功能；一个数据库管理系统与另一个数据库管理系统或文件系统的数据转换功能；异构数据库之间的互访和互操作功能等。

2. 数据库管理系统的结构

数据库管理系统的结构可以根据处理对象的不同，从最高级到最低级划分成若干层次，清晰、合理的层次结构可以使用户清楚地认识数据库管理系统。图2.9是一个关系型数据库管理系统的层次结构示例，包括了与数据库管理系统密切相关的应用层和操作系统，其层次结构划分思想具有普遍性。

1）应用层

应用层是数据库管理系统与用户和应用程序的界面层，处理的对象是各种各样的数据库应用，如用开发工具开发的嵌入式SQL、存储过程等编写的应用程序及终端用户通过应用接口发出的事务请求或各种查询要求等。

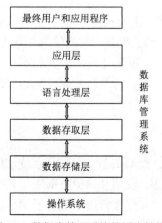

图2.9　数据库管理系统的层次结构

2）语言处理层

语言处理层处理的对象是数据库语言，如 SQL。向上提供的数据接口是关系、视图，即元组的集合。其功能是对数据库语言的各类语句进行语法分析、视图转换、安全性检查、完整性检查、查询优化等。通过对下层基本模块的调用，生成可执行代码，这些代码的运行即可完成数据库语句的功能请求。

3）数据存取层

数据存取层处理的对象是单个元组。它把上层的基于集合的操作转换为基于单记录的操作，执行扫描（如表扫描）、排序、元组的查找、插入、修改、删除、封锁等基本操作，完成数据记录的存取、存取路径维护、事务管理、并发控制和恢复等工作。

4）数据存储层

数据存储层处理的对象是数据页和系统缓冲区。执行文件的逻辑打开、关闭、读页、写页、缓冲区读写、页面淘汰等操作，完成缓冲区管理、内外存交换、外存的数据管理等功能。

5）操作系统

操作系统是数据库管理系统的基础，它处理的对象是数据文件的物理块，执行物理文件的读写操作，保证数据库管理系统对数据逻辑上的读写真实地映射到物理文件上。操作系统提供的存取原语和基本的存取方法通常作为数据库管理系统数据存储层的接口。

2.4　可视化技术

可视化技术是计算机专业术语，利用计算机图形学和图像处理技术把数据转换成图形，并进行交互处理的理论、方法和技术。它涉及计算机图形学、图像处理、计算机视觉、计算机辅助设计等多个领域，成为研究数据表示、数据处理、决策分析等一系列问题的综合技术。通过形象表示方法帮助人们理解抽象的数据信息，达到直接、高效的信息处理效果。

2.4.1　可视化系统

种类繁多的信息源产生的大量数据，远远超出了人脑分析解释这些数据的能力，可视化技术是解释大量数据最有效的手段。可视化把数据转换成图形，给予人们深刻与意想不到的效果，在很多领域使科学家的研究方式发生了根本变化。可视化技术的应用大至高速飞行模拟，小至分子结构的演示，无处不在。可视化系统主要包括硬件和软件两个部分。

1. 可视化硬件

可视化硬件主要是图形工作站和超级可视化计算机。图形工作站广泛采用 RISC 处理器和 UNIX 操作系统。具有丰富的图形处理功能和灵活的窗口管理功能，可配置大容量的内存和硬盘，具有良好的人机交互界面，输入/输出和网络功能完善。1997 年 SGI 推出了不用总线的 UMA 结构 O2 工作站。它采用高带宽的存储器系统，取消了视频卡、图形卡、图像卡。图形处理、图像处理、视频处理、存储器和主存储器用一个统一的存储器系统代替，带宽可达到 2.1GB/s。CPU 和视频显示可直接访问统一的存储器系统。

1）图形适配器

目前，微型计算机的图形显示方式通常是通过图形适配器送到光栅扫描帧缓冲式显示器进行显示的。图形适配器是显示器和主机通信的控制接口，一般简称为显示卡或显卡。在显卡上都有一个由视频存储器（vram）组成的显示缓冲区，接受并暂存计算机送来的图形图像数字信息，经 d/a 转换为模拟信号后，再送到显示器进行显示。

屏幕上显示的图形是由显卡上显示缓冲区中的内容唯一决定的。显示缓冲区可以看成是一个与屏幕上像素分布一一对应的二维矩阵，其中的每一个存储单元对应着屏幕上的一个像素，其位置可以由二维坐标（x, y）来表示。由于每一个显示缓冲单元可以由许多个位（bit）来表示，可以只有 1 位，也可以多达 8 位、16 位、24 位甚至更高。每一个缓冲单元所存储的信息称为"像素值"，决定了像素的颜色或灰度，因此，每个缓冲单元的位数越多，则颜色种类或灰度等级也就越多。当对应每个像素的位数为 n 时，该像素所能表达的颜色或灰度等级数为 2^n。因此，当每像素为 8 位时，可以表示 256 种颜色或灰度，而当每像素为 24 位时，可以表示 1670 万种颜色或灰度。

2）图形处理器

图形处理器（graphics processing unit，GPU），又称显示核心、视觉处理器、显示芯片，是一种专门在个人电脑、工作站、游戏机和一些移动设备（如平板电脑、智能手机等）上执行图像运算工作的微处理器。用途是将计算机系统所需要的显示信息进行转换驱动，并向显示器提供行扫描信号，控制显示器的正确显示，是连接显示器和个人电脑主板的重要元件，也是"人机对话"的重要设备之一。

GPU 与 CPU 类似，只不过 GPU 是专为执行复杂的数学和几何计算而设计的，其所有计算均使用浮点算法，这些计算是图形渲染所必需的。时下的 GPU 多数拥有二维或三维图形加速功能。如果 CPU 想画一个二维图形，只需要发个指令给 GPU，如"在坐标位置（x, y）处画个长和宽为 a 和 b 大小的长方形"，GPU 就可以迅速计算出该图形的所有像素，并在显示器上指定位置画出相应的图形，画完后就通知 CPU "我画完了"，然后等待 CPU 发出下一条图形指令。有了 GPU，CPU 就从图形处理的任务中解放出来，可以执行其他更多的系统任务，这样可以大大提高计算机的整体性能。

GPU 的设计目标是针对类型高度统一的、相互无依赖的大规模数据和不需要被打断的纯净的计算环境。GPU 采用了数量众多的计算单元和超长的流水线，但只有非常简单的控制逻辑并省去了 Cache。GPU 的架构如图 2.10 所示，图中浅色的是计算单元，深色的是存储单元，无颜色的是控制单元。

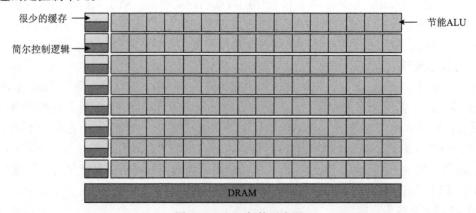

图 2.10　GPU 架构示意图

GPU 的特点是有很多的 ALU 和很少的 cache，缓存的目的是为线程提供服务。如果有很多线程需要访问同一个相同的数据，缓存会合并这些访问，然后去访问 dram（因为需要访问的数据保存在 dram 中而不是 cache 里面），获取数据后 cache 会转发这个数据给对应的线程，这个时候是数据转发的角色。GPU 虽然有 dram 延时，却有非常多的 ALU 和非常多的 thread。为了平衡内存延时的问题，可以充分利用多的 ALU 的特性达到一个非常大的吞吐量的效果，尽可能多地分配 Threads。与 CPU 擅长逻辑控制、串行的运算和通用类型数据运算不同，GPU 擅长的是大规模并发计算，所以 GPU 除了图像处理，也越来越多地参与到计算当中。

GPU 图形处理，可以大致分成五个步骤，分别为 vertex shader、primitive processing、rasterisation、fragment shader、testing and blending。

第一步：vertex shader。是将三维空间中数个（x，y，z）顶点放进 GPU 中。在这一步骤中，电脑会在内部模拟出一个三维空间，并将这些顶点放置在这一空间内部。接着，投影在同一平面上，并同时存下各点距离投影面的垂直距离，以便做后续的处理。

第二步：primitive processing。是将相关的点链接在一起，以形成图形。在一开始输入数个顶点进入 GPU 时，程序会特别注记哪些点需要组合在一起，以形成一线或面。就像是看星座的时候一样，将相关联的星星连起来，形成特定的图案。

第三步：rasterisation。因为电脑的屏幕由一个又一个的像素组成，所以，需要将一条连续的直线，使用绘图的演算法，以方格绘出该直线。图形也是以此方式，先标出边线，再用方格填满整个平面。

第四步：fragment shader。将格点化后的图形着上颜色，所需着上的颜色也是于输入时方便被注记。在图像显示时，这一步相当耗费 GPU 的计算资源，因为光影的效果、物体表面材质皆是在这一步进行，这些计算决定着画面的精细程度。

第五步：testing and blending。将第一步所获得的投影垂直距离取出，和第四步的结果一同做最后处理。在去除会被其他较近距离的物体挡住的物体后，让剩下的图形放进 GPU 的输出内存；之后，结果便会被送到电脑屏幕显示。

2. 可视化软件

可视化软件一般分为三个层次：第一层为操作系统，该层的一部分程序直接和硬件打交道，控制工作站或超级计算机各种模块的工作；另一部分程序可进行任务调度、视频同步控制，以 TCP/IP 方式在网络中传输图形信息及通信信息。第二层为可视化软件开发工具，它用来帮助开发人员设计可视化应用软件。第三层为各行各业采用的可视化应用软件。大多数可视化工作一般都在图形工作站上进行，少数大型的、需要协同工作的可视化工作在超级图形计算机上进行。SGI 是视算技术的先驱之一，在强有力的高速图形硬件支持下，SGI 推出了一系列功能强大的可视化软件开发工具，如 IRISGL（图形库）、IL（图像库）、VL（视频库）、ML（电影库）、CASEVision（软件工程可视化开发工具）等，其中，IRISGL 后来被工业界接受，成为业界开放式标准，称为 OpenGL。

OpenGL（Open Graphics Library）是一组图形命令应用程序接口集合，用户能够很方便地利用它描述出高质量的二维和三维几何物体，并有多种特殊视觉效果。OpenGL 独立于窗口系统和操作系统，并具有网络透明性，以它为基础开发的应用程序可以十分方便地在各种平台间移植。OpenGL 由核心库、实用程序库、窗口系统扩展库等多个函数库组成，提供了数百个命令函数（也称为图形命令或函数），这些命令函数基本涵盖了开发二维和三维图形所需要的各个方面。

OpenGL 的功能主要有以下几点。

（1）建模：OpenGL 图形库除了提供基本的点、线、多边形的绘制函数外，还提供了复杂的三维物体（球、锥、多面体、茶壶等）及复杂曲线和曲面绘制函数。

（2）变换：OpenGL 图形库的变换包括基本变换和投影变换。基本变换有平移、旋转、缩放、镜像四种，投影变换有平行投影（又称正射投影）和透视投影两种。其变换方法有效地减少了算法的运行时间，提高了三维图形的显示速度。

（3）颜色模式设置：OpenGL 颜色模式有两种，RGBA 模式和颜色索引（color index）。

（4）光照和材质设置：OpenGL 光有自发光（emitted light）、环境光（ambient light）、漫反射光（diffuse light）和镜面光（specular light），材质是用光反射率来表示的。场景中物体最终反映到人眼的颜色是光的红绿蓝分量与材质红绿蓝分量的反射率相乘后形成的颜色。

（5）纹理映射（texture mapping）：利用 OpenGL 纹理映射功能可以十分逼真地表达物体表面细节。

（6）位图显示和图像增强：图像功能除了基本的拷贝和像素读写外，还提供融合（blending）、反走样（antialiasing）和雾（fog）的特殊图像效果处理。

以上三条可使被仿真物更具真实感，增强图形显示的效果。

（7）双缓存动画（double buffering）：双缓存即前台缓存和后台缓存，后台缓存计算场景、生成画面，前台缓存显示后台缓存已画好的画面。

此外，利用 OpenGL 还能实现深度暗示、运动模糊等特殊效果，从而实现了消隐。

SGI 还开发出许多 OpenGL 的应用程序接口（API），如 OpenGL Optimizer 是一种多平台工具箱，提供高层次的构造、交互操作，在 CAD/CAM/CAE 和 AEC 的应用中提供最优的图形功能。OpenGL Volumizer 是体渲染的突破性工具，便于对基于体素的数据集可视化。OpenGL Performer 是实时三维图形渲染工具。OpenGLInventor 是三维视景处理工具。OpenGL VizServer 是一种提供远程可视化服务的工具。自从 OpenGL 推出以来，已有 2000 多个三维图形应用软件在其上开发出来，如 A/W 公司的三维动画软件 Maya、PTC 公司的 CAD/CAM/CAE 应用软件 Pro/Engnieer、Landmark 公司的石油勘探与开发软件 R2003、MultiGen 公司的视景仿真软件 Paradigm 等。

2.4.2　图形可视化方法

图形的显示过程应该从硬件和软件两个方面来说。硬件方面，当扫描到屏幕上某一像素的位置（坐标）时，显示器中的显示处理器（display processing unit，DPU）会同时从对应的显示缓冲单元中取出像素值，并以此查找彩色表的地址，从该地址处得到该像素的红、绿、蓝三基色分量，经 d/a 转换后使屏幕上该像素显示出三基色的混合色。软件方面，要完成图形显示的初始化及图形的加工。初始化工作是将计算机的显示方式设置为显示器所能够显示的某一种模式，将所有的显示缓冲单元清零，并对彩色表的每一个单元分别填上预定的颜色值，使彩色索引与具体的颜色联系起来。图形加工是图形软件的主要任务，即根据需要显示的图形内容，随时改写显示缓冲单元的内容。

1. 图形的生成

1）初始化

各种图形显示模式已经写入机器主板上的 rombios 中。通过对 rombios 的合理调用，就可以获得所需的显示模式。因为各种显卡可以有多种显示模式，所以，在计算机生成任何图形之前，必须进行图形的初始化工作，也就是说，必须要装入图形驱动程序，以确定计算机工作的具体图形显示模式。

2）点的显示

图形显示器件的显示方式具有离散性质，使得任何图形的显示都是由点的集合形式呈现的，也就是说，点是构成直线、圆弧、抛物线及其他任意曲线的最基本元素，也是构成面、体等图形的最基本元素。图形初始化后即可进入相应的图形显示模式，在不同的显示模式下，点的大小是不一样的，图形分辨率越高，点就越小。点的显示一般有两种方式：①dosbios 方式。采用 dos 操作系统的 rombios 的系统中断调用，int10 中断处理子程序就是对显示屏幕进行处理。该方法比较简单，但由于需要经过 ah、al、cx、dx 等几个寄存器的存取动作，写点的速度要慢些。②dma 方式。直接存储器存取（dma）的快速写点方式，即直接对显示卡上的视频 vram 进行存取。该方式速度较快，但算法较为复杂。

3）基本图形的生成

基本图形一般指直线段、圆弧及由它们构成的简单几何图形。要生成基本图形，只需根据构成基本图形的各曲线段的方程找出所有符合曲线方程的点（即 x、y 坐标值），并在屏幕坐标的相应位置以给定的颜色正确显示这些点，即可在屏幕上完整显示出由计算机所画出的图形。

2. 可视化主要方法

人类的认知系统可以识别空间三维物体，对抽象的物体或像素的识别很困难。空间的可视性最多能够达到四维（如第四维为时间维）。目前，对于构成可视化的主要方法，有以下几个方面。

（1）空间三维图形：不同图形元素的组合变换映射为不同的数据维解释。把一个可视化空间结构和一条数据信息对应起来。通过图形的密度和颜色的分布，大致能够了解数据的分布、数据之间的相似性和数据之间的关系。

（2）颜色图：分为彩色图和灰度图。彩色图的每一种颜色，对应着不同的属性维。灰度图可以利用颜色的深浅来标记数据量的属性值的大小，颜色越深，数值越大，或者用它来强调某种特别的信息。灰度通常预先需要很好的映射定义。

（3）亮度：对于特定的区域，用不同的亮度来辅助人眼对视点的观察。

（4）数学的方法：利用数学中统计的方法，先对数据关系进行分析，得到数据的大体分布信息，再结合其他的可视化方法来进行细节数据分析。或者利用数学中统计的方法将数据中的关系映射成为图形图像关系来帮助分析。

（5）多种媒体表示法：利用图形、图像、声音、动画等多种媒体共同表示。

科学可视化的主要过程是建模和渲染。建模是把数据映射成物体的几何图元。渲染是把几何图元描绘成图形或图像。渲染是绘制真实感图形的主要技术。严格地说，渲染就是根据基于光学原理的光照模型计算物体可见面投影到观察者眼中的光亮度大小和色彩的组成，并把它转换成适合图形显示设备的颜色值，从而确定投影画面上每一像素的颜色和光照效果，最终生成具有真实感的图形。真实感图形是通过物体表面的颜色和明暗色调来表现的，它与物体表面的材料性质、表面向视线方向辐射的光能有关，计算复杂，计算量很大。因此，工业界投入很多力量来开发渲染技术。

2.4.3　图形可视化分类

按照数据类型进行归类，可以将数据分成以下七类：一维数据、二维数据、三维数据、多维数据、时间序列数据、层次结构数据和网络结构数据。

1. 一维数据可视化

一维数据即线性数据，如一列数字、文本或者计算机程序的源代码等。文本文献是最常见的一维数据，通常情况下文本文献不需要进行可视化。计算机软件是一种特殊形式的一维数据，软件维护过程中需要分析大量的程序源代码，并从中找出特定的部分，因此有必要对其进行可视化。美国贝尔实验室的 Eick 等利用可视化系统 SeeSoft 实现了对百万行以上的程序源代码进行可视化。SeeSoft 系统可以用于知识发现、项目管理、代码管理和开发方法分析等领域，曾被成功用于检测大型软件源代码中与"千年虫"有关的问题代码。

2. 二维数据可视化

二维数据指包括研究对象两个属性的数据。用长度和宽度来描述平面物体尺寸，用 X 轴和 Y 轴来表示物体位置坐标，以及各种平面图都是二维数据的表现形式。最常见的二维数据可视化示例当属地理信息系统，地理信息的数据可视化极大地满足了人们对地理信息的需求，各种基于位置的社交类软件在电脑和智能手机领域如雨后春笋般繁荣起来，也从一个侧面反映出二维数据可视化的重要性。

3. 三维数据可视化

三维数据指包括研究对象三个属性的数据。相对于一维的"线"和二维的"面"，三维引入了"体"的概念。三维数据可视化在建筑、医学等领域应用广泛，很多科学计算机可视化也属于三维数据可视化，通过计算机用三维可视化方法模拟现实物体，帮助研究人员进行模拟实验，能有效地降低成本、提高效益。

4. 多维数据可视化

多维数据指研究对象具有三个以上属性的数据。多维信息已经难以在平面或空间中构建出形象的模型，因此人们对多维数据的认知也相对困难。现实生活中有着大量的多维数据，例如学校里的学生信息，其中，包含姓名、性别、民族、年龄、专业、班级、地址等。美国马里兰大学人机交互实验室开发了一个动态查询的框架结构软件 HomeFinder，该软件可以连接华盛顿特区的售房数据库，使用者可以选择按照价格、面积、地址和房间数量等进行可视化的动态排序。

5. 时间序列数据可视化

时间序列数据指那些具有时间属性的数据，也称时序数据。时序数据容易反映出事件前后发生的持续情况。学者 Liddy 建立了一个从文本信息中抽取时间信息的系统 SHESS，该系统可以自动生成一个知识库，该知识库能够聚集关于任何已命名的实体信息，并且按照时序组织这些知识，时序覆盖知识库的整个周期。

6. 层次结构数据可视化

层次结构是抽象数据信息之间一种普遍的关系，常见的如单位编制、磁盘目录结构、图书分类方法及文档管理等。描述层次结构数据的传统方法是利用目录树，这种表示方法简单直观，然而对于大型的层次结构数据而言，由于层次结构在横向和纵向的扩展不成比例，树结构的分支很快就会交织在一起，显得混乱不堪。在对层次结构数据可视化研究的过程中出现了一些新的方法，如用三维空间来描述层次信息，根节点放置在空间的顶端或者最左端，子节点均匀地分布在根节点的下面或者右面的锥形延展部分。可以动态地显示，当使用者点击了某个节点时，该节点就会高亮显示，同时树结构将该节点旋转到图形的前方。一个完整的图形能够持续旋转，便于使用者观察大型层次等级结构信息，进而理解其中的关系。

7. 网络结构数据可视化

网络结构数据没有固定的层次结构，两个节点之间可能会有多种联系，节点与节点之间的关系也可能有多个属性。网络信息不计其数，分布在全球各地的网站上，彼此之间通过超链接交织在一起，其规模还在继续膨胀。如何方便有效地利用网络信息，成为一个迫切需要解决的问题。

数据可视化的概念范围较大，也有认为这七类可视化更是信息可视化的细分。信息可视化是近年来提出的一项新课题，其研究对象以多维标量数据为主，研究重点在于设计合理的显示界面，便于用户更好地从海量多维数据中获取有效的信息。

2.5　信息安全技术

信息安全主要包括以下五方面的内容，即需要保证信息的保密性、真实性、完整性、未授权拷贝和所寄生系统的安全性。网络环境下的信息安全体系是保证信息安全的关键，包括计算机安全操作系统、各种安全协议、安全机制（数字签名、消息认证、数据加密等），直至安全系统，只要存在安全漏洞便可以威胁全局安全。信息安全是指信息系统（包括硬件、软件、数据、人、物理环境及其基础设施）受到保护，不受偶然的或者恶意的原因而遭到破坏、更改、泄露，系统连续可靠正常地运行，信息服务不中断，最终实现业务连续性。

2.5.1　信息安全的目标与原则

1. 信息安全的目标

所有的信息安全技术都是为了达到一定的安全目标，其核心包括机密性（confidentiality）、完整性（integrity）、可用性（usability）、可控性（controlability）和不可否认性（non-repudiation）五个安全目标。

（1）机密性是指阻止非授权的主体阅读信息。它是信息安全诞生之时就具有的特性，也是信息安全主要的研究内容之一。通俗地讲，就是说未授权的用户不能够获取敏感信息。对于纸质文档信息，只需要保护好文件，不被非授权者接触即可。而对计算机及网络环境中的信息，不仅要制止非授权者对信息的阅读，也要阻止授权者将其访问的信息传递给非授权者，以致信息被泄漏。

（2）完整性是指使信息保持非篡改、非破坏和非丢失特性，使信息保持其真实性与一致性。如果这些信息被蓄意地修改、插入、删除等，形成虚假信息将带来严重的后果。

（3）可用性是指授权主体在需要信息时能及时得到服务的能力。可用性是在信息安全保护阶段对信息安全提出的新要求，也是在网络化空间中必须满足的一项信息安全要求。系统为了控制非法访问可以采取许多安全措施，但不应阻止合法用户对系统的使用。

（4）可控性是指对信息和信息系统实施安全监控管理，对信息的传播、存储及内容具有控制能力，防止非法利用信息和信息系统。

（5）不可否认性是指在网络环境中，建立有效的责任机制，使信息交换的双方不能否认其在交换过程中发送信息或接收信息的行为。

信息安全的机密性、完整性和可用性主要强调对非授权主体的控制；信息安全的可控性和不可否认性则是通过对授权主体的控制，实现对机密性、完整性和可用性的有效补充，主要强调授权用户只能在授权范围内进行合法的访问，并对其行为进行监督和审查。

　　除了上述的信息安全五性外，还有信息安全的可审计性（audiability）、可鉴别性（authenticity）等。可审计性是指信息系统的行为人不能否认自己的信息处理行为。与不可否认性的信息交换过程中行为可认定性相比，可审计性的含义更宽泛一些。可鉴别性是指信息的接收者能对信息发送者的身份进行判定，也是一个与不可否认性相关的概念。

　　2. 信息安全的原则

　　为了达到信息安全的目标，各种信息安全技术的使用必须遵守一些基本的原则。

　　（1）最小化原则。受保护的敏感信息只能在一定范围内被共享，履行工作职责和职能的安全主体，在法律和相关安全策略允许的前提下，为满足工作需要，仅被授予其访问信息的适当权限，称为最小化原则。敏感信息的"知情权"一定要加以限制，是在"满足工作需要"前提下的一种限制性开放。可以将最小化原则细分为知所必须（need to know）和用所必须（need to use）原则。

　　（2）安全隔离原则。隔离和控制是实现信息安全的基本方法，而隔离是进行控制的基础。信息安全的一个基本策略就是将信息的主体与客体分离，按照一定的安全策略，在可控和安全的前提下实施主体对客体的访问。

　　（3）分权制衡原则。在信息系统中，对所有权限应该进行适当地划分，使每个授权主体只能拥有其中的一部分权限，使它们相互制约、相互监督，共同保证信息系统的安全。如果一个授权主体分配的权限过大，无人监督和制约，就隐含了"滥用权力""一言九鼎"的安全隐患。

　　在这些基本原则的基础上，人们在生产实践过程中还总结出一些实施原则，它们是基本原则的具体体现和扩展，如整体保护原则、谁主管谁负责原则、适度保护的等级化原则、分域保护原则、动态保护原则、多级保护原则、深度保护原则和信息流向原则等。

2.5.2　信息安全构成

　　信息系统是指收集、存储、加工处理、传递、显示和输出文字、图形、图像、音频、视频等各种信息的软硬件系统。信息系统的构成要件包括信息、硬件和软件三个方面的内容。信息安全必须从信息、处理信息的软件及硬件三个方面的安全分析信息安全系统，以此为基础确定信息安全系统的构成要素、子系统和整体系统及其它们之间的相互关系。

　　直接针对信息本身的安全技术有密码技术，密码技术是信息安全的基石。针对硬件的安全技术有防火、防水、防雷、防磁和湿度、温度控制等物理安全技术，物理安全是信息安全环境的保障。针对软件的安全技术有身份鉴别、访问控制、安全审计、客体安全重用、备份与恢复、隐蔽信道分析、恶意代码防范、网络边界隔离与防护和可信路径等。访问控制、客体安全重用和网络边界隔离与防护是安全隔离原则的具体体现，身份鉴别是这些技术实施的前提，可信路径是保障，隐蔽信道分析和恶意代码防范是对系统设计中不可避免的安全漏洞问题的对策，安全审计是动态安全防御和主动安全防御的体现，备份与恢复是对安全事件的救赎。

　　一般情况下，一个大的信息系统由一些小的信息子系统（如操作系统、数据库、网络等）构成，最终的信息安全系统不是由这些安全要素直接构造的，而是必须与现有的信息子系统绑定形成相关的信息安全产品，然后由这些信息安全产品构建一个完整的信息安全系统。一方面，部分信息安全要素可以被构建为一个单独的安全产品使用，形成单独使用的信息安全产品，如集中访问控制产品、专门的身份鉴别服务产品、独立的审计产品及防火墙和安全隔离网闸为主要内容的专用安全产品等。另一方面，部分安全要素在非独立存在的情况下，是在开发相应软件产品时被固化在其中的，相关的安全技术将被绑定在软件产品中集成使用。例如，操作系统集成访问控制、身份鉴别、安全审计等安全技术于一身，形成了安全操作系统。这些信息安全技术要素与软件产品绑定，捆绑开发，捆绑销售，并在软件产品的运行过程中正常发挥相关的安全作用。

2.5.3 信息安全体系结构

不同的信息系统其具体构成不一样，即使是相同的系统，因为保护信息的目标不同，也应该采用不同安全级别的保护措施等。所以，需要考虑各种因素，建立一个科学、合理的信息安全技术体系结构，该体系结构是一个多角度、多层次、多纬度的技术框架。如图 2.11 所示，信息安全技术体系结构可分为层次维（实施分层保护）、空间维（实施分域保护）、等级维（实施信息安全等级化保护）和时间维（实施过程保护和动态保护）。

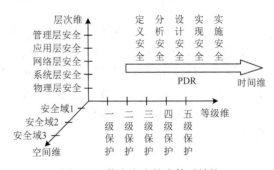

图 2.11 信息安全技术体系结构

1. 分层保护

信息系统的构成是通过不同层次的软件扩展而来的。信息安全系统的建构也一定遵循这一规律，通过相关的信息安全产品逐层构建。外面一层软件系统的安全依赖于内一层系统的安全，任何部分的漏洞/危险都必将影响上一层的安全。如果底层的系统不安全，主体就会绕过高层系统，直接通过底层不安全的系统访问客体信息，就会形成旁路的信息安全威胁，从而影响整个系统的安全性。例如，操作系统没有实施安全保护，数据库系统实施了安全保护，形成的系统将是不安全的。因为数据库实施的安全控制对象是数据库的表、记录、数据项等，安全数据库系统可以控制数据库用户对这些数据的安全访问。而数据库系统是建立在操作系统之上的，数据库系统将这些数据存放在计算机硬件上要通过操作系统的文件系统，操作系统的用户可以绕过数据库管理系统，通过文件系统直接访问到存放数据库信息的文件，形成安全旁路。同样，操作系统和数据库是两个层面的安全问题，仅有操作系统的安全也是不够的。例如，操作系统的安全审计只能控制到文件级别的访问情况，而不能控制到数据库文件内部对表、记录、数据项等操作的情况，这就需要数据库安全系统对这些数据对象的访问情况进行安全控制记录。可见，不同层面的安全问题，要由不同层面的系统实施，不能相互代替。

不仅如此，当这些分层的信息安全产品构成一个系统时，还需要考虑它们之间的依赖和互补关系，下层产品的安全要素能对上层产品实现的安全要素进行支持，它们之间的安全策略和实现的安全要素之间不能有相互矛盾、相互不兼容等现象。

2. 分域保护

计算机系统通过网络连接成大大小小的分布式网络系统，网络中不同区域的安全性目标、策略和保护技术手段也不相同，需要对不同的区域采取不同的安全技术措施，形成分域保护。

对此，美国国家安全局对现有的信息安全工程实践和计算机网络系统的构成进行了系统分析和总结，提出了《信息保障技术框架》，从空间维度将分布式的网络信息系统划分为局域计算环境、网络边界、网络传输和网络基础设施四种类型的安全区域，并详细论述了在不同安全域如何应用不同的安全技术要素构建分布式的信息安全系统。

局域计算环境域使用安全操作系统、安全数据库、入侵检测、恶意代码防护、安全认证等安全产品和技术，保障局域网的安全。边界防护使用防火墙、物理隔离、隔离网闸等安全技术和产品，防止来自局域网边界以外的攻击。网络传输需要使用安全路由器、安全协议等，保障数据在传输过程中的安全。安全基础设施为网络环境下的信息系统提供公共的安全服务和机制，其中最重要的基础设施包括 PKI（公钥基础设施）/PMI（特权管理基础设施），容灾备份和应急响应等安全服务和机制用来应对各种灾难性故障和紧急事件。

3. 分级保护

信息安全所保护的信息，其所属的部门业务应用的重要程度是不同的，对信息安全保护所付出的代价也会不同，需采用分等级保护的方法，以体现信息安全等级保护的重点保护和适度保护的原则。美国可信计算机系统评价标准将计算机系统安全分为 4 个等级 7 个级别，国际标准化组织发布的 ISO/IEC15408—1999 将信息安全保障评估分为 7 级。我国制定的强制性国家标准《计算机信息系统　安全保护等级划分准则》（GB17859—1999），将计算机信息系统的安全保护分为 5 个等级。

4. 分时保护

信息安全是一个动态的过程，从时间维度看，分为信息安全系统工程和动态保护两个方面。

信息系统安全是一项系统工程，不能只是针对某个安全威胁和问题采取对应的安全技术措施。信息系统的安全保护，需要从安全需求、设计、实施和运行维护等阶段，对信息系统的整个生命周期实施信息安全保护。

另外，信息安全是人们在现有条件下对威胁的认识、对信息系统自身的脆弱性认识和对信息安全技术与管理能力的认识。在此前提下，必须综合评价所采取的安全保护。而且，这些信息安全保护技术的能力是有限的，采取了安全措施并不意味着 100% 的安全，等级化的信息安全保护原则也不需要对保护的信息对象采取全部、最高级的安全保护措施。同时，新的攻击技术和其他的安全威胁也不断涌现。为了提高信息安全的防御能力，补救安全技术的不足，在信息安全系统运行过程阶段需要采用基于时间维度的保护、检测、反应（protection detection and response，PDR）的动态信息安全保障的思路，即通过现有的安全技术对信息系统实施安全保护，并通过信息系统在运行过程中动态地监测，及时发现安全问题，及时采取措施，将安全威胁的损失降到最低，从而提高整个系统的安全防护能力。

2.5.4　信息安全保护技术

信息安全强调的是通过技术和管理手段，实现和保护信息在网络信息系统中的传输、存储和交换的保密性、完整性、可用性和不可抵赖性。当前采用的网络信息安全保护技术主要包括主动防御技术和被动防御技术两类。

1. 主动防御技术

主动防御技术一般采用数据加密、存取控制、权限设置和虚拟网络技术等来实现。

（1）数据加密。密码技术被认为是包含信息安全最实用的方法，是信息安全的基石。对数据最有效的保护就是加密，而加密方式可用多种算法来实现。现代密码系统有对称秘钥密码系统和非对称秘钥密码系统。计算机网络中的数据加密可以在网络协议的多层上实现。

（2）存取控制。存取控制表征主体对客体具有规定权限操作的能力，存取控制的内容包括：人员限制、访问权限设置、数据标志、控制类型和风险分析等。

（3）权限设置。规定合法用户访问信息资源的资格范围，即反映可以对资源进行何种操作。

（4）虚拟网络技术（VPN）。VPN 技术就是在公网的基础上进行逻辑分割而虚拟构建的一种特殊通信环境，使其具有私有性和隐蔽性。VPN 也是一种策略，可为用户提供定制的传输和安全服务。

2. 被动防御技术

被动防御技术主要有防火墙技术、入侵检测系统、安全扫描器、口令验证、审计跟踪、物理保护和安全管理等。

（1）防火墙技术。防火墙是内部网络与 Internet 或一般外网之间实现安全策略要求的访问控制保护，是加强两个或多个网络之间安全防范的一个或一组系统。防火墙主要分为包过滤防火墙、应用层网关和复合型防火墙三类，其核心的控制思想是包过滤技术。

（2）入侵检测系统（invain detection system，IDS）。IDS 就是在系统中的检测位置执行入侵检测功能的程序或硬件执行体，对当前的系统资源和状态进行监控，检测可能的入侵行为。入侵检测体系结构主要有基于主机型、基于网络型和分布式体系结构三种形式；入侵检测方法的分类有多种形式，按分析方法可分为异常检测和误用检测。

（3）安全扫描器。安全扫描器是可自动检测远程或本地主机及网络系统安全漏洞的专用程序，可用于观察网络信息系统的运行情况。

（4）口令验证。利用密码检查器中的口令验证程序检验口令集中的薄弱口令，防止攻击者假冒身份登入系统。

（5）审计跟踪。审计跟踪对网络信息系统的运行状态进行详细审计，并保持审计记录和日志，帮助发现系统存在的安全弱点和入侵点，尽量降低安全风险。

（6）物理保护和安全管理。它通过指定标准、管理办法和条例等，对物理实体和信息系统加强规范管理，减少人为管理因素不力导致的负面影响。

第 3 章　高性能计算环境

地理计算是地理信息科学中重要的高级计算模式，是新一代 GIS 中不可缺少的组成部分。地理计算过程涉及数据处理、空间分析、过程模拟等多个流程，过程繁复且耗时，计算复杂且运算量大。高性能计算（high performance computing，HPC）是解决复杂地理计算问题的有效方法。HPC 是计算机科学的一个分支，以并行高速计算为特征，以多处理器、多计算机或分布式系统为并行计算机的互联形式，研究并行算法和开发相关软件，致力于开发高性能计算机。随着时代的发展，为了满足海量用户对海量数据进行海量访问的需求，建立高性能计算环境为系统提供性能和计算资源的保障、在开发设计中采用高性能计算的算法与开发技术是提升系统整体性能的有效途径。

3.1　并　行　计　算

随着科学技术的发展和信息时代的到来，人们对计算能力的需求远快于摩尔定律所能提供的芯片发展速度，因此，迫切需要功能更强大的计算机系统和计算机技术以解决问题，并行计算机和并行计算技术应运而生，为人们提供了一种可以实现高速计算的方法。

3.1.1　并行计算概念

并行计算（parallel computing）是指同时使用多种计算资源解决计算问题的过程。简单地说，并行计算就是在并行计算机上，将一个应用分解成多个子任务，分配给不同的处理器，各个处理器之间相互协同，并行地执行子任务，从而达到加快求解速度或提高求解应用问题规模的目的。与并行计算密切相关的概念还包括：

并行处理技术是指在同一时间间隔内增加操作数量的技术。可以形象地把并行技术看作由多台计算机共同完成同一个任务，从而提高完成任务的效率，缩短完成任务的时间。

并行计算机（并行机）是指为进行并行处理所设计的计算机系统。由此，成功开展并行计算，必须具备三个基本条件：

（1）并行机。并行机至少包含两台或两台以上通过互联网络相互连接、相互通信的处理机（或者是配有多处理器的计算机）。

（2）应用问题必须具有并行度。也就是说，应用可以分解为多个子任务，这些子任务可以并行地执行。将一个应用分解为多个子任务的过程，称为并行算法的设计。

（3）并行编程。在并行机提供的并行编程环境上，具体实现并行算法，编制并行程序，并运行该程序，从而达到并行求解应用问题的目的。

对于具体的应用问题，采用并行计算技术的主要目的在于加快求解问题的速度和提高求解问题的规模两个方面。并行计算之所以必需，主要在于当前的单处理器性能不可能满足大规模科学与工程计算及商业应用的需求。

并行计算的主要研究内容大致可分为四个方面：

（1）并行机的高性能特征抽取。主要任务在于充分理解和抽取当前并行机体系结构的高性能特征，提出实用的并行计算模型和并行性能评价方法，指导并行算法的设计和并行程序的实现。

（2）并行算法设计与分析。针对应用领域专家求解各类应用问题的离散计算方法，设计高效率的并行算法，将应用问题分解为可并行计算的多个子任务，并具体分析这些算法的可行性和效果。

（3）并行实现技术，主要包含并行程序设计和并行性能优化。基于并行机提供的并行编程环境，具体实现并行算法，研制求解应用问题的并行程序。同时，结合并行机的高性能特征和实际应用的特点，不断优化并行程序的性能。

（4）并行应用。这是并行计算研究的最终目的。通过验证和确认并行程序的正确性和效率，进一步将程序发展为并行应用软件，应用于求解实际问题。同时，结合实际应用出现的各种问题，不断地改进并行算法和并行程序。

以上四个部分相互耦合，缺一不可。

3.1.2　并行计算机体系结构

根据指令流和数据流的不同，通常把计算机系统分为单指令流单数据流（single instruction single data，SISD）、单指令流多数据流（single instruction multiple data，SIMD）、多指令流单数据流（multiple instruction single data，MISD）和多指令流多数据流（multiple instruction multiple data，MIMD）。并行计算机系统除少量早期的、专用的 SIMD 系统外，绝大部分为 MIMD 系统。目前主要的并行计算机系统有并行向量机（parallel vector processor，PVP）、对称多处理机（symmetric multiple processor，SMP）、大规模并行处理机（massively parallel processor，MPP）、机群（cluster）和分布共享存储（distributed shared memory，DSM）多处理机五类，代表了当今世界并行计算机的主要体系结构，下面简单介绍一下 SMP、DSM、MPP 和机群并行计算机系统。

1. 对称多处理机系统

对称多处理机（SMP）系统由处理单元、高速缓存、总线或交叉开关、共享内存及 I/O 等组成。其结构如图 3.1 所示。对称多处理机系统具有如下特征。

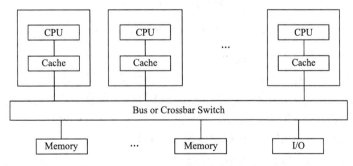

图 3.1　对称多处理机系统

（1）对称共享存储：系统中的任何处理机均可直接访问任何内存模块的存储单元和 I/O 模块连接的 I/O 设备，且访问的延迟、带宽和访问成功率是一致的。所有内存模块的地址单元是统一编码的，各个处理机之间的地位相同。操作系统可以运行在任意一个处理机上。

（2）单一的操作系统映像：全系统只有一个操作系统驻留在共享存储器中，它根据各个处理机的负载情况，动态分配各个处理机的负载，保持负载均衡。

（3）局部高速缓存及其数据一致性：每个处理机均有自己的高速缓存，它们可以拥有独立的局部数据，但是这些数据必须保持与存储器中的数据是一致的。

（4）低通信延迟：各个进程根据操作系统提供的读/写操作，通过共享数据缓存区来完成处理机之间的通信，其延迟通常远小于网络通信的延迟。

（5）共享总线的带宽：所有处理机共享同一个总线带宽，完成对内存模块的数据和 I/O 设备的访问。

（6）支持消息传递、共享存储模式的并行程序设计。

对称多处理机系统的缺点如下。

（1）可靠性差：总线、存储器或操作系统失效可导致系统全部瘫痪。

（2）可扩展性差：由于所有处理机共享同一个总线带宽，而总线带宽每 3 年才增加两倍，跟不上处理机速度和内存容量的发展步伐。因此，SMP 并行计算机系统的处理机个数一般少于 64 个，也就只能提供每秒数百亿次的浮点运算性能。

对称多处理机系统的典型代表：①SGI Power Challenge XL 系列并行计算机（32 个 MIPS R10000 微处理器）；②COMPAQ Alphaserver 84005/440（12 个 Alpha 21264 微处理器）；③HP HP9000/T600（12 个 HP PA9000 微处理器）；④IBM RS6000/R40（8 RS6000 微处理器）。

2. 分布共享存储处理机系统

分布共享存储（DSM）处理机系统较好地改善了对称多处理机系统的可扩展能力，是目前高性能计算机的主流发展方向之一。其结构如图 3.2 所示。

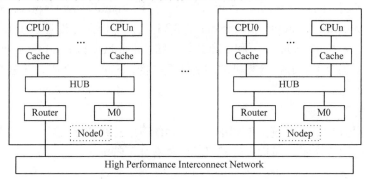

图 3.2　分布共享存储处理机系统

分布共享存储处理机系统的特点如下。

（1）并行计算机以结点为单位：每个结点由一个或多个 CPU 组成，每个 CPU 拥有自己的局部高速缓存（Cache），并共享局部存储器和 I/O 设备，所有结点通过高性能网络互联。

（2）物理分布存储：内存模块分布在各结点中，并通过高性能网络相互连接，避免了 SMP 访问总线的带宽瓶颈，增强了并行计算机系统的可扩展能力。

（3）单一的内存地址空间：尽管内存模块分布在各个结点，但是所有这些内存模块都由硬件进行了统一编址，并通过互联网络连接形成了并行计算机的共享存储器。各个结点既可以直接访问局部内存单元，又可以访问其他结点的局部存储单元。

（4）非一致内存访问（NUMA）模式：因为远端访问必须通过高性能互联网络，而本地访问只需直接访问局部内存模块。所以，远端访问的延迟一般是本地访问延迟的 3 倍左右。

（5）单一的操作系统映像：类似于 SMP，在 DSM 并行计算机中，用户只看到一个操作系统，它可以根据各个结点的负载情况，动态地分配进程。

（6）基于高速缓存的数据一致性：通常采用基于目录的高速缓存一致性协议来保证各结点的局部高速缓存数据与存储器中的数据是一致的。同时，称这种 DSM 并行计算机结构为 CC-NUMA 结构。

（7）低通信延迟与高通信带宽：专用的高性能互联网络使得结点间的访问延迟很小，通信带宽可以扩展。

（8）可扩展性高：DSM 并行计算机可扩展到上千个结点，能提供每秒数万亿次的浮点运算性能。

（9）支持消息传递、共享存储并行程序设计。

分布共享存储处理机系统的典型代表：①SGI Origin 2000、3000、3800；②SGI Altix。

3. 大规模并行处理机系统

大规模并行（MPP）处理机系统是并行计算机发展过程中的主力，现在已经发展到由上万个处理机构成一个系统，随着并行计算机的发展，几十万个处理机的超大规模系统也会在不久的将来问世。其结构如图 3.3 所示。

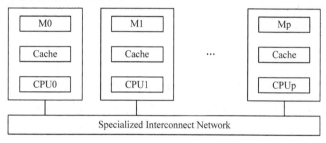

图 3.3　大规模并行处理机系统

大规模并行处理机系统的特点：

（1）结点数量多，成千上万，这些结点由局部网卡通过高性能互联网络连接。

（2）每个结点都相对独立，并拥有一个或多个微处理机。这些微处理机都有局部高速缓存，并通过局部总线或互联网络与局部内存模块和 I/O 设备相连接。

（3）各个结点均拥有不同的操作系统映像，一般情况下，用户可以将作业提交给作业管理系统，由它来调度当前系统中有效的计算结点来执行该作业。同时，MPP 系统也允许用户登录到指定的结点，或到某些特定的结点上运行作业。

（4）各个结点上的内存模块是相互独立的，且不存在全局内存单元的统一硬件编址。一般情况下，各个结点只能直接访问自身的局部内存模块。如果需要直接访问其他结点的内存模块，则必须由操作系统提供特殊的软件支持。

大规模并行处理机系统的典型代表：①ICT Dawning 1000（32 个处理机）；②IBM ASCI White（8192 个处理机）；③Intel ASCI Red（9632 个处理机）；④Cray T3E（1084 个处理机）。

4. 机群系统

机群系统是互相连接的多个独立计算机的集合，这些计算机可以是单处理器或多处理器系统（PC、工作站或 SMP），每个结点都有自己的存储器、I/O 设备和操作系统。机群对用户和应用来说是一个单一的系统，它可以提供低价高效的高性能环境和快速可靠的服务。机群系统已成为最流行的高性能计算平台，在高性能计算机中占有越来越大的比重。其结构如图 3.4 所示。

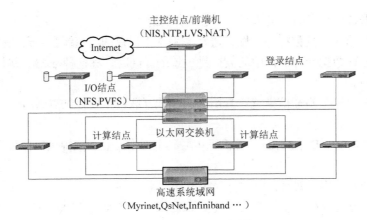

图 3.4 典型 Linux 机群系统

机群系统的特点：①系统规模可从单机、少数几台联网的微机直到包括上千个结点的大规模并行系统。②既可作为廉价的并行程序调试环境，也可设计成真正的高性能并行机。③用于高性能计算的机群系统在结构上、使用的软件工具上通常有别于用于提供网络、数据库服务的机群（后者也称为服务器集群）。

3.1.3 并行算法

算法是求解问题的方法和步骤，而并行算法就是用多台处理机联合求解问题的方法和步骤。并行算法执行过程是将给定的问题首先分解成若干个尽量相互独立的子问题，然后使用多台计算机同时求解它，从而最终求得原问题的解。并行算法作为并行应用开发的基础，在并行应用中具有举足轻重的地位。

目前，并行算法根据运算基本对象的不同可分为：

（1）数值并行算法，主要为数值计算方法而设计的并行算法。

（2）非数值并行算法，主要为符号运算而设计的并行算法，如图论算法、遗传算法等。

根据并行进程间相互执行顺序关系的不同可分为：

（1）同步并行算法，进程间由于运算执行顺序而必须相互等待的并行算法，如通常的向量算法、SIMD 算法、MIMD 并行机上进程间需要相互等待通信结果的算法等。

（2）异步并行算法，程序执行相对独立，不需要相互等待的一种算法，通常针对消息传递 MIMD 并行机设计，其主要特征是在计算的整个过程中均不需要等待，而是根据最新消息决定进程的继续或终止。

（3）独立并行算法，进程间执行是完全独立的，计算的整个过程不需要任何通信。

根据各进程承担的计算任务粒度的不同，可分为：

（1）细粒度并行算法，通常指基于向量和循环级并行的算法。

（2）中粒度并行算法，通常指基于较大的循环级并行。

（3）大粒度并行算法，通常指基于子任务级并行的算法，如通常基于区域分解的并行算法，它们是当前并行算法设计的主流。

其实，并行算法的粒度是一个相对的概念。如果处理器的计算功能强大，则原来的粗粒度算法也可以被认为是细粒度算法。

此外，还存在根据应用问题的不同、通信方式的不同等进行分类的方式。

3.1.4　并行编程环境

当前，比较流行的并行编程环境可分为消息传递、共享存储和数据并行三类。它们的主要特征如表 3.1 所示。

表 3.1　三种并行编程环境的主要特征

特征	消息传递	共享存储	数据并行
典型代表	MPI，PVM	OpenMP	HPF
可移植性	所有流行并行计算机	SMP，DSM	SMP，DSM，MPP
并行粒度	进程级大粒度	线程级细粒度	进程级细粒度
并行操作方式	异步	异步	松散同步
数据存储模式	分布式存储	共享存储	共享存储
数据分配方式	显式	隐式	半隐式
学习入门难度	较难	容易	偏易
可扩展性	好	较差	一般

1. 消息传递

在消息传递并行编程中，各个并行执行的任务之间通过传递消息来交换信息、协调步伐、控制执行。消息传递一般是基于分布式内存的，但同样也适用于共享内存的并行计算机。目前，大量并行程序采用的都是基于消息传递的并行编程方式。基于消息传递的并行编程环境中，最流行的是 PVM 和 MPI。

PVM(Parallel Virtual Machine)是由美国的 OakRidge 国家实验室、Tennessean 大学、Emorg 大学、CMU 大学等联合开发而成，能够将异构的 Unix 计算机通过异构网络连接成一个"虚拟"的并行计算系统，为其上运行的应用程序提供分布式并行计算环境。目前几乎所有的并行计算系统都支持 PVM。

MPI（Message Process Interface）是一种基于消息传递的并行编程接口，而不是一门具体的语言，目前已发展成为消息传递模型的代表和事实上的工业标准，详见 3.1.5 节。

2. 共享存储

共享存储并行编程主要利用添加并行化指令到顺序程序中，由编译器完成自动并行化。共享存储模型仅被 SMP 和 DSM 并行计算机所支持。共享存储的编程标准包括 pthreads、X3H5 和 OpenMP 等，其中，OpenMP 是最常用的共享存储并行编程方式。

OpenMP 是一组指令与所支持的运行时库例程的集合，用来支持多线程应用的编程。Intel、IBM、HP、Sun、SGI 等厂商都提供对 OpenMP 的支持。OpenMP 使用简单，通过少量指令，程序员就可将串行程序顺利地演化成并行程序，但要求编译器必须能够支持 OpenMP。

3. 数据并行

数据并行编程指的是将相同的操作同时作用于不同的数据，从而提高问题求解速度。数据并行提供给程序员一个全局的地址空间，所采用的语言本身就提供有并行执行的语义，程序员只需要简单地指明执行什么样的并行操作和并行操作的对象，就实现了数据并行的编程。

数据并行很早就被应用于向量计算机，可高效地解决大部分科学与工程计算问题。但对非数值计算类问题，则难以取得较高的效率。目前，数据并行面临的主要问题是如何实现高效编译，只有具备了高效的编译器，数据并行程序才可以在共享内存和分布式内存的并行计算机上取得高效率。

近年来，HPC 体系结构的一个发展趋势是 SMP 机群系统，其是由拥有多个处理器的 SMP 结点和连接各结点间的快速网络（Infiniband、Myrinet、QSnet 等）构成的多级体系结构，所以 MPI+OpenMP 的混合编程越来越多地被采用。MPI+OpenMP 的混合编程采用 MPI 作为消息传递接口，而 OpenMP 作为编写多线程的 API（应用程序接口），即机群级并行使用 MPI 实现。MPI+OpenMP 多级并行编程的应用在很多领域已获得成功。

3.1.5　MPI

1. MPI 的定义

MPI 的定义多种多样，主要包括以下三个方面，从而限定了 MPI 的内涵和外延。

（1）MPI 是一个库。许多人认为 MPI 就是一种并行语言，这是不准确的。但是按照并行语言的分类，可以把 FORTRAN+MPI 或 C+MPI 看做是一种在原来串行语言基础之上扩展后得到的并行语言。MPI 库可以被 FORTRAN77/C/Fortran90/C++调用，从语法上说，它遵守所有对库函数/过程的调用规则，与一般的函数/过程没有什么区别。

（2）MPI 是一种标准或规范的代表，而不特指某一个对它的具体实现。迄今，所有的并行计算机制造商都提供对 MPI 的支持，可以在网上免费得到 MPI 在不同并行计算机上的实现。一个正确的 MPI 程序，可以不加修改地在所有的并行机上运行。在 MPI 上很容易移植其他的并行代码，而且编程者不需要去努力掌握许多其他的全新概念，就可以学习编写 MPI 程序。

（3）MPI 是一种消息传递编程模型，并成为这种编程模型的代表和事实上的标准。MPI 虽然很庞大，但是它最终是服务于进程间通信这一目标的。

消息传递方式是广泛应用于多类并行机的一种模式，特别是分布存储并行机，尽管在具体的实现上有许多不同，但通过消息完成进程通信的基本概念是容易理解的。在发展过程中，这种模式在重要的计算应用中已取得了实质进步，有效和可移植地实现一个消息传递系统是可行的。因此，通过定义核心库程序的语法、语义，这将在大范围计算机上有效实现，有益于广大用户，这是 MPI 产生的重要原因。

2. MPI 的目标

MPI 的目标概括起来包括几个在实际使用中都十分重要但有时又相互矛盾的三个方面：较高的通信性能、较好的程序可移植性和强大的功能。具体地说，包括以下几个方面。

（1）提供应用程序编程接口。

（2）提高通信效率。措施包括避免存储器到存储器的多次重复拷贝，允许计算和通信的重叠等。

（3）可在异构环境下提供实现。

（4）提供的接口可以方便 C 语言和 FORTRAN77 的调用。

（5）提供可靠的通信接口，即用户不必处理通信失败。

（6）定义的接口和现在已有接口（如 PVM、NX、Express、p4 等）差别不能太大，但是允许扩展以提供更大的灵活性。

（7）定义的接口能在基本的通信和系统软件无重大改变时，在许多并行计算机生产商的平台上实现。接口的语义是独立于语言的。

（8）接口设计应是线程安全的。

MPI 提供了一种与语言和平台无关，可以被广泛使用的编写消息传递程序的标准，用它来编写消息传递程序，不仅实用、可移植、高效和灵活，而且与当前已有的实现没有太大的变化。

3. MPI 的发展

MPI 的标准化开始于 1992 年 4 月 29 日和 30 日在美国弗吉尼亚的威廉姆斯堡召开的分布存储环境中消息传递标准的讨论会，由 Dongarra、Hempel、Hey 和 Walker 建议的初始草案于 1992 年 11 月推出，并在 1993 年 2 月完成了修订版，这就是 MPI1.0。为了促进 MPI 的发展，一个称为 MPI 论坛的非官方组织应运而生，对 MPI 的发展起了重要作用。1995 年 6 月推出了 MPI 的新版本 MPI1.1，对原来的 MPI 做了进一步的修改、完善和扩充。但是当初推出 MPI 标准时，为了能够使它尽快实现并迅速被接受，许多其他方面很重要但实现起来比较复杂的功能都没有定义，如并行 I/O 等。

1997 年 7 月，在对原来的 MPI 作了重大扩充的基础上，又推出了 MPI 的扩充部分 MPI-2，而把原来的 MPI 各种版本称为 MPI-1。MPI-2 扩充很多，主要包括并行 I/O、远程存储访问和动态进程管理三个方面。

MPI 标准定义了核心库的语法和语义，这个库可以被 FORTRAN 和 C 调用构成可移植的信息传递程序。MPI 提供了适应各种并行硬件商的基础集，并都被有效地实现，从而使硬件商可以基于这一系列底层标准来创建高层次的用例，为分布式内存交互系统提供它们的并行机。MPI 提供了一个简单易用的可移植接口，足够强大到程序员可以用它在高级机器上进行高性能信息传递操作。

3.2 分布式计算

分布式计算技术是当今信息时代发展的重要产物之一，它允许计算机设备同时开启多项服务并通过网络实现多台计算机的数据通信。随着互联网技术的广泛应用和发展，目前已逐渐形成以网络数据通信平台为中心的数据传输方案，分布式计算模型因此得到了较大程度的推广。

3.2.1 分布式计算概念

1. 分布式计算定义

分布式计算是一种把需要进行大量计算的工程数据分隔成小块，由多台计算机分别计算，在上传运算结果后，将结果统一合并得出数据结论的科学。分布式技术处理运行在一个松散或严格控制下的硬件和软件系统中，包含一个以上的处理单元或存储单元。

2. 分布式计算目标

分布式计算的主要目标是以一种透明、开放和可扩展的方式连接用户和资源。这种计算很大程度上提高了容错性能，并且拥有比单独的计算更强的处理能力。

目前常见的分布式计算项目通常使用世界各地上千万志愿者计算机的闲置计算能力，通过互联网进行数据传输。例如，通过分析地外无线电信号，从而搜索地外生命迹象的分布式计算项目 SETI@home，该项目有超过千万位数的数据基数，单凭几台计算机根本无法完成这样的计算任务，所以采用分布式计算的方式，目前已有 160 多万台计算机共同参与了这个项目；还有分析计算蛋白质的内部结构和相关药物的 Folding@home 项目，该项目有十余万志愿者参加。这些项目很庞大，需要惊人的计算量，即使现在有了计算能力超强的超级计算机，但由一台或少数的几台计算机计算也是不可能完成的。同时，一些科研机构的经费又十分有限，所以采用了更有优势的分布式计算。

3. 分布式计算技术

1）中间件技术

中间件（middleware）是基础软件，处于操作系统（或网络协议）与分布式应用之间，从而屏蔽操作系统（或网络协议）的差异，实现分布式异构系统之间的互操作。目前，对中间件还没有形成一个统一的定义，比较公认的国际数据公司（International Data Corporation, IDC）的定义是：中间件是一种独立的系统软件或服务程序，分布式应用软件借助这种软件在不同的技术之间共享资源，中间件位于客户机服务器的操作系统之上，管理计算资源和网络通信。

中间件所包括的范围十分广泛，针对不同的应用需求涌现出多种各具特色的中间件产品，基于目的和实现机制的不同，主要包括：消息中间件（message-oriented middleware, MO）、数据库中间件（database middleware）、远程过程调用（remote process call, RPC）中间件、对象请求代理（object request broker, ORB）中间件和事务处理中间件（transaction process middleware, TPM）等。伴随技术的快速发展，受需求增长和多种技术融合两方面的影响，中间件的内涵和外延进一步拓展，中间件的类别也进一步增多，出现了如反射中间件、移动中间件、自适应中间件等。

2）网格技术

网格（grid）技术通过 Internet 把分散在各处的硬件、软件、信息资源联结成为一个巨大的整体，从而使人们能够利用地理上分散于各处的资源，完成各种大规模的、复杂的计算和数据处理的任务。网格计算建立的是一种新型的 Internet 基础支撑结构，目标是将与 Internet 互联的计算机设施社会化。网格计算的发展非常迅速，数据网格、服务网格、计算网格等各种网格系统在全球范围内得到广泛的研究和实施。

网格技术具有多种体系结构形式，其中最为著名的则是五层沙漏式结构形式，依次为服务构建层、数据连接层、数据资源层、数据汇集层及数据应用层。自上而下形成了有序的数据服务传输模型。另外，一些研究机构为了更加合理地节约成本，将沙漏式体系结构进行了优化整合，形成构建层、中间层和应用层为主的三层架构形式。构建层处于体系结构的最低端，主要负责分配给不同区域的可用计算机计算资源的工作，中间层则通过对底层资源的协议传输来避免异构计算机在进行数据处理时产生的麻烦，中间件技术也可以看作这层的具体实现原理之一。应用层则是通过统一的管理平台来协调、管理构建层的各项数据处理工作，使整个分布式计算工作能够顺利、有序地完成。

3）点对点技术

点对点（peer-to-peer, P2P）技术是 Internet 上实施分布式计算的一种模式，将 C/S 与 B/S 系统中的角色一体化，引导网络计算模式从集中式向分布式偏移，即将网络应用的核心从中央服务器向网络边缘的终端设备扩散，通过设备之间的直接交换达成计算机资源与信息共享。

点对点技术没有客户端、服务器端的明确划分，在网络结点中的应用及地位完全相同，这种技术能够实现数据资源的相互访问和共享，无须通过计算机软件来实现数据转换，降低了数据对服务器的依赖程度，同时提高了数据传输的各方面性能。

4）Web 服务

Web 服务是以 Internet 为载体，通过将紧密连接的、高效的 n 层计算技术与面向消息、松散连接的 Web 概念相结合来实现的。Web 服务是一种构建在简单对象访问协议（simple object access protocol，SOAP）之上的分布式应用程序，其实质是由 XML 通过 HTTP 协议来调度的远过程调用（remote procedure call，RPC）。Web 服务的体系结构如图 3.5 所示。Web 服务的体系结构可以把体系结构中的 Web 程序看作中间件；从结构上来看，所有 Web 服务之间的通信都以 XML 格式的消息为基础，调用服务的基本途径主要是 RPC。

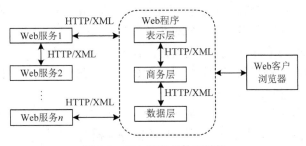

图 3.5　Web 服务的体系结构

　　Web 服务在 Internet 上表现出了高度扩展性，其服务是跨平台的，连接非常松散，采用的是性能稳定的、基于消息的异步技术，在改变任何一端接口的情况下，应用程序仍可以不受影响地工作。它为集成分布式应用中的中间件及其他组件提供了一个公共的框架，无须再考虑每一个组件的具体实现方式。

4. 分布式计算应用

　　（1）Climateprediction.net：模拟百年来全球气象变化并计算未来地球气象，以应对未来可能遭遇的灾变性天气的项目。

　　（2）DPAD：设计粒子加速器的项目。

　　（3）Einstein@Home：2005 年开始的旨在找出脉冲星的重力波，验证爱因斯坦的相对论预测的项目。

　　（4）Find-a-Drug：并行运行一系列项目，用来寻找一些危害人类健康的重大疾病的药物。项目目标包括疟疾、艾滋病、癌症、呼吸道系统疾病等。

　　（5）FightAIDS@Home：研究艾滋病的生理原理和相关药物的项目。

　　（6）Folding@home：了解蛋白质折叠、聚合及相关疾病的项目。

　　（7）GIMPS：寻找新的梅森素数的项目。

　　（8）SETI@home：通过运行屏幕保护程序或后台程序来分析世界上最大的射电望远镜所收到的，可能含有外星智能信号的射电波。

　　（9）Distributed.net：2002 年 10 月 7 日，以破解加密术而著称的 Distributed.net 宣布，在全球 33.1 万名计算机高手共同参与，苦心研究了 4 年之后，于 2002 年 9 月中旬破解了以研究加密算法而著称的美国 RSA 数据安全实验室开发的 64 位密钥——RC5-64 密钥。目前正在进行的是 RC5-72 密钥的破解。

3.2.2　分布式系统

1. 分布式系统定义

　　分布式系统是一组自治的计算机集合，通过通信网络相互连接，实现资源共享和协同工作，而呈现给用户的是单个完整的计算机系统。从分布式系统的特点和目标角度来看，分布式系统由多个处理机或多个计算机组成，各个组成部分可能分布在不同的地理位置、不同的组织机构，且使用不同的安全策略等，同时程序可分散到多个计算机或处理机上运行。为了降低成本，实现资源共享，方便用户使用，需要一定的策略将这些独立的组成部分连接起来协同工作，这就是分布式系统的目的。在一个真正的分布式系统中，用户并不想知道服务的位置，也不想知道他们正在使用的对象所在的地点，即系统对于用户来说是透明的。分布式系统在于为资源共享提供一个高效的、方便的、安全的环境。换言之，在硬件方面各个计算机都是自治的；软件方面用户将整个系统看做是一台计算机。

　　分布式系统是表现为单机特征的多机系统，其主要特点包括：

　　（1）分布式各组件和进程的行为是物理并发的，没有统一的时钟，因此各种同步机制对分布式系统意义重大，且实现起来困难。

　　（2）分布式系统各组件必须实现可靠、安全的相互作用，当一部分出现故障时，系统大部分工作仍可以继续，无须停机，只要将出故障部分承担的工作转移出去即可。

　　（3）分布式系统的异构性。不同的平台和设备（可包括微机、工作站、小型机或大型通用计算机系统），以及其组件性能、可靠性、数据表示和策略等几乎所有属性都可能是不同的，而分布式系统必须作为一个整体严格遵循系统的功能规范运行，同时最大限度兼顾各平台的独立性，保持系统的易维护性和易管理性。如何使这些独立、分散、异构的组件可靠、高效地协同工作以实现正确的逻辑功能，是分布式系统研究和工程开发中要解决的最主要、也是最困难的问题。

　　（4）分布式系统平均响应时间短，分布式系统对于任务分散、交互频繁并需要大量处理能力的用户来说特别适合，由于各台计算机支持单用户的处理能力，从而保证了执行交互式任务时的快速响应。

　　（5）分布式系统有可扩充性，分布式系统管理员可以根据请求的需要扩充系统，而不必替换现有的系统成分，可以根据需要增加工作站和服务器。分布式系统同时包括较高的性价比、资源共享等特点。

　　在一个分布式系统中，一组独立的计算机展现给用户的是一个统一的整体，就好像是一个系统似的。系统拥有多种通用的物理和逻辑资源，可以动态地分配任务，分散的物理和逻辑资源通过计算机网络实现信息交换。系统中存在一个以全局的方式管理计算机资源的分布式操作系统。通常对用户来说，分布式系统只有一个模型或范型。分布式系统与计算机网络的主要区别在于：①分布式系统的各个计算机间相互通信，无主从关系，而网络有主从关系。②分布式系统资源为所有用户共享，而网络是有限制地共享。③分布式系统中若干个计算机可相互协作共同完成一项任务，而网络不行。

　　分布式系统和计算机网络系统的共同点是，多数分布式系统是建立在计算机网络之上的，所以分布式系统与计算机网络在物理结构上是基本相同的。

2. 分布式系统目标

　　虽然分布式系统得到越来越广泛的应用，但是它的设计仍是相对简单的。分布式系统为了让用户更方便地使用系统，为用户提供更强大的服务和应用，主要在以下方面进行提高，即分布式系统的四个关键目标。

　　（1）资源可访问性。分布式系统的主要目标之一是使用户能够方便地访问远程资源，并且以一种受控的方式与其他用户共享这些资源。资源可以包括计算资源（如打印机、计算机、存储设备等）、数据资源（如数据、信息、文件等）及服务资源（如平台、应用、软件、产品等）等。

（2）透明性。透明性（transparency）是指分布式系统是一个整体，而不是独立组件的组合，系统对用户和应用程序屏蔽其组件的分离性。如果一个分布式系统能够在用户与应用程序面前呈现为单个的计算机系统，这样的分布式系统被称为是透明的。在分布式系统中，透明性主要包括访问透明性、位置透明性、并发透明性、复制透明性、故障透明性、移动透明性等类型。

（3）开放性。计算机系统的开放性决定了系统是否可以被扩展和重新实现，开放性是分布式系统的一个重要目标。分布式系统需要根据一系列的准则来提供服务，这些准则描述了所提供服务的语法和语义。在分布式系统中，服务通常是通过接口指定的，而接口一般是通过接口定义语言（interface definition language，IDL）来描述的。用 IDL 编写的接口定义只是记录服务的语法，即这些接口定义明确指定可用的函数名称、参数类型、返回值，以及可能出现的异常等。

（4）可扩展性。分布式系统的一个重要目标是能在不同的规模下有效地运转。如果资源数量和用户数量激增，系统仍能保持其有效性，那么该系统就称为可扩展的。主要是在三方面解决扩展性问题：第一，系统要能在规模上扩展，可以方便地把更多的用户和资源加入系统中；第二，要实现地域上的扩展，即系统中的用户与资源相隔很远；第三，系统要在管理上是可扩展的，即使系统跨越多个独立的管理机构，仍然可以方便地对其进行管理。

3. 分布式系统环境

分布式系统环境（distributed system environment，DSE）由一组提供分布应用开发、分布系统执行和管理的软件组成。这组软件包括编程语言、编程工具、系统管理工具和运行时支持工具等。分布式系统环境的系统结构如图 3.6 所示。

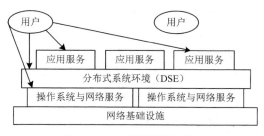

图 3.6　DSE 的系统结构图

分布式系统环境中的计算机运行它自己的操作系统，分布式系统环境依靠其支撑的操作系统来管理系统资源，依靠网络服务实现通信。它提供分布式基础构架使用户开发和运行分布式应用。分布式系统环境中的用户不仅可以像在独立主机系统中一样使用本地服务和接口，还可以使用分布式系统环境特有的服务（如安全性服务、时间服务等）或通过分布式系统环境访问本地或远程的其他服务。

因为分布式系统环境运行在传统的不支持分布计算的操作系统之上，所以通常包括分布式应用编程环境、运行分布式应用的环境和分布式系统管理环境。

4. 分布式系统分类

1）分布式计算系统

分布式计算研究如何把一个需要非常巨大的计算能力才能解决的问题分成许多小的部分，然后把这些部分分配给许多计算机进行处理，最后把这些计算结果综合起来得到最终的结果。可以粗略地分成三个子分组，即集群计算、网格计算和云计算。在集群计算中，底层硬件是由类似的工作站或 PC 集组成，通过高速的局域网紧密连接，而且每个结点允许相同的操作系统。在网格计算中，组成分布式系统的这种子分组构建成一个计算机系统联盟，其中的每个系统归属于不同的管理域，而且在硬件、软件和部署网络技术上也差别较大。在云计算中，硬件由成百上千台普通的 PC 组成，通过高速的局域网紧密连接起来，具有高可靠性和容错性。分布式计算系统主要应用在数学计算、环境模拟、生物与仿生、气象预报、互联网服务等方面。

2）分布式信息系统

分布式系统另一个重要的分类是在组织中的应用，这些组织面临大量的网络应用，但这些应用之间的互操作性很差。很多现有的中间件解决方案是使用一种基础设施，它可以把这些应用集成到企业范围内的信息系统中。

分布式信息系统可以按集成程度进行分类。很多情况下，一个网络应用由一个服务器组成，它负责运行应用程序（通常包括一个数据库）并使得它对远程程序（称为客户端）可用。这种客户端可以发送一个请求给服务器，用于运行某个操作，然后服务器端会送回一个响应。最低级的集成就是允许客户端把多个请求（可能是发往多个服务器的）封装成单个较大的请求，并使这个较大的请求作为一个分布式事务处理来运行。其关键点是要么所有请求都被运行，要么所有请求都不被运行。随着应用程序变得更加复杂，并逐步分割成各自独立的组件（最明显的是把数据库组件与事务处理组件分开），显然，通过让应用程序直接与其他程序进行通信，也可以实现集成。这就是现在大型企业所关注的企业应用集成。

3）分布式普适系统

随着移动和嵌入式计算设备的引入，分布式普适系统（pervasive system）中的设备通常具有体积小、电池供电、可移动及只有一个无线连接等特征（但并不是所有设备都同时具有这些特征），而且缺乏人的管理控制。其中一个非常重要的方面就是，设备经常要加入系统中，以便访问（或提供）信息。这就要求有容易读取、存储、管理和共享信息的方法。因为设备的不连续性和不断改变的连续性，可访问信息的存储空间也非常有可能总是变化的。所以在可移动性中，设备支持对本地环境的易适应性和与应用程序相关的易适应性。它们必须能有效地发现设备并相应地做出动作。

5. 分布式系统实例

分布式系统在现实生活、工作中起着举足轻重的作用，很多广泛使用的实例是为大家所熟知的。

1）万维网

万维网是一个巨大的由多种类型计算机网络互联的集合。它提供了一种简单、一致并且统一的分布式文档模型。要查看某一文档，用户只需要激活一个链接，文档就会显示在屏幕上。而建立这样一个文档也很简单，只需要赋给它一个唯一的 URL（uniform resource locator，统一资源定位符）名称，让该名称指向包含该文档内容的本地文件即可。万维网向用户呈现的是一个庞大的集中式文档系统，该系统的服务集是开放的，它能够通过新服务的增加而扩展。因此，万维网也可以被认为是一个分布式系统。

2）企业内部网

企业内部网是因特网的一部分，它独立管理且具有一个可被配置来执行本地安全策略的边界。一般系统中包括用户的计算机，还有服务器机房，它们通过主干网的局域网（local area network，LAN）相连接。每个企业内部的网络配置由管理企业内部网络的组织负责，当一个用户输入一条命令的时候，企业网内部的系统会寻找执行该命令的最佳位置，可能在用户自己的计算机上，也有可能在别的空闲的计算机上，还有可能在机房中尚未分配的处理器中执行。

3）移动计算

设备小型化和无线网络计算的进步已经逐步使得小型和便携式计算设备集成到分布式系统中。这些设备包括笔记本电脑、移动电话、PDA（个人数字助理）等。用手机、移动终端上网，可以方便地在移动过程中，通过如无线网络连接等方式接入网络，继续访问网络上的资源。

3.3 云 计 算

云计算已经成为风靡全球的新兴概念，但是云计算并不是一个全新的事物，而是集群计算、网格计算、公用计算等各种技术发展融合的产物，或者说是这些计算机科学概念的商业实现。关于云计算的定义，不同的学者阐释的角度不同，出现了不同的描述。

3.3.1 云计算定义

近年来，社交网络、电子商务、在线视频、搜索引擎等新一代大规模互联网应用发展迅速。这些新兴的应用具有数据存储量大、业务增长速度快等特点。与此同时，传统企业的软硬件维护成本高昂：在企业的 IT 投入中，仅有约 20%的投入用于软、硬件更新与商业价值的提升，而 80%的投入则用于系统维护。

为了解决上述问题，2006 年 Google、Amazon、IBM、Salesforce 等公司提出了"云计算"概念。关于云计算，在业界至少有 100 多种不同的定义，其中，根据美国国家标准与技术研究院（National Institute of Standards and Technology，NIST）的定义，云计算是一种利用互联网实现随时随地、按需、便捷地访问共享资源池（如计算设施、存储设备、应用程序等）的计算模式。完整的云计算是一个动态的计算体系，提供托管的应用程序环境，能够动态部署、动态分配/重新分配计算资源、实时监控资源使用情况。云计算通常具有一个分布式的基础设施，并能够对这个分布式系统进行实时监控，以达到高效使用的目的。

云计算本质上并非一个全新的概念。早在 1961 年，计算机先驱约翰·麦卡锡（John McCarthy）就预言："未来的计算资源能像公共设施（如水、电）一样被使用"。为了实现这个目标，在之后的几十年里，学术界和工业界陆续提出了集群计算、效用计算、网格计算、服务计算等技术，而云计算正是从这些技术发展而来的。

云计算作为一种计算模式，将计算任务分布在大量计算机构成的资源池上，使用户能够按需获取计算能力、存储空间和信息服务。这种资源池称为"云"，"云"是一些可以自我维护和管理的虚拟计算资源，通常是一些大型服务器集群，包括计算服务器、存储服务器和宽带资源等。云计算将计算资源集中起来，并通过专门软件实现自动管理，无须人为参与。用户可以动态申请部分资源，支持各种应用程序的运转，无须为烦琐的细节而烦恼，能够更加专注于自己的业务，有利于提高效率、降低成本和技术创新。

之所以称为"云"，是因为它在某些方面具有现实中云的特征：云一般都较大；云的规模可以动态伸缩，它的边界是模糊的；云在空中飘忽不定，无法也无须确定它的具体位置，但它确实存在于某处。之所以称为"云"，还因为云计算的鼻祖之一 Amazon 公司将大家曾经称为网格计算的东西，取了一个新名称"弹性计算云"（elastic computing cloud），并取得了商业上的成功。

从研究现状上看，云计算的特点可归纳如下。

（1）弹性服务。服务的规模可快速伸缩，以自动适应业务负载的动态变化。用户使用的资源同业务的需求相一致，避免了因为服务器性能过载或冗余而导致的服务质量下降或资源浪费。

（2）资源池化。资源以共享资源池的方式统一管理。利用虚拟化技术，将资源分享给不同用户，资源的放置、管理与分配策略对用户透明。

（3）按需服务。以服务的形式为用户提供应用程序、数据存储、基础设施等资源，并可以根据用户需求，自动分配资源，而不需要系统管理员干预。

（4）高可扩展性。"云"的规模可以动态伸缩，满足应用和用户规模增长的需要。

（5）可计量。云计算系统自动控制和优化资源使用，通过使用与服务种类对应的抽象信息提供计量能力。资源使用能够被监控、控制、报告，以便提供服务消耗对服务商和客户的透明度。

（6）泛在接入。用户可以利用各种终端设备（如 PC 电脑、笔记本电脑、智能手机等）随时随地通过互联网访问云计算服务。

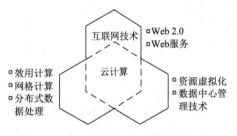

图 3.7　云计算与相关技术的联系

综上所述，云计算是一种计算模式，是对应用、数据及 ICT 资源（计算资源、存储资源、网络资源）的整合与再分配，并通过网络为用户提供服务的透明的管理平台，是分布式计算、互联网技术、大规模资源管理等技术的融合与发展（图 3.7），其研究和应用是一个系统工程，涵盖了数据中心管理、资源虚拟化、海量数据处理、计算机安全等重要问题。同时，云计算是代表一类理念的抽象名词，不是特指一项或几项技术，更不会特指某类产品（如虚拟化产品）。云计算的实现需要借助于多种技术，如虚拟化、自动化、Web2.0 等，将这些技术集成到一系列方案中来帮助客户更加高效地管理他们的 IT 环境。

3.3.2　云服务

云计算不仅仅是一种新的计算模式，也是一种新的商业模式，随着"云"的不断发展，它的优势日益明显。现在，越来越多的用户开始使用云平台上提供的服务。与此同时，云平台实际上也在为软件开发者在其上开发网络应用程序提供帮助。

计算机资源服务化是云计算重要的表现形式，它为用户屏蔽了数据中心管理、大规模数据处理、应用程序部署等问题。通过云计算，用户可以根据其业务负载快速申请或释放资源，并以按需支付的方式对所使用的资源付费，在提高服务质量的同时降低了运维成本。

云计算的服务模式大致可以分为三类：将基础设施作为服务（infrastructure as a service，IaaS）、将平台作为服务（platform as a service，PaaS）和将软件作为服务（software as a service，SaaS），如图 3.8 所示。

图 3.8　云计算的服务模式

IaaS 将硬件设备等基础资源封装成服务，向用户提供的是部署计算、存储、网络和其他的基本计算资源的能力，用户能够部署和运行任意软件，包括操作系统和应用程序。用户不管理或控制底层的云计算基础设施，但能够控制操作系统、储存、部署的应用，也可对如防火墙等网络组件做有限的控制，如亚马逊云计算（Amazon web services，AWS）的弹性计算云 EC2 和简单存储服务 S3。

PaaS 对资源的抽象层次更进一步，它提供用户应用程序的运行环境，即提供给用户使用供应商提供的开发语言和工具、库、服务、工具创建或获取的应用程序部署到云计算基础设施上的能力。用户不需要管理或控制底层的云基础设施，包括网络、服务器、操作系统、存储，但用户能够控制部署的应用程序，也能够控制应用的托管环境的配置。典型的如 Google AppEngine、微软的云计算操作系统 Microsoft Windows Azure 等。

SaaS 的针对性更强，它将某些特定应用软件功能封装成服务，提供给客户的服务是特定功能的应用程序。应用程序可以在各种客户端设备上通过瘦客户端界面访问，如浏览器或者应用程式接口。用户不需要管理或控制底层的云计算基础设施，包括网络、服务器、操作系统、存储，甚至包括单个应用程序的功能，可能的例外就是需要设置一下有限的用户可定制的配置，如 Salesforce 公司提供的在线客户关系管理（client relationship management，CRM）服务。

需要指出的是，随着云计算的深化发展，SPI 模式（SaaS、PaaS、IaaS）已逐渐发展为 XaaS（X as a Service），即一切即服务。XaaS 的其他例子还包括存储即服务（storage as a service，SaaS）、通信即服务（communications as a service，CaaS）、网络即服务（network as a service，NaaS）和监测即服务（monitoring as a service，MaaS）等。同时，不同云计算解决方案之间相互渗透融合，同一种产品往往提供多种类型的服务模式。

3.3.3　技术体系结构

云计算可以按需提供弹性资源，结合当前对云计算的研究，综合云计算安全联盟、美国国家标准与技术研究院（NIST）对云计算体系架构的描述和不同厂家的解决方案，一个可供参考的云计算体系结构如图 3.9 所示。

云计算技术体系结构分为四层：物理资源层、资源池层、管理中间件层和 SOA（service-oriented architecture，面向服务的体系结构）构建层。物理资源层包括计算机、存储器、网络设施、数据库和软件等。资源池层是将大量相同类型的资源构成同构或接近同构的资源池，如计算资源池、数据资源池等。管理中间件层负责对云计算的资源进行管理，并对众多应用任务进行调度，使资源能够高效、安全地为应用提供服务。SOA 构建层将云计算能力封装成标准的 Web Services 服务，并纳入 SOA 体系进行管理和使用，包括服务接口、服务注册、服务查找、服务访问和服务工作流等。管理中间件层和资源池层是云计算技术的最关键部分，SOA 构建层的功能更多依靠外部设施提供。

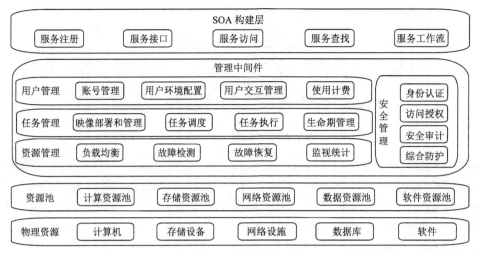

图 3.9　云计算技术体系结构

3.3.4　核心技术

云计算的目标是以低成本的方式提供高可靠、高可用、规模可伸缩的个性化服务。为了达到这个目标，需要数据中心管理、虚拟化技术、海量数据处理、资源管理与调度等若干关键技术加以支持。

1. 数据中心网络设计

目前，大型的云计算数据中心由上万个计算结点构成，而且结点数量呈上升趋势。计算结点的大规模性对数据中心网络的容错能力和可扩展性带来挑战。传统的树型结构网络拓扑存在可靠性低、可扩展性差及网络带宽有限等缺陷。

为了弥补传统拓扑结构的缺陷，研究者陆续提出了 VL2、PortLand、DCe11、BCube 等新型的网络拓扑结构。这些拓扑在传统的树型结构中加入了类似于 mesh 的构造，使得结点之间连通性与容错能力更高，易于负载均衡。同时，这些新型的拓扑结构利用小型交换机便可构建，使得网络建设成本降低，结点更容易扩展。

2. 虚拟化技术

虚拟化（virtualization）技术是一种资源管理技术，是将计算机的各种实体资源，如服务器、网络、内存及存储等，予以抽象、转换后呈现出来，打破实体结构间的不可切割的障碍，使用户可以比原本的组态更好的方式来应用这些资源。这些资源的新虚拟部分不受现有资源的架设方式、地域或物理组态所限制。一般所指的虚拟化资源包括计算能力和数据存储等。

虚拟化技术具有资源分享、资源定制和细粒度资源管理等特点，是实现云计算资源池化和按需服务的基础。在非云计算的环境里，多个不同应用程序要运行在多个不同服务器的不同平台上；而在云计算环境中，多个服务器将被共享，或者被虚拟化成一个服务器整体，提供给操作系统平台或者应用程序使用。虚拟技术包括虚拟机技术和虚拟网络技术。虚拟机技术代表性的产品有 VMware、Xen 等。虚拟网络技术最具代表性的是 VPN 技术。虚拟机技术可以虚拟 IT 基础设施，从而使得 IT 基础设施能按需使用，而虚拟网络技术可以使得用户通过个性定制的网络环境接入访问云计算资源。

3. 分布式海量数据存储技术

为了保证云计算的高可用性、高可靠性和经济性，云计算系统采用分布式存储的方式存储数据，同时采用冗余存储的方式来保证数据的可靠性，就是一份数据采用多个副本。云计算系统中广泛使用的数据存储系统是 Google 的 GFS 和 Hadoop 的 GFS 的开源实现 HDFS。Google 的 BigTable 是典型的分布式结构化数据存储系统。HBase 是 Hadoop 团队对 Google 的 BigTable 的开源实现。HDFS 以流式数据访问模式来存储超大文件，运行于商用硬件集群上。HDFS 采用一次写入、多次读取，是最高效的访问模式的思路构建，数据集通常由数据源生成或从数据源复制而来，然后长时间在此数据集上进行各类分析。每次分析都将涉及该数据集的大部分数据甚至全部，因此读取整个数据集的时间延迟比读取第一条记录的时间延迟更重要。

4. 海量数据处理技术与编程模型

为了使用户能更轻松地享受云计算带来的服务，让用户能利用编程模型编写简单的程序来实现特定的目的，云计算上的编程模型必须十分简单，必须保证后台复杂的并行执行和任务调度向用户和编程人员透明。云计算是一种处理大规模密集型数据的并行分布式计算技术。按理说，云计算的终端用户应该无须关心分布式并行处理系统方面的细节，就可以直接享受云计算的各种服务。然而，为了让系统管理人员和程序开发人员充分利用云计算的便利性和可用性，设计和实现新型的适合于云计算的编程模式仍是必不可少的。目前，云计算编程模型以 MapReduce 最为著名。

MapReduce 是 Google 公司的 Jeff Dean 等提出的编程模型，用于大规模数据的处理和生成。从概念上讲，MapReduce 处理一组输入的 key/value 对（键值对），产生另一组输出的键值对。当前的软件实现是指定一个 Map（映射）函数，用来把一组键值对映射成一组新的键值对，指定并发的 Reduce（化简）函数，用来保证所有映射的键值对中的每一个共享相同的键组。程序员只需要根据业务逻辑设计 Map 和 Reduce 函数，具体的分布式、高并发机制由 MapReduce 编程系统实现。MapReduce 在 Google 得到了广泛应用，包括反向索引构建、分布式排序、Web 访问日志分析、机器学习、基于统计的机器翻译、文档聚类等。Hadoop 作为 MapReduce 的开源实现，得到了 Yahoo、Facebook、IBM 等大量公司的支持和应用。

5. QoS 保证机制

云计算不仅要为用户提供满足应用功能需求的资源和服务，还需要提供优质的服务质量（quality of service，QoS），如可用性、可靠性、可扩展、性能等，以保证应用顺利高效地执行。这是云计算得以被广泛采纳的基础。

图 3.10 给出了云计算中服务质量保证机制。首先，用户从自身应用的业务逻辑层面提出相应的服务质量需求。其次，为了能够在使用相应服务的过程中始终满足用户的需求，云计算服务提供商需要对服务质量水平进行匹配并且与用户协商制定服务水平协议（service level agreement，SLA）。最后，根据 SLA 内容进行资源分配以达到服务质量保证的目的。

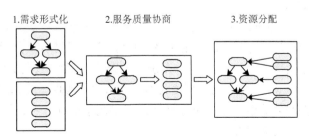

图 3.10　QoS 保证机制

3.3.5　部署模式

云计算的部署模式被分为私有云、社区云、公有云和混合云。

1. 私有云

基础设施由一个单一的组织部署和独占使用，可能由该组织、第三方、两者的混合拥有和管理、运营。部署私有云需要该组织拥有私有的数据中心。因为服务提供商和用户同属于一个信任域，所以数据隐私可以得到保护。受其数据中心规模的限制，私有云在服务弹性方面与公有云相比较差。

2. 社区云

社区由一些具有共有关注点（如目标、安全需求、策略遵从性考虑等）的组织组成，基础设施由社区中的用户部署和使用。它可能被一个或多个社区中的组织、第三方或两者的混合所拥有、管理与运营。

3. 公有云

基础设施被部署给广泛的公众开放地使用，可能被一个商业组织、研究机构、政府机构或者上述多个组织或机构混合所拥有、管理和运营，被一个销售云计算服务的组织所拥有，如 Amazon EC2、Salesforce CRM 等。虽然公有云提供了便利的服务方式，但是由于用户数据保存在服务提供商，存在用户隐私泄露、数据安全得不到有效保证等问题。

4. 混合云

基础设施由两种或两种以上的云组成，每种云仍然保持独立，但用标准的或者专有的技术将它们组合起来，具有数据和用于程序的可移植性。混合云结合了各种云的特点，如用户的关键数据存放在私有云，以保护数据隐私；当私有云工作负载过重时，可临时购买公有云资源，以保证服务质量。

3.3.6　Google 的云计算技术

Google 拥有全球最强大的搜索引擎。除了搜索业务以外，Google 还有 Google Maps、Google Earth、Gmail、YouTube 等各种业务。这些应用的共性在于数据量巨大，而且要面向全球用户提供实时服务，因此 Google 必须解决海量数据存储和快速处理问题。Google 的诀窍在于它发展出简单而又高效的技术，让多达百万台的廉价计算机协同工作，共同完成这些前所未有的任务，这些技术在诞生几年之后才被命名为 Google 云计算技术。Google 文件系统 GFS、分布式计算编程模型 MapReduce 和分布式结构化数据存储系统 BigTable 是支撑 Google 公司云计算的三大技术，其中，GFS 提供了海量数据的存储和访问的能力，MapReduce 使得海量信息的并行处理变得简单易行，BigTable 使得海量数据的管理和组织十分方便。

1. Google 文件系统

Google 文件系统（Google file system，GFS）是一个大型的分布式文件系统。它为 Google 云计算提供海量存储，并且与 MapReduce 和 BigTable 等技术结合十分紧密，处于所有核心技术的底层。目前已经设计出的 Google 文件系统采用廉价的商用机器构建分布式文件系统，同时将 GFS 的设计与 Google 应用的特点紧密结合，并简化了实现。它将容错的任务交由文件系统来完成，利用软件的方法解决系统可靠性问题，采用了多种方法、从多个角度、使用不同的容错措施来确保整个系统的可靠性。

1）体系结构

GFS 的体系结构如图 3.11 所示。一个 GFS 集群含有单个主控服务器（master），多个数据块服务器（chunk server），被多个客户（client）访问。图 3.11 中的操作通常是由 Linux 上运行的用户级服务器进程完成的。

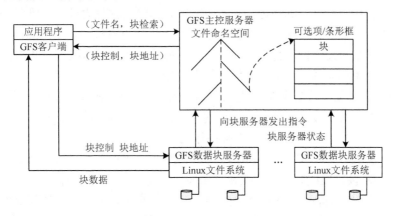

图 3.11　GFS 体系结构

客户端是 GFS 提供给应用程序的访问接口，它是一组专用接口，不遵守 POSIX 规范，以库文件的形式提供。应用程序直接调用这些库函数，并与该库链接在一起。

主控服务器是 GFS 的管理结点，负责整个文件系统的管理，是 GFS 文件系统中的大脑。在逻辑上只有一个，它保存、维护所有文件系统的元数据（metadata），包括命名空间（name space）、访问控制信息、文件到块的映射信息及当前块位置信息。主控服务器还完成各种控制操作，并定期访问块服务器进行控制和状态检查。

文件被划分为固定大小的块，默认是 64MB，每一块称为一个数据块（chunk），每个数据块都包含一个不变的唯一的 64 位块句柄（chunk handle）作为标识。块在数据块服务器以 Linux 文件的方式存放在本地磁盘，同时每个块都在多个数据块服务器上保留副本（通常是三份）。数据块服务器负责具体的存储工作，它的数目直接决定了 GFS 的规模。

客户在访问 GFS 时，首先访问主控服务器，获取将要与之进行交互的数据块服务器信息，然后直接访问这些数据块服务器完成数据存取。GFS 的这种设计方法实现了控制流和数据流的分离。客户与主控服务器之间只有控制流，而无数据流，这样就降低了主控服务器的负载，避免成为系统性能的一个瓶颈。客户与数据块服务器之间直接传输数据流，同时由于文件被分成多个数据块进行分布式存储，客户可以同时访问多个数据块服务器，从而使整个系统 I/O 高度并行，系统整体性能得到提高。

相对于传统的分布式文件系统，GFS 针对 Google 应用的特点从多个方面进行了简化，从而在一定规模下达到成本、可靠性和性能的最佳平衡。具体来说，它具有以下几个特点。

（1）采用中心服务器模式。GFS 采用中心服务器模式来管理整个文件系统，可以大大简化设计，从而降低实现难度。主控服务器管理了分布式文件系统中的所有元数据，每个数据块服务器只是一个存储空间，客户发起的所有操作都需要先通过主控服务器才能执行。因为增加新的数据块服务器只需在主控服务器上注册即可，所以系统具有非常好的扩展性。主控服务器维护了一个统一的命名空间，同时掌握整个系统内数据块服务器的情况，据此可以实现整个系统范围内数据存储的负载均衡。由于只有一个中心服务器，元数据的一致性问题自然解决。

虽然中心服务器模式存在容易成为整个系统的瓶颈等固有的缺点，但是，GFS 采用如尽量控制元数据的规模、对主控服务器进行远程备份、控制信息和数据分流等多种机制以避免主控服务器成为系统性能和可靠性上的瓶颈。

（2）不缓存数据。在 GFS 中，对于存储在主控服务器中的元数据，GFS 采取了缓存策略，而对于存储在数据块服务器中的数据，则不采用缓存机制。这种设计思想既保证了文件系统较高的性能，同时避免了在分布式系统中保持一致性的复杂问题。其主要原因在于：一方面，主控服务器需要频繁对元数据进行操作，为了提高操作效率，元数据都是直接保存在内存中进行操作；同时采用相应的压缩机制降低元数据占用空间的大小，提高内存的利用率。另一方面，由于 GFS 的数据在数据块服务器上以文件的形式存储，如果对某块数据读取频繁，本地的文件系统自然会将其缓存。此外，客户端大部分是流式顺序读写，并不存在大量的重复读写，缓存这部分数据对系统整体性能的提高作用不大。

（3）在用户态下实现。GFS 直接利用操作系统提供的 POSIX 编程接口实现数据存取，可以充分利用 POSIX 接口提供的丰富功能和多种调试工具，在透明化操作系统内部实现机制的同时，避免内核编程的限制和调试困难。并且，在用户态下，主控服务器和数据块服务器都以进程的方式运行，由于单个进程不会影响整个操作系统，从而可以对其进行充分优化。

（4）只提供专用接口。通常的分布式文件系统一般都会提供一组与 POSIX 规范兼容的接口。其优点是应用程序可以通过操作系统的统一接口来透明地访问文件系统，而不需要重新编译程序。GFS 在设计之初，是完全面向 Google 的应用的，采用了专用的文件系统访问接口。接口以库文件的形式提供，应用程序与库文件一起编译，Google 应用程序在代码中通过调用这些库文件的 API，完成对 GFS 文件系统的访问。采用专用接口的优点在于降低了实现难度、对应用提供一些特殊支持、减少了操作系统之间上下文的切换等，降低了复杂度，提高了效率。

2）容错机制

（1）主控服务器容错。具体来说，主控服务器上保存了 GFS 文件系统的三种元数据：①命名空间，也就是整个文件系统的目录结构；②数据块与文件名的映射表；③数据块副本的位置信息，每一个数据块通常默认有三个副本。

首先就单个主控服务器来说，对于前两种元数据，GFS 通过操作日志来提供容错功能。第三种元数据信息则直接保存在各个数据块服务器上，当主控服务器启动或数据块服务器向主控服务器注册时自动生成。因此，当主控服务器发生故障时，在磁盘数据保存完好的情况下，可以迅速恢复以上元数据。为了防止主控服务器彻底死机的情况，GFS 还提供了主控服务器远程的实时备份，这样在当前的主控服务器出现故障无法工作的时候，另外一台主控服务器可以迅速接替其工作。

（2）数据块服务器容错。GFS 采用副本的方式实现数据块服务器的容错。每一个数据块有多个存储副本，分布存储在不同的数据块服务器上。副本的分布策略需要考虑多种因素，如网络的拓扑、机架的分布、磁盘的利用率等。对于每一个数据块，必须将所有的副本全部写入成功，才视为成功写入。在其后的过程中，如果相关的副本出现丢失或不可恢复等状况，主控服务器会自动将该副本复制到其他数据块服务器，从而确保副本保持一定的个数。

GFS 中的每一个文件被划分成多个数据块，数据块的默认大小是 64MB，这是因为 Google 应用中处理的文件都比较大，以 64MB 为单位进行划分，是一个较为合理的选择。数据块服务器存储的是数据块的副本，副本以文件的形式进行存储。每一个数据块以 Block 为单位进行划分，大小为 64KB，每一个 Block 对应一个 32bit 的校验和。当读取一个数据块副本时，数据块服务器会将读取的数据和校验和进行比较，如果不匹配，就会返回错误，从而选择其他数据块服务器上的副本。

3）系统管理技术

严格意义上来说，GFS 是一个分布式文件系统，包含从硬件到软件的整套解决方案。除了上面提到的 GFS 的一些关键技术外，还有相应的系统管理技术来支持整个 GFS 的应用，这些技术可能并不一定为 GFS 所独有。

（1）大规模集群安装技术。安装 GFS 的集群中通常有非常多的结点，最大的集群超过 1000 个结点，而现在的 Google 数据中心动辄有万台以上的机器在运行。那么，迅速地安装、部署一个 GFS 的系统，以及迅速地进行结点的系统升级等，都需要相应的技术支撑。

（2）故障检测技术。GFS 是构建在不可靠的廉价计算机之上的文件系统，由于结点数目众多，故障发生十分频繁，如何在最短的时间内发现并确定发生故障的数据块服务器，需要相关的集群监控技术。

（3）结点动态加入技术。当有新的数据块服务器加入时，如果需要事先安装好系统，那么系统扩展将是一件十分烦琐的事情。如果能够做到只需将裸机加入，就会自动获取系统并安装运行，那么将会大大减少 GFS 维护的工作量。

（4）节能技术。有关数据表明，服务器的耗电成本大于当初的购买成本，因此，Google 采用了多种机制来降低服务器的能耗。例如，对服务器主板进行修改，采用蓄电池代替昂贵的 UPS（不间断电源系统），提高能量的利用率。

2. MapReduce

MapReduce 是 Google 提出的一个分布式计算编程模型软件架构，是一种处理海量数据的并行编程模式，用于大规模数据集（通常大于 1TB）的并行运算。MapReduce 有函数式和矢量编程语言的共性，使得这种编程模式特别适合于非结构化和结构化的海量数据的搜索、挖掘、分析与机器智能学习等。

MapReduce 封装了并行处理、容错处理、本地化计算、负载均衡等细节，还提供了一个简单而强大的接口。通过这个接口，可以把大尺度的计算自动地并发和分布执行，从而使编程变得非常容易。还可以通过由普通 PC 构成的巨大集群来达到极高的性能。另外，MapReduce 也具有较好的通用性，大量不同的问题都可以简单地通过 MapReduce 来解决。

MapReduce 把对数据集的大规模操作，分发给一个主结点管理下的各分结点共同完成，通过这种方式实现任务的可靠执行与容错机制。在每个时间周期，主结点都会对分结点的工作状态进行标记，一旦分结点状态标记为死亡状态，则这个结点的所有任务都将分配给其他分结点重新执行。

据相关统计，每使用一次 Google 搜索引擎，Google 的后台服务器就要进行 10^{11} 次运算。这么庞大的运算量，如果没有好的负载均衡机制，有些服务器的利用率会很低，有些则会负荷太重，有些甚至可能死机，这些都会影响系统对用户的服务质量。而使用 MapReduce 这种编程模式，就保持了服务器之间的均衡，提高了整体效率。

1）编程模型

MapReduce 的运行模型如图 3.12 所示。图中有 M 个 Map 操作和 R 个 Reduce 操作。简单地说，一个 Map 函数就是对一部分原始数据进行指定的操作。每个 Map 操作都针对

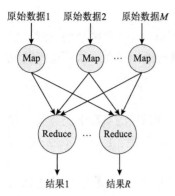

图 3.12　MapReduce 的运行模型

不同的原始数据，因此，Map 与 Map 之间是互相独立的，这就使得它们可以充分并行化。一个Reduce操作就是对每个Map所产生的一部分中间结果进行合并操作，每个 Reduce 所处理的 Map 中间结果是互不交叉的，所有 Reduce 产生的最终结果经过简单连接就形成了完整的结果集，因此，Reduce 也可以在并行环境下执行。

在编程的时候，开发者需要编写两个主要函数：

Map：（in_key，in_value）→{（key_j，$value_j$）|j=1…k}

Reduce：（key，[$value_1$，…，$value_m$]）→（key，final_value）

Map 和 Reduce 的输入参数和输出结果根据应用的不同而有所不同。Map 的输入参数是 in_key 和 in_value，它指明了 Map 需要处理的原始数据是哪些。Map 的输出结果是一组<key，value>对，这是经过 Map 操作后所产生的中间结果。在进行 Reduce 操作之前，系统已经将所有 Map 产生的中间结果进行了归类处理，使得相同 key 对应的一系列 value 能够集结在一起提供给一个 Reduce 进行归并处理，也就是说，Reduce 的输入参数是（key，[$value_1$，…，$value_m$]）。Reduce 的工作是需要对这些对应相同 key 的 value 值进行归并处理，最终形成（key，final_value）的结果。这样，一个 Reduce 处理了一个 key，所有 Reduce 的结果并在一起就是最终结果。

例如，假设人们想用 MapReduce 来计算一个大型文本文件中各个单词出现的次数，Map 的输入参数指明了需要处理哪部分数据，以<在文本中的起始位置，需要处理的数据长度>表示，经过 Map 处理，形成一批中间结果<单词，出现次数>。而 Reduce 函数则是把中间结果进行处理，将相同单词出现的次数进行累加，得到每个单词总的出现次数。

2）实现机制

实现 MapReduce 操作的执行流程如图 3.13 所示。

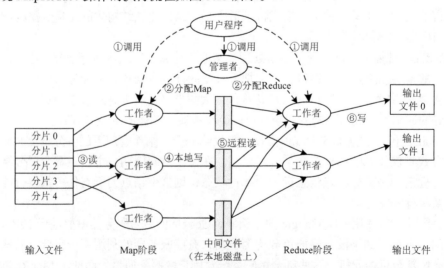

图 3.13　MapReduce 执行流程图

当用户程序调用 MapReduce 函数时，就会引起如下操作（图中的数字标示和下面的数字标示相同）。

（1）用户程序中的 Map 和 Reduce 函数库首先把输入文件分成 M 块，每块大概 16～64MB（用户可以通过可选参数来控制）。然后在计算机集群中启动大量的复制程序。

（2）在计算机集群中，有一台是主控服务器（"管理者"，Master），其他的都是由主控服务器分配任务的 Woker（"工作者"）。总共有 M 个 Map 任务和 R 个 Reduce 任务需要分派，Master 选择空闲的 Worker 来分配这些 Map 或者 Reduce 任务。

（3）一个分配了 Map 任务的 Worker 读取并处理相关输入块的内容，它处理输入的数据，并且将分析出的<key，value>对传递给用户定义的 Map 函数。Map 函数产生的中间结果<key，value>对暂时缓冲到内存。

（4）缓冲到内存的中间结果将被周期性地写入本地磁盘，通过分割函数分成 R 个区域。中间结果在本地磁盘的位置信息将被传送给 Master，然后 Master 负责把这些位置信息传送给 ReduceWorker。

（5）当 Master 通知 Reduce 的 Worker 关于中间<key，value>对的位置时，它调用远程过程来从 MapWorker 的本地硬盘上读取缓冲的中间数据。当 ReduceWorker 读到所有的中间数据，它就使用中间 key 进行排序，这样可以使得相同 key 值的内容聚合在一起。因为有许多不同 key 映射到相同的 Reduce 任务上，所以排序是必需的。如果中间数据比内存大，那么还需要使用外部排序。

（6）ReduceWorker 迭代处理排过序的中间数据，对遇到的每一个唯一中间 key，把 key 和相关的中间 value 集传递给用户定义的 Reduce 函数。Reduce 函数的处理输出被添加到这个 Reduce 分割的最终输出文件中。

（7）当所有的 Map 任务和 Reduce 任务都已经完成后，Master 唤醒用户程序。此时 Map 和 Reduce 调用返回到用户程序的调用点。

在成功完成任务之后，Map 和 Reduce 执行的输出存放在 R 个输出文件中（每一个 Reduce 任务产生一个由用户指定名字的文件）。通常情况下，用户不需要合并这 R 个输出文件成一个文件，这些文件通常会作为一个输入传递给其他的 Map 和 Reduce 调用。

3）容错机制

因为 MapReduce 是用在成百上千台机器上处理海量数据的，所以容错机制是不可或缺的。总的说来，MapReduce 是通过重新执行失效的地方来实现容错的。

（1）Master 失效。在 Master 中，会周期性地设置检查点（checkpoint），并导出 Master 的数据。一旦某个任务失效了，就可以从最近的一个检查点恢复并重新执行。不过由于只有一个 Master 在运行，如果 Master 失效了，则只能终止整个 MapReduce 程序的运行并重新开始。

（2）Worker 失效。相对于 Master 失效而言，Worker 失效算是一种常见的状态。Master 会周期性地给 Worker 发送 ping 命令，如果没有 Worker 的应答，则 Master 认为 Worker 失效，终止对这个 Worker 的任务调度，把失效 Worker 的任务调度到其他 Worker 上重新执行。

3. BigTable

BigTable 是 Google 开发的基于 GFS 的用于管理大规模结构化数据的分布式结构化数据存储系统，从理论上讲，其数据可以扩展到 PB 数量级，分布存储在上千台商用机中。Google 的很多数据，包括 Web 索引、卫星图像数据等在内的海量结构化和半结构化数据，都是存储在 BigTable 中的。BigTable 在很多方面与常用数据库相似，运用了很多数据库的实现策略，如 BigTable 具有并行数据库和主存数据库的可扩展性和高性能。BigTable 不完全支持关系数据模型，而只是为用户提供了简单的数据模型，动态控制数据部署和数据格式，同时允许用户推断底层存储数据的局部属性。用户通过行名和列名检索数据，行名和列名可以是任意字符串。BigTable 数据本身是未经解释的字符串，但是用户可以定义结构化或者半结构化的数据。BigTable 的模式参数可以让用户选择数据是来自内存还是硬盘。

1）数据模型

BigTable 是一个稀疏的、分布式的常驻外存的多维排序映射表，表中的数据是通过一个行关键字（row key）、一个列关键字（column key）及一个时间戳（time stamp）进行检索的。BigTable 对存储在其中的数据不做任何解析，一律看作字符串，具体数据结构的实现需要用户自行处理。BigTable 的存储逻辑可以表示为

$$（row：string，column：string，time：int64）->string$$

其中，行关键字 row 和列关键字 column 是 string 型，时间戳 time 是 int64 型。

许多应用都采用了类似 BigTable 系统的数据模型。举一个具体例子：想要存储大量网页及相关信息，以用于很多不同的项目：如称它为 WebTable。在 WebTable 中，网站的地址作为行关键字，页面的不同属性作为列名，页面内容存放在"contents："列中，并指定一个时间戳，这个时间戳在检索网页数据时会被用到。如图 3.14 所示，这是从 WebTable 截取的某行数据，行关键字是一个倒排的网页地址，"contents："列里存放页面内容，"anchor："列里存储了引用该网页的链接文本。CNN 的主页被 SI 和 MY-LOOK 的主页引用，所有这一行就包括了名为"anchor：cnnsi.com"和"anchor：my.look.ca"的列。每个链接只有一个版本而"contents："列却有 t3、t5、t6 三个时间戳上的版本。

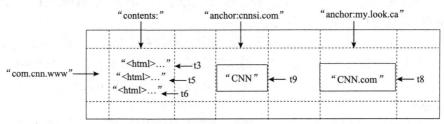

图 3.14　BigTable 数据模型示例

（1）行。BigTable 的行关键字可以是任意的字符串，目前最大可达 64KB，常用大小为 10~100B。BigTable 不支持一般意义上的事务，但能保证对于行的读写操作具有原子性（atomic），即使在单行内对多个列进行读写操作。当很多用户更新同一行内容时，系统才执行并发机制。

表中数据都是根据行关键字进行排序的，排序使用的是词典序。表中的行区间是动态划分的，每个行区间称为表块（tablet）。表块是进行分布式处理和负载均衡的最小单位。这样的设计保证用户能够高效读取短的连续行，并且只需要跟少数几台计算机进行通信。用户可以利用表块这一特性选择自己的行关键字，以得到数据访问时良好的局部性。

（2）列族。列族是由关键字组成的集合，构成了访问控制的基本单位。通常存放在列族中的数据类型都是相同的（同一列族下的数据被压缩到一起）。创建列族后，数据才能被存放在列族的某一列关键字下，用户才能使用所有的列关键字。一个表中不同列族的数码应该尽量少（最多几百个），而且列族极少变动。与之相反，一个表可以有任意数目的列。

列关键字采用以下语法命名：

族名：限定词

其中，族名必须是易懂的字符串，而限定词可以是任意字符串。例如，在 WebTable 中的一个列族可以是 language，存放撰写网页的语言，这个列族只用一个关键字，用来存放网页语言的标识。另一个列族是 anchor，每一个列关键字代表单个锚点。限定词是引用站点的名字，表项的内容是链接文本。

访问控制、内存统计和外存统计都在列族级别上进行。在 WebTable 的例子中，这些控制可以管理不同类型的应用：有的应用添加新的基本数据，有的读取基本数据并创建引申的列族，有的则只能浏览数据等。

（3）时间戳。BigTable 中每个表项都可以含有相同数据的不同版本，这些版本通过时间戳来索引。BigTable 的时间戳是 64 位整数，可以由 BigTable 分配，实时精确到毫秒级；或者由用户应用程序来显式指定时间戳。为了避免冲突，应用程序要保证自己创建唯一的时间戳。表项的不同版本按时间戳的降序存储，以保障最先读取到最新的版本。

为了简化对不同数据版本的数据管理，每个列族支持两种设计：一种是用户可指定保留最近的 n 个版本，图 3.14 中数据模型采取的就是这种方法，它保存最新的三个版本数据。另一种就是保留限定时间内的所有不同版本，如可以保存最近 7 天的所有不同版本数据。失效的版本将会由 BigTable 的垃圾回收机制自动处理。

2）系统架构

BigTable 是在 Google 的几个云计算组件基础之上构建的，其基本架构如图 3.15 所示。图中 WorkQueue 是一个分布式的任务调度器，它主要被用来处理分布式系统队列分组和任务调度。BigTable 用 GFS 来存储子表数据及一些日志文件。BigTable 采用了高度可靠的永久存储的分布式 Chubby（锁管理器）服务，Chubby 在 BigTable 中主要有以下几个作用：①选取并保证同一时间内只有一个主服务器（master server）。②获取子表的位置信息。③保存 BigTable 的模式信息及访问控制列表。

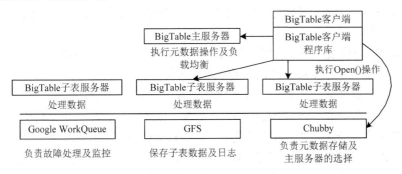

图 3.15　BigTable 基本架构

另外，在 BigTable 的实际执行过程中，Google 的 MapReduce 和 Sawzall 也被用来改善其性能，不过需要注意的是这两个组件并不是实现 BigTable 所必需的。

BigTable 主要由三个部分组成：客户端程序库（client library）、一个主服务器（master server）和多个子表服务器（tablet server）。从图 3.15 可以看出，客户需要访问 BigTable 服务时首先要利用其库函数执行 Open（）操作来打开一个锁（实际上就是获取了文件目录），锁打开以后客户端就可以和子表服务器进行通信了。与许多具有单个主结点的分布式系统一样，客户端主要与子表服务器通信，几乎不和主服务器进行通信，这使得主服务器的负载大大降低。

主服务主要进行一些元数据的操作及子表服务器之间的负载调度问题,实际的数据是存储在子表服务器上的。

3)主服务器

主服务器负责将表块分配给表块服务器,检测表块服务器的添加和有效期,保证表块服务器负载均衡,以及回收 GFS 中的垃圾文件。另外,它还处理模式的变化,如创建表和创建表的列族等。

当一个新的子表产生时,主服务器通过一个加载命令将其分配给一个空间足够的子表服务器。创建新表、表合并及较大表的分裂都会产生一个或多个新子表。对于前面两种,主服务器会自动检测到,因为这两个操作是由主服务器发起的,而较大子表的分裂是由子服务发起并完成的,所以主服务器并不能自动检测到,因此在分割完成之后子服务器需要向主服务发出一个通知。主服务器必须对子表服务器的状态进行监控,以便及时检测到服务器的加入或撤销。BigTable 中主服务器对子表服务器的监控是通过 Chubby 来完成的,子表服务器在初始化时都会从 Chubby 中得到一个独占锁。通过这种方式所有的子表服务器基本信息被保存在 Chubby 中一个称为服务器目录(server directory)的特殊目录之中。主服务器通过检测这个目录就可以随时获取最新的子表服务器信息,包括目前活跃的子表服务器,以及每个子表服务器上现已分配的子表。对于每个具体的子表服务器,主服务器会定期向其询问独占锁的状态。如果子表服务器的锁丢失或没有回应,则此时可能有两种情况,要么是 Chubby 出现了问题(虽然这种概率很小),要么是子表服务器自身出现了问题。对此主服务器首先自己尝试获取这个独占锁,如果失败说明 Chubby 服务出现问题,需等待 Chubby 服务的恢复。如果成功则说明 Chubby 服务良好而子表服务器本身出现了问题。这种情况下主服务器会中止这个子表服务器并将其上的子表全部移至其他子表服务器。当在状态监测时发现某个子表服务器上负载过重时,主服务器会自动对其进行负载均衡操作。

基于系统出现故障是一种常态的设计理念,每个主服务器被设定了一个会话时间的限制。当某个主服务器到时退出后,管理系统就会指定一个新的主服务器,这个主服务器的启动需要经历以下四个步骤。

(1)从 Chubby 中获取一个独占锁,确保同一时间只有一个主服务器。

(2)扫描服务器目录,发现目前活跃的子表服务器。

(3)与所有的活跃子表服务器取得联系以便了解所有子表的分配情况。

(4)通过扫描元数据表(metadata table),发现未分配的子表并将其分配到合适的子表服务器。如果元数据表未分配,则首先需要将根子表(root table)加入未分配的子表中。由于根子表保存了其他所有元数据子表的信息,确保了扫描能够发现所有未分配的子表。

成功完成以上四个步骤后主服务器就可以正常运行了。

4)子表服务器

BigTable 中实际的数据都是以子表的形式保存在子表服务器上的,客户一般也只和子表服务器进行通信。子表服务器上的操作主要涉及子表的定位、分配及子表数据的最终存储问题。

(1)SSTable 及子表基本结构。SSTable 是 Google 为 BigTable 设计的内部数据存储格式。所有的 SSTable 文件都是存储在 GFS 上的,用户可以通过键来查询相应的值,图 3.16 是 SSTable 格式的基本示意图。

SSTable 中的数据被划分成一个个的块（block），每个块的大小是可以设置的，一般来说，设置为 64KB。在 SSTable 的结尾有一个索引（index），这个索引保存了 SSTable 中块的位置信息，在 SSTable 打开时这个索引会被加载进内存，这样用户在查找某个块时首先在内存中查找块的位置信息，然后在硬盘上直接找到这个块，这种查找方法速度非常快。由于每个 SSTable 一般都不是很大，用户还可以选择将其整体加载进内存，这样查找起来会更快。

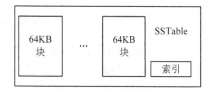

图 3.16　SSTable 结构示意图

从概念上来讲，子表是表中一系列行的集合，它在系统中的实际组成如图 3.17 所示。

图 3.17　子表实际组成

每个子表都是由多个 SSTable 及日志（Log）文件构成的。有一点需要注意，那就是不同子表的 SSTable 可以共享，也就是说，某些 SSTable 会参与多个子表的构成，而由子表构成的表则不存在子表重叠的现象。BigTable 中的日志文件是一种共享日志，也就是说，系统并不是对子表服务器上每个子表都单独地建立一个日志文件，每个子表服务器上仅保存一个日志文件，某个子表日志只是这个共享日志的一个片段。这样会节省大量的空间，但在恢复时却有一定的难度，因为不同的子表可能会被分配到不同的子表服务器上，一般情况下每个子表服务器都需要读取整个共享日志来获取其对应的子表日志。Google 为了避免这种情况出现，对日志做了一些改进。BigTable 规定将日志的内容按照键值进行排序，这样不同的子表服务器都可以连续读取日志文件了。一般来说，每个子表的大小在 100～200MB。每个子表服务器上保存的子表数量可以从几十到上千不等，通常情况下是 100 个左右。

（2）子表地址。子表地址的查询是经常碰到的操作。在 BigTable 系统的内部采用的是一种类似 B+树的三层查询体系。子表地址结构如图 3.18 所示。

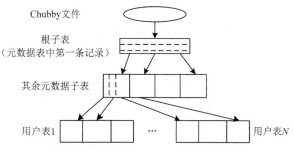

图 3.18　子表地址层次结构

所有的子表地址都被记录在元数据表中，元数据表也是由一个个的元数据子表（metadata tablet）组成的。根子表是元数据表中一个比较特殊的子表，它既是元数据表的第一条记录，也包含了其他元数据子表的地址，同时 Chubby 中的一个文件也存储了这个根子表的信息。这样在查询时，首先从 Chubby 中提取这个根子表的地址，进而读取所需的元数据子表的位置，最后就可以从元数据子表中找到待查询的子表。除了这些子表的元数据之外，元数据表中还保存了其他一些有利于调试和分析的信息，如事件日志等。

为了减少访问开销，提高客户访问效率，BigTable 使用了缓存（cache）和预取（prefetch）技术，这两种技术手段在体系结构设计中是很常用的。子表的地址信息被缓存在客户端，客户在寻址时直接根据缓存信息进行查找。一旦出现缓存为空或缓存信息过时的情况，客户端就需要按照图 3.18 所示方式进行网络的来回通信（network round-trips）进行寻址，在缓存为空的情况下需要三个网络来回通信；如果缓存的信息是过时的，则需要六个网络来回通信，其中三个用来确定信息是过时的，另外三个获取新的地址。预取则是在每次访问元数据表时不是仅仅读取所需的子表元数据，而是读取多个子表的元数据，这样下次需要时就不用再次访问元数据表。

（3）子表数据存储及读写操作。在数据的存储方面，BigTable 将数据存储划分成两块，较新的数据存储在内存中一个称为内存表（memtable）的有序缓冲里，较早的数据则以 SSTable 格式保存在 GFS 中。从图 3.19 可以看出，读和写操作有很大的差异性。写操作时，首先查询 Chubby 中保存的访问控制列表确定用户具有相应的写权限，通过认证之后写入的数据首先被保存在提交日志（commit log）中。提交日志中以重做记录（redo record）的形式保存着最近的一系列数据更改，这些重做记录在子表进行恢复时可以向系统提供已完成的更改信息。数据成功提交之后就被写入内存表中。读操作时，首先还是要通过认证，之后读操作就要结合内存表和 SSTable 文件来进行，因为内存表和 SSTable 中都保存了数据。

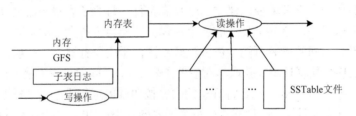

图 3.19　BigTable 数据存储及读写操作

在数据存储中还有一个重要问题，就是数据压缩。内存表的空间毕竟是很有限的，当其容量达到一个阈值时，旧的内存表就会被停止使用并压缩成 SSTable 格式的文件。在 BigTable 中有三种形式的数据压缩，分别是次压缩（minor compaction）、合并压缩（merging compaction）和主压缩（major compaction）。三者之间的关系如图 3.20 所示。

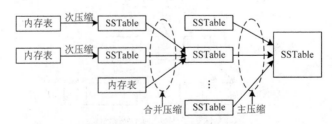

图 3.20　三种形式压缩之间的关系

每一次旧的内存表停止使用时都会进行一个次压缩操作，这会产生一个 SSTable。但如果系统中只有这种压缩，SSTable 的数量就会无限制地增加下去。由于读操作要使用 SSTable，数量过多的 SSTable 显然会影响读的速度。而在 BigTable 中，读操作实际上比写操作更重要，因此，BigTable 会定期地执行一次合并压缩的操作，将一些已有的 SSTable 和现有的内存表一并进行一次压缩。主压缩其实是合并压缩的一种，只不过它将所有的 SSTable 一次性压缩成一个大的 SSTable 文件。主压缩也是定期执行的，执行一次主压缩之后可以保证将所有的被压缩数据彻底删除，如此一来，既回收了空间，又能保证敏感数据的安全性（因为这些敏感数据被彻底删除了）。

5）性能优化

前面所描述设计的实现需要进行一系列的优化才能达到用户所需的高性能、可靠性和稳定性。Google 采用一些已有的数据库方法实现了对 BigTable 的优化。

（1）本地组（locality groups）。BigTable 允许用户将原本并不存储在一起的数据以列族为单位，根据需要组织在一个单独的 SSTable 中，以构成一个本地组。这实际上就是数据库中垂直分区技术的一个应用。结合图 3.21 的 WebTable 实例来看，在被 BigTable 保存的网页列关键字中，有的用户可能只对网页内容感兴趣，那么它可以通过设置本地组只看内容这一列。有的则会对诸如网页语言、网站排名等可以用于分析的信息比较感兴趣，他也可以将这些列设置到一个本地组中。

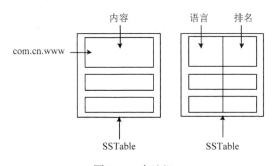

图 3.21　本地组

通过设置本地组，用户可以只看自己感兴趣的内容，对某个用户来说大量无用信息无须读取。对于一些较小的且会被经常读取的本地组，用户可以将其 SSTable 文件直接加载进内存，这可以明显地改善读取效率。

（2）压缩。压缩可以有效地节省空间，BigTable 中的压缩被应用于很多场合。首先压缩可以被用在构成局部性群组的 SSTable 中，可以选择是否对个人的局部性群组的 SSTable 进行压缩。BigTable 中这种压缩是对每个本地组独立进行的，虽然这样会浪费一些空间，但是在需要读时解压速度非常快。通常情况下，用户可以采用两步压缩的方式：第一步利用 Bentley&McIlroy 方式（BMDiff）在大的扫描窗口将常见的长串进行压缩；第二步采取 Zippy 技术进行快速压缩，它在一个 16KB 大小的扫描窗口内寻找重复数据，这个过程非常快。压缩技术还可以提高子表的恢复速度，当某个子表服务器停止使用后，需要将上面所有的子表移至另一个子表服务器来恢复服务。在转移之前要进行两次压缩，第一次压缩减少了提交日志中的未压缩状态，从而减少了恢复时间。在文件正式转移之前还要进行一次压缩，这次压缩主要是将第一次压缩后遗留的未压缩空间进行压缩。完成这两步之后压缩的文件就会被转移至另一个子表服务器。

（3）布隆过滤器（Bloom Filter）。BigTable 向用户提供了一种称为布隆过滤器的数学工具。布隆过滤器是巴顿·布隆在 1970 年提出的，实际上它是一个很长的二进制向量和一系列随机映射函数，在读操作中确定子表的位置时非常有用。布隆过滤器的速度快、省空间，而且一个最大的好处是它绝不会将一个存在的子表判定为不存在。不过布隆过滤器也有一个缺点，那就是在某些情况下它会将不存在的子表判断为存在。不过这种情况出现的概率非常小，与它带来的巨大好处相比这个缺点是可以忍受的。

目前包括 Google Analytics、Google Earth、个性化搜索、Orkut 和 RRS 阅读器在内的几十个项目都使用了 BigTable。这些应用对 BigTable 的要求及使用的集群机器数量都是不同的，但是从实际运行来看，BigTable 完全可以满足这些不同需求的应用，而这一切都得益于其优良的构架及恰当的技术选择。与此同时，Google 还在不断地对 BigTable 进行一系列的改进，通过技术改良和新特性的加入提高系统运行效率及稳定性。

第4章　地理信息系统架构

地理信息系统由计算机硬件、软件和地理空间数据等组成。地理信息系统架构是一个体系结构，它反映系统的计算硬件、软件和地理数据各个组成部分之间的关系，以及地理信息系统应用领域相关业务功能，地理信息系统与相关技术之间的关系。它反映应用、技术和数据的相应选择，以及硬件、软件和通信的配置等。系统架构设计人员能够根据系统需求，结合应用领域和技术发展的实际情况，考虑有关约束条件，设计正确、合理的硬件软件架构，并对系统进行描述、分析、设计与评估，确保系统架构具有良好的特性，并按照相关标准编写相应的设计文档。

4.1　GIS 硬件架构

GIS 硬件架构是设计一个 GIS 的基础架构，在现有的计算机硬件设备基础上，依据用户的应用需求，通过对各种设备、软件等系统的集成，透过开放的网络环境，遵循系统安全和信息安全的前提下，为地理信息系统的开发与应用提供一个高效、安全、规范、共享、协作、透明的一体化计算环境。

4.1.1　计算环境架构

计算环境是由一系列系统构成的集合，每个系统可视为计算环境中的一个元素，这些元素互相配合、相互协作，为实现地理信息系统完成预先定义的目标提供 ICT 资源（计算资源、存储资源、网络资源）的支撑。如果以系统架构的层次形式对计算环境进行划分，可分为设施层、平台层和业务层三个层次及技术规范标准与安全防范技术两个体系，如图 4.1 所示。

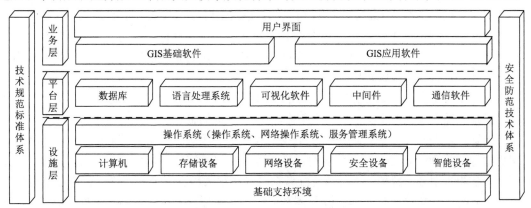

图 4.1　计算环境系统架构

1. 技术规范标准体系

技术规范是标准文件的一种形式，是规定产品、过程或服务应满足技术要求的文件，可以是一项标准（即技术标准）、一项标准的一部分或一项标准的独立部分。地理信息系统作为地理信息技术的实现，其实现过程不是仅仅涉及一种产品、单一的过程或单独的服务，而是由多种相互配合、相互协作的系统共同完成的，为保障高质量的实现，必须遵循相关的一系列的技术标准与技术规范。计算环境架构规划与设计人员必须根据 GIS 系统的要求，采用或制定与 GIS 技术规范与标准相配套的标准、规范与规程，这些标准、规范与规程共同构成了地理信息系统计算环境的技术规范标准体系，是计算环境规划、设计与实现过程中必须遵循的技术规范。

标准、规范、规程都是标准的一种表现形式，习惯上统称为标准，只有针对具体对象才加以区别。当针对产品、方法、符号、概念等基础标准时，一般采用"标准"；当针对工程勘察、规划、设计、施工等通用的技术事项做出规定时，一般采用"规范"；当针对操作、工艺、管理等专用技术要求时，一般采用"规程"。信息工程的标准化的特征体现在"通过制定、发布和实施标准达到统一"，把"统一"作为标准化的本质或内在特征，把制定、发布和实施标准当做达到统一的必要条件和活动方式，贯穿于工程的始终。

在 GIS 规划阶段，就应遵循前瞻性、科学性和权威性的原则，选择和制定所遵循的技术规范，建立完整的技术规范标准体系。这样的标准体系是以科学、技术和实践经验的综合成果为基础，在反映标准体系目标的同时，对 GIS 生存周期内的所有活动进行规范。在具有多种标准可选择的情况下，尽可能选择最具权威性的标准纳入标准体系。

2. 安全防范技术体系

安全防范技术体系的最终目标是保护地理信息系统的正常运转与信息资源被合法用户安全使用，并禁止非法用户、入侵者、攻击者和黑客非法破坏或使用系统与信息资源。

安全防范技术体系划分为物理层安全、系统层安全、网络层安全、应用层安全和管理层安全等五个层次。

（1）物理层安全：该层次的安全包括通信线路的安全、物理设备的安全、机房的安全等。主要体现在通信线路的可靠性（线路备份、网管软件、传输介质）、软硬件设备安全性（替换设备、拆卸设备、增加设备）、设备的备份、防灾害能力、防干扰能力、设备的运行环境（温度、湿度、烟尘）、不间断电源保障等。

（2）系统层安全：该层次的主要安全问题来自网络内使用的操作系统的安全。主要表现在三个方面：一是操作系统本身缺陷带来的不安全因素，主要包括身份认证、访问控制、系统漏洞等；二是对操作系统的安全配置问题；三是病毒对操作系统的威胁。

（3）网络层安全：主要体现在网络方面的安全性，包括网络层身份认证、网络资源的访问控制、数据传输的保密与完整性、远程接入的安全、域名系统的安全、路由系统的安全、入侵检测的手段、网络设施防病毒等。

（4）应用层安全：主要由提供服务所采用的应用软件和数据的安全性产生，包括 Web 服务、电子邮件系统、DNS 等。此外，还包括病毒对系统的威胁。

（5）管理层安全：安全管理包括安全技术和设备的管理、安全管理制度、部门与人员的组织规则等。管理的制度化极大程度地影响着整个网络的安全，严格的安全管理制度、明确的部门安全职责划分、合理的人员角色配置都可以在很大程度上降低其他层次的安全漏洞。

计算环境中安全防范技术体系涉及体系架构的多个层次的多个元素，这些元素既独立成体系，又相互交叉。计算环境的安全防范技术体系是地理信息系统安全的重要组成部分，是从不同的层次对系统安全与信息安全的保障。计算环境的安全体系和 GIS 安全体系只有相互配合、相互协作、综合考量，从 GIS 系统总体的角度出发构建适合的安全体系，才能保障地理信息系统与信息的安全。

为了从技术上保证计算环境的安全性，除对自身面临的威胁进行风险评估外，还应决定所需要的安全服务种类，并选择相应的安全机制，集成先进的安全技术。归纳起来，考虑网络安全策略时，大致包括以下步骤：①明确安全问题。明确目前和近期、远期的应用和需求。②进行风险分析，形成风险评估报告，决定投资力度。③制定网络安全策略。④制定安全方案，选择适当的安全设备，确定安全防范技术体系。⑤按实际使用情况，检查和完善安全方案。

3. 设施层

设施层主要由基础支持环境、硬件设备层和系统软件层构成，主要用于存储、处理、传输和显示地理信息与空间数据，解决地理信息系统功能实现中所需 ICT 资源问题，即计算资源、存储资源、网络资源问题。

基础支持环境是指为了保障硬件系统、计算机网络的安全、可靠、正常运行所必须采取的环境保障措施。主要内容包括机房、电源与网络布线等。

在硬件设备层中，各种类型的计算机是地理信息系统的主机，是计算环境的核心，包括从超级计算机、高性能计算集群到微型计算机等，用于数据的处理、管理与计算。外部设备主要包括各种数据采集设备，如 LiDAR、光谱仪等，输入设备的数字化仪、全站型测量仪等，输出设备的绘图仪、打印机和全息影像设备等，用于输入/输出、数据采集、结果呈现等方面。存储设备主要包括用于数据存储与备份的磁盘、磁盘阵列、磁带机等，用于地理信息与空间数据的存储与系统备份与恢复。网络设备包括路由器、交换机、防火墙、负载均衡器等，用于实现设备间的连接与通信。智能设备泛指任何一种具有计算处理能力的设备、器械或者机器，并且具备信息交换与通信能力；智能设备使 GIS 与应用的外延进一步拓展到物联网领域。

系统软件层主要由操作系统、网络操作系统、服务管理系统等系统软件构成，主要用于调度、监控和维护计算环境，负责管理计算环境中的硬件设备、软件与数据资源，控制程序运行，使计算环境所有资源最大限度地发挥作用，为 GIS 提供支持，同时提供多种形式的用户界面，为 GIS 的开发与运行提供必要的服务和相应的接口等。

通过对设施层的构建，实现计算环境中所有物理设备与设施的透明化，使所有设备实现资源池化与协同工作，为 GIS 提供 ICT 资源高效能服务的同时，为开发者与使用者提供按需选择与使用相应服务的计算模式。

4. 平台层

平台层由多种软件系统构成，其作用是构建地理信息系统研发环境和运行环境，为底层开发 GIS、使用专业开发工具开发 GIS 及地理信息系统应用的二次开发提供集成服务，并为各种 GIS 的部署与应用提供支撑。

平台层主要包括数据库、语言处理系统、中间件、可视化软件、通信软件及相关文档等。其中，数据库泛指操纵和管理数据的大型软件，可以是数据库管理系统（DBMS），也可以是其他形式，主要作用为建立、使用和维护数据，对数据进行管理和控制，从而保证大规模数据的安全与完整。语言处理系统是为用户设计的编程服务软件，为地理信息系统和系统应用提供开发能力的软件环境组合，泛指各种地理信息系统专用软件与各种高级语言的集成开发环境与编译、解释环境等。中间件是一种位于操作系统和应用程序之间的独立的系统软件或服务程序，屏蔽分布环境中异构的操作系统和网络协议，管理计算资源和网络通信，提供相对稳定的高层运行与开发环境，以及开发与集成服务，使程序开发人员面对一个简单而统一的开发环境。文档是软件开发使用和维护中的必备资料，包括描述系统设计思想、算法描述、开发过程控制及使用方法的手册、表格、图形及其他描述性信息。文档能提高研发的效率，保证软件的质量，而且在软件的使用过程中有指导、帮助、解惑的作用，同时是系统维护不可或缺的资料。

通过对平台层的构建，为 GIS 构建了一个完整的软件研发和部署平台，实现了研发者与使用者只需要利用平台层就能够创建、测试和部署 GIS 应用与服务。

5. 业务层

业务层由 GIS 基础软件和 GIS 应用软件构成。GIS 基础软件泛指一般具有丰富功能的通用 GIS 软件，既包含了处理地理信息的各种高级功能，又可作为其他应用系统建设的平台，如 ArcGIS、MapGIS 等。GIS 应用软件是指针对某一领域或用途的专业 GIS 软件，如规划信息系统、土地信息系统等。用户界面使得用户能够方便、有效率地去操作 GIS 以达成双向交互，获得所需要的服务。用户界面的定义广泛、形式多样。

通过业务层，用户可以根据实际需求，通过网络连接等多种方式，快速便捷地获得 GIS 提供的各种服务，而整个计算环境和 GIS 对用户则是完全透明的。

综上所述，在计算环境的体系结构中，计算机硬件及通信设备是载体，计算机软件技术和网络是基础，软件开发与软件工程是途径，应用与服务是目的。在构建计算环境时，必须首先确定 GIS 的需求，然后确定计算环境整体所有达到的目标，再构建相应的体系与层次结构。硬件、软件的选择除了应考虑和比较各种技术指标外，还应该注意各子系统之间的兼容问题及软硬件各层次之间配合与优化等方面，使计算环境在满足系统需求的同时，具有尽可能高的效能。在 GIS 系统开发目标确定的情况下，只有对新技术的深刻理解、对新产品的广泛关注及对需求的准确把握，才能构建一个合理的计算环境。

4.1.2　硬件设备架构

计算环境中的硬件设备主要包括各种类型的计算机、存储设备、网络设备、外部设备、智能设备等。各种设备在基础支持环境和计算机网络中互联互通，从而构成 GIS 功能的硬件实现，如图 4.2 所示。

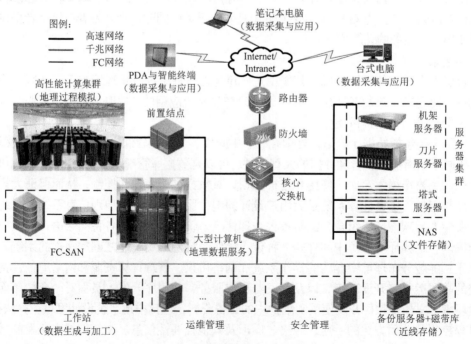

图 4.2　计算环境的网络结构示例

1. 计算机

地理信息系统一般存储大量的数据，对地理数据选取和处理时，需要进行大量的计算，因此系统对计算环境的计算能力、运算速度、存储容量、图形处理能力等有较高的要求。根据地理信息系统的数据量、数据处理时效、图形图像处理等要求，可选择不同类型的计算机系统来承载 GIS 的不同功能需求。

1）超级计算机与高性能计算集群

超级计算机是指由数千甚至更多处理器组成、能完成普通计算机和服务器不能完成的大型复杂课题的计算机，被誉为"计算机中的珠穆朗玛峰"。超级计算在科学与工程领域应用最早、最广泛，应用效果最显著，已同理论研究和科学实验一起成为人类探索未知世界的三大科学手段，被称为科学发现的第三支柱。作为"现代科学技术的大脑"，超级计算机已成为解决重大工程和科学难题时难以取代的工具。例如，全球超级计算机 500 强第四十九期榜单中排名第一的"神威·太湖之光"，由我国国家并行计算机工程技术研究中心研制，安装了 40960 个自主研发的芯片"申威 26010"众核处理器，每颗处理器集成了 260 个运算核心，内存容量达到 1.3PB，系统峰值性能为每秒 12.5 亿亿次，持续性能为每秒 9.3 亿亿次，性能功耗比为每瓦特 60.5 亿次，均居世界第一。应用领域涉及天气气候、航空航天、先进制造、新材料等方面。

高性能计算（high performance computing，HPC）指通常使用很多处理器（作为单个机器的一部分）或者某一集群中组织的几台计算机（作为单个计算资源操作）的计算系统和环境。大多数基于集群的 HPC 系统使用高性能网络互连，网络拓扑和组织使用简单的总线拓扑，采用平行处理技术改进计算机结构，使计算机系统同时执行多条指令或同时对多个数据进行处理，进一步提高计算机运行速度。HPC 系统使用的是专门的操作系统，这些操作系统被设计为看起来像是单个计算资源。整个 HPC 单元的操作和行为像是单个计算资源，它将实际请求的加载展开到各个结点。

随着观测技术的发展及地理信息应用的深入，地理空间数据的内容越来越丰富，其数据量也越来越大。在海量数据的支持下进行地学过程模拟需要极高的计算、处理能力，从超级计算机与高性能计算集群获得数据分析和模拟成果，能推动地理信息领域高精尖项目的研究与开发。因此，在地理信息系统的硬件架构中，采用超级计算机或高性能计算集群承担地学过程模拟等超级任务是一种必然的选择。

2）大型机与小型机

大型计算机（main frame computer），又称大型机、大型主机、主机等，是从 IBMSystem/360 开始的一系列计算机及与其兼容或同等级的计算机，主要用于大量数据和关键项目的计算，如银行金融交易及数据处理、人口普查、企业资源规划等大型事务处理系统。

大型机体系结构最大优势在于无与伦比的 I/O 处理能力。通常倾向于整数运算，强调大规模的数据输入输出，着重强调数据的吞吐量，同时拥有强大的容错能力。由于大型机使用专用的操作系统和应用软件，这个系统极具稳定性和可靠性；其平台与操作系统并不开放，因而很难被攻破，安全性极强。

早期的 GIS 部署在大型计算机上，随着 PC 和各种服务器的高速发展，很多部门都放弃了原来的大型机改用小型机和服务器。另外，客户机/服务器（Client/Server）技术的飞速发展也是大型机在 GIS 应用萎缩的一个重要原因。但大型计算机具有可靠性、安全性、向后兼容性和极其高效的 I/O 性能，重要部门的海量地理空间数据依然存储在大型机上。

　　小型机是指采用精简指令集处理器，性能和价格介于 PC 服务器和大型主机之间的一种高性能计算机。小型机采用的是主机/哑终端模式，并且各厂商均有各自的体系结构，彼此互不兼容。国外小型机对应英文名是"minicomputer"和"midrange computer"。"midrange computer"是相对于大型主机和微型机而言，该词汇被国内一些教材误译为中型机；"minicomputer"一词是由 DEC 公司于 1965 年创造的。在国外，小型机是一个已经过时的名词，并于 20 世纪 90 年代消失。在中国，小型机习惯上用来指 UNIX 服务器。

　　UNIX 服务器具有高 RAS[可靠性(reliability)、可用性(availability)、服务性(serviceability)]特性，在服务器市场中处于中高端位置。UNIX 服务器具有区别 x86 服务器和大型主机的特有体系结构，基本上，各厂家使用自家的 UNIX 版本操作系统和专属处理器。使用小型机的用户一般是看中 UNIX 操作系统和专用服务器的安全性、可靠性、纵向扩展性及高并发访问下的出色处理能力。

　　随着各行各业信息化的深入，信息分散管理的弊端越来越多，运营成本迅速增长，信息集中成了不可逆转的潮流。在地理信息系统中，可以选择采用大型机和小型机用于承担处理大容量数据的服务，如用于数据库服务器。

　　3）微型计算机、图形工作站与服务器

　　（1）微型计算机，简称微机，俗称电脑。其准确的称谓应是微型计算机系统，可以简单定义为：在微型计算机硬件系统的基础上以微型处理器为核心，配置必要的外部设备、电源、辅助电路和控制微型计算机工作的软件构成的实体。桌面计算机、游戏机、笔记本电脑、平板电脑，以及种类众多的手持设备都属于微型计算机。目前的各种微型计算机系统，无论是简单的单片机、单板机，还是较复杂的个人计算机系统，其硬件体系结构采用的基本上是计算机的经典结构——冯·诺依曼结构：由运算器、控制器、存储器、输入设备和输出设备五大部分组成，采用"指令驱动"方式。微型计算机软件的种类很多，功能各异，但按计算机专业可划分为系统软件和应用软件两类。系统软件是计算机系统的核心，管理和控制计算机硬件各部分协调工作，为各种应用软件提供运行平台。应用软件则是基于系统软件提供的开发接口构建的各种具体应用。

　　微机成为 GIS 主要应用机型。尽管个人用微型计算机的处理速度已慢慢地赶上较大计算机的速度，但是微机的 I/O 处理能力较弱，内、外存容量对 GIS 而言仍然偏小，特别是磁盘与内存之间的传输速度制约了 GIS 在微机上的应用。微机在地理信息系统中通常作为应用客户端（Client 端或浏览端）和数据采集使用。

　　（2）图形工作站。图形工作站是一种高档的微型计算机，是专业从事图形、图像（静态）、图像（动态）与视频工作的高档次专用电脑的总称。通常配有高分辨率的大屏幕显示器及容量较大的内存储器和外部存储器，并且具有较强的信息处理功能和高性能的图形、图像处理及联网功能。其主要用途是完成以往被图形功能限制的普通电脑无法完成的一些诸如 3D 图形设计、CAD 产品设计等对图形显示要求很高的工作。

　　图形工作站主要面向专业应用领域，具备强大的数据运算与图形、图像处理能力。通常都配置有计算能力较强的处理器、较大的内存和带有 GPU（图形处理器）的专业级图形加速卡，这种配置特别适用于 GIS 中的图形、图像处理。

　　从目前形势看，工作站发展时间虽短，但来势很猛，大有成为 GIS 的主流机之势。一方面，工作站的处理速度，内、外存容量，工作性能接近或达到早期小型机甚至中型机，完全可以满足 GIS 数据的生产、加工与预处理等工作的要求。另一方面，体积和价格却大大缩小和降低，工作站的主机可以比微机还小，高档工作站的价格也不高，而低档工作站的价格与一台微机相当。

（3）军用微型计算机。军用微型计算机是指应用于军事领域的微型计算机，必须满足相应的军事规范。有定制的全军规计算机，也有通过对商用成熟技术产品进行特殊处理，使之能够用于军事环境的加固计算机。军用微型计算机面对的环境比工业微型计算机更苛刻，如酷热的沙漠、炮弹横飞的战场、振动和冲击力强大的坦克车等。因此，许多国家在军用计算机方面都制定了自己的标准。尽管各国的标准不尽相同，但防水、防沙、防热、防寒、防振、防摔、防压、防霉菌、防盐雾等都是军用微型计算机必须满足的标准。军用微型计算机不仅仅局限于军事应用，也可应用于类似的环境，如伴随潜水员进入海底或水底、民用机载和船载，以及野外操作等。

（4）服务器（Server），也称伺服器，是提供计算服务的设备。因为服务器需要响应服务请求，并进行处理，所以一般来说，服务器应具备承担服务并且保障服务的能力。服务器的构成包括处理器、硬盘、内存、系统总线等，与通用的计算机架构类似。但是因为需要提供高可靠的服务，所以在处理能力、稳定性、可靠性、安全性、可扩展性、可管理性等方面要求较高。

服务器按照体系架构来区分，主要分为 x86 服务器和非 x86 服务器两类。x86 服务器又称 CISC（复杂指令集）架构服务器，即通常所讲的 PC 服务器，它是基于 PC 机体系结构，使用 Intel 或其他兼容 x86 指令集的处理器芯片和 Windows 或 Linux 操作系统的服务器。价格便宜、兼容性好、稳定性较差、安全性不算太高，主要用在中小企业和非关键业务中。非 x86 服务器通常指 UNIX 服务器，国内称为小型机。它们是使用 RISC（精简指令集）或 EPIC（并行指令代码）处理器，并且主要采用 UNIX 和其他专用操作系统的服务器。这种服务器价格较贵，体系封闭，但是稳定性好，性能强，主要用在金融、电信等大型企业的核心系统中。

服务器在应用层次方面通常是依据整个服务器的综合性能，特别是所采用的一些服务器专用技术来衡量的，一般可分为入门级服务器、工作组级服务器、部门级服务器、企业级服务器。从外形的角度，服务器通常又被分为机架式、刀片式和塔式。

因为服务器具备较高的计算能力和较好的 RASUM 特性（R——reliability，可靠性；A——availability，可用性；S——scalability，可扩展性；U——usability，易用性；M——manageability，可管理性），所以在各个领域广泛应用。在 GIS 环境架构中，根据 GIS 的具体需求，选择不同档次的服务器承担不同的应用和服务，如作为应用服务器（ApplicationServer）、文件服务器（FileServer）及 Web 服务器（WebServer）等。

（5）掌上电脑与移动终端。微型计算机是当今发展速度最快、应用最为普及的计算机类型。它可以细分为 PC 服务器、NT 工作站、台式计算机、膝上型计算机、笔记本型计算机、掌上型计算机、可穿戴式计算机及问世不久的平板电脑等多种类型。习惯上人们将尺寸小于台式机的微型计算机统称为便携式计算机。目前掌上型计算机和个人数字助理的概念似乎有些混淆。有人把低端的产品归为 PDA，把高端的产品归为掌上型计算机。实际上国外已经很普遍地把所有的手持式移动计算产品统称为 PDA，而国内则习惯称为掌上电脑。

掌上电脑是一种运行在嵌入式操作系统和内嵌式应用软件之上的、小巧、轻便、易带、实用和廉价的新一代超轻型计算设备，是计算机微型化、专业化趋势的产物。它无论在体积、功能和硬件配备方面都比笔记本计算机简单轻便，但在功能、容量、扩展性、处理速度、操作系统和显示性能方面又远远优于电子记事簿。掌上电脑的电源通常采用现有的电池，一般没有磁盘驱动器，更确切地说，其程序是储存在 ROM 中的，并且当打开计算机时程序才被装载入 RAM 中。为提供更广阔的灵活性和更强的功能，掌上电脑关键的核心技术是嵌入式操作系统，各种产品之间的竞争也主要在此。目前市面上的产品主要有三大类：第一类是使用 PalmOS 系统的品牌，如 Palm、IBM、Sony、Handspring、Motorola、Nokia、Samsung、TRGPro 等；第二类是使用 Microsoft 的 WindowsCE 操作系统的品牌，如 Compaq、HP、Casio 等；第三类就是国内厂商，如联想、方正等，它们也多使用 WindowsCE 系统，但 Linux、Android、iOS 等也颇具潜力。

掌上电脑不断增加和增强个人事务处理功能；在通信功能和各种信息的输入输出功能方面有较大的提高；着重研制开发出包含个人助理功能、数据处理功能、具备多样性与兼容性通信功能的专用掌上电脑设备。以其极佳的移动性、丰富的功能、小巧的外形设计、超长的电池支持时间、更轻的重量、超高分辨率的液晶显示屏和支持无线网络接入功能等优势，特别在移动导航、外业数据采集和移动办公系统等领域深受欢迎。

2. 计算机网络

计算机网络是指将地理位置不同的具有独立功能的多台计算机及其外部设备，通过通信线路连接起来，在网络操作系统、网络管理软件及网络通信协议的管理和协调下，实现资源共享和信息传递的计算机系统。简单来说，计算机网络就是由通信线路互相连接的许多自主工作的计算机构成的集合体。

从逻辑功能上看，计算机网络是以传输信息为基础目的，利用通信线路将地理上分散的、具有独立功能的计算机系统和通信设备按不同的形式连接起来，以功能完善的网络软件及协议实现资源共享和信息传递的系统。一个计算机网络组成包括传输介质和通信设备。

从用户角度看，计算机网络的定义是：存在着一个能为用户自动管理的网络操作系统。由它调用完成用户所调用的资源，而整个网络像一个大的计算机系统一样，对用户是透明的。

计算机网络从整体上把分布在不同地理区域的计算机与专门的外部设备用通信线路互联成一个规模大、功能强的系统，从而使众多的计算机可以方便地互相传递信息，共享硬件、软件、数据信息等资源。在构建网络环境时，应充分考虑以下几方面。

（1）网络传输基础设施。网络传输基础设施指以网络连通为目的铺设的信息通道。根据距离、带宽、电磁环境和地理形态的要求可以是室内综合布线系统、建筑群综合布线系统、城域网主干光缆系统、广域网传输线路系统、微波传输和卫星传输系统等。

（2）网络通信设备。网络通信设备指通过网络基础设施连接网络节点的各类设备，通称网络设备。包括网络接口卡（NIC）、交换机、三层交换机、路由器、远程访问服务器（RAS）、中继器、收发器、网桥和网关等。

（3）网络服务器硬件和操作系统。服务器是组织网络共享核心资源的宿主设备。网络操作系统则是网络资源的管理者和调度员。二者又是构成网络基础应用平台的基础。

（4）网络协议。网络中的节点之间要想正确地传送信息和数据，必须在数据传输的速率、顺序、数据格式及差错控制等方面有一个约定或规则，这些用来协调不同网络设备间信息交换的规则称为协议。网络中每个不同的层次都有很多种协议，如数据链路层有著名的 CSMA/CD 协议、网络层有 IP 协议集及 IPX/SPX 协议等。

（5）外部信息基础设施的互联互通。当前，互联互通已成为网络建设的重要内容之一，几乎所有的 GIS 项目都要遇到内联（intranet）和外联（extranet）问题。虽然我国家信息基础设施现在发展较快，但是目前绝大部分网络接入和网络带宽资源都被三大运营商掌握。在互联互通过程中，访问 Internet 实现较为便捷，而通过 Internet 向公众提供服务则需要慎重。

（6）网络安全。随着网络规模的不断扩大、用户的不断增多及网络中关键应用的增加，网络安全已成为网络建设中必须认真分析、综合考虑的关键问题。在网络环境建设中，应从网络设计、业务软件、网络配置、系统配置及通信软件等五个方面综合考虑，采取不同的策略与措施以保障网络环境的安全和系统整体的安全。

在进行 GIS 网络环境设计与建设中，必须首先确定网络应用的需求，然后具体考虑网络类型、互联设备、网络操作系统与服务器的选择，以及网络拓扑结构、网络传输设施和网络安全性保障等。

3. 存储设备与数据存储

网络存储技术是基于数据存储的一种通用术语，网络存储结构通常分为直连式存储（direct attached storage，DAS）、网络附加存储（network attached storage，NAS）和存储网络（storage area network，SAN）三种。

1）直连式存储

在小型 GIS 系统的网络环境中通常采用的数据存储模式是直连式存储，也称为直接附件存储或服务器附加存储（server attached storage，SAS）。在这种方式中，存储设备通常是通过电缆（通常是 SCSI 接口电缆）直接连接到服务器，完全以服务器为中心，作为服务器的组成部分，I/O 请求直接发送到存储设备。其依赖于服务器，本身是硬件的堆叠，不带任何存储操作系统。

直连式存储适合于存储容量不大、服务器数量很少的小型 GIS，优点在于容量扩展非常简单，成本少而见效快；缺点在于每台服务器拥有自己的存储磁盘，容量再分配困难，没有集中管理解决方案。

2）网络附加存储

网络附加存储简单说就是连接在网络上的具备数据存储功能的装置，也称为网络存储器或网络磁盘阵列，是一种专业的网络文件存储及文件备份设备，是基于局域网的按照 TCP/IP 协议通信，以文件的 I/O 方式进行数据传输的。在局域网环境下，网络附加存储完全可以实现异构平台之间的数据级共享。一个 NAS 系统包括处理器、文件服务管理模块和多个磁盘驱动器。NAS 本身能够支持 NFS、CIFS、FTP、HTTP 等多种协议，以及各种操作系统，可以应用在任何网络环境中。

网络附加存储对数据量较大的 GIS 是非常重要的，其技术特点和应用特点对 GIS 栅格数据的支持作用非常明显，如在金字塔模型下瓦片文件的存取与管理。

3）存储网络

存储网络通常是指存储设备相互连接且与一台服务器或一个服务器群相连接的网络，其中服务器用做 SAN 的接入点。在有些配置中，SAN 将特殊交换机当做连接设备，与网络相连。SAN 的支撑技术是光纤信道（fibre channel）技术，这是 ANSI 为网络和通道 I/O 接口建立的一个标准集成，支持 HIPPI、IPI、SCSI、IP 等多种高级协议，它的最大特性是将网络和设备的通信协议与传送物理介质隔离开。这样，多种协议可在同一个物理连接上同时传送，高性能存储体和宽带网络使用单 I/O 接口，使得系统的成本和复杂程度得以降低。

SAN 是将不同的数据存储设备连接到服务器的快速、专门的网络，可以扩展为多个远程站点，以实现备份和归档存储。SAN 是基于网络的存储，比传统的存储技术拥有更多的容量和更强的性能，通过专门的存储管理软件，可以直接在 SAN 的大型主机、服务器或其他服务端电脑上添加硬盘和磁带设备。SAN 是独立出的一个数据存储网络，网络内部的数据传输率很高，但操作系统驻留在服务器端，用户不是直接访问 SAN 网络，因此在异构环境下不能实现文件共享。

SAN 具有高可用性和扩展性，但因为无法支持异构环境下的文件共享，所以在 GIS 系统中，通常采用 SAN 作为矢量数据的存储设备和系统同步复制方式的数据备份存储设备。

在 GIS 中，通常以三级存储方式（在线、近线、离线）为主，以数据存储为中心设计网络体系结构，对数据建库、更新、运行管理、分发服务、海量数据存储、备份等提供存储策略。根据系统最终建成后的数据总量、系统规模和需求，可选择 SAN 用于数据库存储与实时备份，NAS 用于文件级共享存储，二者作为在线实时运行数据存储设备，自动磁带库作为近线存储设备。

网络存储另一个重要的任务就是数据备份，而数据备份是数据安全的一个重要方面。系统在数据备份和恢复方面考虑的主要问题是采取有效的数据备份策略。原则上，数据应至少有一套备份数据，即同时应至少保存两套数据，并异地存放。针对不同的业务需要，通常资料复制可以采用同步复制和异步复制两种方式。备份管理包括备份的可计划性、备份设备的自动化操作、历史记录的保存及日志记录等。事实上，备份管理是一个全面的概念，它不仅包含制度的制定和存储介质的管理，还能决定引进设备技术，如备份技术的选择、备份设备的选择、介质的选择乃至软件技术的选择等。

4. 基础支持环境

基础支持环境是指为了保障硬件系统、计算机网络的安全、可靠、正常运行所必须采取的环境保障措施。主要内容包括机房、电源与网络布线等。

1）机房

机房通常指位于网管中心或数据中心用以放置网络核心交换机、路由器、服务器等网络要害设备的场所，还有各建筑物内放置交换机和布线基础设施的设备间、配线间等场所。机房和设备间对温度、湿度、静电、电磁干扰、光线等要求较高，在网络布线施工前要先对机房进行设计、施工、装修。

2）电源

电源为网络关键设备提供可靠的电力供应，理想的电源系统是 UPS。它有三项主要功能，即稳压、备用供电和智能电源管理。有些单位供电电压长期不稳，对网络通信和服务器设备的安全和寿命造成严重威胁，并且会威胁宝贵的业务数据，因而必须设置稳压电源或带整流器和逆变器的 UPS 电源。电力系统故障、电力部门疏忽或其他灾害造成电源掉电，损失有时是无法预料的。配备适用于网络通信设备和服务器接口的智能管理型 UPS，断电时 UPS 会调用一个值守进程，保存数据现场并使设备正常关机。一个良好的电源系统是地理信息系统可靠运行的保证。

3）网络布线

计算机及通信网络均依赖布线系统作为网络连接的物理基础和信息传输的通道。新一代的结构化布线系统能同时提供用户所需的数据、话音、传真、视像等各种信息服务的线路连接，它使话音和数据通信设备、交换机设备、信息管理系统及设备控制系统、安全系统彼此相连，也使这些设备与外部通信网络相连接。主要包括建筑物到外部网络或电话局线路上的连线、与工作区的话音或数据终端之间的所有电缆及相关联的布线部件。在进行布线系统设计和施工时，应充分根据系统应用需求和建设环境的实际情况，从实用性、灵活性、模块化、扩展性、经济性、通用性等方面综合考量。

综合布线系统产品由各个不同系列的器件所构成，包括传输介质、交叉/直接连接设备、介质连接设备、适配器、传输电子设备、布线工具及测试组件。这些器件可组合成系统结构各自相关的子系统，分别起到各自功能的具体用途。

网络布线是信息网络系统的"神经系"；网络系统规模越来越大，网络结构越来越复杂，网络功能越来越多，网络管理维护越来越困难，网络故障系统的影响也越来越大。网络布线系统关系网络的性能、投资、使用和维护等诸多方面，是网络信息系统不可分割的重要组成部分。

4.1.3　软件环境架构

软件环境是计算环境的直接表现，硬件设备对开发者和用户往往是透明的，计算环境的服务能力和支撑能力是通过软件环境体现的。同时，地理信息系统往往不是从底层开发的，而是建立在一定的 GIS 基础软件基础之上，即使是从底层开发，也需要语言处理系统、系统开发中的工具软件、数据库管理系统等软件。软件环境的层次结构如图 4.3 所示。

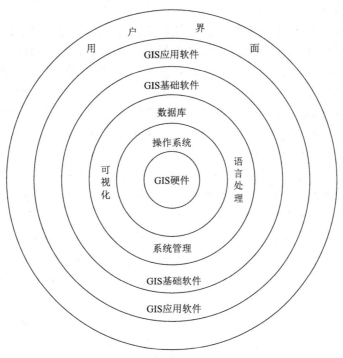

图 4.3　GIS 软件环境层次结构图

1. 基础软件

基础软件是相对于上层应用软件而言的，通常，面向底层计算机硬件的系统软件的总和称为基础软件。狭义地讲，基础软件是操作系统、数据库和中间件的统称。全面地讲，基础软件包括操作系统、数据库系统、中间件、语言处理系统（包括编译程序、解释程序和汇编程序）和办公软件（包括文字处理、电子表格、幻灯片及一些初级图片处理程序）等可以支撑上层应用软件运行和用户使用底层硬件并与之交互的系统软件。

　1）系统管理软件

系统管理软件主要指计算机操作系统（operating system，OS）、网络操作系统（network

operating system，NOS）与网络管理系统（network management system，NMS）等。操作系统关系 GIS 软件和开发语言使用的有效性，因此是 GIS 计算环境的重要组成部分。网络管理系统则对系统硬件平台的部署、管理和日常运维至关重要，直接关系 GIS 系统的正常运行与服务的有效性。

（1）计算机操作系统。操作系统是管理系统资源的软件，旨在提高计算机的总体效用，一般包括存储管理、设备管理、信息管理、作业管理等。功能包括管理计算机系统的硬件、软件及数据资源，控制程序运行，改善人机界面，为其他应用软件提供支持，让计算机系统所有资源最大限度地发挥作用；提供各种形式的用户界面，使用户有一个好的工作环境，为其他软件的开发提供必要的服务和相应的接口等。

（2）网络操作系统。网络操作系统是一种能代替操作系统的软件程序，是网络的心脏和灵魂，是向网络计算机提供服务的特殊的操作系统。网络操作系统使网络上所有计算机能方便而有效地共享网络资源，为网络用户提供所需的各种服务的软件和有关规程的集合。网络操作系统除了应具有通常操作系统的功能外，还应具有提供高效、可靠的网络通信能力和提供多种网络服务的功能。

网络操作系统与单用户操作系统、多用户操作系统的重要差别在于提供的服务类型不同，一般情况下，网络操作系统的目标在于使网络相关特性达到最优，如数据共享、软件应用、资源共享等。网络操作系统从模式上可分为集中模式、客户机/服务器模式和对等模式三种。

（3）网络管理系统。随着网络规模的扩大，接入主机的增多和复杂网络应用的开展，网络管理的重要性日益显现。网络管理系统是一种通过结合软件和硬件来对网络状态进行调整的系统，以保障网络系统能够正常、高效运行，使网络系统中的资源得到更好地利用，是在网络管理平台的基础上实现各种网络管理功能的集合。

网络管理系统通常能够控制局域网、广域网网络环境中的网络设备、主机/服务器等设备的工作运行，处理硬件与不同层级的软件（操作系统、数据库系统、应用软件等）的管理和升级，实现对网络的资源管理、参数配置、性能维护和监控，具备日程安排、告警、事件管理和群众管理等功能。管理工具与管理软件平滑集成，所有的操作通过统一的图形界面完成。网络管理系统主要由至少一个网络管理站（manager）、多个被管代理（agent）、网管协议（如 SNMP、CMIP 等），以及至少一个网管信息库（management information base，MIB）四部分构成。

目前，应用较为广泛的网络管理系统包括微软的 Microsoft System Management Server（SMS）、IBM Director、HPOpenview、浪潮的 LCSMS 等。

在构建计算环境时，应充分考虑 GIS 对计算环境的要求，选择业界广泛使用的操作系统、网络操作系统和相应的网络管理系统。例如，选择 Linux 或 Windows 作为应用服务器和 Web 服务器操作系统；选择 Linux 或专用 UNIX 作为数据库服务器系统；选择 Windows 系统作为系统管理和权限管理的平台；根据重要主机的类型和数量选择对应的网络管理系统。

2）语言处理系统

语言处理系统包括各种类型的语言处理程序，如解释程序、汇编程序、编译程序、编辑程序、装配程序等，通常为集成开发环境软件包的形式。按照处理方法，语言处理系统可分为编译型、解释型和混合型三类，其作用是将用软件语言书写的各种程序处理成可在计算机上执行的程序，或最终的计算结果，或其他中间形式。

如果从底层开发 GIS，从空间数据的采集、编辑到数据的处理分析及结果输出，所有算法都需要开发者独立设计，程序设计语言的选择则直接影响开发效率和 GIS 的效能。目前，GIS 开发的常用计算机语言主要包括 C++、C#、Java 等。其中，C++是在 C 语言的基础上发展而来的一种面向对象程序设计语言，应用非常广泛，常用于系统开发、引擎开发等应用领域，支持类、封装、继承、多态等特性。C++语言灵活，运算符的数据结构丰富，具有结构化控制语句，程序执行效率高，而且同时具有高级语言与汇编语言。目前比较流行的 GIS 专业开发工具很多都是用 C++开发完成的。C++的集成开发环境主要有 Eclipse、Visual Studio、Code：：Blocks 等。

C#是微软公司发布的一种面向对象的、运行于.NET Framework 之上的高级程序设计语言，是由 C 和 C++衍生出来的面向对象程序设计语言。它在继承 C 和 C++强大功能的同时去掉了一些它们的复杂特性，具有可视化操作和 C++的高运行效率的特点，以其强大的操作能力、优雅的语法风格、创新的语言特性和便捷的面向组件编程的支持成为.NET 开发的首选语言。C#适合为独立和嵌入式的系统编写程序，从复杂大型系统到特定应用的小型系统均适用。C# 的集成开发环境为 Visual Studio。

Java 是一种面向对象程序设计语言，具有功能强大和简单易用两个特征。Java 语言作为面向对象编程语言的代表，极好地实现了面向对象理论，允许程序员以"优雅"的思维方式进行复杂的编程。Java 具有简单性、面向对象、分布式、健壮性、安全性、平台独立与可移植性、多线程、动态性等特点。Java 可以编写桌面应用程序、Web 应用程序、分布式系统和嵌入式系统应用程序等。Java 的基础开发环境主要有 Eclipse、NetBeans 等。

从底层开发 GIS 虽然具有较强的灵活性、有系统版权及易于扩展等优点，但是也面临开发难度大、对开发人员要求高等问题，根据 GIS 的确定目标，选择适当的开发技术架构、语言与语言处理系统，可以有效地提高开发效率，缩短开发周期，降低开发成本。

3）数据库管理系统

数据库是相互关联的在某种特定的数据模式指导下组织而成的各种类型的数据的集合。数据库管理系统则是为数据库的建立、使用和维护而配置的软件，它建立在操作系统的基础上，对数据库进行统一的控制和维护，一般包括模式翻译、应用程序编译、查询命令的解释执行及运行管理等内容。

地理信息系统要求较完善的数据管理功能，特别是数据库的管理，用任何高级语言编制这样一个具有最小冗余和最大灵活性的数据库管理系统都是一项非常复杂的工程。目前，许多成熟的通用数据库系统，如 Oracle、SQLServer、MySQL 等都提供用户可编程命令语言，这些语言可以被看做是具有较强数据库管理功能的超高级语言，均适用于地理信息系统的属性数据管理。

在选择数据库管理系统时，需要根据 GIS 的具体开发要求和开发人员的实际能力而决定。

2. GIS 软件

GIS 软件是软件系统的核心，用于执行 GIS 功能的各种操作，为用户提供 GIS 服务，通常可以分为 GIS 基础软件和 GIS 应用软件两种。

1）GIS 基础软件

GIS 基础软件泛指一般具有丰富功能的通用 GIS 软件，此类软件既包含了处理地理信息的各种高级功能，又可作为其他应用系统建设的平台，如 ArcGIS、MapGIS 等。一般包含的主要核心模块有数据的输入和编辑、空间数据管理、数据处理与分析、数据输出、用户界面及系统二次开发能力等。

2）GIS 应用软件

GIS 应用软件是指针对某一领域或用途的专业 GIS 软件，如规划信息系统、土地信息系统等。GIS 应用系统一般是在 GIS 与管理信息系统（MIS）基础上实现某专业模型，核心在于其专业模型的实现上。针对不同的专业模型，可能对 GIS 与 MIS 的功能要求有所不同。开发相关的 GIS 应用系统时，在分析用户需求类型的基础上，要结合 MIS 与基础 GIS 各自的优势，以 MIS 为主，集成 GIS 基本功能，开发各自所长的专业 GIS 应用系统。

随着技术的发展，通过服务来面向企业或者公众构建 GIS 应用的发展趋势日益突显，成为 GIS 应用的一大特点。GIS 以服务的方式提供全面的 GIS 功能，具有服务全面化、服务标准化和形式多元化等特点。地理信息的普适性使得日常工作、生活中都不可或缺地求助于各类 GIS。GIS 已成为社会生活的一部分。

4.2　GIS 数据架构

地理信息系统支撑下的部门单位业务应用运作状况，是通过地理数据反映出来的，地理数据是地理信息系统管理的重要资源。构建地理信息系统架构时，首先要考虑地理数据架构对当前业务应用的支持，理想的地理信息系统架构规划逻辑是数据驱动的。数据架构（data architecture）是地理信息系统架构的核心，有三个目的：一是分析地理信息产生机理的本质，为未来地理信息应用系统的确定及分析不同应用系统间的集成关系提供依据；二是通过分析地理数据与应用业务数据之间的关系，分析应用系统间的集成关系；三是空间数据管理的需要，明确基础地理数据，这些数据是应用系统实施人员或管理人员应该重点关注的，要时时考虑保证这些数据的一致性、完整性与准确性。

GIS 数据架构包括地理数据类型、地理数据模型和地理数据储存三个方面。地理数据模型包括概念模型、逻辑模型、物理模型，以及更细化的数据标准。良好的数据模型可以反映业务模式的本质，确保数据架构为业务需求提供全面、一致、完整的高质量数据，且为划分应用系统边界、明确数据引用关系、应用系统间的集成接口提供分析依据。良好的数据建模与数据标准的制定才是实现数据共享，保证一致性、完整性与准确性的基础，有了这一基础，企事业单位才能通过信息系统应用逐步深入，最终实现基于数据的管理决策。

4.2.1　地理数据类型

地理空间数据是 GIS 的重要组成部分，是系统分析加工的对象，是地理信息的表达形式，也是 GIS 表达现实世界的经过抽象的实质性内容。地理空间数据承载地理信息的形式也是多样化的，可以是各种类型的数据、卫星像片、航空像片、各种比例尺地图，甚至声像资料等，目前的主要形式有大地控制点信息数据库、栅格地图（digital raster graphic，DRG）数据库、矢量地形要素（digital line graphic，DLG）数据库、数字高程模型（digital elevation model，DEM）数据库、地名数据库和正射影像（digital orthophoto map，DOM）数据库等。

1. 数字线划地图

数字线划地图含有行政区、居民地、交通、管网、水系及附属设施、地貌、地名、测量控制点等内容。它既包括以矢量结构描述的带有拓扑关系的空间信息，又包括以关系结构描述的属性信息。用数字地形信息可进行长度、面积量算和各种空间分析，如最佳路径分析、缓冲区分析、图形叠加分析等。数字线划地图全面反映数据覆盖范围内自然地理条件和社会经济状况，它可用于建设规划、资源管理、投资环境分析、商业布局等各方面，也可作为人口、资源、环境、交通、报警等各专业信息系统的空间定位基础。基于数字线划地图库可以制作数字或模拟地形图产品，也可以制作水系、交通、政区、地名等单要素或几种要素组合的数字或模拟地图产品。以数字线划地图库为基础同其他数据库有关内容可叠加派生其他数字或模拟测绘产品，如分层设色图、晕渲图等。数字线划地图库同国民经济各专业有关信息相结合可以制作各种不同类型的专题测绘产品。包括底图数据及地理数据，是地理空间信息两种不同的表示方法，地图数据强调数据可视化，采用"图形表现属性"的方式，忽略了实体的空间关系，而地理信息数据主要通过属性数据描述地理实体的数量和质量特征。共同特征就是地理空间坐标，统称为地理空间数据。地理空间数据代表了现实世界地理实体或现象在信息世界的映射，与其他数据相比，地理空间数据具有特殊的数学基础、非结构化数据结构和动态变化的时间特征，提供多尺度地图和各种应用分析。

2. 数字高程模型

数字高程模型是定义在 X、Y 域离散点（规则或不规则）的以高程表达地面起伏形态的数据集合。数字高程模型数据可以用于与高程有关的分析，如地貌形态分析、透视图、断面图制作、工程土石方计算、表面覆盖面积统计、通视条件分析、洪水淹没区分析等方面。此外，数字高程模型还可以用来制作坡度图、坡向图，也可以同地形数据库中有关内容结合生成分层设色图、晕渲图等复合数字或模拟的专题地图产品。

3. 数字正射影像

数字正射影像数据是具有正射投影的数字影像的数据集合。数字正射影像生产周期较短、信息丰富、直观，具有良好的可判读性和可测量性，既可直接应用于国民经济各行业，又可作为背景从中提取自然地理和社会经济信息，还可用于评价其他测绘数据的精度、现势性和完整性。数字正射影像数据库除直接提供数字正射影像外，可以结合数字地形数据库中的部分信息或其他相关信息制作各种形式的数字或模拟正射影像图，还可以作为有关数字或模拟测绘产品的影像背景。

4. 数字栅格地图

数字栅格地图是现有纸质地形图经计算机处理的栅格数据文件。纸质地形图扫描后经几何纠正（彩色地图还需经彩色校正），并进行内容更新和数据压缩处理得到数字栅格地图。数字栅格地图保持了模拟地形图全部内容和几何精度，生产快捷、成本较低，可用于制作模拟地图，作为有关的信息系统的空间背景，也可作为存档图件。数字栅格地图数据库的直接产品是数字栅格地图，增加简单现势信息可用其制作有关数字或模拟事态图。

5. 数字表面模型

数字表面模型（digital surface model，DSM）是将连续地球表面形态离散成在某一个区域 D 上的以 X_i、Y_i、Z_i 三维坐标形式存储的高程点 $Z_i((X_i,Y_i) \in D)$ 的集合，其中，$((X_i,Y_i) \in D)$ 是平面坐标，Z_i 是 (X_i,Y_i) 对应的高程。DSM 往往是通过测量直接获取地球表面的原始或没有被整理过的数据，采样点往往是非规则离散分布的地形特征点。特征点之间相互独立，彼此没有任何联系。因此，在计算机中仅仅存放浮点格式的 $\{(X_1,Y_1,Z_1),(X_2,Y_2,Z_2),\cdots,(X_i,Y_i,Z_i),\cdots,(X_n,Y_n,Z_n)\}n$ 个三维坐标。地球表面上任意一点 (X_i,Y_i) 的高程 Z 是通过其周围点的高程进行插值计算求得的。

DSM 是物体表面形态以数字表达的集合，是包含了地表建筑物、桥梁和树木等的高度的地面高程模型。与 DEM 相比，DEM 只包含了地形的高程信息，并未包含其他地表信息，DSM

在 DEM 的基础上，进一步涵盖了除地面以外的其他地表信息的高程。在一些对建筑物高度有需求的领域，DSM 得到了很大程度的重视。数字表面模型建立主要有倾斜摄影测量及激光雷达扫描两种方法。

6. 地物三维模型

地物三维模型是地理信息由传统的基于点线面的二维表达向基于对象的三维形体与属性信息表达的转变。考虑模型的精细程度和建模方法，三维模型的内容可分为两部分：侧重几何表达的城市三维模型和侧重建筑数字表达的建筑信息模型（building information modeling，BIM）。三维地物模型是描述建筑模型的"空壳"，只有几何模型与外表纹理，没有建筑室内信息，无法进行室内空间信息的查询和分析。建筑信息模型是以建筑物的三维数字化为载体，以建筑物全生命周期（设计、施工建造、运营、拆除）为主线，将建筑生产各个环节所需要的信息关联起来所形成的建筑信息集。

1）侧重几何表达的地物三维模型

从建筑物表达层次出发，此部分数据可细分为四个层次：白模、分层分户的白模、精模和包含室内的精模。

目前，建筑物的三维建模方法主要有模拟建模、半模拟建模和测量建模，前面两种方法的思路为：通过地物的平面轮廓模型与地物的高程模型结合，方法简单，但是与实际模型相比差距较大。城市三维建模的方法主要是测量建模，目前城市三维模型常用的测量建模方法有航空摄影测量、依地形图而建和激光扫描（LiDAR）三种。这三种建模的方法都有其优缺点，应采用多种数据源和多种技术手段相结合的方式来进行三维模型的构建，将建筑物细化到每栋楼房的层和户，实现道路、水域等地物的精细化建模，使其满足城市管理与分析的应用需求。目前较为合适的方法为：首先采用已有的二维数字线划图或正射影像构建地物平面形态（建筑平面边界），利用倾斜摄影测量的立体像对为基础、LiDAR 点云数据或实地测量获得地物的高度对地物立面细节进行建模，将平面边界数据与摄影测量预处理的产品（DSM、DEM）进行配准、套合，继而进行建筑物几何模型的建立。通过人工或车载全景摄影设备采集地物的图像，经处理获取地物的纹理图片。地物几何模型与纹理图片合成形成三维地物模型，基于三维 GIS 渲染可视化给人以真实感和直接的视觉冲击。

2）侧重建筑数字表达的建筑信息模型

建筑信息模型是以建筑工程项目的各项相关数据作为基础，进行建筑模型的建立，通过数字信息仿真模拟建筑物所具有的真实信息。与侧重几何表达的地物三维模型（传统的 3D 建筑模型）有着本质的区别，其兼具了物理特性与功能特性。其中，物理特性可以理解为几何特性，而功能特性是指此模型具有可视化、协调性、模拟性、优化性和可出图性五大特点。BIM 的内涵不仅仅是几何形状描述的视觉信息，还包含大量的非几何信息，如材料的材质、耐火等级、传热系数、表面工艺、造价、品牌、型号、产地等。实际上，BIM 就是通过数字化技术，在计算机中建立一座虚拟建筑，对每一个建筑信息模型进行编码。

BIM 作为数字城市各类应用极佳的基础数据，可在规划审批及建筑施工完成后的城市管理、地下工程、应急指挥等领域广泛应用，为智慧城市建设的信息化、智慧化提供了第一手资料。BIM 技术可以自始至终贯穿建设的全过程，为建设过程的各个阶段提供更精细化的数据支撑，实现微观上的信息化、智能化。

随着数据采集手段、生产技术和软件的发展，将倾斜摄影建模技术与 BIM 技术无缝融合，实现了城市的彻底数字化和信息最大化。搭建全要素三维城市系统平台，平台包括整个城市全面的综合数据，按照行业需求将其分层分类，直至无限层次的细分，每个行业都可以利用关联信息实现自己的功能需求，使城市信息化无限扩展，形成完整的城市信息化、智能化生态系统，促进城市建设和可持续发展。

4.2.2　地理数据模型

当前除图形矢量数据以外，还存在大量影像数据，将矢量数据、影像数据和属性数据进行统一管理，采用面向对象矢量栅格一体化空间数据模型。它是面向对象技术与空间数据库技术相结合的产物。在众多领域，面向对象技术已成为新一代软件体系结构的基石，面向对象数据模型和面向对象的空间数据管理一直是地理信息系统领域所追求的目标。

地理数据模型是对客观世界现象抽象概括的结果，是建立地理信息系统的基础，是从不同角度观察世界产生的不同视图。地理数据模型是地理数据库系统的总体视图，如图 4.4 所示，一定的地理空间内不同详细程度地分布在二维 R2 中的地理要素对象集，是地理要素之间存在的空间关系描述。按照面向对象的性质，面向对象空间数据模型可分为：几何对象、地理要素对象、图形表示对象、地理要素分层对象、区域分块对象和工作区（空间数据多尺度）对象。通过对象的继承关系，综合地描述现实世界复杂的地理实体现象及相互关系。

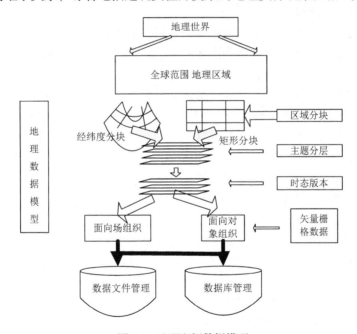

图 4.4　地理空间数据模型

1. 地理信息工程

地理信息工程是一项十分复杂的系统工程，它具有一般工程所具有的共性，同时存在着自己的特殊性。在地理信息系统工程建设过程中，往往针对特定的实际应用目的和要求，在特定的地理空间内，利用多种比例尺、多种类型数据对地理空间进行表达。涉及的地理数据种类繁多，形式多样，结构复杂，往往同时包括矢量数据、图形数据、图像数据、表格数据、文字数据、统计数据等。为了保障 GIS 的有效运行，需要对各类地理数据在数据种类、完备性、准确性、精确性等方面进行有效管理与分析。

2. 工作区

人们认识现实世界的事物和现象及其相互之间的关系，总是在一定的区域范畴内（即现实世界地理空间）进行。这个区域范围可以是全球、一个国家或一个地区、一个城市。这里区域范畴称为工作区。一个工作区一个数据库（无缝数据库）是最理想的。在应用时要求整个工作区域的空间物体在数据库里不论是逻辑上还是物理上均为连续，也就是说，有统一的坐标系、无裂隙，不受传统图幅划分的限制，整个工作区域在数据库中相当于一个整体。一个地理信息工程应用往往需要不同比例尺、不同类型（矢量数据、DEM 数据和遥感影像数据）的空间数据库。所以工作区有三个概念：区域范围、尺度（某种比例尺）和表达方式（矢量数据、栅格图像数据和 DEM 数据）。也就是说，一定区域范围的地理空间，描述地理空间某种比例尺的表达方式的地理数据构成一个工作区。一个地理信息工程包括若干个工作区。

3. 分区（分幅）

为了解决无限的地理空间范围和有限的计算机资源的矛盾，大区域或大比例尺的地理数据进行分区（地图分幅）存储处理。工作区又分为若干个数据块，以数据块作为基本单位，分别进行数据录入和存储管理，通过数据块之间相同物体连接关系类保证了一个工作区内物体在不同的数据块中的连续性、完整性和一致性。

4. 地理要素层（工作层）

地理要素表示地球表面自然形态所包含的要素，如地貌、水系、植被和土壤等自然地理要素与人类在生产活动中改造自然界所形成的要素，如居民地、道路网、通信设备、工农业设施、经济文化和行政标志等社会经济要素。工作区中的地理要素按照一定的分类原则组织在一起，将相同类型的地理组合在一起，形成地理要素类。同类型的地理要素具有相同的一组属性来定性或定量地描述它们的特征，如河流类可能具有长度、流量、等级、平均流速等属性。每种地理要素类被定义为地理数据处理的一个工作单元（工作层）。每个数据块包含若干工作层。每个工作层之间在数据组织和结构上相对独立，数据更新、查询、分析和显示等操作以工作层为基本单位。在工作层中建立地理要素之间的拓扑关系。通过相关地理要素连接关系类建立物体在一个工作层或不同工作层之间的空间关系。

5. 地理实体

地理实体是地理数据库中的实体，是指在现实世界中再也不能划分为同类现象的现象。以相同的方式表示和存储的一组类似的地理实体，可以作为地理实体的一种类型。地理实体通常分为点状实体、线状实体、面状实体和体状实体，复杂的地理实体由这些类型的实体构成。工作层包括若干地理实体，地理实体又可分为基本实体和复合实体。基本实体是地理实体和现象的基本表示，在数据世界中地理要素包括空间特征（几何元素）和属性特征。

1）几何元素

几何元素表示地理实体的位置和形态。传统地理数据大多采用点、线、面等几何图元描述各类自然和人造地理实体的空间位置和形态。点、线、面和表面是地理数据库中不可分割的最小存储和管理单元。节点、弧段、多边形描述了地理实体的空间定位、空间分布和空间关系。几何元素中没有考虑地理要素内在的地理意义，主要目的是保持几何对象在操作和查询中的对立性。

2）基本实体

在地理数据库中往往一个地理要素实体由一个几何元素和描述几何元素的属性或语义两部分构成。基本实体在几何元素的基础上增加属性信息，描述了几何元素的地理意义。没有拓扑关系的基本要素分为点状要素、线状要素、面状要素和表面要素；具有拓扑关系的基本要素分为节点要素、弧段要素和多边形要素，基本要素和几何元素是一对一的关系。

　　3）复合实体

　　复合实体是表示相同性质和属性的基本实体或复合实体的集合。

　　图 4.4 中，在水平方向上采用图幅的方式，在垂直方向上采用图层的方式。这种模型主要存在以下不足：需要进行图幅的拼接，效率较低；一个空间对象可能存储在多个图层上，造成数据的冗余和难以维护数据的一致性。当前一些 GIS 系统中已经开始使用地理要素类来实现对空间对象的组织，如 ArcGIS 的 Geodatabase 等，这种方式按照实体类来组织空间对象，在数据库中直接存储整个地图，能方便地实现空间对象的查询和抽取，符合空间对象管理的本质，一个空间对象可以被多个图层或视图引用，机制较为灵活，解决了空间对象的一致性问题。

4.2.3　地理数据存储

　　数据的存储管理是建立地理信息系统数据库的关键步骤，涉及对空间数据和属性数据的组织。GIS 中的数据分为栅格数据和矢量数据两大类，如何在计算机中有效存储和管理这两类数据是 GIS 的基本问题。栅格模型、矢量模型或栅格/矢量混合模型是常用的空间数据组织方法。空间数据结构的选择在一定程度上决定了系统所能执行的数据与分析功能。传统存储系统采用集中的存储服务器存放所有数据，存储服务器成为系统性能的瓶颈，也是可靠性和安全性的焦点，不能满足大规模存储应用的需要。分布式存储系统是将数据分散存储在多台独立的设备上。分布式网络存储系统采用可扩展的系统结构，利用多台存储服务器分担存储负荷，利用位置服务器定位存储信息，不但提高了系统的可靠性、可用性和存取效率，还易于扩展。

1. 地理数据分布式存储

　　地理数据分布式存储是指空间数据不是存储在一个场地的计算机存储设备上，而是按照某种逻辑划分分散地存储在各个相关的场地上。这是由地理信息本身的特征决定的。首先，地理信息的本质特征就是区域性，具有明显的地理参考。其次，地理信息又具有专题性，通常不同的部门只收集和维护自己领域的数据。因此，对空间数据的组织和处理也是分布的。多空间数据库系统是在已经存在的若干个空间数据库之上，为全局用户提供一个统一存取空间数据的环境，并且又规定本地数据由本地拥有和管理，所以采用分割式的组织方式——所有的空间数据只有一份，按照某种逻辑划分分布在各个相关的场地上。这种逻辑划分在分布式数据库中称为数据分片。实际上，分布式多空间数据库系统的集成所遇到的大部分问题都是由空间数据的分片引起的。

　　数据分布包括数据的业务分布与系统分布。数据分布一方面是分析数据的业务，即分析数据在业务各环节的创建、引用、修改或删除的关系；另一方面是分析数据在单一应用系统中的数据架构与应用系统各功能模块间的引用关系，分析数据在多个系统间的引用关系。数据业务分布是数据系统发布的基础，数据存放模式也是数据分布中的一项重要内容。从地域的角度看，数据有集中和分布存放两种模式。数据集中存放是指数据集中存放于数据中心，其分支机构不放置和维护数据；数据分布存放是指数据分布存放于分支机构，分支机构需要维护管理本分支机构的数据。这两种数据分布模式各有其优缺点，应用部门应综合考虑自身需求，确定自己的数据分布策略。

2. 地理矢量数据存储

地理矢量数据存储管理历来是 GIS 发展的一个瓶颈。地理矢量数据的分布性和多源性，以及自身特有的数据模型和空间关系决定了空间数据存储管理的复杂性，而空间数据存储管理质量的好坏直接影响 GIS 处理的效率。目前大多数信息管理系统都是采用关系数据库来进行数据的存储管理，因为它能较好地保证数据信息的完整性、一致性、原子性、持久性，并能提供事务操作机制和并发访问，具有完善的恢复与备份功能。GIS 作为一个信息管理系统，其核心任务之一就是要求数据库系统不仅能够存储属性数据，还要能够存储空间数据，并加以管理。地理矢量数据包含位置信息和空间拓扑关系信息，如果用单纯的关系数据库来存储管理，并不能取得好的效果，如索引机制方面，SQL 语句表示都有相当的困难。这就要求人们在研究相关存储技术时发展空间数据库技术，它解决空间对象中几何属性在关系数据库中的存取问题，其主要任务是：一用关系数据库存储管理空间数据；二从数据库中读取空间数据，并转换为 GIS 应用程序能够接受和使用的格式；三将 GIS 应用程序中的空间数据导入数据库，交给关系数据库管理。因此，空间数据库技术是空间数据进出关系数据库的通道。

地理矢量数据采用分布式数据库架构，在数据层采用数据库分库存储各比例尺的空间数据，建立空间数据引擎，在此基础上开发地理信息数据管理系统，如图 4.5 所示。

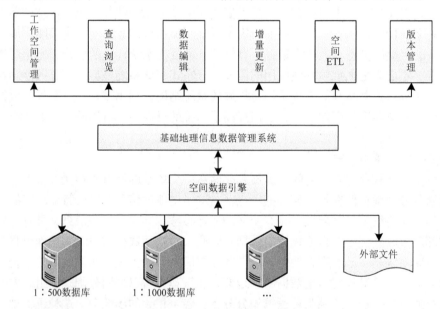

图 4.5 地理空间数据分布式架构

3. 地理栅格数据存储

随着遥感技术的迅猛发展，全球范围内获取的航空航天遥感影像数据（如航空摄影像片、卫星遥感像片、地面摄影像片等）的数量正在呈几何级数增长，这使得对覆盖全球的多维海量遥感影像数据进行高效管理的难度不断加大，如何有效地存储这样的海量数据，实现多比例尺、多时相影像数据的集成统一管理，并与原有的矢量要素数据集成到不同应用领域，已成为地理信息产业建设进程中迫切需要解决的一个难题。一方面，传统文件方式下的栅格数据存储受操作系统文件大小的限制，无法处理大数据量的情况已越来越制约栅格数据的应用；另一方面，处理海量数据的关系数据库技术已经比较成熟，依赖关系数据库系统的巨大数据处理能力来存储包括影像数据在内的空间数据的呼声也越来越高。地理栅格数据的高效管理就显得十分重要。空间数据库是一种对地理栅格数据管理的有效方式。地理栅格元数据是描述地理栅格数据的数据，赋予了地理栅格数据语义上的信息，与地理栅格数据同等重要。

1）地理栅格数据文件格式

虽然文件系统存储方式在数据的安全性与并发访问控制方面存在致命的缺陷，但该方式数据模型简单，易于使用，仍是栅格数据最普遍的存储方式。应用最广泛图像格式是 GeoTIFF（geographically registered tagged image file format）。GeoTIFF 利用了 Aldus-Adobe 公司的 TIFF（tagged image file format）的可扩展性。TIFF 是当今应用最广泛的栅格图像格式之一，它不但独立还提供扩展。GeoTIFF 在其基础上加了一系列标志地理信息的标签（tag），来描述卫星遥感影像、航空摄影相片、栅格地图和 DEM 等。

不管栅格数据采用何种文件格式存储，其基本组织结构与 GeoTIFF 类似，即通过文件目录的方式管理数据或数据在文件存储中的偏移量。通过目录组织栅格数据可以简化数据访问的步骤，提高数据读取的效率，但栅格数据文件本身是一种二进制文件格式，文件目录并不能从本质上解决读取栅格数据内容的复杂性及开发栅格数据服务的复杂性，因此，越来越多的厂商和研究机构将目标转向数据库管理系统，以寻找更遍历的海量栅格数据存储和管理解决方案。

2）地理栅格数据元数据

在地理栅格数据库中，地理栅格元数据是对地理栅格元数据内容、结构和数据类型的描述，它描述了地理栅格元数据内容，对其结构组织及数据类型进行严格规范。地理栅格元数据用于空间计算、数据组织和存储，对地理栅格数据的管理起着基础性和关键性的作用。

3）栅格数据存储方式

目前，地理栅格数据的管理主要有三种模式：基于文件系统的模式、基于关系型数据库+空间数据引擎的模式和基于扩展关系（对象关系）型数据库的模式。对栅格数据而言，无论是描述地形起伏的 DEM 数据，或是具有多光谱特征的遥感影像数据，都可根据用户的需求按照以下两种方式进行组织。

（1）栅格数据集（raster data set）。用于管理具有相同空间参考的一幅或多幅镶嵌而成的栅格影像数据，物理上真正实现数据的无缝存储，适合管理 DEM 等空间连续分布、频繁用于分析的栅格数据类型。因为物理上的无缝拼接，所以以栅格数据集为基础的各种栅格数据空间分析具有速度快、精度较高的特点。图 4.6 给出的是由 DEM 数据镶嵌而成的栅格数据集示例。

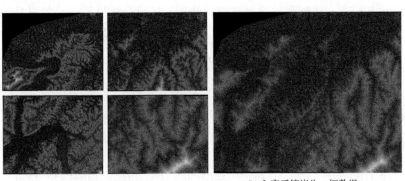

(a) 入库前四幅数据　　　　　　　　　　(b) 入库后镶嵌为一幅数据

图 4.6　DEM 数据集镶嵌示例

（2）栅格数据目录（raster catalog）。用于管理有相同空间参考的多幅栅格数据，各栅格数据在物理上独立存储，易于更新，常用于管理更新周期快、数据量较大的影像数据。同时，栅格目录也可实现栅格数据和栅格数据集的混合管理，其中，目录项既可以是单幅栅格数据，也可以是地理数据库中已经存在的栅格数据集，具有数据组织灵活、层次清晰的特点。图 4.7 给出的是 DEM 数据的目录管理形式示例。

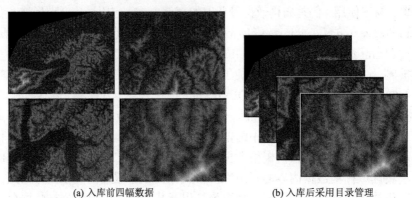

(a) 入库前四幅数据　　　　　　　　(b) 入库后采用目录管理

图 4.7　DEM 数据目录管理示例

4.3　GIS 软件架构

GIS 软件架构解决"做什么"的问题，即从系统学的角度，对要解决的地理问题进行详细的分析，弄清楚问题的要求，确定要计算机做什么，要达到什么样的效果，包括需要输入什么数据，要得到什么结果，最后应输出什么。从不同的侧面，人们可对信息系统进行不同的分解。

4.3.1　GIS 软件分析

地理信息有多种来源和不同特点，地理信息系统要具有对各种信息处理的功能。从野外调查、地图、遥感、环境监测和社会经济统计多种途径获取地理信息，由信息的采集机构或器件采集并转换成计算机系统组织的数据。这些数据根据数据库组织原理和技术，组织成地理数据库。作为系统的核心部分的地理数据库实现数据资源的共享和互换，地理数据库必须做到数据规范化和标准化，并有效地对各种地理数据文件进行管理，实现对数据的监控、维护、更新、修改和检索。地理数据通过软件的处理，进行分析计算，并加以显示。显示的方式有地理图、统计表和其他形式。依据现代计算机科学技术和地理信息技术发展水平，对要解决的地理信息问题进行详细的分析，弄清楚问题的要求，定义开发地理信息系统的目的、范围、定义和功能，包括需要输入什么数据，要得到什么结果，最后应输出什么，以满足应用需求。

1. GIS 技术架构分析

GIS 软件平台从技术架构上经历了四代：第一代 GIS 系统以单机或集中式结构为主；第二代 GIS 系统采用局域网的 C/S 结构；第三代 GIS 系统则是以 B/S 或 C/S 混合结构为主；目前正处在第四代 GIS 系统，采用分布式多层结构的架构，具有分布式跨平台可拆卸的多层多级体系结构。近年来，随着全球导航卫星系统应用、地理信息获取与处理等核心技术迅速发展，以及地理信息技术与通信、互联网、物联网、云计算等产业的融合和创新，大大拓宽了移动地理信息系统领域。GIS 软件平台体系如图 4.8 所示。

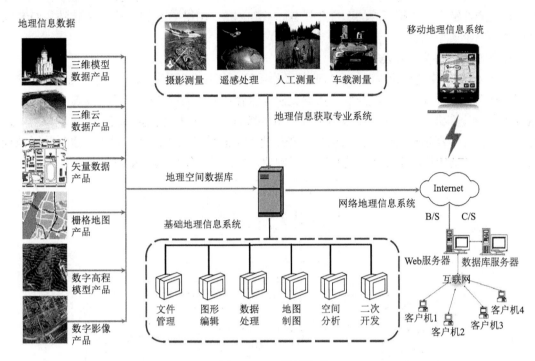

图 4.8　GIS 软件体系

2. GIS 软件产品分析

由于地理信息从感知、采集、处理、存储到应用服务，涉及地理信息生产、管理和服务应用不同的环节，产业链很长，每个环节的任务和职责也不相同。为此，市场需要不同的 GIS 产品。GIS 商业公司开发了不同类型的 GIS 产品，从嵌入式计算设备到桌面个人电脑，从工作站到大型服务器，从单机环境到网络环境，从局域网到互联网等多类型，适用于不同应用环境。这些 GIS 产品，由于产品中不同的产品生产于不同时期，以至于各产品设计思路、体系架构、数据结构、软件技术体系差别极大。例如，ArcGIS 为满足 GIS 用户所有的需求，开发了可伸缩的 GIS 平台，无论是在桌面、在服务器、在野外还是通过 Web，为个人用户也为群体用户提供 GIS 的功能，构建了一个建设完整 GIS 的软件集合，它包含了一系列部署 GIS 的框架：ArcGIS Desktop（专业 GIS 应用的完整套件）、ArcGIS Engine（为定制开发 GIS 应用的嵌入式开发组件）、服务端 GIS（ArcSDE、ArcIMS 和 ArcGIS Server）、移动 GIS（ArcPad）及为平板电脑使用的 ArcGIS Desktop 和 Engine，ArcGIS 是基于一套由共享 GIS 组件组成的通用组件库实现的，这些组件被称为 ArcObjectsTM。SuperMap 研发出面向专业应用的多种大型 GIS 基础平台软件和多种应用平台软件 SuperMap GIS 系列，如基于 Active 标准的 GIS 开发平台 SuperMap Obejects、基于 Windows Server 的 WebGIS 开发平台 SuperMap GIS、基于 WindowsCE 嵌入式 GIS 开发平台 eSuperMap、桌面基础 GIS 开发平台 SuperMapi Desktop、大众化 GIS 软件 SuperMapeditor。

4.3.2　GIS 软件体系

从 GIS 软件产品分析可以看出，GIS 软件已经不是一个软件，而成为一个软件系列，在地理信息产业链中，承担不同的职责和任务。基础 GIS、网络 GIS 和移动 GIS 软件是 GIS 软件体系的三个典型代表。

1. 基础地理信息系统结构

基础 GIS 软件被誉为地理信息行业的操作系统，指具有数据输入、编辑、结构化存储、处理、查询分析、输出、二次开发、数据交换等全套功能的 GIS 软件产品。基础 GIS 是一般运行于桌面计算机（图形工作站及微型计算机的统称）上的地理信息系统，又可理解为是运行于较低硬件性能指标上的较为大众化、普及化的地理信息系统，其技术水平也反映了地理信息系统技术的应用水平和普及化程度。基础地理信息系统结构如图 4.9 所示。

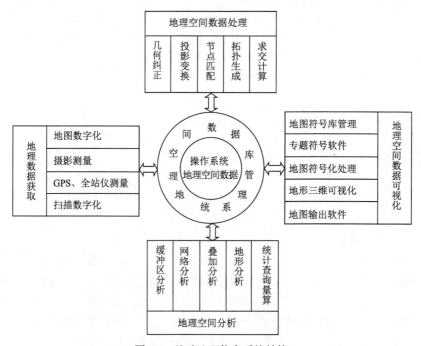

图 4.9　基础地理信息系统结构

1）比较完善的矢量图形系统

矢量图形系统是 GIS 最重要的组成部分，不同领域的 GIS 系统所需要的矢量图形元素不同，对其的操作要求也不同，但一般都需要如下：①比较完善的矢量图形元素。包括点、直线、圆、连接直线、多边形区域、标注文本等基本图形元素，也包括图形块。具有了基本图形元素和图形块后的矢量图形系统，在很大程度上能够满足普通管理型 GIS 的矢量图形要求。②能够比较完善地处理矢量图形元素。包括对图形进行放缩、移动等操作，具有图层、颜色、线形的设置等功能。③能够比较完善地进行图形输入和输出。包括鼠标交互绘制功能、图形数据交互输入等功能。根据具体的情况需要具有数字化仪输入、与其他图形系统的数据接口等功能，还有从打印或绘图设备输出图形的能力。④有较大的图形元素存储容量，达到一般实用要求。⑤有较快的图形处理速度，达到一般实用要求。⑥有较强的容错能力。⑦有较强的恢复性。

2）数据库管理系统

数据库管理系统是 GIS 系统重要的组成部分，用于管理 GIS 系统中的各种数据。微软提供了多种数据库访问技术，最常用的有 ODBC、DAO 及 OLEDB 和 ADO。ODBC 是为客户应用程序访问关系数据库时提供的一个标准接口，对不同的数据库，ODBC 提供了一套统一的 API，使得应用程序可以访问任何提供了 ODBC 驱动程序的数据库，这样可以使得各种数据库系统（如 FoxPro、Access、SQLServer、Oracle）的数据库文件作为数据源。DAO 提供了一种通过程序代码创建和操纵数据库的机制，多个 DAO 构成一个体系结构，在这个结构中，各个 DAO 对象协同工作，微软提供的数据库引擎通过 DAO 的封装，向程序员提供了丰富的操作数据库的手段。ADO 是微软提供的对各种数据格式的高层接口，该接口已经成为访问数据库的新标准，使用该接口的数据库称为 OLEDB 数据库，OLEDB 数据库可以使用户方便地访问各种类型的数据库，包括关系型或非关系型数据库等。

3）矢量图形元素与数据库管理系统的连接关系

由矢量图形元素组成的图形元素系统与数据库管理系统并非相互独立，建立连接关系，就是在矢量图形系统的图形元素与数据库管理系统的数据库记录或者数据库视图之间建立连接，把属性数据赋给矢量图形元素。对于一个比较完善的 GIS 来说，这种连接必须具有以下特点：连接的双向性、连接的多项性、连接的稳定性。另外，可以通过对矢量图形系统图形元素的操作（选中、图形元素间的拓扑关系等）来得到或操作与之连接的数据，实现空间信息统计和分析等功能，即以建立起来的以 GIS 系统框架为基础，开发实现使用系统的具体功能。

4）地理信息系统开发工具

随着地理信息系统应用领域的扩展，应用型 GIS 的开发工作日显重要，GIS 的集成二次开发目前主要有两种方式：一种是 OLE/DDE 方式，即采用 OLE 或 DDE 技术，用软件开发工具开发前台可执行应用程序，以 OLE 自动化方式或 DDE 方式启动 GIS 工具软件在后台执行，利用回调技术动态获取其返回信息，实现应用程序中的地理信息处理功能。另一种是 GIS 控件方式，利用 GIS 工具软件生产厂家提供的建立在 OCX 技术基础上的 GIS 功能控件，如 ESRI 的 MapObjects、MapInfo 公司的 MapX 等，在 Delphi 等编程工具编制的应用程序中，直接将 GIS 功能嵌入其中，实现地理信息系统的各种功能。工具型地理信息系统具有 GIS 基本功能，供其他系统调用或用户进行二次开发。

工具型地理信息系统软件有很多，如 MapInfo、ArcGIS Desktop 等。MapInfo 含义是 "Mapping+Information"（地图+信息），即地图对象+属性数据，提供二次开发 MapX 组件。ArcGIS Desktop 是一个集成了众多高级 GIS 应用的软件套件，它包含了一套带有用户界面组件的 Windows 桌面应用（如 ArcMap、ArcCatalogTM、ArcTooboxTM 及 ArcGlobe）。ArcGIS Desktop 具有四种功能级别：ArcReader、ArcView、ArcEditorTM 和 ArcInfoTM，都可以使用各自软件包中包含的 ArcGIS Desktop 开发包进行客户化和扩展。采用 GIS 构件在开发上有许多优势，但是也存在一些功能上的欠缺和技术上的不成熟，如效率相对降低、支持的数据量减少、只覆盖了 GIS 软件的部分功能等。

2. 网络地理信息系统结构

计算机网络就是用物理链路将各个孤立的工作站或主机连接在一起，组成数据链路，且以功能完善的网络软件（网络协议、信息交换方式及网络操作系统等）实现网络资源共享的系统。建立计算机网络的目的是将计算工作分摊到多台计算机中，减轻集中在单部计算机上运算负载以降低可能的风险。网络结构模式经历了集中式结构模式和分布式结构模式的演变历程。早期的网络地理信息系统多是基于客户/服务器的二级结构模式构建的。网络计算模式从早期的单一计算模式（桌面版集中式体系结构）发展到后来的客户/服务器计算模式（分布式的两层体系结构）乃至今天的浏览器/服务器计算模式（分布式的三层或多层体系结构）。

1）客户机/服务器

两层体系结构把网络 GIS 分成客户机和服务器（Client/Server，简称 C/S）两个部分，基本原理如图 4.10（a）所示。它们之间通过网络在一定的协议支持下实现信息的交互，形成客户/服务器计算模式，共同协调处理一个应用问题。客户机和服务器并非专指两台计算机，而是根据它们所承担的工作来加以区分的，相互独立、相互依存、相互需要。客户机通常是承载最终用户使用的应用软件系统的单台或多台设备，而服务器的功能则由一组协作的过程或数据库及其管理系统所构成，为客户机提供服务，其硬件组成往往是一些性能较高的服务器或工作站。

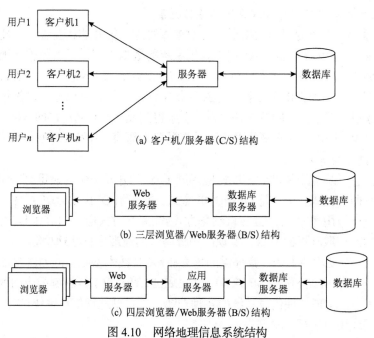

图 4.10　网络地理信息系统结构

2）浏览器/服务器

网络技术的发展和普及，要求分布在不同领域、不同部门的空间数据和处理功能能够共享和互操作，使得空间信息不再局限于专业用户，普通民众也能容易地访问和使用空间信息。为了适应分布式环境下异构多个数据库系统，由 C/S 结构演变出了浏览器/服务器模型（Browser/Server，简称 B/S）。B/S 模型是一种从传统的 C/S 结构模型发展起来的新的计算模式。B/S 体系结构突破了客户/服务器两层模型的限制，将 C/S 结构中的服务器端分解成应用服务器和多个数据库服务器。B/S 结构本质上是一种三层结构的客户/服务器结构，其工作原理如图 4.10（b）所示。

三层体系结构突破了客户/服务器两层模式的限制，在服务器端形成 Web 服务器和数据库两层，浏览器和服务器之间通过超文本标记语言（HTML）和超文本传输协议（HTTP）来实现信息的描述和组织。它把 C/S 结构进一步深化，将各种逻辑分别分布在三层结构中来实现，这样便可以将业务逻辑、表示逻辑分开，从而减轻客户机和数据服务器的压力，只需随机增加中间层服务器（应用服务器），较好地平衡负载。另外，将用于图形显示的表示逻辑与 GIS 的处理逻辑分开，可以使 GIS 的处理逻辑为所有用户共享而从根本上克服两层结构的缺陷，即可满足应用需要。

WebGIS 是 Internet 技术应用于 GIS 开发的必然产物。它集 Web 技术、GIS 技术和数据库技术于一身，以新的工作模式和新的数据共享机制，广泛应用于各种涉及地理信息的领域。在 Web 上为用户提供信息发布、数据共享、交流协作，从而实现 GIS 的在线查询和业务处理等功能，使用户能直接通过 Web 浏览器对 GIS 数据进行访问，实现空间数据和业务数据的检索查询、专题图输出、编辑修改等 GIS 功能，完成了 GIS 技术从 C/S 模式向 B/S 模式的转变。WebGIS 继承了 GIS 的部分功能，侧重于地理信息与空间处理的共享，是一个基于 Web 计算平台实现地理信息处理与地理信息分布的网络化软件系统。

随着应用规模的扩展、网络上异种资源类型的增多，开发、管理和维护的复杂程度将会加大，而且采用这种结构建设 WebGIS 时，缺乏关键事务处理的安全性与并发处理能力。因此，基于浏览器/服务器的三层或多层结构模式迅速得到发展，基本原理如图 4.10（c）所示。四层已成为当前网络地理信息系统的主要应用结构模式。基于四层客户机/服务器模式的 WebGIS 服务模型功能软件平台在逻辑上可以简单地分为用户浏览器、Web 服务器、GIS 功能中间件（应用）和 GIS 数据存储服务器四部分。

3）网络 GIS 中的多服务器架构

基于服务器的 GIS 技术目前正快速发展、日趋成熟。GIS 软件可以被集中地管理在应用服务器和网络服务器上通过网络向任意数量的用户提供各种 GIS 功能。多服务器是指物理上相互独立，而逻辑上单一的一组网络计算机集群系统，以统一的系统模式加以调度和管理，为客户工作站提供高可靠性的服务。当一台服务器发生故障时，驻留其上的应用和数据将被另一节点服务器自动接管，客户能很快连接到新的服务器上。系统资源的切换完全是自动的，而且对用户来讲是透明的。

负载调控器为多服务器系统提供了负载与系统信息的监控、负载初始化分配、动态资源调度与任务迁移等功能。负载调控器负责监控各后台服务器的当前负载，和三层架构中的 Web 应用服务器不能运行在同一服务器上；接收用户的请求，维护请求等待队列，将用户请求传送到合适的服务器等待响应；根据一定的算法，通过对服务器之间的负载调度，实现多服务器之间的负载平衡。其基本原理如图 4.11 所示。

在多服务器系统中，为实现系统的容错管理，需要若干台完全相同的服务器进行备份，任何一个服务请求同时发送到所有的服务器进行处理，客户端只接收第一个到达的结果数据。任一台服务器发生故障时，其他的服务器都可以接管该服务器的功能。

WebGIS 是指在 Internet 和 Intranet 的信息发布、数据共享、交流协作基础之上实现 GIS 的在线查询和业务处理等功能。分布式交互操作是 WebGIS 的重点。由于速率、安全性及面向业务处理等关键要素，与传统的 GIS 相比，WebGIS 具有以下特点：①适应性强。WebGIS 是基于互联网的，因而是全球或区域性的，能够在不同的平台运行。②应用面广。网络功能将使 WebGIS 应用到整个社会，真正实现 GIS 的无所不能、无处不在。③现势性强。地理信息的实时更新在网上进行，人们能得到最新信息和最新动态。④维护社会化。数据的采集、输入、空间信息的分析与发布将是在社会协调下运作，可采用社会化方式对其维护以减少重复劳动。⑤使用简单。用户可以直接从网上获取所需的各种地理信息，方便地进行信息分析，而不用关心空间数据库的维护和管理。

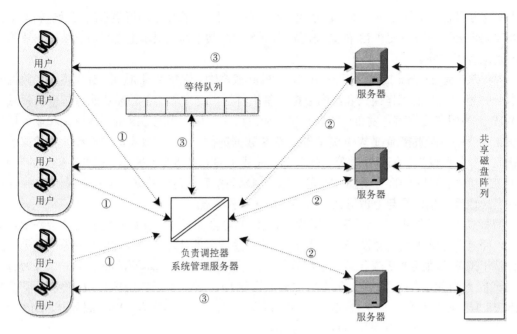

图 4.11　负载均衡器工作原理示意图

3. 移动地理信息系统结构

移动 GIS 是以空间数据库为数据支持，地理应用服务器为核心应用、无线网络为通信桥梁，移动终端为采集工具和应用工具的综合系统。移动 GIS 的客户端设备是一种便携式、低功能、适合地理应用，并且可以用来快速、精确定位和地理识别的设备。硬件主要包括掌上电脑（PDA）、便携式计算机、WAP 手机、GPS 定位仪器等。软件主要是嵌入式的 GIS 应用软件。用户通过该终端向远程的地理信息服务器发送服务请求，然后接收服务器传送的计算结果并显示出来。移动 GIS 的应用是基于移动终端设备的。便携、低耗、计算能力强的移动终端正日益成为移动 GIS 用户的首选。

移动 GIS 是 GIS 与嵌入式设备集成的产物，是 GIS 的一个新兴应用领域。典型的移动 GIS 由嵌入式硬件、嵌入式操作系统和嵌入式 GIS 软件组成。根据嵌入式 GIS 建立过程的不同、数据获取方式的不同及信息服务方式的不同，在大的方向上可以分为两种结构体系：离线体系和在线体系。

1）离线体系

移动 GIS 建立的目的是随时随地提供地理信息服务。其所依附的载体就是嵌入式设备。离线体系的嵌入式 GIS 是将 GIS 数据存放到具有处理和存储能力的掌上电脑上。通过掌上电脑对 GIS 数据进行管理、分析、显示，最终提供地理信息服务，所有的 GIS 功能都是由掌上电脑独立完成的。因为数据存储在掌上电脑上，所以其对用户的操作都能以较快的速度响应，对用户提供地理信息服务时，可以以信息卡的形式直接插入使用。

2）在线体系

移动 GIS 的在线体系，其建立过程与服务方式都与离线体系不同。嵌入按其服务方式的不同，又可分为两种模式："有线下载，无线服务"模式和"无线网络"模式。"有线下载、无线服务"模式，即 PDA 通过有线方式与地图服务器互联，并下载存储在地图服务器上的

GIS 数据到 PDA 上，通过 PDA 上的空间信息服务系统根据下载的 GIS 数据提供空间信息服务。同时，PDA 也可集成 GPS 功能，实时接收 GPS 信息，并提供 GPS 导航功能。这种模式主要是利用了 PDA 上数据访问的快速性，避免了当前直接无线访问地图服务器模式速度、实时性等方面的限制。当 PDA 移动到另一地区块时，PDA 再在线下载该地区块的 GIS 数据。这样保持了当前 PDA 上数据量大小的适宜性，以及提供空间信息及导航的实时性。

　　无线网络模式，即 PDA 通过无线接入和互联技术，实现 PDA 的无线互联，通过对互联网上的地图服务器进行无线访问，地图服务器将 PDA 的访问结果通过无线的方式（GPRS、CDMA、3G、4G）返回给 PDA。这样 PDA 就能实时地获得互联网上地图服务器上最新的空间信息，并能实时地将 PDA 当前的位置发送给地图服务器，这样可对当前的 PDA 用户进行基于位置的服务。当前这种完全的无线网络模式已伴随着 4G 网络的大规模发展处于蓬勃发展的阶段，是 GIS 应用于大众的最佳方式。这种无线网络模式也能真正使人们随时随地获得与位置相关的空间信息。只有这种模式才能提供有用的导航信息，因为基于 PDA 个体的空间信息服务不能与其他个体发生联系，而现实中的个体又往往是互相联系着的。如要查找当前最短时间的路线，那么这可能要与当前各个路线中的车辆个数及拥挤程度有关。而 PDA 个体本身无法获得这种信息，只有通过互联网上提供的相关的空间信息服务器才能获得。换句话说，这种方式将复杂的计算交给后台计算机，从而使提供更为复杂的功能成为现实，而不再受制于嵌入式设备硬件。

　　移动 GIS 中的地理应用服务器是整个系统的关键部分，也是系统的 GIS 引擎。它位于固定场所，为移动 GIS 用户提供大范围的地理服务及潜在的空间分析和查询操作服务。该应用服务器应具备以下功能：数据的整理和存储功能、地理信息空间查询和分析功能、图形和属性查询功能，具有强计算能力和处理超大量访问请求的能力；有数据更新功能，及时向移动环境中的客户提供动态数据；可连接空间数据库，对海量数据进行存储和管理。

第 5 章　地理信息系统功能

地理信息系统属于信息系统的一类，不同之处在于它能管理和处理地理空间数据。地理空间数据描述地球表面（包括大气层和较浅的地表下空间）空间要素的位置、属性及要素关系，需要有相应的软件来操作它。地理信息系统包含了处理地理空间数据的各种基础和高级的功能，其基本功能包括对地理数据的采集、管理、处理、分析和输出。同时，地理信息系统依托这些基本功能，通过利用空间分析技术、模型分析技术、网络技术和数据库集成技术等，进一步演绎丰富高级功能，满足社会和用户的广泛需要。从总体上看，地理信息系统的功能可分为数据采集与编辑、数据处理与存储管理、空间查询与分析、图形显示及地图制作等五个部分。

5.1　系统基本功能

GIS 基本功能包括地理数据的文件操作、图形基本操作等功能。

5.1.1　地理数据文件操作

地理实体是一个非常复杂的综合体。映射到数据世界时，地理数据尽可能准确无误表现地理实体的空间位置、形态、数量和质量特征，用指针来描述地理要素之间的空间关系。相对于传统数据，地理空间数据具有空间、非结构化和关系三个基本特征，这意味着在数据组织方面，要考虑它的空间特征。

1. 地理数据类型

地理空间数据表达方式分为矢量数据、栅格数据、数字高程模型和三维模型数据四种形式，地理空间数据文件也分矢量数据文件、栅格图像数据文件、数字高程模型数据文件和三维地物模型数据文件四种类型。由于每个 GIS 产品所面向用户不同，功能不同，所设计的数据模型、数据格式和文件后缀不同，如 ArcGIS 的 Shapefile，一个 Shapefile 由若干个文件组成，空间数据和属性信息分离存储。*.shp 存储空间信息，也就是 *XY* 坐标；*.shx 存储有关 *.shp 空间索引信息；*.dbf 存储属性信息的 dBase 表。这三个文件是一个 Shapefile 的基本文件。还可以有其他一些文件。

2. 地理数据操作

基于地理数据文件的 GIS 是将存储外存的地理数据读入内存，在内存对地理数据进行加工处理操作，完成数据加工处理后再整体存储到外存，对原有的文件覆盖，或者存储为新文件。GIS 简单的地理数据文件操作功能主要包括：创建、打开、存储、转换和关闭等，地理数据文件操作界面如图 5.1 所示。

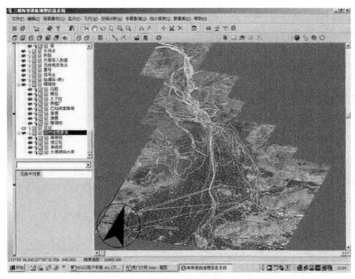

图 5.1　地理数据文件操作界面

5.1.2　图形基本操作

GIS 来源于地图，也离不开地图。图形作为直观的表现形式，比文字信息具有更丰富的信息容量。图形显示是 GIS 最基本的功能。图形基本操作的基本功能包括放大、缩小、前一视图、下一视图、全屏、查询、要素选择、查找、量测、鹰眼以及对图层的控制操作等。

1. 图形基本操作

1）图形放大与缩小

人们认知世界、研究地理环境时，往往需要从微观到宏观范畴去观察和认知地理信息，利用不同尺度的地理实体对现实世界进行抽象和描述。地理数据显示图形放大与缩小，帮助人们从微观到宏观或从宏观到微观观察和认知地理环境。把整幅的地理数据图形定义为一个逻辑屏幕，将其存入一个足够大的空间，而把显示屏幕定义为一个物理屏幕，物理屏幕只是逻辑屏幕的一个子集。物理屏幕大小一定，通过逻辑屏幕的放大与缩小，实际上是地理数据在逻辑屏幕空间缩放，实现物理屏幕上地理数据图形放大与缩小。通过改变逻辑屏幕和图形对象的大小，用户可以更准确、更详细地绘图。

2）图形漫游

研究地理环境区域大小不确定，地理空间的区域范围也不确定，地理数据显示尺度也是变化的，计算机物理屏幕范围内浏览大区域大比例尺地理数据的逻辑屏幕，逻辑屏幕区域超过物理屏幕，只有通过图形滚动物理屏幕来实现整个逻辑屏幕的浏览。要浏览整个逻辑屏幕中的内容，只需要移动物理屏幕在逻辑屏幕中的起始位置即可，这就是漫游技术。在交互式的系统中常用光标控制物理屏幕的起始位置。

3）空间查询

地理数据载负着大量地理的几何形态和属性信息，地理数据图形显示是图形表示属性，地图图形展示地理属性的能力有限，仅仅靠阅读地图是难以完成在地图上快速地了解最关注的地理属性信息的，必须借助空间查询功能来达到目的。空间查询有两个功能：一是空间查询。由图形查属性，提供基于点、矩形、任意多边形的空间查询方式，显示选中地物的属性。在计算机物理屏幕上利用光标移动到地理实体要素上，将光标屏幕坐标映射到地理坐标，求取与光标的地理坐标相近的地理实体，从数据库中检索地理实体的属性信息，显示属性表格。二是属性查询。基于属性查询条件，快速搜索到符合条件的所有记录。地理数据的属性信息通过对要素的属性信息设定要求来查询定位空间位置，对符合条件的要素进行定位并渲染，使其清楚易见。

2. 基本量算功能

（1）量测点坐标。通过物理屏幕和逻辑屏幕之间的映射关系，计算物理屏幕上光标的地理坐标。

（2）量测距离。计算两点之间的实际距离。

（3）量测面积。区域一般为由三条或三条以上的线段首尾顺次连接所组成的封闭多边形，计算多边所封闭的区域面积。

3. 图层控制操作

GIS 软件和一些图像处理软件中经常会有图层这个概念。图层是 GIS 数据组织和管理的基本单位，同类型的地理对象集合被组织成图层，对空间数据进行分层是 GIS 对数据管理的重要内容，分层管理便于数据处理和分析，同时专题信息集合使用层来组织。在 GIS 图层支持下，地图编辑、制图综合、专题制图会更加方便、准确、迅速，利用不同图层可完成查询检索、叠加分析等空间分析任务。图层控制操作一般有创建图层、删除图层、打开图层和关闭图层等。

4. 基本辅助功能

GIS 基本辅助功能包括指北针、比例尺、鸟瞰视图等。鸟瞰视图是用来在分开的窗口上显示图形，以便能够迅速地移动到某一区域的工具。鸟瞰视图提供了一个操作工具来观察实际的显示空间，如果用户在工作时打开鸟瞰视图，就不用选择菜单命令或键入命令来实现缩放和平移功能了。

5.2　地理数据获取与处理

为了准确、快速地确定人或物在地球表面的位置，地理数据获取中大量使用测绘、遥感、摄影测量、激光测量等高新技术。GIS 的大多数地理信息来源于地图，常用的方法是数字化扫描，如手扶跟踪数字化仪，地图自动化数据输入成为地理信息系统的重要功能；随着遥感技术的发展，遥感数据已经成为 GIS 的重要数据源，通过对遥感图像的解译来采集和编译数据已成为 GIS 的主要功能；利用正射影像采集数据成为更新地理信息的主要途径。地图数据、遥感数据和正射影像都是图像数据。所以，GIS 大量融入图像处理技术，许多成熟的 GIS 产品（如 MapGIS）中都具有功能齐全的图像处理子系统。随着 GPS 精度提高和应用普及，GPS 辅助原始地理信息的更新成为一种较为现实的途径。利用这些技术手段所采集的 GIS 数据往往存在问题、错误或者不符合用途要求的情况，因此必须通过数据处理才能达到应用的要求。

5.2.1　图形配准处理

图形配准是图形编辑的基础工作。图形包括扫描数字地图、正射影像和遥感图像等栅格文件。图像配准是将两幅或多幅不同传感器、不同视角、不同时间及不同拍摄条件下的图像进行变换，如平移、旋转等，其最终目的是建立两幅图像像元之间的对应关系使其几何关系达到匹配，从而去除或抑制待配准图像和参考图像之间几何上的不一致。地理矢量数据采集是基于屏幕数字化，通过图形配准将图形坐标系和地理矢量数据坐标系统一，同一区域内以不同成像手段所获得的不同图像图形的地理坐标匹配，经几何变换使同名像点在位置上和方位上完全叠合，以便保证数据采集的正确性。

图形配准处理一般步骤为选取同名地物控制点并输入计算机，作几何纠正、投影变换和比例尺配准处理，实现控制点的相应配准。配准方法有相互配准和绝对配准两种。相互配准是以多图像的一个分量作为参考图像，其他图像与其配准；绝对配准是先定义一个控制格网，使所有图像与其配准。

1. 控制点选取

为保证配准精度，至少选取 10~13 个控制点，即 4 个图幅角点和 6~9 个分布均匀的方格网交点（最好全部选择方格网交点）。控制点在图像上有明显的清晰的定位识别标志，如道路交叉点、河流交汇点、建筑边界、农田界限等。图形配准选择控制点不要选择太少也不要太集中，一般要均为分布在整幅遥感图像上。

2. 空间变换处理

空间变换模型是所有配准技术中需要考虑的一个重要因素，各种配准技术都要建立自己的变换模型，变换空间的选取与图像的变形特性有关。常用的空间变换模型有：刚体变换、仿射变换、投影变换、非线性变换。

3. 配准误差检验

配准过程中很容易引入各种各样的误差，而且很难区分是由配准算法引起的，还是由图像间的固有差异引起的。在评估配准精度时，主要将误差分为三类：位置误差、匹配误差和畸变误差。位置误差是指由不精确检测引起的控制点坐标偏移。匹配误差则是指在候选控制点之间建立匹配关系时匹配的控制点对数目。畸变误差是指配准过程中采用的变换模型和图像真实畸变（包括比例缩放、旋转、平移及传感器影响等）之间的差异。GIS 具有检查控制点的残差和均方根值（root mean square，RMS），删除残差特别大的控制点并重新选取控制点的功能。

5.2.2　地理数据编辑

数据采集与编辑是 GIS 的基本功能。地理空间数据采集主要用于获取地理实体位置形态几何特征点的矢量数据坐标和属性值，将地理实体图形转换成矢量数据和描述它的属性数据输入数据库中，保证地理数据库中的地理数据在内容与空间上的完整性、数值逻辑一致性与正确性。为了消除地理空间数据采集的错误，需要对图形及属性数据进行编辑和修改。

地理实体几何位置形态通常抽象、离散为点状、线状、面状和体状的"骨架"，复杂的地理实体由这些骨架的矢量坐标构成。地理实体形态或地理实体的空间信息用矢量坐标系中 X、Y、Z 坐标表示。描述地理实体的定性特征、数量特征、质量特征、时间特征和地理实体的空间关系（拓扑关系）的信息主要通过属性数据表格表示。地理矢量数据将空间几何数据和属性数据分别存储，一般存储三个文件：一个空间数据文件（ArcGIS 的文件后缀为.shp）、一个空间索引文件（ArcGIS 的文件后缀为.shx）和一个属性表文件（ArcGIS 的文件后缀为.dbf）。空间拓扑关系一般存储属性表文件，属性表可以存储在数据库文件中，也可以存储在文本数据文件中，最关键是空间坐标记录与属性记录一一对应。

地理矢量数据中的点、线和面目标表述为 Point（一个定位点坐标）、Polyline（一串定位点坐标）和 Polygon（闭合定位点坐标串的集合）三种数据类型。Point 分为实体点和有向点，

Polyline 分为折线和曲线，Polygon 需要表示面域点坐标，如图 5.2 所示。

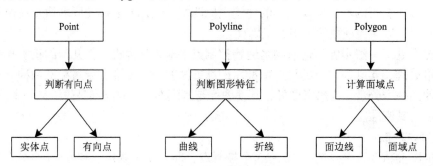

图 5.2　地理矢量数据三种类型

地理数据编辑是对点、线和面状实体的空间数据和属性数据进行操作，虽然不同的软件有不同的操作方法，但基本功能大同小异。

1. 点状实体编辑

点状实体由一对坐标对 (x, y) 数据来定义，记作 $P\{x, y\}$。

1）点状实体操作

点状地理实体操作主要表现在：对地理实体对象的几何位置的增加、删除和位移及属性的增加、删除和修改。

（1）增加点。依据点状实体对象位置，操作输入设备（键盘、鼠标）确定，计算机自动记录点状实体对象位置 $\{x, y\}$ 坐标。

（2）删除点。拾取点状实体对象位置，操作输入设备（键盘、鼠标）确定，计算机自动删除点状实体对象位置 $\{x, y\}$ 坐标。

（3）移动点。拾取点状实体对象位置，拖动点状实体对象新的位置，操作输入设备（键盘、鼠标）确定，计算机自动替换点状实体对象位置 $\{x, y\}$ 坐标。

2）实体对象的属性操作

属性数据比较规范，适用于表格表示，所以许多地理信息系统都采用关系数据库管理系统。通常的关系数据库管理系统（RDBMS）都为用户提供了一套功能很强的数据编辑和数据库查询语言，即 SQL，系统设计人员可据此建立友好的用户界面，以方便用户对属性数据的输入、编辑与查询。因为 GIS 中各类地物的属性不同，描述它们的属性项及值域也不同，所以系统应提供用户自定义数据结构的功能，还应提供修改结构的功能，以及拷贝结构、删除结构、合并结构等功能。

图 5.3　实体对象的属性操作

（1）属性增加。用输入设备（键盘、鼠标）拾取点状实体对象，属性数据库中增加新的列，根据属性表结构（图 5.3），由键盘输入属性值。

（2）属性删除。设置当前操作状态，用输入设备（键盘、鼠标）拾取点状实体对象，由键盘删除属性表结构的属性值。

（3）属性修改。设置当前操作状态，用输入设备（键盘、鼠标）拾取点状实体对象，由键盘修改属性表结构的属性值。

2. 线状实体编辑

线状物体的几何特征用直线段来逼近，链以节点为起止点，以一串有序坐标对（x，y）为中间点，用直线段连接这些坐标对，近似地逼近了一条线状地物及其形状。链可以看作点的集合，记为 $L\{x, y\}n$，n 表示点的个数。特殊情况下，线状地物用以 $L\{x, y\}n$ 作为已知点所建立的函数来逼近。

线状地理实体操作主要表现在：对地理实体对象几何位置的增加、删除和修改及属性的增加、删除和修改。线状地理实体的属性编辑操作同点状地理实体操作。线状地理实体对象的几何位置操作如下。

1）增加线状地理实体坐标链

依据线状实体对象位置，用输入设备（键盘、鼠标）依次选择线状实体对象特征点，计算机自动记录点状实体对象位置坐标点串（$\{x_i, y_i\}$，$i=1$，…，n），如图 5.4 所示。

2）删除线状地理实体坐标链

拾取线状地理实体坐标链，操作输入设备（键盘、鼠标）确定，待用户确认后，计算机自动删除选择的实体。

3）修改线状地理实体坐标链

线装实体的修改较为复杂，主要包括以下几个方面。

（1）坐标链内加入点操作。拾取待修改的线状地理实

图 5.4　增加线状地理实体坐标链

体坐标链，操作输入设备（键盘）确定加入点的位置，依据加入点的位置与线状地理实体特征点坐标的最近距离，加入线状地理实体坐标链，得到新的坐标点串（$\{x_i, y_i\}$，$i=1$，…，$n+1$），如图 5.5 所示。

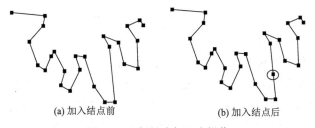

(a) 加入结点前　　　　　　　　　　(b) 加入结点后

图 5.5　坐标链内加入点操作

（2）坐标链内删除点操作。拾取待修改的线状地理实体坐标链，操作输入设备（键盘、鼠标）确定删除点的位置，依据删除点的位置与线状地理实体特征点坐标的最近距离，删除线状地理实体坐标链的坐标，得到新的坐标点串（$\{x_i, y_i\}$，$i=1$，…，$n-1$），如图 5.6 所示。

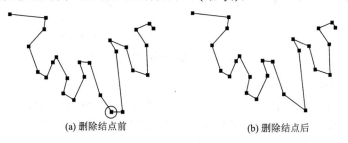

(a) 删除结点前　　　　　　　　　　(b) 删除结点后

图 5.6　坐标链内删除点操作

（3）坐标链的移动点操作。拾取待修改的线状地理实体坐标链，操作输入设备（键盘、鼠标）确定移动点的位置，依据移动点的位置确定与线状地理实体特征点坐标最近的点为待移动的坐标点，通过鼠标、键盘移动该点至新的位置，替换旧坐标，梳理成新的坐标点串（$\{x_i, y_i\}$，$i=1$，$\cdots$，n），如图 5.7 所示。

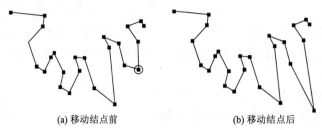

(a) 移动结点前　　　　　　　　(b) 移动结点后

图 5.7　坐标链内移动点操作

4）两条线状地理实体坐标链合并

拾取待修改的两条线状地理实体坐标链，依据两条线状地理实体坐标链四个节点的最近距离，串接两条线状地理实体坐标链（$\{x_i, y_i\}$，$i=1$，$\cdots$，n，$\{x_j, y_j\}$，$j=1$，$\cdots$，m），梳理成新的坐标点串（$\{x_k, y_k\}$，$k=1$，$\cdots$，$n+m$），如图 5.8 所示。

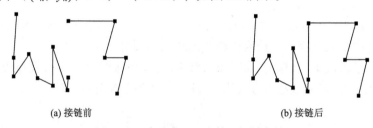

(a) 接链前　　　　　　　　　　(b) 接链后

图 5.8　两条线状地理实体坐标链合并

5）线状地理实体坐标链分解

拾取线状地理实体坐标链（$\{x_k, y_k\}$，$k=1$，$\cdots$，p），操作输入设备（键盘、鼠标）确定分解点的位置，依据分解点的位置与线状地理实体特征点坐标的最近距离，确定分解的坐标点，作为两条线状地理实体坐标链结点，串接两条线状地理实体坐标链，梳理成两个新的坐标点串（$\{x_i, y_i\}$，$i=1$，$\cdots$，$m+1$，$\{x_j, y_j\}$，$j=1$，$\cdots$，$n+1$，$p=m+n$），如图 5.9 所示。

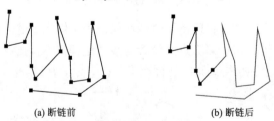

(a) 断链前　　　　　　　　　　(b) 断链后

图 5.9　线状地理实体坐标链分解

6）线状地理实体坐标链抽稀

线状地理实体坐标链抽稀的目的是删除冗余数据，减少数据的存储量，节省存储空间，加快后继处理的速度。选择合适的抽稀因子，对选择实体坐标链的特征点进行数据抽稀，在满足精度要求的基础上尽量减少特征点数量。图 5.10（a）舍去每两点中一点得图 5.10（b），图 5.10（c）仅仅保留与已选点距离超过临界值的点得图 5.10（d）。

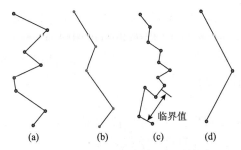

图 5.10 线状地理实体坐标链抽稀

3. 面状实体编辑

一个面状要素是一个封闭的图形，其界线包围一个同类型区域。因此，面状物体界线的几何特征用直线段来逼近，即用首尾连接的闭合链来表示，记为 $F\{L\}$。这种用点状、线状和面状实体表示位置、形状和大小的坐标数据及其数据结构称为空间数据。

面状实体操作分成两种状态：一种是没有拓扑关系的，它的操作同线状地理实体操作，其拓扑关系数据由人工或自动方式建立；另一种是由线状地理实体坐标链组成的拓扑关系不变，修改线状地理实体坐标链，改变链的几何位置，修改线状地理实体属性。

面状实体往往由多个线状实体组成，面状实体封闭图形坐标由多个线状实体坐标串链生成，为了避免面状实体封闭图形坐标和多个线状实体坐标重复存储，往往采用面状实体图形的几何重心作为面状实体标识点，由标识点代表面状实体，实现面状实体的空间信息和属性信息一一对应。

地理矢量数据编辑是 GIS 操作地理空间数据的重要工具和核心功能。目的是采集及更新地理信息、修正地理数据的错误、维护地理数据的完整性和一致性。要求具有友好的人机界面，即操作灵活、易于理解、响应迅速等，具有对几何数据和属性编码的修改功能，具有分层显示和窗口功能，便于用户的使用。

5.2.3 矢量数据处理

矢量数据是计算机中以矢量结构存储的内部数据。在矢量数据结构中，点数据可直接用坐标值描述；线数据可用均匀或不均匀间隔的顺序坐标链来描述；面状数据（或多边形数据）可用边界线来描述。矢量数据结构的一个突出优点是能够完全显式地表达节点、弧段、面块之间所有关联关系。矢量数据的组织形式较为复杂，以弧段为基本逻辑单元，而每一弧段被两个或两个以上相交节点所限制，并为两个相邻多边形属性所描述。传统的线状网络数据模型是用节点-弧段-多边形模型来表示的。在计算机中，使用矢量数据具有存储量小，数据项之间拓扑关系可从点坐标链中提取某些特征而获得的优点。主要缺点是数据编辑、更新和处理软件较复杂。

1. 弧段节点匹配处理

以弧段为单位采集的地图图形数据，每条弧段的起、止点均为节点。在数字化采集作业中，由于手工定位操作存在误差，对于同一点的重复定位有可能不完全重合，因此，需要在编辑过程中对节点做点位匹配及合并处理。点位完全重合的一组节点同样也需要做合并处理，以使其合并为一个节点。这不仅是为减少数据冗余，还是对数据准确性、一致性和完整性进行控制的一个过程。

　　弧段节点匹配，简称节点匹配。节点是指线目标（或称弧段）的端点。节点匹配是指把一定限差内弧段的端点作为一个节点。节点匹配可以用两种方法来完成：一种是全自动方式，给定一个阈值，让所有的节点自动匹配；另一种是在编辑功能中加入智能捕捉功能，移动节点时，该结点自动匹配到附近的节点上。

2. 矢量数据求交处理

　　矢量数据处理中最为重要的算法主要是弧段的相交判断。弧段求交问题是地理信息系统最基本的功能之一。其算法的好坏直接影响相应软件系统中许多数据处理和分析功能的运行效率。

　　矢量数据求交处理分为弧段相交判断和弧段求交处理两个步骤。弧段相交判断又分为弧段相互相交和弧段自相交。弧段相交有多种情况，可以发生在弧段中部，也可发生在端点附近；可以是两两相交，也可是多条弧段同时相交。弧段求交处理通常是计算两个交点弧段的交点，产生一个新的节点，将原两个弧段打断成四条弧段，并将原两个弧段的属性信息一起赋给新弧段。数据库中增加了两个新弧段。

3. 矢量数据拓扑计算

　　矢量数据拓扑关系指满足拓扑几何学原理的各地理数据间的相互关系。基于矢量数据结构的节点-段-边形，用于描述地理实体之间的连通性、邻接性和区域性，即用节点、弧段和多边形所表示的实体之间的邻接、关联、包含和连通关系。

　　初始的弧段-节点拓扑关系，是由弧段数据派生出来的，即每条弧段对应两个不同的节点：起始节点和终止节点，同时每个节点最少对应一条弧段。矢量数据拓扑计算基本原理：从任意一条弧开始，陆续搜索与该弧相邻近的下一条弧，回到起始节点即完成了一个多边形的搜索，当图幅内每条弧都完成两个方向的搜索时已产生了所有多边形，然后计算每个多边形的面积的正负以确定该多边形是岛多边形还是网络多边形，对每个岛还要找出其所在的外多边形，如此之后方能建立起完整的多边形拓扑关系。

　　由于起始弧及其第一次搜索的方向是任意选取的，这带来两个弊病：一是不能预知所产生的多边形是网络多边形还是岛多边形，只能借助面积的计算，根据面积的正负来判断，这是很费时的；二是不能控制生成多边形的次序，因而对岛的外多边形的判断只能等到所有多边形生成后才能进行，这必然会产生一些多余的查找。如果图幅中多边形的数量比较大，这些查找势必也给算法的效率带来不良的影响。在多边形搜索的过程中，可能遇到各种各样的情况，因为地理数据可以是任意复杂的，怎样处理可能出现的特殊情况变得尤为重要。

4. 矢量数据压缩处理

　　矢量数据的压缩主要是线状图形要素的压缩。对矢量数据进行压缩除了能节约存储空间和提高数据处理速度外，其本质在于原始的数据存在一定的冗余。这种数据冗余一方面是数据采样过程中不可避免产生的；另一方面是具体应用变化而产生的，如大比例尺的矢量数据用于小比例尺的应用时，就会存在不必要的数据冗余。因此，应该根据具体应用来选择合适的矢量数据压缩与化简算法。矢量数据压缩与化简的核心是在不扰乱拓扑关系的前提下对原始采样数据进行合理的删减。

　　对空间数据的压缩技术可分为无损压缩和有损压缩。无损压缩算法又分为两种：一种是基于现在成熟的通用压缩算法，如 ZIP、RAR 等，但该方法没有考虑矢量数据特有的特征，因此压缩比不高，很少单独使用。另一种是考虑矢量数据本身的特征及矢量数据的表达精度的有限性对存储的数据类型进行处理来达到数据压缩的目的。例如，用 int 甚至 short 型代替

double 和 float 型来存储空间坐标点以取得较高压缩比例的方法。

矢量数据有损压缩算法主要有：距离控制类算法，如垂距限值法、Douglas-Peucker 算法（Spliting 算法）；角度控制类算法，如角度限值法；基于小波技术的压缩方法。

5. 矢量多边形裁剪处理

裁剪是矢量数据处理的基本问题之一，裁剪窗口分为矩形窗口和多边形窗口。多边形窗口裁剪要比矩形窗口裁剪复杂得多，也可以把矩形窗口裁剪看成多边形窗口裁剪的特例，凹凸多边形裁剪的算法必须涉及很多不同的情况。

（1）点与多边形裁剪处理。判断点是否在多边形内是计算机图形学中的基本问题。判断点在多边形内外的算法有很多种，目前应用最多的是射线法。这种方法需要以每一个待判断点为端点沿 x 轴作射线，若射线与多边形的边的交点个数为偶数，则表明该点在多边形外；若交点个数为奇数，则表明该点在多边形内。

（2）线与多边形裁剪处理。在矢量地理数据中弧段由折线组成，弧段与多边形裁剪转化为线与多边形裁剪。线裁剪是计算机图形学中的一个基本操作。裁剪算法的主要计算量是在求交点上，即在算法的主循环中，先判断直线是否与多边形的边真正相交，只有真正相交，才计算交点。

（3）多边形与多边形裁剪处理。同理，被裁多边形转化为线与多边形裁剪。

6. 矢量接边处理

地图按图幅分幅数字化、保存，这使本来连续的实体被分离到不同的存储空间和存储单元中去，这种地理空间的分离存储导致了数据的物理缝隙，也导致逻辑上本身连续的信息不能以逻辑连续的方式呈现。例如，跨越多幅图的一条河流，在图幅内查询河流属性（如长度）时只能获取其在本图幅内的相关信息而不是实体整体的信息。矢量接边处理使被图幅割裂的地理实体在物理和逻辑上实现无缝连接，包括几何接边和逻辑接边。

（1）几何接边。用于相邻图幅的矢量数据接边，将该连接而未连接的地物连接起来形成完整的地物，也可进行任意位置上相同属性的线状地物的连接，对同类要素端点间距离小于容限距的要素进行咬合合并。

（2）逻辑接边。逻辑接边包括两个方面的含义：一是检查同一地物实体在相邻图幅的地物编码和属性是否一致，如果不一致，则进行人工编辑修改；二是建立地理实体在不同图幅内索引，便于地理实体检索时，能够同时将多图幅内的地理实体检索，一般情况下将地理实体索引建立文件存储。

5.2.4 数字高程模型处理

数字高程模型是以数字形式描述地球的表面形态、高低起伏、实际地形特征空间分布的模型。数字高程模型有三种数据格式：一是矢量数据结构的等高线；二是栅格数据结构的规则格网；三是离散点的不规则三角网。数字高程模型处理就是这三种格式的互相转换。

1. 不规则三角网建立

不规则三角网规则是将离散点连接成覆盖整个区域且互不重叠、结构最佳的三角形，实际上是建立离散点之间的空间关系。根据随机分布的原始高程点建立连续的覆盖整个研究地区的不规则三角网（TIN），需要解决的最根本的问题就是如何确定哪三个数据点构成一个三角形，也称为自动联结三角网，是离散数据的三角剖分过程，目前的剖分都是在二维平面上进行的，然后在三角形的顶点上叠加对应点的高程值，形成空间三角平面。对于平面上的离散数据点，将其中相近的三点构成最佳三角形，使每个数据点都成为三角形顶点。

2. 规则格网插值处理

地球表面起伏不平、崎岖曲折，很难用一定数学规律（曲面函数）来描述，只得借助于原始高程采样数据。根据原始数据的呈离散分布的高程点，基于空间插值建立的理论假设：空间位置上越靠近的点，越有可能具有相似的特征值；距离越远的点，其特征值相似的可能性越小，选择一个合适的数学模型，利用已知点上的信息求出函数的待定系数，将系数回代数学模型，然后求算规则格网点上的高程值。当前基于离散数据生成规则格网 DEM 的内插方法很多，有加权平均法、移动曲面拟合法、多面函数法、最小二乘配置法、有限元法、多项式内插法等。每种方法有自己的适用前提和各自的优缺点，结合应用应有不同的侧重。

3. 等高线自动追踪处理

等高线自动追踪处理是原始测量数据获取等高线图的主要途径。

（1）基于规则格网追踪等高线方法。利用规则格网提取等高线的目的就是将规则格网模型转换为等高线模型，模型转换的关键在于等高线上起始点的确定与跟踪。从格网 DEM 中提取等高线的过程可以分解为两个步骤：一是在格网中确定待内插等高线的起点；二是从起点出发遍历格网并连接成等高线。第一个步骤的主要工作就是搜索起始边，然后利用线性插值原理计算位于该起始边上的高程值为 H 的点的 (x, y) 坐标，把该点作为该条等高线的起始点；第二个步骤就是从起始点出发遍历等高线上其他的等值点，依据一定的法则将这些点连接成一条等高线。

（2）基于不规则三角网追踪等高线方法。基于不规则三角网追踪等高线是离散点的三维坐标生成等高线的主要方法。基于 TIN 绘制等高线直接利用原始观测数据，避免了 DTM 内插的精度损失，能够用较少的空间和时间更精确地拟合复杂地表面，因而等高线精度较高；对高程注记点附近的较短封闭等高线也能绘制；绘制的等高线分布在采样区域内而并不要求采样区域有规则四边形边界。而同一高程的等高线只穿过一个三角形最多一次，程序设计也较简单，因而得到了广泛的应用。

5.2.5　地图投影处理

地图投影造成长度、面积和角度上的变形，故投影转换比坐标转换更为复杂，需要使用多项式逼近模型才能保证转换的精度。逼近多项式的构造及幂次、变换区域大小、控制点分布状况、线性方程组求解方法是影响地图坐标数值变换精度和稳定性的主要因素。目前，有解析变换法、数值变换法和数值-解析变换法三种方法。

1. 解析变换法

该方法是找出两投影间坐标变换的解析计算公式，按采用的计算方法不同又分为正解变换法、反解变换法和综合变换法三种。

正解变换法。该方法直接确定原有地图投影下点的直角坐标与新投影下相应直角坐标的关系，也称直接变换法。它表达了编图和制图过程的数学实质，同时不同投影之间具有精确的对应关系。

反解变换法。此方法是通过中间过渡的方法，由一种投影坐标 (x, y) 反解出地理坐标 (φ, λ)，再将地理坐标代入另一种投影的坐标公式中，从而实现由一种投影的坐标到另一种投影坐标的变换，也称间接变换法。

对于投影方程为极坐标形式的投影，如圆锥投影、伪圆锥投影、多圆锥投影、方位投影和伪方位投影等，需将原投影点的平面直角坐标 (x,y) 转变为平面极坐标 (ρ,δ)，求其地理坐标 (φ,λ)。

综合变换法。这是将正解变换法与反解变换法结合在一起的一种变换方法。通常根据原投影点的坐标 x 反解出纬度 φ，然后根据 φ、y 求得新投影点的坐标 (X,Y)。

综合变换法比单纯运用正解变换法或反解变换法简便，但它只适合在某些情况下对某些投影采用。

从理论上讲，反解变换法是一种解析变换，能够反映投影的数学实质，而且不受制图区域大小的影响，可在任何情况下使用；从程序设计的角度来看，反解变换法程序易于设计、修改和维护，对于具有 n 种地图投影的投影变换，只需实现这 n 种投影的正算（从直角坐标变换到经纬度）和反算（从经纬度变换到直角坐标），并且当每增加一种新的投影时，也只需增加该种投影的正算和反算。同时，该方法具有较高的执行效率和投影变换精度，满足实际投影变换的需要。因此，目前大多数的软件中都采用反解变换法来实现投影转换。

2. 数值变换法

在资料图投影方程未知时（包括投影常数难以判别时）或不易求得两投影间解析式的情况下，可以采用多项式来建立它们之间的联系，即利用两投影间的若干离散点（纬线、经线的交点等），用数值逼近的理论和方法来建立两投影间的关系，数值变换法是地图投影变换在理论和实践中比较通用的方法。

数值变换的方法有二元 n 次多项式变换、正形多项式变换、插值法变换、微分法变换和有限元法变换等，一般比较普遍采用的是二元 n 次多项式变换法。

3. 数值-解析变换法

在新图投影已知而原图投影未知的情况下，不宜采用解析变换法。采用数值变换法，原图上各经纬线交点的直角坐标值代入多项式，求得原图投影点的地理坐标，即反解数值变换，然后代入已知的新图投影方程式中进行计算，便可实现两投影间的变换。

5.2.6 栅格图形处理

栅格数据用一个规则格网来描述与每一个格网单元位置相对应的空间现象特征。栅格数据将连续空间离散化，用规则格网来覆盖整个空间，格网中的各个像元值与其位置上的空间现象特征相对应，而且像元值的变化反映了现象的空间变异。栅格数据具有数据获取自动化程度高、数据结构简单、便于存储和计算等优点，也有数据量大、精度低等缺点，常常与矢量数据共同表达地理实体和现象，取长补短。因此，栅格数据处理是地理信息系统的主要功能。

1. 栅格数据的基本运算

栅格图像的处理常用到下述的基本运算。

（1）灰度值变换。为了利用栅格数据，得到尽可能好的图像、图形质量或分析效果，往往需要将原始数据中像元的原始灰度值按各种特定方式变换。各种变换方式可以用"传递函数"来描述。其中，原始灰度值与新灰度值之间的关系，正如函数中自变量与因变量之间的对应关系。

（2）栅格图像的平移。这是一种极为简单而重要的运算，即原始的栅格图像按事先给定的方向平移一个确定的像元数目。

（3）两个栅格图像的算术组合。将两个栅格图像互相叠置，使它们对应像元的灰度值相加、相减、相乘等。

（4）两个栅格图像的逻辑组合。将两个图像相对应的像元，利用逻辑算子"或"、"异或"、"与"和"非"进行逻辑组合。

2. 栅格数据的宏运算

宏运算较上述基本运算复杂，但更为直接地显示出在制图上的作用，下面结合其在制图上的应用，列举一些常用的宏运算。

（1）扩张。在这种算法中，同一种属性的所有物体将按事先给定的像元数目和指定的方向进行扩张。

（2）侵蚀。在这种算法中，同一种属性的所有物体将在指定的方向上按事先给定的像元数目受到（背景像元的）侵蚀。实际上就是背景像元在这个方向上的扩张。

（3）加粗。在加粗算法中，同一种属性的所有物体将按事先给定的像元数目加粗。

（4）减细。减细的原理和过程与加粗几乎是一样的，因为加粗"0"像元就是减细"1"像元。要注意的是，这种减细的批处理过程若不加一些必要的限制，可能会导致线划的断裂或要素的消失。显然，加粗是扩张的发展，减细是侵蚀的发展。

综合运用扩张、侵蚀，加粗、减细的宏运算，就有可能使制图物体的形态按要求向好的方面转化。例如，假定图的两个要素间有粘连现象，则可以先从一侧进行侵蚀（具体侵蚀多少应视粘连程度而定，本例为一个像元），然后向同一侧扩张同样的像元数。结果是消除了粘连，而其他要素不变。这一过程也称断开。相反，如果一个连续的制图物体由于材料、工艺及老化等使图形（如等高线）出现断缺、裂口等缺陷，此时可以将原图先扩张再侵蚀或先加粗再减细，就可获得连续、光滑的图形，从而改善线划符号的质量，这一过程也称合上。

（5）填充。这种宏运算目的是让一些单个像元（填充胚）在给定的区域范围内，通过某种算法而蔓延，使得由它们把这些区域全部充满。在利用多边形范围线的栅格图像进行人机交互或自动的多边形标识时，往往要用到"填充"这种宏运算。

（6）滤波。滤波是对以周期振动为特征的一种现象在一定频率范围内予以减弱或抑制。这里的振动指的是随时间变化的电波或机械的振动。在图像范畴中，也可以引用振动的概念，即随着在图像上抽样点位置的逐渐变化而呈现变化的不同图像亮度（即数字灰度值）。因此，可以把在通信技术中所使用的滤波公式简单地转用于数字图像处理。此时，可以将栅格像元的位置坐标（即行、列号）代替时间坐标，用灰度值幅度代替电压幅度或声学音强幅度。从数学上讲，可以采用两种重要的滤波算法：傅里叶变换和褶积变换。在高通滤波中，栅格图像的低频率灰度分布，即大块面积中带有的相同灰度值被滤掉了，只保留着原图中相应物体的边缘。低通型滤波主要应用于制图综合中破碎地物的合并表示，而高通型滤波主要用于边缘的提取和区域范围、面积的确定。

3. 栅格数据矢量化

地理信息系统常用栅格数据和矢量数据两种结构，在实际应用中常要根据需要互相转换。矢量化是把读入的栅格数据通过矢量跟踪，转换成矢量数据。

栅格数据中的点目标向矢量数据转换，就是将栅格点的中心转换为矢量坐标的过程；栅格数据中的弧段向矢量数据的转换，就是提取弧段栅格序列点中心的矢量坐标的过程；栅格数据中的面域多边形向矢量数据转换，则是提取具有相同属性编码的栅格集合的矢量边界及边界与边界之间拓扑关系的过程。以栅格多边形的矢量化转换为例，其一般过程为：①多边形边界提取。采用高通滤波将栅格图像二值化或以特殊值标识边界点。②边界线搜索。逐弧进行，由某一节点开始沿某一方向进入，朝该点的 8 个邻域搜索其后续节点，直到连成弧段。

由于搜索是逐个栅格进行的，必然造成多余点记录，为减少数据冗余，必须去除。此外，由于栅格精度的限制，边界线搜索的结果曲线可能不够光滑，需要采用一定的插补算法进行光滑处理。

4. 矢量数据栅格化

矢量数据栅格化就是求点、线、面对象所经过或覆盖的网格单元，把矢量数据转换为栅格数据。栅格化主要包括点栅格化、线栅格化和面栅格化。栅格化包括三个基本步骤：第一步是建立一个指定像元大小的栅格，该栅格能覆盖整个矢量数据的面积范围，并将所有像元的初始值赋予 0。第二步是改变那些对应于点、线或多边形界线的像元值。对于点的像元赋值 1，对于线的像元赋予线值，对于多边形的像元设为多边形值。第三步是用多边形值来填充多边形轮廓线内部。面的栅格化是建立在线的栅格化基础上的，而线的栅格化又是建立在点的栅格化基础上的。来自栅格化的误差通常取决于计算机算法和栅格像元的尺寸及边界的复杂性。矢量数据栅格化在很多方面得到应用。

5.3　地理数据存储与管理

数据库技术是数据存储和管理的支撑技术。GIS 地理数据具有种类繁多、格式复杂、数据量大、空间数据和属性数据联系紧密等特点，地理数据之间具有显著的拓扑结构。从传统的文件管理转向利用商用关系数据库管理系统（DBMS）管理是 GIS 的发展趋势，这种基于数据库的管理方式的优点是不言而喻的。利用数据库技术高效安全管理地理数据，除了与属性数据有关的 DBMS 功能之外，还需要具备对空间数据的管理。对空间数据的管理主要包括：空间数据库的定义、数据访问和提取、空间检索、数据更新和维护等功能。

5.3.1　地理数据定义

1. 地理信息工程定义

一个工程往往由若干个不同尺度的工作区描述，也就是说，每个地理信息工程包含多个工作区。地理信息工程定义主要描述工程名称、地理空间大小（区域范围）、建设时间、建设单位等，包含多少工作区、每个工作区名称等。

2. 工作区定义

一个工作区只能表达一种比例尺、一种类型的空间数据。工作区数据定义主要描述工作区名称、地理空间大小（区域范围）、地理空间数据表达的尺度（比例尺）、数据类型（矢量数据、DEMS 数据和航空正射影像、遥感图像等类型）、数据获取来源、获取年代、地图投影、数据质量评价、数据精度（高程精度和平面精度）、分辨率、生产单位、保密等级等。工作区描述信息可作为地理数据库的数据字典或元数据（metadata）存储。

工作区中包含数据块数、数据块大小、数据块名称。

3. 数据块定义

数据块是基于地理空间的工作区的特定数据子集。数据块对象描述的主要内容包括数据块名称、数据块大小（区域范围）。数据块中包含要素层数、要素层类型、要素层名称。

4. 工作层定义

地理要素层是基于地理分类的特定数据子集。地理要素层描述的主要内容包括地理要素层名称、地理要素层标识代码 ID、要素层数据类型、数据来源、生产年代、地图投影、数据质量、数据精度、分辨率、平面和高程控制点等。要素层中包含要素个数。

5. 地理实体定义

地理实体对象定义分为基本地理实体对象定义和复合地理实体对象定义。基本地理实体对象定义主要功能是对点、线和面状基本实体属性结构定义，包括点实体属性表、线实体属性表、面实体属性表。复合地理实体对象定义主要包括复合实体属性表、基本地理实体个数和基本地理实体指针表。

5.3.2　地理数据操作

数据库操作就是用户（应用程序员、终端用户及系统用户）对数据提出的各种操作要求，实现与数据库的信息交换。数据操纵语言就是对数据库进行操纵的工具。

1. 地理信息工程操作

地理信息工程操作功能有打开（登录）工程数据库、装载工程数据库、工程数据库备份、关闭数据工程库和删除工程数据库等。

（1）登录工程数据库。输入工程数据库名、用户名称、口令和主机字符。

（2）工程数据叠合操作。将同一区域不同专题的图形或图像数据，按照相同位置关系进行叠合处理，产生有综合信息的新图形或图像数据。

（3）装载工程数据库。主要完成工程数据库装载和数据库进行交换。

（4）工程数据库备份。主要完成工程数据库备份、数据存储。

（5）关闭工程数据库。工程数据库操作完成时，通常关闭工程数据库，实现工程数据库数据安全和保密等功能。

（6）删除数据库。通过删除数据库操作，实现地理空间数据从存储设备中永远消失，释放所占计算机资源空间。

2. 工作区操作

工作区操作功能有新建工作区、打开工作区、工作区装载、工作区备份、工作区接边、工作区合并、工作区裁剪、重新定义工作区理论范围、重新定义数据块大小、定义新的图层、输出数据库结构、关闭工作区和删除工作区等。

（1）新建工作区。按照工作区的定义，创建新的工作区。

（2）打开工作区。在地理信息工程列表中，点击工作区名称，打开工作区。也可以调用程序模块，输入工作区的名称，程序模块返回工作区图块的行列数、分层数、层名、层中要素等管理信息从硬盘读入内存。

（3）工作区装载。主要完成工作区数据库装载和数据库进行交换。

（4）工作区备份。主要完成工作区数据库备份、数据存储。

（5）工作区接边。工作区接边是将工作区内相邻图块的边缘要素进行相互衔接的处理。其作用是处理因分块而使相邻图块的边缘要素产生的矛盾和不协调等问题，以使分块存储的地理空间数据可相互拼接使用。

（6）工作区合并。将工作区的两个或两个以上地理位置相邻区域的图块，拼接为一个完整区域的数据。在工作区中选择合并的数据块，进行数据合并产生新的数据块，存放到外部工作区域。

（7）工作区裁剪。将工作区内按指定地理范围进行剪辑，在当前工作区内选定一个区域（可以跨一个或多个数据块，阴影色为选定的区域）合并到一个数据块。保留范围以内的数据并生成新的数据。根据输入裁剪窗口坐标范围，GDBMS 先将窗口坐标范围数据块合并，然后逐层裁剪窗口坐标范围地理要素，再进行拓扑重组，存储到指定的数据文件中。

（8）重新定义工作区理论范围。修改工作区的实际范围值和理论范围值等。

（9）重新定义数据块大小。修改工作区的数据块实际范围的值。GDBMS 先将工作区数据块合并，然后逐层按新的数据块大小裁剪，再存储到数据库中。

（10）定义新的图层。按图层定义，GDBMS 增加工作区的层数，并分配相应存储空间。

（11）输出数据库结构。功能是把各层的点、线、面要素的属性结构输出到文件中。

（12）关闭工作区。工作区操作完成时，通常关闭工作区，实现工作区数据安全和保密等。

（13）删除工作区。将数据库中工作区的所有内容全部删除，释放所占计算机资源空间。

3. 数据块操作

数据块操作功能有新建数据块、打开数据块、数据块装载、数据块备份、接边处理、关闭数据块和删除数据块。

（1）新建数据块。输入数据块名、数据块大小，即左下和右上坐标。

（2）打开数据块。将数据块大小、基本要素个数等管理信息从硬盘调入内存。

（3）数据块装载。主要完成数据块装载和数据库进行交换。

（4）数据块备份。主要完成数据块备份、数据存储指定的文件。

（5）接边处理。在数据库中数据块是独立存放，数据块与数据块之间在物理上是独立的，为了在逻辑上一致，往往进行接边处理。在接边处理时，往往根据数据块四个邻接方向，以当前数据块为基准，向左、向右、向上和向下依次处理。可以采用自动方式，也可以采用手动方式。

（6）关闭数据块。关闭数据块，使数据块处于关闭状态，释放内存中存放的数据块空间，保护数据安全。

（7）删除数据块。将数据库中数据块的所有内容全部删除，释放所占计算机资源空间。

4. 地理要素层操作

地理要素层操作功能有新建要素层、打开要素层、修改层名、要素层合并、要素层分离、图层重组、图层顺序调整、建立要素层空间关系、属性数据输入、图层装载、图层备份、关闭要素层和删除要素层等。

（1）新建要素层。输入要素层名，层中要素数自动生成。

（2）打开要素层。输入要素层的名称，将要素层中的要素数等管理信息从硬盘调入内存。

（3）修改层名。直接修改或重新输入要素层名称。

（4）要素层合并。合并两个图层为一层。

（5）要素层分离。从当前要素层按地理要素属性或人工选择地理要素分离并存放到新建要素层中。

（6）图层重组。可根据需要随时添加新层，也可删除不需要的已建层，还可重新组合要素主题修改选中层。

（7）图层顺序调整。互换工作区中两层的顺序。必须输入两个不同的层号，层号从 0 开始。

（8）建立要素层空间关系。对于图块的某个图层，根据线坐标数据可自动拓扑生成节点和线、面拓扑关系数据。需要设置当前图层为可编辑的，并在系统设置中设置参数、拓扑类型（面拓扑还是网络拓扑）和拓扑限差。

（9）属性数据输入。在图形输入与拓扑生成无误的情况下即可考虑输入属性。对于初次的批量输入，可以首先进行整体的初始化，建立起属性表。然后通过打开相应表格编辑获取各属性值，也可通过输入工具逐个目标地输入和编辑。

（10）图层装载。主要完成图层装载和数据库进行交换。

（11）图层备份。主要完成图层备份、数据存储指定的文件。

（12）关闭要素层。关闭要素层，使要素层处于关闭状态，释放内存中存放的要素层空间，保护数据安全。

（13）删除要素层。将数据库中要素层的所有内容全部删除，释放所占计算机资源空间。

5. 地理实体操作

在数据库中一个地理实体的几何形态坐标、属性和空间关系一般是分开存储的，相互紧密联系在一起。为了保证地理实体的完整性和一致性，把对几何形态坐标、属性和空间关系存储操作封装成一个对象，按地理实体对象管理。地理实体的几何形态分成四类对象。

（1）点状实体。点状实体是指只有特定的位置，而没有长度的实体。在地理数据中主要表示实体点（用于代表一个实体）、注记点（用于定位注记）、多边形内点（用于负载相应多边形的属性）和结点（表示线的终点和起点）。点状实体操作包括检索、增加、删除、修改等。

（2）线状实体。线状实体是指有长度的实体，如线段、边界、链、网络等，线状实体操作包括检索、增加、删除、修改等。

（3）面状实体。面状实体也称多边形、区域等，是对湖泊、岛屿、地块等一类现象的描述，面状实体操作包括检索、增加、删除、修改等。

（4）体状实体。体状实体用于描述三维空间中的现象与物体，它具有长度、宽度及高度等属性，体状实体操作包括检索、增加、删除、修改等。

6. 地理空间数据库维护

当一个数据库被创建以后的工作都叫做数据库维护。数据库维护比数据库的创建和使用更难。数据库日常维护工作是系统管理员的重要职责。利用 GDBMS 管理地理空间数据，其目的有三：其一是地理空间数据正确，保证数据库中数据的完整性、数值逻辑一致性与正确性等；其二是空间数据库系统可靠和安全；其三是容易、便捷改变数据库结构，以适应用户需求变化。

保证空间数据库的内容正确可靠，需要根据地理空间数据质量的特点和要求，开发GDBMS 的质量检查功能，尽可能保证数据的准确性、一致性和完整性。通过数据质量评估软件评价数据质量等级。

为了防止计算机系统的故障（包括机器故障、介质故障、误操作等），空间数据库可能会遭到破坏，这时尽快恢复数据就成为当务之急。如果平时对空间数据库做了备份，那么，此时恢复数据就会很容易。由此可见，做好空间数据库的备份是维护空间数据安全的重要措施。它包括数据库的转储、恢复功能，数据库的重组织功能和性能监视、分析功能等。这些功能通常是由一些使用程序完成的。

按空间数据模型设计数据结构，在结构化数据基础上对空间数据进行存储和检索是空间数据库管理系统的核心技术模块，包括并发控制、安全性检查、完整性约束条件的检查和执行、数据库内部维护（如索引、数据字典的自动维护）等。但是，用户的需求是变动的。根据实际应用，数据库中空间数据结构不可避免地在局部调整功能，这样才能体现出 GDBMS 的优越性。

SDBMS 除了具有数据定义的基本功能之外，还必须具有更改数据结构和其物理表示的能力。从数据库中去掉一个结构、插入一个新结构或更改一个现有的结构，这些性能都必须在数据库定义语言中来完成和维护数据库。

5.3.3　地理空间数据维护

地理空间数据库日常维护工作是系统管理员的重要职责。包括安装和升级数据库服务器，以及应用程序工具，设计数据库系统存储方案，并制定未来的存储需求计划，创建数据库存储结构和数据库对象；根据开发人员的反馈信息，修改数据库的结构；登记数据库的用户，对数据进行使用权限管理，控制和监控用户对数据库的存取访问，周期更改用户口令，维护数据库的安全，保证数据库的使用符合知识产权相关法规；监控系统运行状况和优化数据库的性能，及时处理系统错误、恢复数据库系统；地理空间数据质量检查与评估；定期备份数据库，装载空间数据、备份空间数据和系统数据，保证系统数据安全。

操作的失误、计算机病毒的破坏、不成熟的软件运行中发生的故障，都可能直接损坏文件或损坏硬盘分区表、文件分配表、文件目录，造成数据的丢失。硬盘的维护不当、供电事故、质量隐患、寿命终结、火灾、地震、恐怖袭击等也是对数据安全的重大威胁。地理空间数据库装载与备份是 GDBMS 的重要功能。在 GDBMS 中，数据备份、恢复操作是保障数据库一致性、完整性、可用性和安全性的重要手段和关键环节。数据的备份和恢复不仅是数据库系统管理员的日常工作内容，也是其必备技能。

1. 地理空间数据库备份

地理空间数据库备份一般采用三种技术手段：一是用 DBMS 备份功能；二是数据文件，将数据库内数据整体存储到数据文件中；三是利用地理空间数据交换文件，将数据库内的空间数据分散存储到数据交换文件，以备其他 GIS 软件应用。

（1）DBMS 备份。利用 DBMS 本身的备份功能，这里以 Oracle 为例，有三种备份方式：①脱机备份。在关闭数据库的情况下，将所有与数据库有关的文件利用操作系统的复制功能转存在别的存储设备上，也称操作系统的冷备份。②逻辑备份。将数据库的内容导出以二进制文件的方式存储，在需要的时候将该文件重新装载可以恢复数据库。③联机热备份。以上两种方式是在没有用户对数据库的访问时进行的，在备份的过程中用户无法访问数据库，而且只能保证数据备份之前的一致性，无法保证备份期间的一致性。因此，对于需要实时备份的情况就要运用联机热备份。

（2）数据文件备份。以工作区为单位，将工作区全部内容存储在一个文件中。一个地理数据库工程备份若干个工作区文件。工作区文件结构主要包括数据库组织描述数据和地理空间数据两个部分。数据库组织描述包括工作区、数据块、数据层和点线面属性；地理空间数据主要包括点要素、线要素、面要素及其拓扑关系数据，以数据块、要素层和点线面要素及拓扑关系数据的层次存放。

（3）空间数据转换。除了利用 DBMS 本身的备份功能外，DBMS 还应提供在数据库、工作区、数据块、要素层等层次的空间数据出库功能，其文件格式一般采用其他常用系统或标准的外部空间数据文件格式，如 ArcInfo 数据交换格式、MapInfo 数据交换格式、AutoCAD DXF、地球空间数据交换格式或者自己定义的任何格式等。

2. 地理空间数据库装载

地理空间数据库装载与地理空间数据库备份是反方向的。同样采用三种技术手段，即利用 DBMS 备份功能、数据文件和数据交换文件将地理空间数据装载于数据库中。

5.4 地理数据查询与分析

地理数据分析是对地理数据进行提取和分析计算有关技术的统称，目的是解决人们所涉及地理空间的实际问题，提取和传输地理空间信息，特别是隐含信息，以辅助决策。地理数据分析是地理信息系统的核心功能之一，是地理信息系统区别于一般信息系统的主要功能特征。地理数据分析赖以进行运算的基础是地理数据，其运用的手段包括各种几何逻辑运算、数理统计分析、代数运算等。地理数据分为空间数据、属性数据和拓扑关系三种类型，地理数据分析分为：①基于空间图形数据的分析运算；②基于非空间属性的数据运算；③空间和非空间数据的联合运算；④拓扑关系分析。

5.4.1 地理数据查询

地理信息检索系统允许用户限制地理查询范围，并且在该范围内对搜索结果按某种方式排序返回与地理信息查询相关的文档。当前很多地理信息检索系统都是使用关键词作为查询输入，需要使用地理信息索引结构来对查询处理和搜索，进行地理信息推理，对搜索结果进行基于文本相关性和地理相关性的排序，并把结果显示给用户。一个好的地理信息检索系统需要合适的索引结构及算法来处理文本和地理相关性，需要有好的检索模型和排序算法，从而保证搜索引擎的性能和质量。一个典型的地理信息查询描述了用户的需求，称为关键词，并描述了用户感兴趣的查询区域，称为查询范围。地理信息查询关键词包括主题和地理查询范围两部分。

空间数据库在信息描述、数据管理、数据操作和服务应用上都与传统数据库存在差异。空间数据不同于关系数据，它们没有严格的二维关系，因此，传统的 GIS 系统大多对空间属性和标量属性分别进行管理。对于空间位置和空间关系的分析大多采用面向过程的方式得到分析结果。对于标量属性的查询常采用关系数据库的结构化查询语言 SQL。虽然关系查询语言有其固有的缺陷，如不支持复杂数据结构、不能图形化显示、不支持空间查询和分析等，但是鉴于 SQL 已经非常成熟且被广泛接受，因此在 SQL 的基础上进行扩展是分析和处理空间数据的一个趋势。

1. 主题查询

主题查询又称为属性查询，是属性查询图形，是从地理数据中以属性数据查询几何坐标，主要基于关系数据库的 SQL（structured query language）语言。SQL 是最重要的关系数据库操作语言，它的影响已经超出数据库领域，受到其他领域的重视和采用，如人工智能领域的数据检索、第四代软件开发工具中嵌入 SQL 语言等。SQL 语言基本上独立于数据库本身、使用的机器、网络、操作系统，基于 SQL 的 DBMS 产品可以运行在从个人机、工作站到基于局域网、小型机和大型机的各种计算机系统上，具有良好的可移植性。数据库和各种产品都使用 SQL 作为共同的数据存取语言和标准的接口，使不同数据库系统之间的互操作有了共同的基础，进而实现异构机、各种操作环境的共享与移植。SQL 语言是一种交互式查询语言，允许用户直接查询存储数据，但它不是完整的程序语言，如它没有 DO 或 FOR 类似的循环语句，但它可以嵌入另一种语言中，也可以借用 VB、C、JAVA 等语言，通过调用级接口（CallLevelInterface）直接发送到数据库管理系统。利用 SQL 对地理数据库中属性表格进行查询，将查询结果返回 GIS 软件系统，并对结果进行其他操作，实现 GIS 和 SQL 的有机融合。

SQL 语言中数据查询语言（data query language，DQL）也称为"数据检索语句"，用来从表中获得数据，确定数据怎样在应用程序中给出。保留字 SELECT 是 DQL（也是所有 SQL）用得最多的动词，其他 DQL 常用的保留字有 Where、Order By、Group By 和 Having。这些 DQL 保留字常与其他类型的 SQL 语句一起使用。

2. 范围查询

范围查询又称为空间查询。目前，主流的空间数据查询语言都是在 SFASQL（Simple Faturee Access-Part2：SQ Loption）或 SQL/MMSpatial（SQL Multimedia and Aplication Packages-Part3：Spatial）这两大国际标准的基础上进行扩展的。这两个空间数据库标准在数据库扩展空间数据库过程中发挥着重要作用。

开放地理空间信息联盟（Open Geospatial Consortium，OGC）推出的 SFA 定义了函数的访问接口，依据地理几何对象模型，提供在不同平台下（OLE/COM、SQL、CORBA）对简单要素（点、线、面）的发布、存储、读取和操作的接口规范说明。SFASQL 定义了基于 SQL 平台实现几何对象模型及访问接口函数。SFA 的通用体系架构规范描述了简单要素地理几何对象模型，以及地理几何对象的不同表达方式和空间参考系统的表达方式。SQL/MMSpatial 定义了空间数据类型及操作，解决了如何存储、获取和处理这些空间数据。该标准除了定义几何对象模型外，还定义了角度和方向类型对象模型。SQL/MMSpatial 标准基于 SQL99 标准，其描述的扩展环境与 SFASQL 中支持的 UDT 扩展环境一致。

目前已有许多数据库厂商提供对 SQL/MM 和 SFASQL 标准的支持，如 OracleSpatial。OracleSpatial 的查询功能主要通过空间算子（spatial operator）和空间函数（geometry function）来实现。

5.4.2　二维地理数据分析

二维地理数据分析是对地理数据的定量研究，从地理数据中提取其潜在的信息。二维地理数据分析是 GIS 的核心。地理数据分析能力（特别是对空间隐含信息的提取和传输能力）是地理信息系统与一般信息系统区别的主要方面，也是评价一个地理信息系统成功与否的一个主要指标。

1. 查询模块

面向二维矢量数据、栅格瓦片数据、遥感影像数据等，基于空间、属性的自定义条件进行信息查询。

2. 空间度量模块

对于线状地物求长度、曲率、方向，对于面状地物求面积、周长、形状、曲率等；求几何体的质心；空间实体间的距离等。具备以下量算功能：①距离量算。量测二维空间场景中的两点间距离。②面积量算。量测二维空间场景中多边形的面积。

3. 几何分析模块

具备以下分析功能：①体集合运算。包含二维空间对象的交集、并集、差集等运算。②缓冲区分析。包含点、线、面等要素的缓冲区分析。③叠置分析。将不同主题的空间数据层进行叠置分析，从而产生一个新的空间数据层。④拓扑分析。对空间对象在空间位置上的相互关系进行分析，如节点与线、线与面之间、面与体之间的连接关系。⑤空间相交检测。对空间对象的相交性进行检测。⑥投影变换。对空间数据进行重投影运算。

4. 统计分析模块

具备以下分析功能：①基本统计量分析。对空间对象的六个基本统计量（平均数、众数、中位数、极差、方差、标准差）进行计算与分析。②空间回归分析。确定两种或两种以上变数间相互依赖的定量关系。③趋势面分析。利用数学曲面模拟空间对象在空间上的分布及变化趋势。④空间拟合分析。确定空间对象的拟合方程式。⑤空间内插。在已观测点的区域内估算未观测点的数据。

5. 遥感分析模块

具备以下分析功能：①遥感数据分类。基于遥感数据，进行不同地物类型的识别。②遥感数据融合。在统一地理坐标系中，基于多源遥感数据生成一组新的信息或合成图像。③遥感变化检测。基于不同时相遥感数据定量分析、确定地表变化的特征与过程。④遥感数据同化。将遥感数据与选择的动态模型预测值进行结合。

5.4.3 三维地理数据分析

三维地理数据分析是将地理实体和现象通过 X、Y、Z 三个坐标轴来表达，通过地理实体和现象的模拟、推演、显示和计算等，研究地理实体和现象的分布规律、不同地理空间现象之间的内在联系的一种分析技术。

1. 查询模块

面向地形数据、三维模型等三维地理空间数据，基于空间、属性的自定义条件进行信息的查询：①空间查询。空间查询能够提供基于点、矩形、任意多边形的空间查询方式，显示选中地物的属性。②属性查询。属性查询可基于属性查询条件，快速搜索到符合条件的所有记录。

2. 空间度量模块

具备以下量算功能：①距离量算。量测在三维场景中两点间距离。②高度量算。量测在三维场景中的同一垂直方向上两点间距离。③面积量算。量测在三维场景中多边形的面积。④体积量算。量测在三维场景中地物对象的体积。

3. 表面分析模块

具备以下分析功能：①地形分析。包含面向三维地形数据的坡度、坡向、曲率分析。②可视性分析。包含通视分析、可视域分析、可视表面分析。③填挖计算。对填挖区域体积、面积进行计算。④剖面分析。包含地形剖面分析、建筑剖面分析。

4. 几何分析模块

具备以下分析功能：①实体集合运算。包含三维空间对象的交、并、差等。②缓冲区分析。包含点、线、面、体的缓冲区分析。③叠置分析。将不同主题的空间数据层进行叠置分析，从而产生一个新的空间数据层。④拓扑分析。对空间对象在空间位置上的相互关系进行分析，如节点与线、线与面之间、面与体之间的连接关系。⑤空间相交检测。对空间对象的相交性进行检测。

5. 统计分析模块

具备以下分析功能：①基本统计量分析。对空间对象的六个基本统计量（平均数、众数、中位数、极差、方差、标准差）进行计算与分析。②空间回归分析。确定两种或两种以上变量间相互依赖的定量关系。③趋势面分析。利用数学曲面模拟空间对象在空间上的分布及变化趋势。④空间拟合分析。确定空间对象的拟合方程式。⑤空间内插。在已观测点的区域内估算未观测点的数据。

5.5　地理数据显示与制图

地理数据主要通过属性数据描述地理实体的数量和质量特征。地理数据显示与制图是将地理数据转换为人们容易理解的图形图像方式（地图数据）。地图数据是一种通过位置信息和符号信息表示地理实体特征的数据类型。地图数据强调数据可视化，采用"图形表现属性"的方式，忽略了实体的空间关系。地图符号化（将地理数据转换为地图数据）是利用形式多样的地图符号，对地物的空间位置、分布特点及数量、质量等基本特征进行可视化表达的过程。地理数据显示与制图已成为 GIS 中不可缺少的重要功能之一。通常，不同的 GIS 所具备的制图功能的强弱各不相同，一个好的地理信息系统应能提供一种良好的、交互式的制图环境，以供地理信息系统的使用者能够设计和制作出高质量的地图。

5.5.1　二维地理数据显示与制图

二维地理数据难以直接转换成地图数据，其根源在于地理数据与地图数据的应用目的不同，导致两者难以在统一的数据模型中表示。由于地理空间分析与地图符号化之间存在矛盾，地理数据还不能自动地转换成地图数据，在地理数据转换成地图数据（地图制图）过程中人工干预仍然占有很大比例。修改后地理数据的内容成为地图数据，地图数据由地图要素组成，并且每个地图要素有对应的地图符号，这样才能满足地图制图的需求。以至于在很多实际应用中，不得不采用地理数据和地图数据两套数据分别存储。地图数据中的几何数据与地理数据中的几何数据相关，地理数据与地图数据之间可以通过制图综合和符号化处理的方式产生联系。地理数据符号化后形成像素地图，可以直接用于屏幕显示和打印输出，二维地理数据显示与制图过程如图 5.11 所示。

1. 地图符号系统

地图符号化一般用符号化程序根据地图符号库中存放的符号信息实现。地图符号库描述符号参数数据，如点状符号的尺寸、角度，线状符号的配置规则，以及面状符号的填充方法等。地图符号化处理是将地理数据的几何坐标（骨架线）转化为地图图形的过程。地图符号库制作需要一个符号编辑平台。

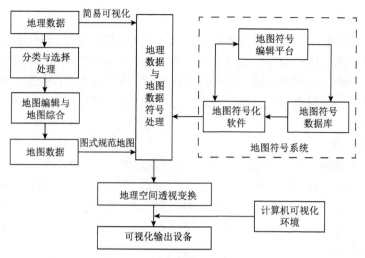

图 5.11　地理数据符号化处理过程

1）地图符号库

在符号化之前首先对所要绘制的符号进行编码，形成符号信息块，建立符号库。地图符号库是利用计算机存储表示地图各种符号的数据信息、编码及相关软件的集合。在国家基本比例尺地图符号库中，符号信息块表示的图形、颜色、符号含义及适用的比例尺等，应尽量符合国家规定的地图图示。常用的符号库有矢量数据符号库和栅格数据符号库。栅格数据符号库一般采取信息块方式，主要用于图形变化太多、也过于复杂，采用程序块方法计算量大、难以满足快速显示的需求等情况。矢量数据的符号库分为符号数据块方式和程序块方式两种。

（1）点状符号信息块。点状符号是指定位于某一点的个体符号，如普通地图上的控制点、独立地物、非比例居民地符号、专题地图上的定点符号等。点状符号库包含了两个部分：点状符号的描述信息参数集和点状符号中图元的绘制程序。点状符号的符号描述信息是可以定义的。显然，构成点状符号的图元个数对于某一个特定符号来说是个实数。符号的描述信息则表现为各图元与符号定位点之间的关系，它通过图元的各控制点（如多边形的角点、圆的圆心和线段的端点）与符号定位点的关系反映出来。对于方向可变的点状符号（如桥梁），符号描述信息还应包含各图元与符号方向线（符号定位点与方向点的连线）的关系，这一关系也可通过图元控制点与符号方向线间的关系间接表示出来。

（2）线状符号信息块。线状符号信息块是指描述符号的数据集。线状符号的信息与点状符号信息是不同的，影响其不同的主要因素是定位不同。线状符号的定位是条线，而不是一个点。因此，同一种符号，由于定位不同，其绘图信息就不同。但在不同之中又有相同的东西，这就构成了同种符号的基础。有了这种基础，就可以建立其必要的图形配置信息。不同的线状符号在地图上的表现形式不同，相应的符号参数集的存放格式也不同。线状符号图形配置信息块直接记录的是符号的基本图元的图形参数，如图元的长、宽、有效空白（间隔）、方向、位置、颜色等。线状符号的绘图信息可包括：①符号名称信息；②基本图形组合信息；③基本图形组合次序信息；④各种尺寸名称信息；⑤尺寸信息；⑥可视化控制信息等。改变这些信息就可以组合出不同线符号。

（3）面状符号信息块。面状符号由填充符号在面域内按一定方式配置组合而成。多数情况下，填充符号在面域内是按一定方向、一定间隔（行距）逐行配置的。晕线是面状符号形式之一。其他各种面状符号也可像计算晕线端点那样事先算出各行与轮廓边的交点，然后在每对交点间配置相应的填充符号。将这些数据分别建立信息块，这些信息块的集合，就是这里所说的面状符号配置信息库，也称面状符号参数描述信息库。配置符号信息包含两种：一是配置符号种类信息，有点状、线状或普染三种符号；二是配置符号代码信息，包括点状、线状或普染三种符号代码。面状符号信息块包括：①配置符号代码信息。将各种面状符号编制成代码，存放数据库中，构成面状符号参数描述信息库基础。②配置符号距离信息。依据面状符号代码，将所有配置符号的行间距离，并与符号代码信息相对应地存放在一起，就构成了符号距离信息块。③配置符号间隔信息。这里所指的符号间隔是列间隔，将各面状符号的配置间隔与符号代码信息相对应地存放在一起，就构成了符号间隔信息块。④控制信息。它是控制符号配置间隔或距离的信息。通过它的控制可达到规则配置和不规则配置的双重目的。这些控制信息同样要与代码信息相对应，存储在一起。⑤配置行倾斜角度信息。如有规定配置行不平行，与图幅或绘图设备有夹角，就构成了配置行的角度信息块。

（4）栅格符号。栅格符号库中的点状符号信息块和线状符号信息块可由矢量符号信息块转换得到，也可通过对符号的标准样式直接扫描获得。在栅格符号库中，点状、线状两种信息块中栅格坐标系的确定要便于符号定位。栅格符号库中面状信息块的组成不同于矢量库。地图上规则分布的面状符号，在平面上总可以划分成等大的图案块，每个图案块的图形相同。所以面状符号由这样的图案块（即重复元）在区域内拼接而成，在轮廓边处要裁去超出轮廓的部分。

2）地理符号编辑平台

地图矢量符号库是利用计算机存储表示地图的各种符号的数据信息、编码、绘制参数及相关软件的集合。地图符号库就是将地图符号分类整理，并以数据库的形式存储到计算机中，实现对地图符号的管理功能，常用的地图符号库操作，主要是对地图符号进行修改、定义、存储、检索和重组。

地理符号编辑平台不但具有地图图形符号的建立、删除、显示、修改、查询等基本数据库操作功能，而且应具有一个存储地图图形符号的数据库。地理符号编辑平台可以独立于 GIS 进行研发，也易于设计相对标准的地图符号。但同时地理符号编辑平台还要成为 GIS 有效的组成部分，只有这样的地理符号编辑平台才具有真正意义的使用价值。

2. 地图数据显示处理

地图数据显示处理是将地理数据转化为连续图形的过程。地理数据符号化系统是一个处理地理数据存取、地图符号存取和各种地图符号可视化控制的系统。矢量符号库是按矢量数据格式来组织符号信息的，地理空间数据分为点、线、面三种数据类型，其符号化处理也分为三种形式。

（1）点状地物数据符号化。点状地理数据可视化就是利用地理空间数据库中得到有关点状分布的地理要素的分类分级编码，以及相应的属性数据和要素实体抽象后得到的定位坐标数据，根据分类分级编码和相应点状符号库编码，利用点状符号可视化软件，形成地理空间内图形符号模型的过程。

点状地理数据可视化主要包括三个部分：点状符号系统模块、矢量空间数据组织与快速调度模块和空间数据符号化显示模块三个模块。

（2）线状地物数据符号化。为了将地图上某一位置的线状地物符号化，线状地物数据符号化需要如下三类信息：①线状地物的几何描述信息，即坐标点对。②线状符号的基本图元构成，如线状符号由哪几个基本图元构成及它们之间的关系。③基本图元的描述信息，基本图元数描述决定了输出线状符号的大小、形状、颜色等性质。其中，线状符号的基本图元构成与基本图元的描述信息共同组成了线状符号的描述信息，线状符号库中存储的就是每个线状符号的描述信息。

线状地物可视化系统主要由三个部分构成：线状符号系统、线状地理空间数据组织与快速调度和线状地物可视化处理。

（3）面状地理数据符号化。面状地理数据符号化包括两个部分：一部分是面状图形的边界，可以是不同线型绘制（或不显示）的闭合线，也可以由若干不同线状图形围合而成闭合线；另一部分是填充于面状分布范围内用于说明面状分布现象性质或区域统计计量值的符号，主要描述物体（现象）的性质和分布范围。面状地物数据可视化软件主要处理后一部分。它包括三个部分：面状符号系统、面状地理空间数据组织与快速调度和面状地物可视化处理。

面状地物空间数据一般由特定格式的矢量数据表示。面状符号系统一般由面状符号信息编辑设计、管理和符号化处理组成，地图符号系统性能决定了面状地物数据可视化的效果，面状地物数据可视化效率及矢量空间数据的组织、调度、索引等决定了符号化显示的效率。

3. 地图制图输出

地理数据显示处理难以获取高质量的地图，简单的直接符号化某些地方不符合人们地图符号的表达习惯。地图可以认为由地图图形和地图注记两个部分组成，侧重于地理信息按图式规范符号化表达。

1）点状符号图形编辑

点状符号常用来描述定位点的地学信息，它有如下特点：①点状符号是指地图上具有定位特征，符号的图形固定，不随符号位置的变化而改变，大小与地图比例尺无关的空间点，如控制点、居民点、矿产地等。②符号图形有明确的定位点和方向性。③符号图形比较规则，能用简单的几何图形构成。点状符号按其形状分为几何符号、字母符号、象形符号和美术符号等，为使地图符号设计美观，符号设计时要遵循方圆、挺直、齐整、对称、均匀等原则。

（1）点状符号库编辑。地图符号编辑是 GIS 中不可缺少的基础功能之一，是 GIS 的基础软件模块。地图符号库编辑是一个复杂的系统，涉及几何图形采集、操作、存储、管理和应用等诸多方面，一般由基本图元编辑模块、符号管理模块、序列化模块和符号浏览模块等组成。图元编辑模块为每种基本图元均提供了图元定制功能，通过该功能，用户可以准确控制图元的各项参数，从而提高制作符号的精度与准确性。符号管理模块是将常用的符号经分类整理后以数据库的形式存储到计算机中，实现其数据库的管理功能，用于符号信息的检索、存储、修改、定义和符号的重组。这种方法是把符号制作和符号绘制模块完全分开，由一个程序专门制作符号数据，相应地采用另一个程序来绘制成千上万的符号。符号库中的各符号是结构统一、规格标准的数据，它们之间是平行的关系，符号的差别仅仅是数据的差别，这样便于符号的动态扩充和修改。

（2）点状符号编辑。点状符号自动绘制需要点状符号位置和点状符号类型两种信息，点状符号编辑核心是从点状符号库中选择点状符号类型。点状符号编辑的关键问题是如何解决空间定位矛盾。在点状地物稀疏、数量不多的情况下也没有什么困难，但当地图比例尺缩小时，某些点状符号之间就可能发生位置冲突，出现重叠现象，解决这一问题需要进行多因素、多目标的空间综合分析与判断。往往采用人工编辑方法对点状地物进行删除，特殊情况下位移点状地物，以满足地图制图的要求。

对于有向点状符号在属性字段中以记录角度来表示。按照角度计算出方向点坐标，或在属性字段中记录一个向点坐标，系统自动计算点状符号配置方向。

（3）点状符号注记编辑。点状符号注记是地图（包括纸质地图和屏幕地图）非常重要的组成部分。注记是用于配合地理图形说明目标的名称、数量、质量特征，是地理空间信息可视化表达不可缺少的重要内容。注记按照说明的目标内容不同可分为名称注记（或称地名注记）和属性（包括数量和质量）注记（或称说明注记）。它的自动配置是地理信息系统的主要功能。自动地把注记配置到地图上，注记配置的结果满足地图的易读性、美学平衡性等美学和视觉原则，从而产生高质量的地图。一般来讲，注记自动配置软件系统自动地从地名库提取注记内容，根据注记所属地物的图形坐标和地物周围的环境自动地确定注记的定位坐标和相应的注记的参数，以满足生产的需求。注记自动配置的研究主要从基本理论和算法两个方面展开。基本理论问题包括注记配置的规则、压盖和优化理论。算法主要涉及点、线和面状地物注记的自动配置算法。

点状地物注记配置应遵循的规则是：①点状地物注记一般采用水平字列，在地物密集的情况下可以采用竖直字列；注记字隔为接近字隔。②点状地物注记应尽量靠近被注记的地物，注记与被注记点状地物的位置偏移量小于注记与其他点状地物的位置偏移量；当点状地物及其注记在线状地物或面状地物附近时，它们都应该位于地物的同一侧。③点状地物注记不允许与其他注记和点状地物有压盖，但可以压盖线和面状地物，压盖时压盖优先级较低的地物。

与点状符号配置一样，点状符号注记自动配置的关键问题是如何解决空间定位矛盾。随着比例尺的缩小，也会出现重叠压盖现象。采用人工编辑方法对点状符号注记进行删除或位移。

2）线状符号图形编辑

线状地物是空间上沿某个方向延伸的线状或带状有序的地理现象，如河流、交通线、分界线、海岸线和等值线等，线状符号表达空间上沿某个方向延伸的线状或带状现象的符号，具定位特征，为半依比例符号。线状符号是长度在地图上依比例尺表示而宽度不依比例尺表示的符号。它表示呈固定线状分布的地理物体现象的质量与数量特征，描述物体的类别、位置特征及物体的等级，也可以看做是点状符号沿线的前进方向周期性重复排列而成。

（1）线状符号库编辑。线状符号库本质上是一个管理线状符号的数据库系统，它应该为用户提供对线状符号新建、修改、删除、查询、显示等功能。线状符号库是地理信息系统的一部分，它应该在结构与功能上具有独立性，这样使得线状符号库能够相对独立的研发与维护，有利于线状符号的标准化。线状符号库在功能上主要分为三块：线状符号管理、线状符号绘制、线状符号设计，具体功能如下：①线状符号的建立。②线状符号的删除。③线状符号的查询。④线状符号的修改。⑤线状符号的输出。⑥线状符号的存储。⑦线状符号的绘制。

（2）线状符号编辑。线状符号自动绘制需要线状符号位置骨架线和线状符号类型两种信息，线状符号编辑核心是从线状符号库中选择线状符号类型。同点状符号编辑一样，线状符号编辑的关键问题也是如何解决空间定位矛盾。但当地图比例尺缩小时，某些线状符号之间就可能发生位置冲突（如河流和道路、铁路和公路等）。往往采用人工方法对线状地物位置骨架线进行平移，以满足地图制图的要求。

（3）线状符号光滑。自然线状地物是连续的，在数据中表达为离散坐标，是折线，为了恢复显示线状地物自然连续形态，需要对离散的折线坐标串进行光滑处理。线状符号编辑选择光滑类型并设置光滑参数。光滑类型有二次 Bezier 光滑、三次 Bezier 光滑、三次 B 样条插值、三次 Bezier 样条插值四种可供用户选择，前两种不增加坐标点。该功能分为：①分段光滑线。选中需要的光滑线，然后在曲线上选出两点，对两点间的部分曲线进行光滑。②整段光滑线。捕捉一条线或在屏幕上开一个窗口，将用窗口捕获到的所有曲线全部光滑。

（4）钝化线。对线的尖角或两条线相交处倒圆。根据组成线状符号的基本图元的不同特性，将绘制曲线光滑解决方法分为弹性图元和刚性图元两种。操作时在尖角两边取点，然后系统弹出橡皮筋弧线，此时移到合适位置点按左键，即将原来的尖角变成了圆角。

（5）线状符号注记编辑。线状地物的注记应按照线状地物定位线的实际走向散列配置。可以根据线状地物的长度和注记字个数沿线状地物依次分配标注。线状地物地名注记的配置遵循的规则是：①线状地物沿其平行线注记。②注记一般采取散列式注记，注记的排列方向沿着被注记线状地物的方向。③注记不允许放在线状地物的两侧。④注记的定位点与线状地物的垂直距离在区间[λ_1, λ_2]内，一般情况下，λ_1 取 1mm 左右，λ_2 取 2mm 左右。⑤线状地物的地名注记排列方式一般用雁行或屈曲字列。对于较长的线状地物，应使用同级字体间隔 10～15cm 分段重复注记。⑥注记的字符与字符之间的间距取 3～5 个字符大小，并且字符之间最好为等间隔。⑦一个线状地物的注记不能压盖地物自身，也不能压盖其他地物的注记；如果要压盖时，压盖优先级较低的地物。⑧线状地物的注记尽量保持在其他线状地物的同侧，且不要被其他注记从中间隔开。

与点状符号配置一样，线状符号注记的自动配置问题最终归于从一些解空间中搜索最优解的问题，由于线状符号注本身的复杂性，搜索其精确的最优解是很难的，随着比例尺的缩小，也会出现重叠压盖现象。采用人工编辑方法对线状符号注记进行删除或位移，解决空间压盖冲突。

3）面状符号图形编辑

面状符号是指地图上填充于面状分布现象范围内，用于说明面状分布现象质量特征或数量特征的要素符号。面状符号可视化系统包括两个部分：一部分是面状图形的边界，可以是不同线型绘制（或不显示）的闭合线，也可以由若干不同线状图形围合而成闭合线。面状图形的边界可视化系统参阅线状符号图形编辑。另一部分是填充于面状分布范围内用于说明面状分布现象性质或区域统计计量值的符号，主要描述物体（现象）的性质和分布范围。面状要素符号化分为封闭曲线构建和符号填充两大步骤。

（1）面状符号轮廓。封闭曲线的构建非常简单，利用拓扑关系弧链合并即可完成。

（2）面状符号库编辑。符号填充即在封闭轮廓范围内配置不同的颜色、点线符号等。按照填充内容的不同，可分为颜色填充、线纹填充和点纹填充三大类。颜色填充可分为标准填充、渐变填充、图样填充和底纹填充，软件系统调色板和智能填充等工具可以方便快捷地完成各种颜色的填充；线纹填充可通过自定义曲线偏移复制所形成的线纹模板与面域相交的方法实现；而点纹填充则较为复杂，既要使点符号均匀排列，又要保证点符号的完整性，甚至有的点符号还需要旋转角度随机变化，分规则填充和随机方向填充（图 5.12）两种方式。

图 5.12　灌木林符号的随机方向填充

面状符号库包括面状符号参数描述信息和面状符号填充配置信息。

面状符号参数描述信息：地形图上对于规定配置的面状符号都规定有符号配置的列、行的间隔和距离，以及行的倾斜角；对于不规则的可以用固定间隔和控制变量以实现其间隔的变化。将这些数据分别建立信息块，这些信息块的集合，就是面状符号配置信息库，也称面状符号参数描述信息：①配置符号代码信息。将各种面状符号编制成代码，存放在数据库中，构成面状符号参数描述信息库基础。②配置符号距离信息。依据面状符号代码，将所有配置符号的行间距离，与符号代码信息相对应地存放在一起，就构成了符号距离信息块。③配置符号间隔信息。这里所指的符号间隔是列间隔，将各面状符号的配置间隔与符号代码信息相对应地存放在一起，就构成了符号间隔信息块。④控制信息。它是控制符号配置间隔或距离的信息。通过它的控制可达到规则配置和不规则配置的双重目的。这些控制信息同样要与代码信息相对应，存储在一起。⑤配置行倾斜角度信息。如有规定配置行不平行，与图幅或绘图设备有夹角，就构成了配置行的角度信息块。

面状符号填充配置信息：面状图形符号具有封闭的范围线，为从质和量上进行区别，多数面状符号要在范围线内配置不同的点状、线状符号或普染颜色。配置符号信息包含两种：一是配置符号种类信息，有点状、线状或普染三种符号；二是配置符号代码信息，包括点状、线状或普染三种符号代码。

（3）面符号注记配置。

面状地物注记配置规则考虑面状地物的形状对其注记有很大的影响，将面状地物注记分为：①按面状地物的中心点注记，适用于较规则的面状地物；当注记字符串太长时，可以分为上下两部分堆放。②当面状地物主骨架线足够长时，沿它的主骨架线注记，注记与面状地物边界不能有压盖，也不能放置在地物的外面。③把面状地物轮廓线分为左右两条曲线，沿较长的曲线注记，注记在地物的外部。④面状地物太小或为团状，把面状地物当做点注记，注记在地物的外部水平放置。⑤对于同名的多个面状地物群，先把其边界合并为一个面状地物，然后按上面的四种情况考虑进行注记；或者选择一个面积占优的面状地物来注记，代替整个面状地物群的注记。⑥面积较大时，可分片注记。多用雁行字列，也可用屈曲字列。

面图形的注记配置可分为三种情况：一种是图形面积小于一定值时，注记应配置在面图形之外，如小又重要的湖泊等；另一种是图形面积很大，如政区、大型水库等，注记应在面图形内按其形状走向散列配置（图 5.13）；还有一种是图形面积不太大，注记配置常取面图形相对中心位置的一内点配置（图 5.14），如大部分的水库、湖泊等。当然也有区域面积不太大但注记按散列配置的情况，如海湾、群岛等。

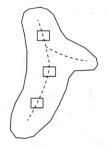
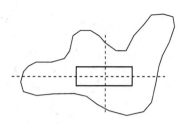

图 5.13　面图形注记的散列配置　　　　图 5.14　面图形注记的一般配置

面图形注记一点配置时，其注记定位点的计算较为简单，选择计算多边形的一内点，该内点最好位于面边界多边形水平截线相对较长且过水平截线中点附近的垂直截线也较长的两截线交点位置，以该内点作为注记图形的中心点进而推算出注记图形的定位点。

面图形注记散列配置时，其注记定位点的计算较为复杂，一般是将注记字沿面图形的主骨架线散列配置，但由于面图形的形状复杂多样，其主骨架线的计算也很费时，而且对于一些形状特别的面图形，按主骨架线配置注记的效果也常不合适。因此，可考虑在简化面图形的轮廓多边形的基础上计算其主骨架线，沿主骨架线散列配置后，对注记字配置不合适的由编辑操作加以调整。

注记点定位：用鼠标左键来捕获点图元，捕获要定位的点后，计算机智能计算注记的位置。

输入注记文本：系统弹出统改文本的对话框，用户可输入文本内容。

注记坐标对齐：将捕获的所有点在垂直方向或水平方向排成一直线。它分垂直方向左对齐、垂直方向右对齐和水平方向对齐三项子功能：①垂直方向左对齐。指靶区内所有点的控制点 X 坐标取用户给定的同一值，Y 值各自保留原值。②垂直方向右对齐。指靶区内所有点的控制点 X 坐标变化，使点图元的右边符合用户给定的同一值，Y 值各自保留原值。③水平方向对齐。指靶区内所有点的 Y 坐标取用户给定的同一值，X 值各自保留原值。

剪断字串：剪断字串的功能是将一个字串剪断，使之成为两个字串。

连接字串：连接字串的功能是将两个字串连接起来，使之成为一个字串。用鼠标左键来捕获第一个字串后，再用鼠标左键来捕获第二个字串，系统自动地将第一个字串连接到第二个字串的后面。

改变角度：用鼠标左键来捕获点，再用一拖动过程定义角度来修改点与 X 轴之间的夹角。

5.5.2　三维地理数据可视化

1. 透视坐标变换

地理空间物体是三维的，计算机屏幕是二维的。地理空间数据可视化就是把三维空间分布的地物对象（如地形、建筑物模型等）转换为图形或图像在屏幕上显示，经空间可视化模型的计算分析，转换成可被人的视觉感知的计算机二维或三维图形图像。主要内容包括：①数据准备。获取三维地形可视化所需的各类数据，将数据组织成表达地形表面的三角形网格。②透视投影变换。根据视点位置和观察方向，建立地面点与三维图像点之间的透视关系，对地面进行图形变换。③消隐和裁减。消去三维图形的不可视部分，裁剪掉三维图形视野范围以外的部分。④光照模型。建立一种能逼真反映地表明暗、颜色变化的数学模型，计算可见表面的亮度和颜色。⑤图形绘制。依照各种算法（分形几何，纹理映射）绘制并显示三维地形图。⑥三维图形的后处理。在三维地形图上添加各种地物符号、注记等。

三维可视化可分为地形三维可视化、地物三维可视化和地物/地形可视化。

2. 地形三维可视化

地形三维可视化是利用计算机对数字地面模型进行简化、渲染、显示等处理，从而实现地形三维逼真显示的技术。它包括数字地面模型的构建、数字地面模型的简化与多分辨率表达、地形数据的组织和金字塔结构索引建立。为使地形三维可视化产生更逼真的三维视景，常用遥感影像作为三维地形可视化中地形表面纹理图，对各类地形地物建模处理，并经过一系列必要的变换，包括数据预处理、几何变换、选择光照模型和纹理映射等，最后真实地显示在计算机屏幕上。

随着计算机硬件和软件水平的不断提高，人们对三维地形的真实性要求也越来越高。除了利用光照技术使三维地形有明暗显示外，还可以添加图像纹理（如叠加卫星照片、彩色地形图等）、分形纹理（利用分形产生植被和水系等）和叠加地表地物（道路、河流、建筑物等）等来提高三维地形的真实性。

3. 地物三维可视化

在地物三维可视化中主要考虑建筑物、道路、桥梁和水域等地物三维可视化，而建筑物是城市模型中最关键的地物，它的三维可视化对于三维城市可视化具有十分重要的意义。对于建筑物，人们不只是关心其外形的描述，而且要求知道其几何结构和属性信息，以便对其进行空间分析和不同层的属性查询。

建筑物建模分为几何形状建模和纹理映射建模，建筑物的三维几何形体的建模最有效的方法就是利用现有的三维建模工具（如 3DMAX）来造型，常用的地物三维建模方法可分为三种类型：基于二维 GIS（包括数据和正射影像数据）建模方法、基于倾斜摄影三维模型的建模方法和基于 LiDAR 三维模型的建模方法。三种方法在三维地物建模和可视化应用中各有优势和不足。对于简单的建筑物，可以将其多边形先用三角剖分方法进行剖分，然后将其拉伸到一定的高度，就形成三维实体。而对于河流、道路、湖泊等地表地物，由于存在多边形的拓扑关系，如湖中有岛，所以这时的三角剖分就要复杂得多，往往采用约束三角形，保证在三角形剖分过程中，将河流或湖泊中的岛保留，也可采用在三角形中插入新的点，既保留了多边形的边界线，又保证剖分后的三角形具有良好的数学性质（没有扁平三角形）。

几何变换是生成三维场景的重要基础和关键步骤，包括坐标变换和投影变换。坐标变换是指对需要显示的对象进行平移、旋转或缩放等数学变换。投影变换是指选取某种投影变换方式，对物体进行变换，完成从物体坐标到视点坐标的变换，它是生成三维模型的重要基础。投影变换分为透视投影变换和正射投影变换两类。投影方式的选择取决于显示的内容和用途。透视投影类似于人眼对客观世界的观察方式，最明显的特点是按透视法缩小，物体离相机越远，成的像就越小，因而广泛应用于三维城市模拟、飞行仿真、步行穿越等模拟人眼效果的研究领域。正射投影的物体或场景的几何属性不变，视点位置不影响投影的结果，一般用于制作地形晕渲图。

4. 地物/地形可视化

地物/地形可视化一般采用将地物建模导入三维地形模型中，经地物和地形匹配处理，实现地物/地形三维实时显示。地物/地形可视化是指通过研究三维地形、地物的构成，建立分析应用模型，运用计算机图形学和图像处理技术，将城市实体以三维图形的方式在屏幕上显示出来。

5.5.3 专题数据可视化

地理空间数据专题符号化是利用各种数学模型，把各类统计数据、实验数据、观察数据、地理调查资料等进行分级处理，然后选择适当的视觉变量以专题地图的形式表示出来，着重表示一种或数种自然要素或社会经济现象，如分级统计图、分区统计图、直方图等。这种类型的可视化正体现了科学计算可视化的初始含义。专题地图的内容由两部分构成：①专题内容。图上突出表示的自然或社会经济现象及其有关特征。②地理基础。用以标明专题要素空间位置与地理背景的普通地图内容，主要有经纬网、水系、境界、居民地等。

专题地图的符号化有定点符号法、线状符号法、范围法、质底法、等值线法、定位图表法、点数法、运动线法、分级统计图法和分区统计图表法等十余种类。各种方法常交叉应用。

1. 定点符号法

点状要素常用定点符号法表示，简称符号法。它是用各种形状、大小、颜色和结构的符号，表示专题要素的空间分布及其数量和质量特征。通常符号的位置表示专题要素的空间分布，形状和颜色表示质量的差别，大小表示数量的差别，结构符号表示内部组成，定位扩展符号表示发展动态。

2. 线状符号法

线状或带状分布要素，通常用颜色和图形表示线状要素的质量特征，如用颜色区分不同的旅游路线、不同时期内的客流路线、不同的江河类型等；用符号粗细表示等级差异；符号的位置通常描绘于被表示事物的中心线上（如交通线），有的描绘于线状事物的某一侧，形成一定宽度的彩色带或晕线带（如海岸类型、境界线晕带等）；用符号的长短表示专题要素的数量，如用公路符号的长短表示公路的长度。线状符号法常用来编制水系图、交通图、地质构造图、导游图及路线图等。

3. 面状符号法

面状要素按空间分布特征可归纳为三种形式：一为布满制图区的要素，可用质底法、等值线法和定位图表法表示；二为间断呈片状分布要素，可用范围法表示；三为离散分布要素，常用点值法、分级比值法、分区统计图表法和三角形图表法表示。

（1）质底法又称底色法，是在区域界线或类型范围内普染颜色或填绘晕线、花纹，以显示布满制图区域专题要素的质量差别，常用于各种类型图和区划图的编制，如地貌类型图、农业区划图、气候类型图等。

（2）等值线是连接某种专题要素的各相同数值点所成的平滑曲线，如等高线、等温线、等降水量线、等海深线等。常用于表示地面上连续分布而逐渐变化的专题要素，并说明这种要素在地图上任一点的数值和强度，它适用于表示地貌、气候、海滨等自然现象。

（3）定位图表法是把某些地点的统计资料，用图表形式绘在地图的相应位置上，以表示该地某种专题要素的变化。常用柱状图表中的符号高度（长短）或曲线图表示专题要素的数量变化。例如，各月或各年度风向、风力的变化，降水量、气温变化等，均可采用此方法。

（4）范围法（区域法）是用轮廓界线来表示制图区内间断而呈片状分布专题要素的区域范围，用颜色、晕线、注记、符号等整饰方式来表示事物类别；用数字注记表示数量。间断呈片状分布专题要素（如森林、资源、煤田、石油、某农作物、自然保护区等）的表示常采用范围法。

（5）点值法（点数法）是在图上用一定大小、相同形状的点子表示专题要素的数量、区域分布和疏密程度的方法。该法用于表示分布不均匀的专题要素，如人口分布、资源分布、农作物分布、森林分布等。

（6）分级比值法（分级统计图法），是把整个制图区域按行政区划（或自然分区）分成若干小的统计区；然后按各统计区专题要素集中程度（密度或强度）或发展水平划分级别，再按级别的高低分别填上深浅不同的颜色或粗细、疏密不同的晕线，以显示专题要素的数量差别。同时，还可用颜色由浅到深（或由深到浅），或晕线由疏到密（或由密到疏）的变化显示出要素的集中或分散的趋势。

（7）分区统计图表法是把整个制图区域分成几个统计区（按行政区划单位或自然分区），在每个统计区内，按其相应的统计数据，设计出不同形式的统计图形，以表示各统计区内专题要素的总和及其动态。可用来编制资源图、统计图、经济收入图、经济结构图等。

5.5.4　地理时空过程可视化

地理时空过程是指地理事物现象发生发展演变的过程。人们常常需要在对地理实体及其空间关系的简化和抽象基础上，利用专业模型对地理对象的行为进行模拟，分析其驱动机制、重建其发展过程，并预测其发展变化趋势。任何一种地理要素或现象，都伴随着复杂的时空过程，如景观空间格局演变、河道洪水、地震、森林生长动态模拟、林火蔓延等都是典型的地表空间过程。时态性、空间位置和属性信息是地理空间数据三个基本构成，而有效地动态可视化是展现时空数据的重要方式。地理空间数据的动态可视化可应用于时空地理信息表达，可以对地理现象进行过程推演、过程再现、实时跟踪及运动模拟，从而表现地理现象的内在本质和发生规律。

传统的地图符号主要描述一个时间节点的空间地理要素和现象的空间分布，以及它们之间的相互关系、质量和数量特征。因此是静态的，这种表现手段以常规纸质地图符号为代表。而动态符号则是表示一定时期内事物数量指标发展变化的符号，利用它可以揭示事物历史发展的量变过程及演变趋势，量化图形按时间序列排列。相应的，动态符号的应用及地图在现象变化过程上的功能表达则产生了新的地图图种——动态地图。动态地图可认为是基于用户读图角度，可以从中获取关于地理实体空间位置、属性特征运动变化的视觉感受的地图。动态符号作为动态地图的表现形式和接口控制工具，它可以帮助用户了解时空数据的变化状况，如变化的时间点（何时变）、变化的时间跨度（整个变化持续的时间）、变化发生的时间频率（变化发生的频率）、变化的速度（整个变化有多快）、变化的顺序（这次变化是以什么样的次序完成的）。

在实际应用中，人们常常把动画地图和动态地图的概念混淆在一起，可以说二者既有联系又有区别：①从定义上看，动态地图包括动画地图，换言之，动画地图是动态地图中的一种，但动态地图不一定是动画地图，还可能是交互地图等其他地图。②从特点看，动态地图强调的是交互性和动态性，强调逻辑层面。动画地图强调的是时间性和动态性，强调技术层面。③从实现的过程来看，动态地图的实现要比动画地图的制作复杂得多，需要经过对数据进行获取、分析和处理，并生成动态地图等步骤。④从数据的更新程度来看，动态地图的数据更新更能体现实时性，而动画地图的数据更多的是采用已有的数据来制作地图传输信息。

动态地图反映了变化过程中的空间地理要素时空转变特征，因此，地图的动态符号具有时空特性。动态符号是将时空数据库中存储的多时态或多版本的地理数据，按照时间和发展规律，以动态的方式在一定的媒介（如计算机显示器）上表达的过程。动态符号在时空数据环境下的主要实现过程包含三个步骤。

（1）时空数据读取。时空数据以多个时态（或版本）的形式存储在时空数据库中，在数据发布时将其读入计算机内存。

（2）时态关联。时空变化包括沿时间轴的空间变化、拓扑变化和属性变化。在不同的时刻，空间要素的空间状态、拓扑关系和属性特征可能全部变化、两项变化或单项变化；后一时刻的拓扑关系、空间状态、属性特征与前一状态的相应值相互关联。时态关联根据要素的空间位置关系、拓扑关系和属性，采用栅格化匹配、结点匹配、属性匹配和三角网匹配等方法，找出各版本数据中发生时空变化的相应要素，并把它们标记起来，作为进行动态可视化时地图符号匹配的对象和条件。

（3）动态符号化可视化实现。动态符号可视化的实现通过动态要素的可视化实现，即对经过时态关联标记的动态可视化对象，也即对经过时态采用动态符号和动态地图的形式表达。

第6章 组件式地理信息系统

随着计算机软件开发技术组件化趋势的发展，GIS 开发技术的组件化也成为 GIS 开发的潮流，研究组件 GIS 的有关问题成为 GIS 领域的一个发展趋势。面向对象思想、传统 GIS 技术与组件式软件设计技术的结合，以传统的 GIS 技术为内容，以组件式软件技术为形式，为最终的 GIS 软件开发提供有效的组件 GIS 产品，能够方便支撑 GIS 软件开发用户的开发工作。组件式技术在地理信息系统软件开发中的应用，具有易于集成、实用性强、便于开发、易于推广、成本低、扩展性强等优点。本章将首先介绍组件开发思想及技术的发展演变过程，其次说明组件式地理信息系统所使用的关键技术，最后阐述组件式地理信息系统及其开发的一些特性。

6.1 组件 GIS 概述

组件式软件技术已经成为当今软件技术的潮流之一，为了适应这种技术潮流，GIS 软件像其他软件一样，已经或正在发生着革命性的变化，即由过去厂家提供全部系统或者具有二次开发功能的软件，过渡到提供组件由用户自己再开发的方向上来。无疑，组件式 GIS 技术将给整个 GIS 技术体系和应用模式带来巨大影响。

6.1.1 组件GIS

GIS 应用的广度和深度依赖于 GIS 平台技术。GIS 技术经历 30 多年的发展，现已形成较完整的技术和理论体系。从发展历程看，经历了 GIS 模块、集成式 GIS（Integrated GIS）、模块化 GIS（Modular GIS）、核心化 GIS（Core GIS）、组件式 GIS（component object model GIS，ComGIS）和 WebGIS 六个阶段。组件式 GIS 是 GIS 技术发展的一个全新阶段。

传统 GIS 虽然在功能上已经比较成熟，但是由于这些系统多是基于多年前的软件技术开发的，属于独立封闭的系统，其低水平的重复开发、版本升级困难等问题长期制约了 GIS 的发展。随着 GIS 应用的不断扩展和深入，用户对 GIS 技术提出了更高、更新的要求，要求 GIS 从封闭走向开放，提供广域空间信息共享和实现空间数据、空间分析的无缝集成。同时，GIS 软件变得日益庞大，用户难以掌握，费用昂贵，阻碍了 GIS 的普及和应用。随着计算机和地理信息技术的飞速发展，以组件式技术为基础的新一代地理信息系统异军突起，已改变了传统集成式 GIS 平台的工作模式。组件式 GIS 的出现为传统 GIS 面临的多种问题提供了全新的解决思路。从 GIS 模块发展到集成式 GIS 是从分散到集中的过程，是 GIS 发展历程中的一个重大进步。从集成式 GIS 发展到模块化 GIS，是 GIS 组件化的开始，以及随后发展到核心式 GIS，GIS 组件化趋势越来越明显，并形成组件化的标准形式——组件式 GIS 和 WebGIS。GIS 的组件化趋势日益明显，已经成为 GIS 的重要发展方向之一。

1. 基本思想

GIS 系统的基础软件模块一般分为输入、输出、管理、查询和分析等，由于缺乏复用代码的有效手段，在开发新系统时，开发者不得不重新编写相应的代码。如果能够把这些模块做成组件，无疑将极大地提高开发的效率。组件式 GIS 的基本思想是把 GIS 的各大功能模块划分为几个控件，每个控件完成不同的功能。各个 GIS 控件之间，以及 GIS 控件与其他非 GIS 控件之间，可以方便地通过可视化的软件开发工具集成起来，形成最终的 GIS 应用。控件如同一堆各式各样的积木，它们分别实现不同的功能（包括 GIS 和非 GIS 功能），根据需要把实现各种功能的"积木"搭建起来，就构成了应用系统。

组件式 GIS 各个组件之间不仅可以进行自由、灵活的重组，而且具有面向对象的可视化的界面和使用方便的标准接口，可以与传统的 MIS（management information system）、OA（office automation）等系统有机地集成，克服传统 GIS 与 MIS 系统难以集成为一体的缺点，因而组件 GIS 有着广阔的发展前景。

2. 组件式 GIS 分类

组件式 GIS 一般分为：基础组件、高级通用组件、行业性组件。

（1）基础组件，面向空间数据管理，提供基本的交互过程，并能以灵活的方式与数据库系统连接。

（2）高级通用组件，面向通用功能，由基础组件构造而成，面向通用功能，简化用户开发过程，如显示工具组件、选择工具组件、编辑工具组件、属性浏览器组件等。它们之间的协同控制消息都被封装起来。这级组件经过封装后，使二次开发更为简单。例如，一个编辑查询系统，若用基础平台开发，需要编写大量的代码，而利用高级通用组件，只需几行代码就够了。

（3）行业性组件，抽象出行业应用的特定算法，固化到组件中，进一步加速开发过程。以 GPS 监控为例，对于 GPS 应用，除了需要地图显示、信息查询等一般的 GIS 功能外，还需要特定的应用功能，如动态目标显示、目标锁定、轨迹显示等。这些 GPS 行业性应用功能组件被封装起来后，开发者的工作就可简化为设置显示目标的图例、轨迹显示的颜色、锁定的目标，以及调用、接收数据的方法等。

3. GIS 组件与产品

GIS 组件和组件式 GIS 是有区别的两个概念，GIS 组件指实现 GIS 某部分功能的软件组件，而组件式 GIS 是指由一系列各自完成不同功能的 GIS 组件群构成的一个整体，这些组件既可以集成在一起使用，更能拆开使用。

有时也把初级的只有一个控件的组件式 GIS 称为 GIS 组件，如 MapObjects 和 MapX 就是 20 世纪 90 年代中后期推出的最著名的 GIS 组件产品，其中，MapObjects 由 ESRI 推出，MapX 由 MapInfo 公司推出。这两个产品的共同特点都是只包含 GIS 的基本功能，属于入门级组件式 GIS 产品。

2000 年前后，ESRI 推出的 ArcObjects 和超图推出的 SuperMapObjects 把组件式 GIS 平台发展到一个新的阶段，庞大的 GIS 组件群包含了数据管理、格式转换、地图编辑、排版制图、网络分析、叠加分析、缓冲区分析、栅格分析、二维可视化、三维可视化等 GIS 的几乎全部功能，并引领了此后将近 10 年的 GIS 二次开发方式。

国际上大多数 GIS 软件公司把开发组件式软件作为重要的发展战略。Intergraph 公司声称已经进入组件式 GIS 的时代，它推出的 GeoMedia 组件式 GIS 软件是其庞大的 Jupiter 计划中的一部分。ESRI 和 MapInfo 也分别推出了 MapObjects 和 MapX。我国也正在研制国产的组件式 GIS 软件——ActiveMap（其升级版本现更名为 SuperMap）。

6.1.2　组件GIS特点

组件式软件技术是新一代组件式 GIS 的重要基础，组件式 GIS 是面向对象技术和组件式软件在 GIS 软件开发中的应用。组件式 GIS 控件与其他的软件或控件通过标准的接口通信，而且这种通信是可以跨程序、跨计算机的。组件式 GIS 为新一代 GIS 应用提供了全新的开发工具，使地理信息系统进入了一个全新的时代。把 GIS 的功能适当抽象，以组件形式供开发者使用，将会带来许多传统 GIS 工具无法比拟的优点。同传统 GIS 比较，这一技术具有多方面的特点。

（1）适用性强。传统 GIS 结构的封闭性，往往使得软件本身变得越来越庞大，不同系统的交互性差，系统的开发难度大。在组件模型下，各组件都集中地实现与自己最紧密相关的系统功能，用户可以根据实际需要选择所需控件，最大限度地降低了用户的经济负担。组件式 GIS 一般都提供绝大部分 GIS 功能，完全能提供拼接、裁剪、叠合、缓冲区等空间处理能力和丰富的空间查询与分析能力。每一个用户可以根据自己的需要选择使用这些功能，组件化的 GIS 平台集中提供空间数据管理能力，并且能以灵活的方式与数据库系统连接，可以开发功能强大而完备的 GIS 应用系统，也可以选择其中部分组件开发中、小型应用系统。

（2）易于集成。使用组件式 GIS 构造应用系统的基本思路是：让 GIS 组件做 GIS 的工作，其他的组件去完成其他功能，组件式 GIS 可以在程序设计阶段与其他功能的组件进行集成，使不同的功能组件在程序代码级别上就无缝地集成在一起，形成紧凑的、一体化的可执行程序。GIS 组件与其他组件之间的联系由可视化的通用开发语言（如 Visual Basic 或 Delphi 等）来建立。这些开发语言建立了应用系统的框架，组件式 GIS 组件和其他组件提供了实现具体功能的"砖头"，这些"砖头"在框架的组织下构成运行的应用系统。组件式 GIS 提供了实现 GIS 功能的组件，专业模型则可以使用这些通用开发环境来实现，也可以插入其他的专业性模型分析控件。因此，使用组件式 GIS 可以实现高效、无缝的系统集成。

（3）便于开发。传统 GIS 往往具有独立的二次开发语言，对用户和应用开发者而言存在学习上的负担。而且使用系统所提供的二次开发语言，开发往往受到限制，难以处理复杂问题。而组件式 GIS 建立在严格的标准之上，不需要额外的 GIS 二次开发语言，只需实现 GIS 的基本功能函数，按照 Microsoft 的 ActiveX 控件标准开发接口。这有利于减轻 GIS 软件开发者的负担，而且增强了 GIS 软件的可扩展性。

由于 GIS 组件可以直接嵌入 MIS 开发工具中，对于广大开发人员来讲，就可以自由选用他们熟悉的开发工具。而且，GIS 组件提供的 API 形式非常接近 MIS 工具的模式，开发人员可以像管理数据库表一样熟练地管理地图等空间数据，无须对开发人员进行特殊的培训。在 GIS 或 GMIS 的开发过程中，开发人员的素质与熟练程度是十分重要的因素。这将使大量的 MIS 开发人员能够较快地过渡到 GIS 或 GMIS 的开发工作中，从而大大加速 GIS 的发展。

GIS 应用开发者，不必掌握额外的 GIS 开发语言，只需熟悉基于 Windows 平台的通用集成开发环境，以及 GIS 各个控件的属性、方法和事件，就可以完成应用系统的开发和集成。可供选择的开发环境很多，如 Visual C++、Visual Basic、Visual FoxPro、Borland C++、Delphi、C++ Builder 以及 Power Builder 等，它们都可直接成为 GIS 或 GMIS 的优秀开发工具，它们各自的优点都能够得到充分发挥。这与传统 GIS 专门性开发环境相比，是一种质的飞跃。

（4）易于推广。当今 GIS 发展有两个重要的趋势：GIS 的应用正在从数据库建立转向数据使用。同时，GIS 正在从难以使用的系统向易于使用的系统转变。组件式 GIS 正是这些转变的重要推动力。组件式技术已经成为业界标准，用户可以像使用其他 ActiveX 控件一样使用组件式 GIS 控件，使非专业的普通用户也能够开发和集成 GIS 应用系统，推动了 GIS 大众化进程。组件式 GIS 的出现使 GIS 不仅是专家们的专业分析工具，同时也成为普通用户对地理相关数据进行管理的可视化工具。

（5）成本低。组件式 GIS 提供空间数据的采集、存储、管理、分析和模拟等功能，至于其他非 GIS 功能（如关系数据库管理、统计图表制作等）则可以使用专业厂商提供的专门组件，有利于降低 GIS 软件开发成本。另外，组件式 GIS 本身又可以划分为多个控件，分别完成不同功能，用户可以根据实际需要选择所需控件，降低了用户的经济负担。在保证功能的前提下，系统表现得小巧灵活，而其价格仅是传统 GIS 开发工具的十分之一，甚至更少。这样，用户便能以较好的性能价格比获得或开发 GIS 应用系统。

（6）扩展性强。由于组件式软件拥有庞大的组件资源库，用户可以从中挑选需要的组件与 GIS 组件一起集成应用系统，极大地扩展了 GIS 的功能。各种各样的第三方控件差不多可以解决任何想象得到的通用软件编程遇到的问题。基于 ActiveX 技术的组件式 GIS 控件不仅可以与其他 ActiveX 控件集成，还可以使用 VCL 组件扩展组件式 GIS 控件的功能。使用组件式 GIS 集成应用系统，具有无限的扩展性。

（7）可视化界面设计。可以使用 ActiveX 控件的开发语言几乎都支持可视化程序设计，因此，使用组件式 GIS 控件集成应用系统，能够可视化地设计系统界面，在窗口上布局按钮、列表框、图片框和 GIS 控件，可以立即反馈窗口界面的外观，实现所见即所得的界面设计。

（8）Internet 应用。任何 ActiveX 控件都可以设计成 Internet 控件，作为 Web 页面的一部分，Web 页面中的控件通过脚本（script）互相通信。因此，WebGIS 中的活动内容不仅可以使用 Java Applet 实现，同时可以使用 ActiveX 控件实现。基于分布式对象平台，客户端组件式 GIS 组件与服务器端的组件式 GIS 组件或者 COM 服务器之间可以实现直接通信和互操作，从而有效地避免 CGI 或者 ServerAPI 形成的通信瓶颈。组件式 GIS 组件不仅仅是在客户端实现地图显示的功能，还是实现分布式对象 WebGIS 的直接技术基础。

（9）二三维一体化技术。三维 GIS 技术的快速发展无疑引领了新一代 GIS 技术的巨大变革，但是，相对于三维 GIS，二维 GIS 数据模型更加简单、更抽象、更综合，在分析和建模等方面相对成熟，在各行业中已经广泛应用。为了充分利用二维 GIS 的优越性及兼顾行业已有的海量数据基础，二三维一体化的 GIS 才是 GIS 软件未来的发展方向。现在很多 ComGIS 突破了二维 GIS 与三维 GIS 割裂的局面，构建了二维与三维一体化的 GIS 平台，实现了数据管理一体化、应用开发一体化、功能模块一体化、表达一体化、符号系统一体化、分析功能一体化。

6.2　组件开发思想

计算机技术产生于 20 世纪 40 年代，随着软硬件水平的飞速发展和应用范围的扩大，计算机编程思想也历经变化，先后出现了面向过程的结构化程序设计、面向对象程序设计及组件式开发等几种思想，它们的产生对软件技术的发展产生了深远的影响。而组件开发思想是在结构化程序设计及面向对象程序设计的基础上逐步发展起来的，本节将先介绍结构化程序设计及面向对象程序设计，再对组件开发与设计进行阐述。

6.2.1　结构化程序设计

面向过程的结构化程序设计（structured programming），是指程序的设计、编写和测试都采用一种规定的组织形式进行，这样可使编制的程序结构清晰、易于读懂、易于调试和修改，充分显示出模块化程序设计的优点。

结构化程序设计是软件发展的一个重要里程碑。它的主要观点是采用自顶向下、逐步求精及模块化的程序设计方法；使用三种基本控制结构构造程序，即任何程序都可由顺序、选择、循环三种基本控制结构构造。结构化程序设计主要强调的是程序的易读性。结构化程序设计在 20 世纪 60 年代开始发展，Corrado Böhm 及 Giuseppe Jacopini 于 1966 年 5 月在 *Communications of the ACM* 期刊发表论文，说明任何一个有 goto 指令的程序，可以改为完全不使用 goto 指令的程序。后来 Edsger Wybe Dijkstra 在 1968 年也发表著名的论文"Go To Statement Considered Harmful"，因此结构化程序设计开始盛行，此概念理论上可以由结构化程序理论所证明，而在实践上，当时也有像 ALGOL 一样的有丰富控制结构的编程语言来实现结构化程序设计。

20 世纪 70 年代初，由 Boehm 和 Jacobi 提出并证明的结构定理是：任何程序都可以由三种基本结构程序构成结构化程序，这三种结构是顺序结构、选择结构和循环结构。每一种结构只有一个入口和一个出口，三种结构的任意组合和嵌套就构成了结构化的程序。

顺序结构表示程序中的各操作是按照它们出现的先后顺序执行的。顺序结构的程序又称简单程序，这种结构的程序是顺序执行的，无分支、无转移、无循环，程序本身的逻辑很简单，它只依赖于计算机能够顺序执行指令（语句）的特点，只要语句安排的顺序正确即可。

选择结构表示程序的处理步骤出现了分支，它需要根据某一特定的条件选择其中的一个分支执行。选择结构有单选择、双选择和多选择三种形式。

循环结构表示程序反复执行某个或某些操作，直到某条件为假（或为真）时才终止循环。循环结构的关键所在是：什么情况下执行循环？哪些操作需要循环执行？循环结构的基本形式有两种：当型循环和直到型循环。当型循环：表示先判断条件，当满足给定的条件时执行循环体，并且在循环终端处流程自动返回到循环入口；如果条件不满足，则退出循环体直接到达流程出口处。因为是"当条件满足时执行循环"，即先判断后执行，所以称为当型循环。直到型循环：表示从结构入口处直接执行循环体，在循环终端处判断条件，如果条件不满足，返回入口处继续执行循环体，直到条件为真时再退出循环到达流程出口处，是先执行后判断。因为是"直到条件为真时为止"，所以称为直到型循环。

（1）结构化程序设计的特征。结构化程序中的任意基本结构都具有唯一入口和唯一出口，并且程序不会出现死循环。在程序的静态形式与动态执行流程之间具有良好的对应关系。

（2）结构化程序设计的优点。因为模块相互独立，所以在设计其中一个模块时，不会受到其他模块的牵连，因而可将原来较为复杂的问题化简为一系列简单模块的设计。模块的独立性还为扩充已有的系统、建立新系统带来了很多方便，因为可以充分利用现有的模块作积木式的扩展。按照结构化程序设计的观点，任何算法功能都可以通过由程序模块组成的三种基本程序结构的组合（顺序结构、选择结构和循环结构）来实现。

结构化程序设计的基本思想是采用"自顶向下，逐步求精"的程序设计方法和"单入口单出口"的控制结构。自顶向下、逐步求精的程序设计方法从问题本身开始，经过逐步细化，将解决问题的步骤分解为由基本程序结构模块组成的结构化程序框图；"单入口单出口"的思想认为一个复杂的程序，如果它仅是由顺序、选择和循环三种基本程序结构通过组合、嵌套构成，那么这个新构造的程序一定是一个"单入口单出口"的程序。据此就很容易编写出结构良好、易于调试的程序来。因此，结构化程序设计具有以下优点：①整体思路清楚，目标明确；②设计工作中阶段性非常强，有利于系统开发的总体管理和控制；③在系统分析时可以诊断出原系统中存在的问题和结构上的缺陷。

同样，在实践应用中，结构化程序设计也存在一定的缺点：①用户要求难以在系统分析阶段准确定义，致使系统在交付使用时产生许多问题；②用系统开发每个阶段的成果来进行控制，不能适应事物变化的要求；③系统的开发周期长。

6.2.2　面向对象程序设计

面向对象程序设计（object oriented programming）是一种程序设计范型，同时也是一种程序开发的方法。它将对象作为程序的基本单元，将程序和数据封装其中，以提高软件的重用性、灵活性和扩展性。

1967 年挪威计算中心的 Kisten Nygaard 和 Ole Johan Dahl 开发了 Simula67 语言，它提供了比结构化程序更高一级的抽象和封装，引入了数据抽象和类的概念，被认为是第一个面向对象语言。20 世纪 70 年代初，PaloAlto 研究中心的 AlanKay 所在的研究小组开发出 Smalltalk 语言，之后又开发出 Smalltalk-80。Smalltalk-80 被认为是最纯正的面向对象语言，它对后来出现的面向对象语言（如 Object-C、C++、Eiffel）都产生了深远的影响。

面向对象不断向其他阶段渗透，1980 年 Grady Booch 提出了面向对象设计的概念，之后面向对象分析也开始了。面向对象程序设计可以看做一种在程序中包含各种独立而又互相调用的对象的思想，这与传统的思想刚好相反：传统的程序设计主张将程序看作一系列函数的集合，或者直接就是一系列对电脑下达的指令。面向对象程序设计中的每一个对象都应该能够接收数据、处理数据并将数据传达给其他对象，因此它们都可以被看做一个小型的"机器"，即对象。

1. 基本概念

（1）对象：对象是要研究的任何事物。从一本书到一家图书馆，单个零件到极其复杂的自动化工厂、航天飞机都可看作对象，它不仅能表示有形的实体，也能表示无形的（抽象的）规则、计划或事件。对象由数据（描述事物的属性）和作用于数据的操作（体现事物的行为，又称为方法）构成一独立整体。从程序设计者来看，对象是一个程序模块，从用户来看，对象为他们提供所希望的行为。

（2）类：类是对象的模板，即类是对一组有相同属性和相同操作的对象的定义，一个类所包含的方法和数据描述一组对象的共同属性和行为。类是在对象之上的抽象，对象则是类的具体化，是类的实例。类可有其子类，也可有其他类，形成类层次结构。

（3）消息：消息是对象之间进行通信的一种规格说明。一般由三部分组成：接收消息的对象、消息名及实际变元。

2. 主要特征

（1）封装性：封装是一种信息隐蔽技术，它体现于类的说明，是对象的重要特性。封装使数据和加工该数据的方法（函数）封装为一个整体，以实现独立性很强的模块，使得用户只能见到对象的外特性（对象能接收哪些消息，具有哪些处理能力），而对象的内特性（保存内部状态的私有数据和实现加工能力的算法）对用户是隐蔽的。封装的目的在于把对象的设计者和对象的使用者分开，使用者不必知晓行为实现的细节，只需用设计者提供的消息来访问该对象。

（2）继承性：继承性是子类自动共享父类之间数据和方法的机制。它由类的派生功能体现。一个类直接继承其他类的全部描述，同时可修改和扩充。继承具有传递性。继承分为单继承（一个子类只有一父类）和多重继承（一个子类有多个父类）。类的对象是各自封闭的，如果没继承性机制，则类对象中的数据、方法就会出现大量重复。继承不仅支持系统的可重用性，还促进系统的可扩充性。

（3）多态性：对象根据所接收的消息而做出动作。同一消息为不同的对象接收时可产生完全不同的行为，这种现象称为多态性。利用多态性用户可发送一个通用的信息，而将所有的实现细节都留给接收消息的对象自行决定。因此，同一消息即可实现调用不同的方法。多态性的实现受到继承性的支持，利用类继承的层次关系，把具有通用功能的协议存放在类层次中尽可能高的地方，而将实现这一功能的不同方法置于较低层次，这样，在这些低层次上生成的对象就能给通用消息以不同的响应。在面向对象程序设计语言中可通过在派生类中重定义基类函数（定义为重载函数或虚函数）来实现多态性。

综上可知，在面对对象设计思想中，对象和传递消息分别表现事物及事物间相互联系的概念。类和继承是适应人们一般思维方式的描述范式。方法是允许作用于该类对象上的各种操作。这种对象、类、消息和方法的程序设计范式的基本点在于对象的封装性和类的继承性。通过封装能将对象的定义和对象的实现分开，通过继承能体现类与类之间的关系，以及由此带来的动态联编和实体的多态性，从而构成了面向对象的基本特征。

面向对象设计是一种把面向对象的思想应用于软件开发过程中，指导开发活动的系统方法，是建立在"对象"概念基础上的方法学。对象是由数据和容许的操作组成的封装体，与客观实体有直接对应关系，一个对象类定义了具有相似性质的一组对象。而继承性是对具有层次关系的类的属性和操作进行共享的一种方式。面向对象就是基于对象概念，以对象为中心，以类和继承为构造机制，来认识、理解、刻画客观世界和设计、构建相应的软件系统。

3. 优点

面向对象出现以前，结构化程序设计是程序设计的主流，结构化程序设计又称为面向过程的程序设计或者面向结构的程序设计。在结构化程序设计中，问题被看做一系列需要完成的任务，函数（在此泛指例程、函数、过程）用于完成这些任务，解决问题的焦点集中于函数。其中，函数是面向过程的，即它关注如何根据规定的条件完成指定的任务。在多函数程序中，许多重要的数据被放置在全局数据区，这样它们可以被所有的函数访问。每个函数都可以具有它们自己的局部数据。

这种结构很容易造成全局数据在无意中被其他函数改动，因而程序的正确性不易保证。面向对象程序设计的出发点之一就是弥补结构化程序设计中的一些缺点：对象是程序的基本元素，它将数据和操作紧密地联结在一起，并保护数据不会被外界的函数意外地改变。

比较面向对象程序设计和结构化程序设计，还可以得到面向对象程序设计的其他优点。

（1）数据抽象的概念可以在保持外部接口不变的情况下改变内部实现，从而减少甚至避免对外界的干扰。

（2）通过继承大幅减少冗余的代码，并可以方便地扩展现有代码，提高编码效率，也降低了出错概率，减小了软件维护的难度。

（3）结合面向对象分析、面向对象设计，允许将问题域中的对象直接映射到程序中，减少软件开发过程中中间环节的转换过程。

（4）通过对对象的辨别、划分可以将软件系统分割为若干相对独立的部分，在一定程度上更便于控制软件复杂度。

（5）以对象为中心的设计可以帮助开发人员从静态（属性）和动态（方法）两个方面把握问题，从而更好地实现系统。

（6）通过对象的聚合、联合可以在保证封装与抽象的原则下实现对象在内在结构及外在功能上的扩充，从而实现对象由低到高的升级。

6.2.3　组件开发与设计

随着计算机应用的功能越来越强大、实现越来越灵活，在过去 20 年或者更久的一段时间里，软件开发领域遇到了一系列让人棘手的问题，主要体现在以下几个方面：①软件开发周期长，难以维护；②软件复杂度增加，管理大规模的程序代码很困难；③软件升级和更新总是牵一发而动全身，大多数功能难以扩展；④软件开发过程中重复工作较多，各个应用之间不易集成，一个应用的数据和功能不能为另一个使用，即使它们使用相同的语言编写运行在同一个环境下。

1. 产生背景

在计算机领域，硬件技术及硬件性能的提高速度总是快于软件，传统的软件设计方法已经远远不能匹配硬件的发展。软件开发领域是一个新的领域，这一领域工作的技术偏好者，他们必须想尽办法跟上技术和方法的更新步伐。经过不懈的探索与尝试，人们曾相继采用结构化程序设计（主要是 API 函数）、面向对象程序设计等方法试图解决如上所述的在软件开发中遇到的一系列问题，但效果都不是很理想。面对复杂的分布式应用，简单代码重用的面向对象设计方法已经显得力不从心，重任最后落在了软件复用技术上。

软件复用的思想是 1968 年 Mcllroy 在 NATO 软件工程会议上首次提出的。1983 年 Freeman 又进一步拓广了软件重用的概念，指出可重用的构件不仅可以是源代码片断，还可以是模块、设计结构、规格说明和文档等，而且不仅可按组装方式重用，还可按模式重用。软件复用技术有很多种，最常用最快捷也最有效的方法即组装技术，而组装技术的核心即组件。

2. 基本概念

组件（component）也称构件或软构件。关于组件的具体定义，不同的学者有不同的理解，下面是软件行业对组件的一些具有代表性的观点。

（1）组件是软件的基本量子，它具有一定的功能，可插用、可维护。

（2）组件是软件开发中一个可以替换的单元，它封装了设计决策，并能够与其他组件组合起来。

（3）组件是具有特定功能的，能跨越进程边界，实现网络、语言、应用程序、开发工具和操作系统的"即插即用"的独立对象。

（4）组件是指任何可被分离出来，具有标准化的、可重用的公开接口软件。

虽然关于组件有多种观点，但无论从哪个角度来理解组件，其本质属性是不变的，概括起来主要包括以下几个方面。

（1）组件是可独立配置的单元，内部独立设计、独立开发，可进行独立测试、独立发布。

（2）组件强调与其他组件的分离，因此组件的实现是严格封装的，外界没有机会或没有必要知道组件内部的实现细节。为了尽可能地消除软件之间或者是软件不同部分之间的联系，组件内部强调强内聚、组件之间追求松耦合。

（3）组件可以在适当的环境中被不同形式的或不同层次的重复使用，因此组件需要提供清楚的接口规范，可以与环境交互。

3. 面向组件的开发

组件技术的基本思想是：将大而复杂的软件应用分成一系列的可独立实现、易于开发、理解和调整的软件单元，也就是组件，每一个组件保持一定的功能独立性，在协同工作时，它们通过相互之间的接口完成实际的任务。

组件技术是实现组件重用的核心技术之一，它包括组件建模与实现、组件描述、组件分类与检索、组件获取及组件组装等。组件建模与实现是根据组件在领域中的功能和接口的需要设计算法模型，并在某种语言环境下予以实现。组件描述是以组件模型为基础，对组件的结构和功能进行描述，以增强组件的可用性。组件分类与检索是根据组件的分类策略、组织模式及检索策略，建立组件库系统，支持组件的可用性。组件获取是根据系统的功能需求，在组件描述、分析和检索技术支持之下从组件库或已有系统中挖掘提取组件。

应用组件思想进行软件开发，首先要根据软件的要求，按照不同的应用功能将软件划分为各个组件模块。这些组件可以是不同厂商在不同时期用不同的程序语言开发的，可以在不同操作系统的机器上运行。不同的组件设计者再也不必担心自己所从事的这一部分工作不被其他相关组件或整个系统所接纳，只要各个组件间提供一个能进行互操作的接口即可。

从广义上讲，组件技术是基于面向对象的，以嵌入后立刻可以使用的即插即用型软构件概念为中心，通过组件的组合来建立应用的技术体系。从狭义上讲，它是通过组件组合支持应用的开发环境和系统的总称。采用组件思想进行软件开发代表了新一代软件开发的趋势，所带来的好处是人们所无法估量的。

6.3　组件实现技术

组件技术使近 20 年来兴起的面向对象技术进入成熟的实用化阶段。在组件技术的概念模式下，软件系统可以被视为相互协同工作的对象集合，其中每个对象都会提供特定的服务，发出特定的消息，并且以标准形式公布出来，以便其他对象了解和调用。组件间的接口通过一种与平台无关的语言 IDL（interface define language）来定义，而且是二进制兼容的，使用者可以直接调用执行模块来获得对象提供的服务。早期的类库，提供的是源代码级的重用，只适用于比较小规模的开发形式；而组件则封装得更加彻底，更易于使用，并且不限于 C++ 之类的语言，可以在各种开发语言和开发环境中使用。组件技术是组件式地理信息系统的关键技术，选择何种组件技术对系统的构建有极其重要的意义。目前，市场上比较流行常用的组件规范和模型主要有以下三种：COM/DCOM、CORBA 与 JavaBean。将在下文中介绍组件式地理信息系统中常用的技术 COM/DCOM 与 CORBA。

6.3.1　COM/DCOM技术

Microsoft 的组件对象模型（component object model）、分布式组件对象模型（distributed component object model）和具有分布式应用程序服务的 COM+提供了基于 Windows 平台的组

件构造技术。Microsoft 基于 COM 的组件技术在 Windows 系统和应用中被广泛使用，并随着软件技术的发展而不断完善，其应用层次不断提高，应用领域不断扩展。在下面的叙述中将 COM/DCOM/COM+技术简称为 COM 技术。

1. 体系结构

COM 是软件对象组件互相通信的一种方式，它是一种二进制的网络标准，允许任意两个组件互相通信，而不管它们是在什么计算机上运行（只要计算机是相连的），不管各计算机运行的是什么操作系统（只要该操作系统支持 COM），也不管该组件是用什么语言编写的。COM 还提供了位置透明性：当编写组件时，其他组件是进程内 DLL、本地 EXE、还是位于其他计算机上的组件，都是无所谓的。

COM 力图做到以近似一致的方式开发与使用组件，从体系上保证所开发的组件无时间差异性（允许用户透明地使用组件的不同版本）、无功能差异性（按相同的方式来处理变化的组件）、位置透明性（不表现出对组件所处位置的依赖）、语言无关性（与编程语言的类型无关）及运行环境的无关性（可以跨平台运行）等。

基于 COM 的应用程序分为 COM 组件客户和组件服务器。组件客户是组件的调用者，是应用程序中直接与用户交互的界面和调用组件的程序框架。组件服务器通过若干个 COM 对象来实现应用程序所需的功能。每一个 COM 对象是一个特定类的实例，它支持一个或多个界面，每个界面中包含有一个或多个可以被客户程序调用的方法。COM 对象的客户依靠获得该对象界面的指针，来调用界面中的方法。

在 COM 技术中，组件（component）和接口（interface）是其核心概念。组件是具有一定逻辑功能的可执行代码，是组成应用程序的构件；接口则是对其他软件和组件能使用的公用功能的定义，是组件与外界的交互通道。COM 组件是基于对象的，其各种复杂的逻辑功能细节被很好地封装起来。接口则是客户和 COM 组件进行联系的纽带。客户和 COM 组件遵循统一的规则来标识接口、描述和定义接口中的方法，以及具体实现接口中的方法，从而达到组件使用方式的一致。

在 COM 技术的体系结构中，接口实现了对组件各种技术细节的封装与隔离，对外界提供了透明的功能支持；接口对组件功能进行了抽象和标准化，隐藏了各种功能实现的特殊性。接口是组件及其客户程序之间的协议。也就是说，接口不但定义了可用什么函数，也定义了当调用这些函数时对象要做什么。

在支持 COM 的系统中还必须包含 COM 库的实现，COM 库提供了客户或组件可以调用的基本函数，这些函数的功能包括组件的注册、创建、管理和使用等各个方面。COM 库中的函数名通常以 Co 开头。

COM 支持对象客户与组件对象之间的客户/服务器模型交互。客户端通过获得的 COM 对象界面指针，与 COM 对象通信，调用 COM 对象所提供的服务。客户通过创建 COM 对象获得它的第一个界面指针。创建 COM 对象则依赖 COM 库中所实现的功能。

例如，客户创建 COM 对象时，调用 CoCreateInstance 将对象的类标识符（CLSID）传递到 COM 库，COM 库根据系统注册表将 CLSID 匹配到 COM 对象代码。基于 COM 库和系统注册表，COM 对象与客户可以实现位置透明的客户/服务器模型的交互。COM 对象与客户可以在同一进程中，也可以分布在同一台计算机的不同进程中，甚至是分布在不同计算机中。COM 客户与 COM 组件对象之间的交互过程如图 6.1 所示。

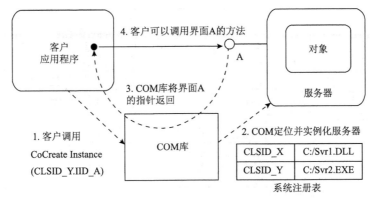

图 6.1　COM 客户与 COM 组件对象之间的交互

2. COM 接口

COM 接口使应用程序和其他组件可以与 COM 组件的功能进行通信。在形式上 COM 接口是由一个函数指针表构成的一个内存结构，这样的内存结构是接口全部功能的物质基础。在这个内存结构中存放了接口所有函数的地址。

有了函数指针表的间接指向作用，组件函数的实现与客户隔离开来，从而实现了接口要求的隔离性和封装性。在接口结构中客户通过指向函数地址表的指针来调用函数，接口及其函数的内部差异不会反映到客户端，不会引起客户使用组件函数方式的变化。客户调用接口函数的过程由 COM 透明地完成，体现了接口的抽象性、标准性与一致性。要完全满足 COM 接口的要求，还得在内存结构的基础上实现接口的自管理功能。COM 将接口自管理功能的函数集中定义在一个 IUnknown 的接口中，在 COM 组件的虚拟函数表中第一个记录就是 IUnknown 的指针，所有的 COM 组件都必须实现 IUnknown 接口。

在 IUnknown 接口定义了 COM 要求接口必须按顺序实现的三个函数 Query Interface、AddRef 和 Release。这三个函数共同完成接口的自管理任务。其中，Query Interface 函数实现客户对组件的接口查询请求，向外显示组件提供的所有接口；AddRef 和 Release 则用来帮助客户维持接口的生命期，当客户程序使用这些接口时调用 AddRef，完成该接口的使用时调用 Release，接口采用引用计数技术来进行生命期的管理。所有的 COM 接口都继承了 IUnknown 接口。

为了使解释性语言或宏语言（如 Visual Basic、Java 和 VBScript 等）能更容易地使用 COM 组件，COM 技术引入了 IDispatch 接口。IDispatch 接口是从 IUnknown 接口派生的。有了 IDispatch 接口，COM 组件就可以通过一个标准的接口来提供它所支持的服务，而无须提供多个特定于服务的接口。在 IDispatch 接口中的 GetIDsOfNames 函数用于读取一个函数的名称并返回其调度标识符 DISPID，Invoke 函数根据 DISPID 将调用引向对应的函数代码。

双重接口（dual-interface）是继承 IDispatch 的 COM 接口，它能满足 C++程序通过虚拟函数表高效的调用，也能满足解释性语言通过 IDispatch 接口的调用。在该接口中的函数可以通过 Invoke 和虚拟函数表两种方式访问。

IDispatch 接口与双重接口的内存结构如图 6.2 所示。

每一个 COM 的接口都有两个名称：一个是字符串，供人识辨的；另一个要复杂些，主要用于软件中。字符串名称不要求是唯一的，软件使用的名称则要求是全局唯一的，通常它被称为 GUID（globally unique identifier）。GUID 是一个 128 位的值，由实用程序产生，前 48

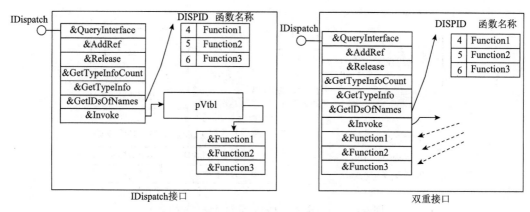

图 6.2　IDsipatch 接口与双重接口的内存结构

位是组件的位置信息，后 80 位是组件的时间信息，它具有时间和空间的唯一性。在组件编程应用中，GUID 在许多场合出现，在不同的场合其称谓也有所不同，例如，标识组件时为 CLSID，标识接口时为 IID。在接口发布之后，通常其 IID 是不再改变的，这样保证软件能肯定接口在发布之后即保持相同。COM 定义了大量的标准接口及其相关的 IID。例如，COM 的标准接口 IUnknown 接口的接口标识符 IID 为 "00000000-0000-0000-c000-000000000046"，在 COM 中使用 IID_IUnknown 常量来表示。

　　COM 对象与客户必须有一个统一的方法来描述接口，即定义接口中包含的方法和其所需的参数。COM 对此没有特别的规定，只要求对象必须正确符合 COM 的二进制标准。为了方便，通常使用 Microsoft 的界面描述语言（IDL）来定义接口，在 COM 中使用的 IDL 借自 OSF 的分布式计算环境（DCE）中的 IDL。使用 IDL，COM 对象的接口可以被精确和完整地定义。

　　IDL 是一种描述性语言，属于远程过程调用 RPC（remote procedure call）技术。IDL 对接口和组件进行描述，指定接口或组件的属性信息用来生成所需要的代理/存根代码、调度代码或类型库。IDL 描述的接口和组件等数据类型是各种流行语言都能识别和支持的，这是实现 COM 应用互操作和语言无关性所需要的。

3. COM 类工厂机制

　　类工厂就是一个能够创建其他组件的组件。引入类工厂的目的是建立组件创建逻辑的通用形式，同时为组件的创建加入必要的控制措施。通过对类工厂的实现，可以简化组件的使用。一个类工厂只能创建同某个特定的 CLSID 相对应的组件，使用 COM 库中的 CoGetClassObject 函数可以获得指定类类工厂，然后调用 IclassFactory：：CreateInstance 方法创建类的实例并将该实例的接口指针返回给客户，客户利用该接口指针调用接口中的方法。类工厂虽然也是 COM 组件，但实现时并没有为它分配一个唯一标识符 CLSID，类工厂没有在系统的注册表中进行注册。CoGetClassObject 通过组件的 CLSID 自动与组件的类工厂建立联系，这种自动机制通过调用一个在 DLL 中输出的 DllGetClassObject 函数来完成。使用这种机制避免了组件与创建组件的类工厂使用相同的 CLSID 而引起冲突，或使用不同的 CLSID 而造成其对应关系不明显。

　　类工厂所支持的用于创建组件的标准接口是 IClassFactory，大部分的组件创建工作均可使用它来完成。IClassFactory 接口也属于 COM 接口，继承了 COM 的 IUnknown 接口。引入类工厂机制后，COM 组件的调用过程如下所述。

（1）客户程序使用 CoInitialize 函数初始化 COM 库，调用 CoGetClassObject 函数启动组件。

（2）定位并加载组件服务器 DLL。CoGetClassObject 函数根据指定的待使用组件的 CLSID 参数值，在注册表中搜索对应的组件注册信息，获取 DLL 在系统中的路径和文件名。将 DLL 调入内存，获得其句柄。

（3）CoGetClassObject 调用 DLL 中的 DllGetClassObject 函数，由该函数实际完成客户所请求的组件类工厂的创建任务。通过返回的类工厂接口指针，客户创建实际的组件，组件成功创建后，向客户返回一个指向组件（即组件的 IUnknown 接口）的指针。

（4）客户利用获得的组件接口指针，调用接口函数或进一步查询组件的其他接口，并对接口、组件或 DLL 的生存期进行维护。

相应的 COM 组件的开发过程分为下列几个步骤。

（1）编写组件的实现类，包括为组件和接口定义 GUID；编写组件接口和函数的业务逻辑功能代码；编写组件的管理功能代码。

（2）编写组件的类工厂。

（3）编写 DLL 的辅助代码，通过 DLL 模式文件指定输出函数并编译成 DLL 文件。

（4）将组件注册，完成组件的发布。

4. DCOM 技术

在基本的 COM 技术之上，DCOM/COM+中增加了网络支持、消息通信、事务处理、安全和负载平衡等服务。这些服务是 COM 技术的丰富和扩展，使得 COM 技术不仅应用在桌面环境中，在企业分布式计算环境的应用中也占有一席之地。

DCOM 是分布式应用环境中的 COM 技术，其基本概念与 COM 类似，但 DCOM 的远程性质带来了一些特殊的问题。例如，错误处理要考虑错误不一定发生在同一机器上，客户和组件之间在网上传递的数据应尽可能少，在网络环境下安全显得更加重要。

在现在的操作系统中，各进程之间是相互屏蔽的。当一个客户进程需要与另一个进程中的组件通信时，它不能直接调用该进程，而需要遵循操作系统对进程间通信所做的规定。COM 使得这种通信能够以一种完全透明的方式进行：它截取从客户进程来的调用并将其传送到另一进程中的组件。当客户进程和组件位于不同的机器时，DCOM 仅仅只是用网络协议来代替本地进程之间的通信。无论是客户还是组件都不会知道连接它们的线路比以前长了许多。DCOM 的整体结构如图 6.3 所示。

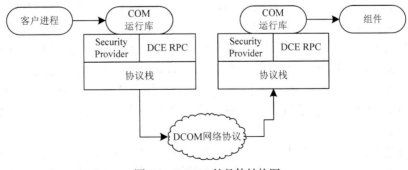

图 6.3　DCOM 的整体结构图

DCOM 技术使得组件间的调用具有位置透明性，在任何情况下，客户连接组件方法和调用组件方法的方式都是一样的。DCOM 不仅无须改变源码，而且无须重新编译程序。一个简单的再配置动作就改变了组件之间相互连接的方式。

分布式应用程序中的客户方需要知道服务器组件的位置，服务器方要知道哪个用户账号有权生成或执行服务器组件。DCOM 通过配置程序在客户机上设置这些信息。使用该配置程序可以完成下列工作：设置应用程序和组件的位置、设置应用程序和组件权限、设置用户账号的访问权限。DCOM 依靠 RPC 提供分布功能，是 RPC 使 COM 变成了 DCOM。当客户进程调用接口上的方法时，DCOM 将方法调用变成 RPC 调用。RPC 机制自动完成数据的包装和解包、数据格式的转换、建立网络会话和处理网络调用。可以说，DCOM 提供了一种面向对象的 RPC 机制。

在分布式应用中，客户程序之间、组件之间及客户程序和组件之间都会存在安全问题。DCOM 采用了 WindowsNT 提供的扩展的安全框架，无须在客户端和组件上进行任何专门为安全性而做的编码和设计工作就可以为分布式应用系统提供安全性保障。就像 DCOM 编程模型屏蔽了组件的位置一样，它也屏蔽了组件的安全性需求。DCOM 通过让开发者和管理员为每个组件设置安全性环境而使安全性透明。就像 WindowsNT 允许管理员为文件和目录设置访问控制列表（ACLs）一样，DCOM 将组件的访问控制列表存储起来。这些列表清楚地指出了哪些用户或用户组有权访问某一类的组件。

只要一个客户进程调用一个方法或者创建某个组件的实例，DCOM 就可以获得使用当前进程（实际上是当前正在执行的线程）用户的用户名。WindowsNT 确保这个用户的凭据是可靠的，然后 DCOM 将用户名赋予正在运行组件的机器或进程。然后组件上的 DCOM 用自己设置的鉴定机制再一次检查用户名，并在访问控制列表中查找组件（实际上是查找包含此组件的进程中运行的第一个组件）。如果此列表中不包括此用户（既不是直接在此表中又不是某用户组的一员），DCOM 就在组件被激活前拒绝此次调用。这种安全性机制是基于 WindowsNT 安全框架的，对用户和组件都完全是透明的，而且是高度优化的。

总之，DCOM 将 COM 技术扩展到分布式计算领域，通过 DCOM 配置程序，使得 COM 组件不需修改就可以在网络环境中运行。

5. COM+技术

COM+是一个面向应用的高级 COM 运行环境，它在 COM 这一编程模型的基础上实现了许多面向企业应用的分布式应用程序所需的服务，并将它们与操作系统集成在一起。COM+是 WindowsDNA（Distributed InterNet Applications Architecture，Windows 分布式网间应用程序体系结构）框架中的组成部分，WindowsDNA 框架使得开发人员可以使用 Windows 操作系统中的技术和服务建立分布式应用程序。COM + 技术则是 WindowsDNA 框架中的中间层技术，它扩展并增加了许多企业应用功能，如事务服务（使 COM 对象可以创建、使用和提交事务）、安全服务（提供基于角色的安全检查）、同步服务（对多线程并发访问的协调机制）、消息队列组件（组件间的异步通信机制）、事件服务（用于“发行-订阅”调用关系的一种通信方式）和集成的管理工具（组件服务浏览器可以完成对 COM+对象的管理，完成组件的发行、管理和监测等任务）等。

在不同的应用中，业务逻辑是不同的，但企业基础设施却可以一样，业务逻辑和企业基础设施的实现可以分开进行。在 COM+应用中，实现业务逻辑的 COM 组件包装起来加入 COM+系统中，应用程序可以从环境中继承 COM+的企业基础设施特性。在运行时，COM+系统通过环境截取对 COM 对象的控制，完成需要的服务。截取控制策略是 COM+应用技术的关键。

　　当客户和组件对象在不同的机器上的时候，客户方具有一个代理，组件对象所在的服务方具有一个存根。代理连接到系统提供的 RPC 通道对象上（或通过 HTTP 协议），RPC 通道连接服务程序一方的存根。当客户和组件对象首次建立连接时，COM+系统会根据 COM+应用的配置情况，在代理与 RPC 通道之间及 RPC 通道与存根之间，插入完成企业应用服务功能的策略对象，全部策略对象的内容就构成了客户和组件对象间所需的企业应用服务内容。

　　当客户发出调用时，调用请求就循着策略链向组件服务方传递；COM+系统截取在策略链上传递的调用，进行一系列诸如安全性检验的处理，如果截取成功，整个调用就成功完成，否则就中止调用。服务方的反馈也循着该策略链将处理结果传回给客户。COM+通过策略对象实现截取控制的工作原理如图 6.4 所示。

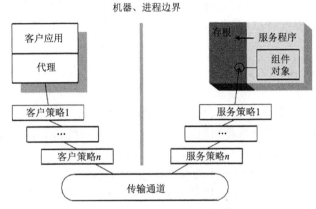

图 6.4　COM+通过策略对象实现截取控制

　　截取控制策略链使服务功能能够加入 COM 对象，而且使客户和组件之间具有了对服务功能进行选择的余地，用户可以根据自己的需要为 COM 对象配置企业服务特性。

　　COM+组件有着与 COM 组件不一样的运行机制和过程，COM+组件对象在经过功能配置后，所具有的企业服务功能将与组件对象一起形成一个不可分割的有机整体，COM 组件只是 COM+组件的基本组成部分。COM+组件是以 COMDLL 服务程序的形式进行发布的，其所有接口和方法通过一个类型库进行描述。尽管 COM+组件与 COM 组件有很多方面的不同，但无论在组件的开发过程中，还是使用过程中，COM+组件的企业特性并没有单独地表现出来，它们是以透明的方式在实际应用过程中起作用的。COM+组件是业务逻辑的软件实现形式，也是 COM+中软件程序功能的基本单元，COM+组件着重体现了组件应用于分布式环境这个特点。COM+应用通常由一个或多个 COM+组件组成，COM+应用中通常是针对一组协同工作的组件进行管理配置，使其能有效地利用 COM+基础设施。当一个组件要用于多个程序时，需要将该组件放入一个库应用中。

　　COM+应用离不开 COM+环境，COM+环境指的是体现相同运行服务功能需求的策略对象的集合，其中每一个特定的策略对象称为环境对象。COM+系统在创建每一个 COM+组件对象时，都为对象建立一个 COM+对象环境，并为它分配环境对象。不同的组件可能使用不同的配置要求，从而有不同的对象环境，在一个进程中就包含了一个或多个环境。

　　在 COM+系统中采用 COM+目录存放应用中的 COM+组件对象及其环境配置数据集，这些数据是 COM+应用在运行时创建对象和环境的依据。COM+目录所起的作用类似于 COM 单机应用中系统注册表的作用。由于 COM+应用中所要存放的管理数据增加，需要采用新的存放机制，COM+目录就是为了这个目的而设置的。

COM+目录通过系统提供的一个实用对象对目录的层次结构进行管理,组件服务管理工具提供对该层次结构的某些对象进行操作的界面。

COM+组件的编程方式与 COM 组件的编程方式基本类似。首先使用 IDL 描述语言来说明组件的功能和接口；其次开发人员实现组件的基本功能，一些细节留在 COM+应用中对组件进行配置时再确定。COM+系统为 COM+应用提供了大量的用于编程的组件接口，这些接口包含了为 COM+组件设置各种企业服务功能的函数。其中，IObjectContextInfo 接口包含了对象环境的状态信息，IContextState 接口提供了用于参与事务和即时激活的方法，ISecurityCallContext 接口则包含了处理安全问题的方法。

总之，COM/DCOM/COM+技术作为 Microsoft 在分布式计算环境应用的基本规范，适合于在客户机和服务器端开发应用程序，提供了可靠的和统一的操作环境，使得应用开发更容易。

6.3.2　CORBA技术

CORBA（common object request broker architecture，公用对象请求代理机构）是 OMG（object management group，对象管理组织）提出的一系列有关对象技术的规范之一，它是 OMG 发布的 OMA（object management architecture，对象管理体系结构）参考模型的核心——ORB（object request broker，对象请求代理）的功能描述与约定。

OMG 于 1989 年成立，发展至今其成员包括了除 Microsoft 的几乎所有计算机厂商，因此它提出的概念性结构 OMA 参考模型有着极广泛的支持基础。在 OMA 参考模型中定义了 CORBA 的四个主要部分：应用对象（application objects）、对象服务（object services）、公共设施（common facilities）和对象请求代理（ORB）。其中，ORB 是 CORBA 规范的核心，它定义了 CORBA 的对象总线；应用对象是指所有以 CORBA 为运行环境的应用；对象服务定义了为分布对象所提供的系统级的基本功能；公共设施定义了能够直接被应用对象所使用的功能。

1. ORB

CORBA 规范给出了 ORB 的基本结构及其各部分的功能描述，它包括：界面定义语言（IDL）、静态调用界面（IDLStub）、ORB 界面、动态调用界面（DII）、静态框架界面（static skeleton）、动态框架界面（DSI）、对象适配器（object adapter）、界面库（interface repository）、对象实现库（implementation repository）和 ORB 间互操作协议 IIOP。这些部分之间的关系如图 6.5 所示，图中的箭头表示调用或执行关系。

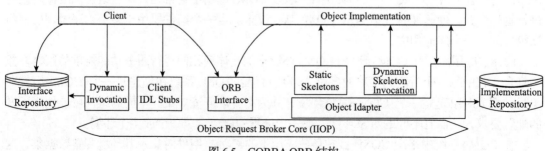

图 6.5　CORBA ORB 结构

　　其中，对象的界面通过 IDL 定义，这样界面的定义可与对象的实现独立开来，最终使得对象的实现和对象的调用可以用不同的编程语言来实现。IDL 编译器将对象的 IDL 文件编译成客户方的存根（stubs）和服务器方的框架（skeleton）。客户方根据 IDLStubs 使用静态方式调用对象服务；或者根据界面库中的 IDL 描述信息采用动态调用方式搜索可用的服务，找到这些服务的界面并构造使用这些服务的请求。对象实现在执行客户请求时，通过对象适配器获取 ORB 的服务。对象适配器是对象访问 ORB 服务的主要通道，它为实例化的对象服务提供运行环境，接受客户请求并传送给服务对象。此外，对象适配器还负责为服务对象分配对象 ID，以及将对象类和实例化对象注册到对象实现库中。对象实现库包含了允许 ORB 查找和调用对象实现的相关信息，它是 ORB 进行对象匹配的场所。ORB 界面则是为客户方和对象实现提供几个局部性的基本服务。

　　ORB 有如下一些优点。

　　（1）静态和动态方法调用。ORB 既可以在编译时刻静态地定义方法调用，也可以在运行时刻动态地查找它们。因此，可以在编译时刻获得有效的类型检查，也可在运行时刻获得很好的弹性。

　　（2）高级语言绑定。ORB 并不介意服务对象是用何种语言编写。CORBA 将界面与实现分离且提供中性语言数据类型，这使得对象调用可以跨语言和操作系统平台。

　　（3）位置透明。ORB 能够以单机模式运行，也能够通过 CORBA2.0 的 Internet Inter-ORB Protocol（IIOP）服务与其他 ORB 互连。ORB 能够在同一机器上进行对象间调用，也可以跨网络或操作系统进行对象调用。总之，CORBA 编程人员不必关心跨不同平台的传输、服务器位置、对象激活、字节顺序或目标操作系统，而 CORBA 使它们变得透明。

　　（4）内置安全和事务处理。ORB 在它的消息中包含有上下文信息来处理跨机器及 ORB 的安全和事务处理。

　　（5）与遗留系统（legacy system）共存。CORBA 能够让对象的定义与实现分离。使用 CORBAIDL 能够使遗留的代码看起来像 ORB 上的对象，即使它是用已有的过程来实现的。一个新的应用程序可以用纯对象的方式来书写，再用 IDL 将原有的过程或函数封装进去。

2. IDL 语言和语言映射

　　在客户向目标对象发送请求之前，它必须知道目标对象所能支持的服务。目标对象通过界面定义来说明它所能提供的服务。CORBA 的对象界面由 OMGIDL 语言来定义。OMGIDL 的语法与 C++类似（包括 C++的预处理语句），它另外增加了一些支持分布式处理的关键字（in、out 和 inout 等）。一个 IDL 说明可以包含一个或多个界面，也可以包含模块说明。OMGIDL 中的模块概念，用于在大的 IDL 说明中规定某些单元的存在范围，它与 C++语言中的命名空间概念等价。模块概念的引入可以有效地避免命名冲突，即如果两个具有相同名字的界面存在于不同的模块中，则不会发生命名冲突。一个界面说明包含两部分：界面头和界面体。界面头由界面名和一组可选的继承界面组成。界面体由常量、类型、异常、属性和操作声明所组成。操作声明内含操作名、操作参数类型、返回数据类型和上下文信息等。

　　OMGIDL 是一个纯说明性语言，不是编程语言，并且与具体的宿主语言（主机上的编程语言）无关。这就强制性地使界面与对象实现分离，这样就可以用不同的语言来实现对象，而它们之间又可以进行互操作。与语言无关的界面在异质分布式环境中是非常重要的，因为不同的平台上常会支持不同的编程语言。

　　如上所述，既然不能用 OMGIDL 直接去实现分布式应用，那么就需要把 IDL 描述的特性映射为具体语言的实现,这就是语言映射的任务。到目前为止,OMG 已经为 C、C++、SmallTalk、Ada95、COBOL 和 JAVA 的语言映射制定了标准。

CORBA 通过 ORB 和 IDL 在客户方和服务器之间实现了互操作,它将客户和服务器都抽象成对象,只是规范这些对象的界面定义,而并不关心它们功能的具体实现。客户方与服务器之间的通信由 ORB 这个代理来完成,对象不必关心通信的细节。CORBA 技术的应用为面向对象的程序设计带来了方便。

3. 存根和框架

除了把 IDL 的特性映射到具体的编程语言外,OMGIDL 编译器还根据界面定义来产生客户方的存根和服务方的框架。存根被用来代表客户创建并发出请求,而框架则用来把请求交给 CORBA 对象实现。具体地说,存根为客户提供了一种机制,使得客户能够不关心 ORB 的存在,而把请求交给存根,存根则负责对请求参数的封装和发送,以及对返回结果的接收和解封装。框架在请求的接收端提供与存根类似的服务,它将请求参数解封装,识别客户所请求的服务,(向上)调用对象实现,并把执行结果封装,然后返回给客户方。

由于存根和框架都是从用户的界面定义编译而来,所以它们都与具体的界面有关,并且在请求发生前,存根和框架早已分别被直接连接到客户程序和对象实现中去。为此,通过存根和框架的调用被通称为静态调用。

4. 动态调用

除了可以通过存根和框架进行静态调用外,CORBA 还支持两种用于动态调用的界面:动态调用界面(DII)——支持客户方的动态请求调用;动态框架界面(DSI)——支持服务方的动态对象调用。

可以把 DII 和 DSI 分别视为通用存根和通用框架。它们由 ORB 直接提供,不依赖于所调用对象的界面。利用 DII,客户方应用可以在运行时动态地向任何对象发出请求,而不像静态调用那样,必须在编译时就知道特定的目标对象的界面信息。使用 DII 时,用户必须手工构造请求信息,包括相应的操作及有关参数等。

DSI 在服务方的角色与 DII 在客户方的角色相同。与 DII 允许客户不通过存根就可以调用请求类似,DSI 允许用户在没有静态框架信息的条件下来调用对象实现。

5. 对象适配器

对象适配器是将对象实现与 ORB 相联系的纽带,它为创建 CORBA 对象和对象引用,以及调度合适的伺服程序来处理请求提供了服务。另外,它的引入还大大减轻了 ORB 的任务,从而简化了 ORB 的设计。具体地说,对象适配器主要完成以下工作。

(1)对象登记。利用对象适配器所提供的操作,可以在 CORBA 的实现仓库中把编程语言中的实体登记为 CORBA 的对象实现。所登记的具体内容和如何完成登记与具体的编程语言有关。

(2)对象引用的产生。对象适配器为 CORBA 对象生成相应的对象引用。

(3)服务器进程的激活。如果客户发出请求时,目标对象所在的服务器还未运行,则对象适配器自动激活该服务器。

(4)对象的激活。如果必要,会自动激活目标对象。

(5)对象的撤销。在预先规定的时间片内,如果一直没有发向某个目标对象的请求,则对象适配器撤销这一对象,以节省系统资源。

(6)对象向上调用。对象适配器把请求分配给已登记了的目标对象。由于不同的对象适配器支持不同的对象类型，每种编程语言都需要一个相应的对象适配器。目前，CORBA 提供了基本对象适配器（basic object adapter）和可移植对象适配器（portable object adapter, POA），它们能够提供对象实现所需的一些核心服务。

POA 改进了 BOA 很多局限和不明确的地方，克服了 BOA 的缺点。按照 POA 规范，编程语言的伺服程序可以很容易地在不同厂家提供的 ORB 之间进行移植。同时，POA 规范还提供了一整套特性和服务，在合理控制资源请求方面起着重要作用。掌握这些特性和它们之间的关系，并知道何时使用它们，是构建可伸缩、高性能服务器应用程序的关键。

在 CORBA 服务器应用程序中，POA 负责创建和激活对象，以及将每个请求调度到相应对象的伺服程序上。通过 POA，虚拟的 CORBA 对象被编程语言所提供的伺服程序具体化。图 6.6 描述了服务器端 ORB、POA Manager、POA 与伺服程序之间的关系。

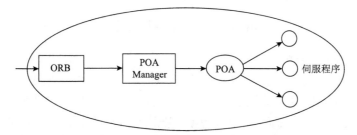

图 6.6　ORB、POAManager、POA 与伺服程序之间的关系

首先，服务器应用程序以某种方式为 CORBA 对象导出对象引用。客户机可以通过名字服务、交易服务或对象工厂等从另一个请求来获得对象引用。对象引用在逻辑上"指向"目标 CORBA 对象，像 C++指针指向它底层的 C++对象一样。

然后，它向服务器 ORB 发送请求。服务器 ORB 接收该请求并根据对象引用将其调度给拥有该目标对象的POA，最后POA通过调用具体化该目标对象的伺服程序来继续执行该调度。伺服程序执行请求，并且通过 POA 和 ORB 向客户程序返回 out 值和返回值。由于服务器中可能包含多个 POA，所以使用 POAManager 控制进入每个 POA 的请求流，以及请求排队等。

6. 界面仓库和实现仓库

ORB 提供了两个用于存储有关对象信息的服务：界面仓库和实现仓库。界面仓库本身作为一个对象而存在。应用程序可以像调用其他 CORBA 对象所提供的操作一样，来调用界面仓库中的操作。界面仓库允许应用程序在运行时访问 OMGIDL 类型系统。例如，当应用程序在运行时遇到一个不知道其类型的对象时，可以通过界面仓库的界面来遍历系统中的所有界面信息。由此可见，界面仓库的引入很好地支持了 CORBA 的动态调用。实现仓库所完成的功能与此类似，只不过它存储的是对象实现的信息。当需要激活某一对象类型的实例时，ORB 需要访问这些信息。

7. 互操作

在发布 CORBA2.0 之前，CORBA 规范的最大缺点是，不同供应商按规范所提供的 ORB 产品之间并不一定能互操作。造成这种结局的原因是，当时 OMG 的重点不是解决互操作问题，所以，在 CORBA1.0 中，OMG 没有规定 ORB 的通信协议。CORBA2.0 给出了一个通用的互操作体系结构，它提供两种互操作方法：ORB 到 ORB 的直接互操作和基于桥的互操作。当多个 ORB 在相同的域中时，即它们能理解相同的对象引用和相同的 IDL 类型，则可以使用直接互操作方法。当不同域中的多个 ORB 必须通信时，则使用基于桥的互操作方法。桥的作用是，在域边界进行信息映射。

GIOP（global inter-ORB protocol）是互操作体系结构的基础，它为 ORB 之间的通信规定了传输文法和信息格式。GIOP 简单且易于实现。对任何面向连接的传输协议做极少量的假设后，其上都可以直接建立 GIOP。IIOP（internet inter-ORB protocol）说明如何在 TCP/IP 网络上交换 GIOP 消息。从某种意义上看，GIOP 和 IIOP 的关系有点类似于对象的界面定义与它的实现之间的关系。

除了对 ORB 之间的互操作协议进行了标准化以外，CORBA2.0 还规定了用于支持互操作的对象引用的格式。ORB 使用对象引用来确定目标对象的位置。CORBA2.0 给出了一个标准的对象引用格式 IOR（inter-operability object reference），对象的 IOR 所提供的信息可用于在多个不同的 ORB 间确定对象的位置。

6.4 组件式 GIS 设计

GIS 软件包含若干功能单元，如空间数据获取、坐标转换、图形编辑、数据存储、数据查询、数据分析、制图表示等。组件式 GIS 支持的空间数据量有限，访问超大空间数据（如大数据量的遥感图像）的时候表现得尤为明显，与专业的 GIS 客户端软件相比，采用构件技术不可避免地带来效率上的相对低下，可以想象要把这些所有的 GIS 功能放在一个控件中几乎是不可能的，即使实现也会带来系统效率上的低下。GIS 系统的部分功能适合用控件构建，于是对于特殊领域，它就显得无能为力，一般可以认为 GIS 构件的设计主要遵循应用领域的需求。

6.4.1 组件划分原则

组件式 GIS 的设计可根据地理信息系统的功能和应用将 ComGIS 划分为多个组件和控件，划分时需要根据不同的数据结构和系统模型进行具体分析，主要考虑以下几个方面的问题。

（1）控件间差别最大、控件内差别最小。按照功能的相关性分类，相关性大、结合紧密的归为同一组件。

（2）把各个数据管理模块与系统分析、应用模块分开，各负其责，增强模块之间的重用性。例如，可以把工作区操作、图形编辑操作与空间查询分析等模块分开。

（3）处理相同数据文件的模块尽可能设计在同一组件里。

（4）对多个组件对象的整体操作尽量利用组件集合的概念进行处理。

（5）注意可视化控件和组件的划分，不同的功能和应用应该集成在不同的层面。

（6）采用高效的算法并精心优化代码使软件整体效率比较高。

（7）在能够充分表达地理信息并能有效地进行各种处理分析的前提下，软件数据结构模型要尽可能简明和紧凑。

ComGIS 开发要注意几个方面的问题。

（1）优化的代码和高效的算法——尽管 COM 技术的二进制通信具有很高的效率，与独立运行程序比较，COM 控件在运行速度上仍有差距。不过采用高效的算法并精心优化代码可以使软件整体效率有较大改善。

（2）紧凑、简练的数据结构——在能够充分表达地理信息，并能有效进行各种分析、处理的前提下，软件数据结构要尽可能地紧凑。这不仅可以加快数据的存取速度，同时也能适应 Internet 传递的需要。

（3）流行 GIS 数据文件的数据引擎——除提供与各种 GIS 数据文件格式的数据转换程序外，ComGIS 被设计为可以直接访问多种数据格式也是一大特色。Intergraph 的 GeoMedia 可以直接访问 MGE、FrameArcView、SDO 等著名软件的数据格式。ActiveMap 也可直接访问 shp、tab 等流行的数据格式，提高了数据共享方面的能力。

（4）ComGIS 组件库之间既互相关联，又保持相对独立性。

支持 ActiveX 组件开发的程序设计语言都可以用来开发 ComGIS 软件，如目前比较流行的 Visual C++、Borland C++、Visual Basic、Delphi、Visual C#等，其中前两种效率高、功能强，较为常用。

6.4.2　组件GIS构成

ComGIS 可以划分为数据采集与编辑控件、图像处理控件、三维控件、数据转换控件、地图符号编辑/线性编辑控件、空间查询分析控件等。其中一些无须进行二次开发的模块不一定以组件方式提供，如数据采集、数据转换、符号编辑/线性编辑等模块可以用独立运行程序方式提供，数据转换模块还可以编译成动态链接库。

1. 数据加载及控制

数据模块是 GIS 的核心控件，其功能就是装载并显示地理信息。而要装载地理信息，就必须按一定的数据模型将地理数据库中的地理数据调入处理软件，并按一定的规则显示这些地理信息。因此，核心组件应具备下列主要功能。

（1）信息的分层组织与分层管理。地理信息是分层组织的，所以，地理信息一般也按"图层"进行管理，如显示、编辑、标注等。图层的显示应遵循一定的规则，如面图层先于点、线、注记层显示，非显示图层驻留内存，并随时参与模型运算等。

（2）地图窗口的缩放。地图窗口的缩放是常用的 GIS 操作之一。受计算机屏幕大小的限制，有时需要对地图窗口中的个别独立地理对象或局部地理区域进行更深入、更详细的了解，就不得不收缩地图窗口。反之，当需要在较大范围内宏观地察看地理对象或宏观地理区域时，就需要放大地图窗口。

（3）地图窗口的漫游。一般来说，"地图窗口"和屏幕上的地图窗口（称为"视口"）并不是一致的概念，地图窗口实际上是计算机内存中保存着地理信息的一个逻辑上的矩形区域。这样，受屏幕大小和显示比例尺的限制"窗口"中的地理信息未必同时也是可见的。所以，在同一比例尺下沿一定的路线搜索，使希望察看的地理区域进入"视口"的范围之内，就是地图窗口的漫游。

2. 数据处理

（1）数据模块：核心模块，提供对空间数据及其属性的全面的操作和处理，包括创建、管理、访问和查询等功能，同时，还提供数据版本管理功能。此外，数据模块还包含与拓扑和布局排版打印相关的数据操作功能。

（2）数据转换模块：提供了多种栅格数据、矢量数据的转换功能。

（3）数据处理模块：提供了数据处理，包括三维影像、地形和模型数据的缓存生成功能。

（4）拓扑模块：提供对矢量数据的拓扑预处理、拓扑检查、拓扑错误自动修复和拓扑处理等功能。

（5）地址匹配模块：提供中文地址模糊匹配搜索的功能，该功能基于一个地址词典，可以对地图中的多个图层进行地址匹配。

3. 地图查询

地理查询在一般的地理信息系统中占有重要的地位，从查询方式看，地理查询又分为：

（1）地理对象的属性查询。用户在地图窗口中通过鼠标点击而选择某地理对象时，查询其属性信息，这也是最常用的地理信息查询方式。

（2）按给定条件查找符合条件的地理对象。根据一定的查询条件，查找符合该条件的地理对象。一般借助于 SQL 结构化查询语言，从数据库中得到符合该条件的一个数据子集，用表格显示这个子集中的对象及用户感兴趣的属性（字段），同时在地图窗口中对这个子集中的对象进行相应的特别显示。

（3）统计查询。给定一个连续的区域范围，查找该区域范围内的某类对象个数（一般为点、线对象）或符合一定条件的某类对象个数。按区域范围设定的形状，又分为矩形区域查询、圆形区域查询、多边形区域查询等。

（4）模型计算。模型计算是高级的地理查询之一，即通过简单或复杂的计算方法，获得需要的数据信息或符合条件的地理对象。

（5）地图量算。在地图上量算直线距离、路径距离、多边形（或任意区域）的周长、面积等。在有 DEM 数据参与的情况下，或通过模型，进行更高精度的地图量算。

4. 地理分析

构造常用的地理分析模型，被大多数的应用系统直接使用或作为构造复杂应用模型的基础，如多边形邻域分析、缓冲区分析、泰森多边形分析、可视域分析、地形剖面图制作、坡度分析、坡向分析、网络分析等。

（1）空间分析模块：提供基于矢量数据的空间分析，如叠加分析、缓冲区分析；提供完备的基于栅格数据的空间分析功能，包含栅格代数运算、距离栅格、栅格统计分析、插值分析、地形构建和计算、可视性分析等；提供矢栅转换、聚合、重采样、重分级、镶嵌和裁剪等功能。

（2）网络分析模块：提供全面的网络分析功能，涵盖交通网络分析（包括选址分区分析、旅行商分析、物流配送分析、最佳路径分析、最近设施查找分析等）、设施网络分析（包括检查环路、查找共同上下游、查找连通弧段、上下游路径分析、查找源和汇、上下游追踪等）。

（3）公交分析模块：提供公交换乘分析、查找经过站点的线路、查找线路上的站点等主要功能。不仅支持丰富的线路和站点信息设置，如公交票价信息、发车时间和间隔等，还提供避开线路或站点、优先线路或站点、站点归并容限、站点捕捉容限、最大步行距离、换乘策略和偏好的设置，以及对换乘时步行线路的支持，结合高效、准确和灵活的查找算法，为使用者提供最优的公交换乘方案。

（4）地形分析模块：提供填充洼地、计算流向、计算流长、计算累积汇水量、流域划分及提取矢量水系等水文分析功能及网格剖分功能。

5. 专题显示与地理制图

专题显示主要使用在地图窗口中显示的各种图形符号来配合地理模型分析的结果，以使用户对地理模型的分析结果有更形象、更直观、更全面的了解。常用的专题地图表达方式有饼图、柱状图、点密度图、渐变符号图、直方图、范围图等。将这种显示在地图窗口中的专题地图作为硬拷贝输出，就是地理制图。

（1）地图模块：提供了综合的地图显示、渲染、编辑及强大的出图等功能；提供制作各种专题图的功能，包括标签专题图（包括分段标签专题图和高级标签专题图）、统计专题图、分段专题图、点密度专题图等。同时，地图模块还提供制图表达的功能。

（2）排版打印模块：提供布局排版打印等功能，支持海量数据打印。另外，还提供标准图幅图框，使布局排版更为专业化，方便特定领域制图的需要。

6. 三维 GIS 模块

（1）三维模块：提供数据、显示、分析二三维一体化的三维场景展示，同时，全球尺度的地形数据及全球尺度的高分辨率影像数据都可以加载到三维模型中进行显示；支持海底三维；支持自定义几何体 Mesh 功能。另外，可以在三维窗口中进行各种方式的漫游、浏览，并且可以进行选择、查询和定位等操作。

（2）三维场景构建模块：提供快速高效构建、运算和处理模型对象、倾斜摄影模型、地形、地质体等数据，同时，支持 BIM、激光点云等数据。另外，提供基于 GPU 的三维空间分析，可以实时分析、即时完成、导出结果数据集；支持三维实体对象间的布尔运算。

（3）三维空间分析模块：提供在场景中进行空间分析的功能，目前，该模块提供了三维通视性分析功能。

（4）三维网络分析模块：提供三维网络数据集的构建和创建流向；提供查找源和汇、上下游追踪、上游最近设施查找等三维设施网络分析功能；提供最佳路径分析等三维交通网络分析功能。

6.4.3　组件GIS开发

GIS 控件方式所用的 GIS 组件多数是以 ActiveX 控件的形式存在，一般和专业应用系统在 Microsoft 平台上集成。这些控件将基础的 GIS 组件封装在一起，方便地嵌入 Microsoft 平台的任何标准开发环境中。使用 GIS 控件的目的是将 GIS 功能引入其他系统中，这是 GIS 控件存在的意义。它屏蔽了所有功能的实现细节，对用户的编程技能要求很低。因为这种 GIS 开发方式简单、快捷，并且控件提供的功能既满足了用户的需要又充分利用了资料，所以这种开发方式得到了最为广泛的应用。较有代表性的 GIS 控件有 MapInfo 的 MapX 和 ESRI 的 MapObject。

1. 组件式 GIS 开发方式

（1）桌面 GIS 平台方式。桌面 GIS 本身是一个可以独立使用的 GIS 应用系统。系统由众多不同的独立的 GIS 组件组成，系统的功能由各个 GIS 组件提供的不同功能模块共同实现。这些组件基于同一组件开发平台，且满足一定的协议，因而这些组件能无缝集成，从而构成完整的系统。用户可根据需要选择适当的组件开发出满足自己功能需求的应用系统。最有代表性的 ComGIS 平台实现方式是 ArcGIS 系统平台开发的系统。该系统平台使用的组件是 COM/DCOM，用户在 Microsoft 平台上的标准开发环境中能方便地定制自身的专业应用组件对其进行二次开发。

（2）基于 Web 的实现方式。ComGIS 在 Internet/Intranet 上的扩展，即网络技术与 ComGIS 技术相结合作为 ComGIS 的一种开发方式，同时也是实现 WebGIS 的一种方案。这种实现方式是基于 B/S 的结构，通过扩展浏览器的功能，利用浏览器就能对图像进行缩放、移动、选定等操作，实现基础的 GIS 功能。目前，使用较广泛的是在浏览器上安装基于 COM/DCOM

的 ActiveX 控件扩展 Web 浏览器的动态模块。最具有代表性的是 ArcIMS。

（3）基于 GIS 中间件的 ComGIS 实现方式。这里的 GIS 中间件可以是一个产品或一种服务，它将众多 GIS 组件融合在一起。作为产品它可方便地交付给用户使用，作为服务用户可通过互联网快速获得。它采用标准接口响应用户的功能请求和进行数据交换；它独立存在，用户只须以向导的形式获得相应的功能或决定数据的输出方式，所有需要 GIS 功能的用户都能使用而无需掌握 GIS 编程技能；它能屏蔽操作系统平台和 GIS 数据间的异构性；它提供了统一的接口，任何人按照一定的规范都能将其扩充。

2. ComGIS 与应用程序之间的无缝集成

一个系统的建立往往需要对 GIS 数据、基本空间处理功能与各种应用模型进行集成。而系统集成方案在很大程度上决定了系统的适用性和效率，不同的应用领域、不同的应用开发者所采用的系统集成方案往往不同。归纳起来，基于传统的 GIS 基础软件的集成方案主要有四种模式（图 6.7）。

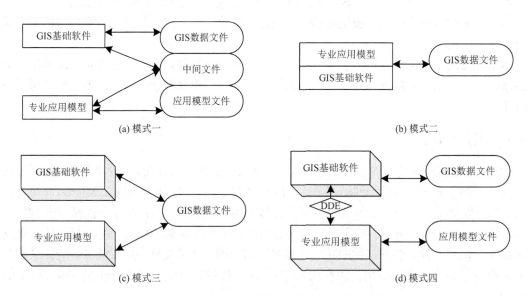

图 6.7　基础 GIS 软件与应用模型之间集成方案

模式一：在 GIS 基础软件与应用分析模型之间，通过文件存取方式建立数据交换通道。在这种集成方式中，GIS 与应用分析模型通过中间文件格式交换数据，不适合于大量而频繁地交换数据的情况，而且 GIS 基础软件与应用分析模型相互独立，系统整合性差。

模式二：直接使用 GIS 软件提供的二次开发语言编制应用分析模型。解决了模式一的缺陷，但是 GIS 所提供的二次开发语言大多不能与 C、C++、FORTRAN 等专业程序设计语言相比，难以开发复杂的应用模型。

模式三：利用专业程序设计语言开发应用模型，并直接访问 GIS 软件的内部数据结构。应用模型开发者可以根据自己的意愿选择使用何种高级语言开发复杂的应用模型，但是直接访问 GIS 软件数据结构增加了应用开发的难度。

模式四：通过动态数据交换（DDE）建立 GIS 与应用模型之间的快速通信。这是在 DDE 技术发展起来以后，对第一种集成方式的改进，可以避免频繁的文件数据交换所带来的效率降低的毛病，也避免了从 GIS 外部直接访问 GIS 数据结构的代价。但是，GIS 与应用模型仍然是分离的，这种拼接是"有缝"的。

不论采用以上何种系统集成模式，传统的 GIS 软件在系统集成上都存在缺陷。组件式 GIS 提供了解决以上问题的理想方案。组件式 GIS 可以嵌入通用的开发环境（如 Visual Basic 和 Delphi）中实现 GIS 功能，专业模型则可以使用这些通用开发环境来实现，也可以插入其他的专业性模型分析控件。因此，使用组件式 GIS 可以实现高效、无缝的系统集成（图 6.8）。

图 6.8　ComGIS 与应用程序之间的无缝集成

3. ComGIS 与集成环境之间的交互

组件式 GIS 是一种全新的 GIS 概念，在同 MIS 耦合、Internet 应用、降低开发成本和使用复杂性等方面，具有明显优势。传统 GIS 软件与用户或者二次开发者之间的交互，一般通过菜单或工具条按钮、命令及 GIS 二次开发语言进行。组件式 GIS 与用户和客户程序之间则主要通过属性、方法和事件进行交互，如图 6.9 所示。

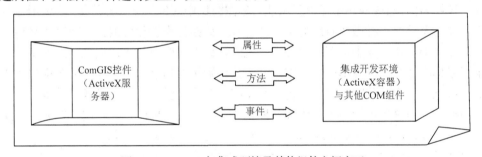

图 6.9　ComGIS 与集成环境及其他组件之间交互

属性（properties）指描述控件或对象性质（attributes）的数据，如 BackColor（地图背景颜色）、GPSIcon（用于 GPS 动态目标跟踪显示的图标）等。可以通过重新指定这些属性的值来改变控件和对象性质。在控件内部，属性通常对应于变量（variables）。

方法（methods）指对象的动作（actions），如显示（show）、增加图层（addlayer）、打开（open）、关闭（close）等。通过调用这些方法可以让控件执行诸如打开地图文件、显示地图之类的动作。在控件内部，方法通常对应于函数（functions）。

事件（events）指对象的响应（responses）。当对象进行某些动作时（可以是执行动作之前、动作进行过程中或者动作完成后）激发一个事件，以便客户程序介入并响应这个事件。例如，用鼠标在地图窗口内单击并选择一个地图要素，控件产生选中事件（如 itempicked）通知客户程序有地图要素被选中，并传回描述选中对象的个数、所属图层等有关选择集信息的参数。

属性、方法和事件是控件的通用标准接口，适用于任何可以作为 ActiveX 包容器的开发语言，具有很强的通用性。在 Windows 环境下，显示器不仅用来作为应用程序的输出显示设备，而且可以用来作为用户的输入设备使用。图形用户界面（GUI）中的各种控件都可以作为模拟的输入设备，由用户对其进行操作来控制应用程序以实现相应功能或输入信息，而这些几乎都是通过事件来实现的。

事件是控件接口成员中非常重要的部分，当控件响应一个事件时，用户就得到一个机会来做他想做的工作。Windows 图形用户界面环境下，对应于屏幕上的每个对象，都有一些可能的事件。其中一些事件是由用户产生的，如鼠标的单击或双击、左击或右击、拖曳或拖放，键盘中某个键的按下或释放等；另一些事件则是其他事件产生的结果，如窗口的打开或关闭、控件的焦点获得或失去等。每当一个事件出现时，都会使受影响的控件产生一个到多个"消息"。每个消息都有一个名字，反映发生了什么事件。虽然每个控件能够响应的消息是多种多样的，但实践中，只是那些与控件使用结合紧密或用户感兴趣的事件才需要编写事件处理程序。

事件的定义需要从两个方面来考虑：一方面考虑控件可响应的事件；另一方面要为各种控件选择合适的消息映射。在 Windows 环境下，各种控件可响应各种各样的事件。设计组件时应考虑键盘事件、鼠标事件、控件焦点事件、窗口事件、改变控件内容事件等。为各种控件选择合适的消息映射。各种控件能够产生的事件是众多的，但不一定都要为之建立消息响应机制。

另外，用户的事件处理过程必须在适当的时刻引发才能为编程人员合理使用。在 GIS 控件的设计中，主要就是能够配合各种 GIS 操作，为控件触发的事件设置合适的消息映射。以地图窗口控件为例，GIS 应用中用户就可能对地图窗口中的地图进行各种各样的操作。凡是用户可能需要的系统对某种操作有所响应，就应该为该控件设置相应的消息映射（事件）。例如，要求系统能对用户点击地图产生反应，就应该设置鼠标点击事件或鼠标按下事件；要求系统能对鼠标在地图上的移动产生反应，就应该设置鼠标移动事件；要求地图窗口为当前焦点时，系统能对用户某些特殊键的按键产生反应，就应该设置相应的键盘事件等。为控件设置消息映射的原则是尽可能为用户留有各种创意空间，即尽可能地满足用户的需要。这样，用户在使用控件开发自己的 GIS 应用时，才能实现更多、更复杂的功能。

事件可以带有参数，并为程序设计人员提供事件产生时的一些环境信息。例如，MouseDown 和 MouseUP 事件，同时返回鼠标按下或释放时的按键号、位置坐标等，程序设计人员就可以据此进行相应的程序设计。

第 7 章 基础地理信息系统

基础地理信息系统（基础 GIS）被誉为 GIS 行业的操作系统，是具有地理空间数据输入、编辑、结构化存储、处理、查询分析、输出、二次开发、数据交换等全套功能的 GIS 软件产品。因其独立性强、规模大、功能全，成为自地理信息系统出现以来的主流产品。

7.1 基础 GIS 概述

7.1.1 基础 GIS 的发展历程

从发展历程上看，基础 GIS 主要分为两类产品：一类是大型系统，具有复杂的数据结构、完善的功能体系；另一类是桌面系统，也称为桌面 GIS（Desktop GIS），它是为便于用户使用及与其他系统的结合，提取常用的 GIS 功能，采用简单的数据结构，实现地理空间数据的获取、存储、显示、编辑、处理、分析、输出和应用等完整流程。桌面 GIS 已经成为当前基础 GIS 的主流。

由于处理海量的地理空间数据，早期基础 GIS 主要运行于大型计算机之上。例如，ESRI 公司的早期产品 ArcInfo 可以在 IBM、VAX、Prime、DG、Sun 和 PC/AT 等多种机型上运行，具备数据录入、数据编辑、数据处理、数据库管理、数据显示、数据统计、数据分析和数据输出等 GIS 系统的全部功能，还具有比较强大的二次开发功能。用户使用 AML 语言可以开发菜单程序、数据批量处理程序等，能提高用户数据处理的效率，专业人员能很方便地开发适合用户使用的 GIS 系统。

20 世纪 90 年代以来，随着计算机技术的发展，计算机微处理器的处理速度越来越快，性价比更高；其存储器能实现将大型文件映射至内存的能力，并且能存储海量数据。随着桌面计算机（PC）的诞生，以 PC 为硬件平台、以 Windows 为主流操作系统的桌面计算机得到迅速发展和普及。在此背景下，桌面 GIS 也得以快速发展。桌面 GIS 可仅运行于桌面计算机（图形工作站及微型计算机的统称）上，并不在服务器上实现，或远程访问，或来自其他计算机的控制，用户仅需一台计算机就可实现空间数据的显示、查询、更新和分析等全部的 GIS 功能。例如，ESRI 在 Windows NT 平台下开发了桌面 GIS 系统（ArcGIS），将 ArcInfo 大部分功能进行移植，用户可以很方便地用 Windows 界面方式来操作。这一时期的 GIS 应用系统也将原来集中在主机上的数据存储管理、空间分析、用户交互、地图输出等功能全部或部分转移到价格低廉的 PC 上。当前，桌面 GIS 系统已成为为 GIS 专业人士提供信息制作和使用的重要工具，成为 GIS 走向普及和社会化的标志，其技术水平也反映了 GIS 技术的应用水平和普及化程度。桌面 GIS 的主要特点如下。

（1）运行平台以 Windows 为主。在当今 PC 世界，Windows 独领风骚，在全球拥有超过千万级以上的用户，霸主地位一时难以动摇。基于这种情况，桌面 GIS 多选择用户熟悉的 Windows 为平台，简单易学，与其他桌面应用如办公自动化软件及中小型数据库的结合也显自然和简捷。而其他如 DOS、UNIX、Liunx 等操作系统的桌面 GIS 软件其用户接受度较低。

在外观和操作风格上，桌面 GIS 明显打上了 Windows 的烙印。

（2）空间数据管理与处理能力参差不齐。当前，桌面 GIS 多采用关系数据库管理系统（RDBMS）来管理属性数据，但空间数据可以文件系统和 RDBMS 进行存储和管理。一般的桌面 GIS 都应有一些简单的地理分析功能（包括空间分析）来满足桌面用户的需求，但在功能上各软件之间相差很大。

（3）具有单层系统特征。桌面 GIS 的各个组成部分，包括数据和用户界面在一起，把这种在单个处理空间中运行的一体化应用程序称为单层系统。单层 GIS 系统的明显缺点是应用程序无法实现在用户间共享数据。

（4）具备二次开发功能。各 GIS 厂商的桌面 GIS 都具备专门的开发工具进行二次开发（MapInfo 的 MapBasic、ArcGIS 的 ArcGIS Engine 等），通过它们可以灵活定制用户需要的各类 GIS 应用。

7.1.2　基础GIS架构

当前，组件技术是解决传统 GIS 系统可扩展性差、速度慢、成本高、难以与其他信息管理系统无缝集成等问题的有效工具，也成为当前基础 GIS 设计与开发的主流。从软件的角度来看，一个组件可以有不同的大小，从一个基本的 C++类，到一个能独立完成特定功能的应用组件，并且它们可以分属不同的功能层次。基于 COM/DCOM 机制，分层的 GIS 组件结构如图 7.1 所示。

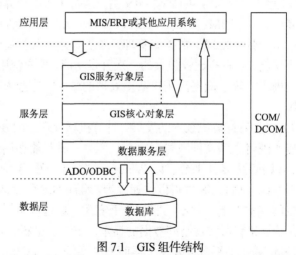

图 7.1　GIS 组件结构

图 7.1 中，整个基础 GIS 系统结构被划分为三个层次。最上层是应用层，由使用 GIS 组件服务的一些 MIS、ERP（enterprise resource planning）或其他的应用系统构成，这些系统将通过组件提供的接口（即系统提供的二次开发工具）来使用 GIS 服务。最下层是数据层，由保存 GIS 空间数据的关系型数据库管理系统构成。服务层将通过 ADO 或 ODBC 等与数据管理系统进行交互。服务层又划分为 GIS 服务对象层、GIS 核心对象层和数据服务层三个层次。

（1）GIS 服务对象层：利用核心对象层提供的服务，向更高层提供各种 GIS 功能服务，包括地理数据空间分析与辅助决策服务、地图输出服务等。

（2）GIS 核心对象层：提供基础 GIS 服务功能，包括 GIS 图形编辑功能、地理数据检索与访问服务、实体库管理、空间与属性数据查询、地理数据管理服务等。

（3）数据服务层：负责管理组件内部与所有数据库访问相关的操作，使高层对象模型建立在相同的 GIS 核心对象模型上。通过对系统功能层次的明确划分，提高了组件系统的通用性和可移植性。

7.1.3　基础GIS的功能模块

基础 GIS 将具备地理数据编辑与处理、地理数据存储与管理、地理数据查询与分析、地理数据显示与制图等功能（具体功能描述参见第 5 章地理信息系统功能）。此外，基础 GIS 多具备定制功能，可提供宏语言或开发工具包进行二次开发，帮助用户快速建立 GIS 应用系统。

1. 功能模块划分

基于基础 GIS 系统的功能，构成基础 GIS 的基础模块可分为：空间数据存储与管理模块、空间数据编辑与处理模块、空间数据可视化与制图模块、空间数据查询与分析模块，如图 7.2 所示。

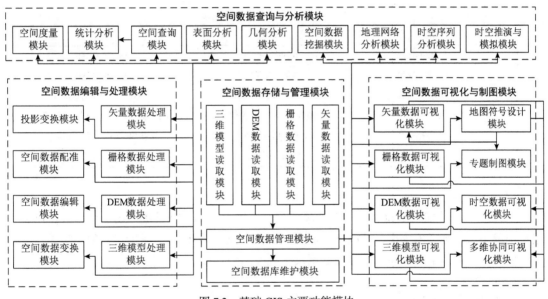

图 7.2　基础 GIS 主要功能模块

（1）空间数据存储与管理模块。基于本地文件数据或空间数据库的接口，该模块将实现对空间数据的动态接入与输出，并基于一个统一的空间数据模型对输入数据进行组织、管理与维护。空间数据存储与管理模块也是基础 GIS 的基础模块，其他模块的实现需要本模块提供功能支持。

（2）空间数据编辑与处理模块。通过对系统数据的调用，该模块可服务于空间数据的投影变换、数据编辑、数据配准、数据变换处理等。

（3）空间数据可视化与制图模块。该模块将提供专业的制图模块功能，实现数据符号的设置，并通过交互式浏览实现矢量数据、栅格数据、地形数据、三维模型等的快速可视化及多源、多维数据的协同可视化、多时相数据的时间序列可视化等。

（4）空间数据查询与分析模块。该模块可实现对空间数据的查询及空间度量、统计分析、表面分析、几何分析、地理网络分析等，服务于空间数据的智能决策。

2. 模块接口设计

组件接口在整个基础 GIS 中起决定性作用，接口设计是否合理直接影响组件的复用性，影响整个系统的性能与升级。在接口的设计时，应首先考虑接口的通用性，以提高系统的可重用性。在设计时，也应在简单和实用方面进行考虑。组件的内部实现细节不应反映到接口中，接口同内部实现细节的隔离程度越高，组件或应用系统发生变化对接口的影响就越小。在设计组件接口时，还要尽量估计到将来可能出现的各种情况，力争设计出具有高复用性、适应性和灵活性的接口。

基础 GIS 接口设计包含三部分：用户接口、外部接口和内部接口。其中，用户接口主要用于说明本系统和用户之间进行交互和信息交换的媒介；外部接口主要用于说明本系统同其他系统间的接口关系；内部接口主要用于说明系统内部各模块间的接口关系。

1）用户接口

当前基础 GIS 操作方式以可视化界面为主，基于命令控制语句进行输入控制已经较为少见，即用户与基础 GIS 间交互主要通过窗体、控件、对话框等可视化元素，用户只需要使用鼠标、键盘等即可完成基础 GIS 的操作。基于系统输入输出，用户界面接口操作如表 7.1 所示。

表 7.1　用户界面接口功能列表

序号	输入信息	界面操作	输出
1	数据接入	数据接入按钮	数据接入对话框
2	数据输出	数据输出按钮	数据输出对话框
3	制图与可视化	制图与可视化按钮	空间场景或专题制图窗口
4	空间场景漫游	空间数据可视化按钮	空间场景的放大、缩小、浏览等
5	数据编辑	空间数据编辑按钮	数据属性编辑或几何编辑
6	空间分析	空间分析按钮	空间分析对话框

2）外部接口

基础 GIS 与外部系统间的接口主要存在于：基础 GIS 与空间数据库的接口。此接口属于相互调用关系。基于该接口，基础 GIS 可实现对空间数据的请求、解析与处理，完成空间数据的加载，也可将编辑处理后的空间数据发送到空间数据库，实现数据的保存。

3）内部接口

基础 GIS 各模块间的内部接口关系如图 7.3 所示。

（1）空间数据存储与管理模块→空间数据可视化与制图模块。该接口将空间数据存储与管理模块载入的数据传递至空间数据可视化与制图模块，实现地理空间数据的可视化与制图。

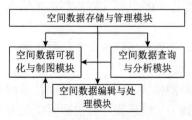

图 7.3　基础 GIS 的内部接口
→表示接口关系

（2）空间数据存储与管理模块→空间数据查询与分析模块。该接口将空间数据存储与管理模块载入的数据传递至空间数据查询与分析模块,实现数据的查询与智能分析。

（3）空间数据存储与管理模块→空间数据编辑与处理模块。该接口将空间数据存储与管理模块载入的数据传递至空间数据编辑与处理模块，实现空间数据的几何与属性编辑。

（4）空间数据查询与分析模块→空间数据可视化与制图模块。该接口基于空间数据可视化与制图模块实现数据查询与分析过程、结果的可视化表达。

（5）空间数据编辑与处理模块→空间数据可视化与制图模块。该接口基于空间数据可视化与制图模块实现数据编辑过程、结果的可视化表达。

7.2 基础 GIS 功能模块设计与实现

结合基础 GIS 的功能模块，本节将选取基础 GIS 中的常用功能模块设计与实现方法进行讨论，为基于组件的基础 GIS 开发提供参考。

7.2.1 空间数据管理模块设计与实现

空间数据管理模块主要功能是从数据源获取任何用户想要的数据，并且加载的数据按照 GIS 的空间数据模型进行组织。空间数据模型的组织方式影响模块的实现功能及其性能。

1. 总体设计

结合基础 GIS 系统的架构设计及功能设计，数据管理模块的主要类图如图 7.4 所示。

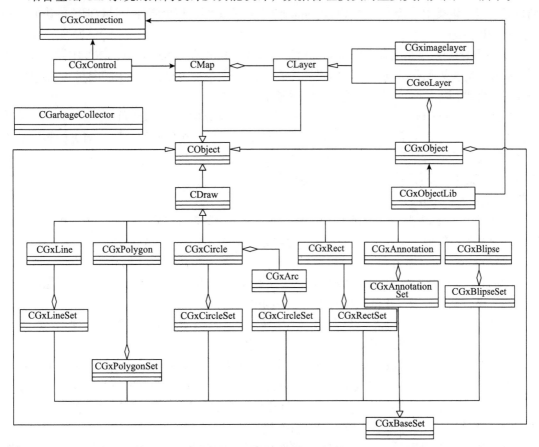

图 7.4　数据管理模块的主要类图

CMap 类对应数据模型中的地图对象，主要负责地图空间数据的管理操作，管理图层对象及坐标转换、地图范围、比例尺、缩放比例等的设置。CLayer 则是抽象的图层类，负责几何层和位图层的公有操作。

CGeoLayer 类是几何层的实现，对应数据模型中的图层对象，主要负责图层空间数据的管理操作，管理实体对象，设置每个图层的图形显示方式，负责图层锁定、隐藏等通用操作。

CGximagelayer 类对应于位图层，主要负责操作管理背景图。

CGxObject 类对应于数据模型中的实体对象，主要负责实体空间数据的管理操作，管理对象集对象，负责实体的导入导出，设置实体的编辑可视状态等。

CGxBaseSet 类对应于数据模型中的对象集对象，主要负责对象集空间数据的管理操作，管理同类型的图形元素对象，可以对同类型图形元素执行统一操作等。

CDraw 类对应于数据模型中的图形元素对象类，是一个抽象的类，负责所有图形元素的公有操作。具体的图形元素类都继承自它，如 CGxLine、CGxArc 等。

CGxConnection 类对应于系统层次结构中的数据应用层，主要负责统一管理组件访问数据库的操作，有利于实现操作的事务处理功能。该类中封装了 ADO 的主要方法，利用它们来实现对数据的访问。同时它也在一定程度上实现了数据库事务管理，这种事务管理主要针对小范围内的数据库访问操作，而不是针对一个完整的 GIS 功能请求操作。

CGxControl 类是组件的主要实现类，它有维护组件可视化界面、组件的动态交互和消息循环等功能。该类中维持了一个 CGxConnection 类的实例，整个组件中对数据库的访问都是通过它来进行的。

CGxObjectLib 类是实体库管理类，负责对实体库的管理、维护及从实体库中导出和向实体库中导入等主要操作。同时，实体库管理类中也维护了一个 CGxConnection 类的实例，保证通过组件进行操作时可以异步地对实体库操作。

CGarbageCollector 类是由操作系统中的垃圾收集器或称回收站启发而得来的。主要功能是针对系统中的主要对象，如地图、图层、实体等，设置一个回收缓冲区，当进行删除操作时并不直接从内存和数据库中删除相应对象，而是将它放置到回收站中，这样既可以更好地支持 Undo 操作，而且可以避免对数据库频繁访问。

2. 地图类 CMap

地图类（CMap）对应数据模型中的地图对象，主要负责地图空间数据的管理操作，管理图层对象及坐标转换、地图范围、比例尺、缩放比例等的设置。主要包括以下方面。

1）读取地图空间数据

CMap 类对应数据模型中的地图对象，主要负责地图空间数据的管理操作，管理图层对象及坐标转换、地图范围、比例尺、缩放比例等的设置。

为了实现地图空间数据的存取和对地图中所有图层的管理。图层管理的实现是在类的内部设置一个对象指针数组，用来存放图层对象的指针。

ReadDataFromDataBase 函数返回的是一个自定义枚举类型 DataLoadState，图层数据读取是一个迭代的过程，在完成读取图层自身空间数据后，还要读取图层上所包含对象的数据。枚举类型是为了在存取操作发生错误时，返回出错的层次。图 7.5 是完整打开地图操作的时序图，通过它可以更好地了解各个类之间的协作关系。

首先客户端请求组件接口 OpenMap，组件初始化数据访问对象，然后将该对象传送给地图对象。地图对象首先使用数据访问对象读取 GeoData 字段内容，再使用 MakeDataToBinary 成员函数执行解包操作，然后循环访问地图中的所有图层，依次将数据访问对象传递给它们来读取图层的数据；如此逐层传递下去，直到底层的图形元素对象加载成功，然后返回枚举值 LOADOK 表示操作成功完成。如果在中间任一层读入数据出错，都将返回一个相应的枚举值来标志该层出错，整个操作无法成功完成。其他一些操作过程如保存空间数据等都与之相似。

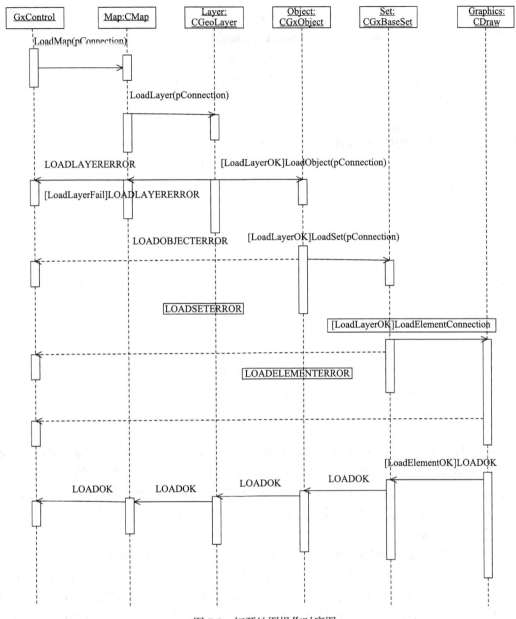

图 7.5　打开地图操作时序图

2）地图坐标映射及比例尺管理功能的实现

在缺省的情况下，屏幕的坐标原点处于窗口的左上角，X 轴向右为正方向，Y 轴向下为正方向。而基础 GIS 系统要实现矢量图形的无级缩放，就不能使用默认的坐标系统，需要建立独立于屏幕坐标的坐标系。

新建立的坐标系根据使用者的习惯，采用窗口的左下角作为默认的坐标原点，X 轴正方向向右，Y 轴正方向向上。把新的坐标系统称为地图坐标系，其中点的坐标称为地图坐标，而把默认的窗口坐标系统称为屏幕坐标系，其坐标称为屏幕坐标。两个坐标系统如图 7.6 所示。

图形最终显示使用屏幕坐标系，而在地图中使用地图坐标，因此需要提供两个坐标系之间进行坐标转换的方法。地图类中的函数 VptoDP、DptoVP 完成坐标的转换，函数 VltoDL、

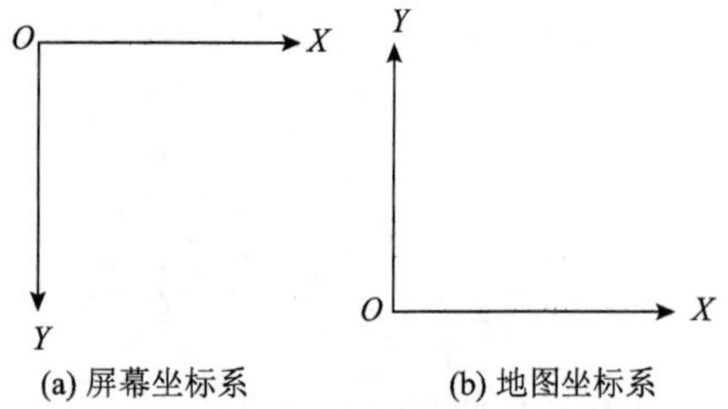

(a) 屏幕坐标系　　　　　(b) 地图坐标系

图 7.6　屏幕坐标系统和地图坐标系统

DltoVL 完成长度的转换。函数 VptoDP 和 DptoVP 的实现伪代码如下。

//屏幕坐标转换为地图坐标

```
VoidCMap::VPtoDP(/*[in]*/int x,/*[in]*/int y, /*[out]*/double*X, /*[out]*/ double*Y)
{
CRectrect;
::GetClientRect(m_AttachedWnd, &rect);
*X=m_xStart+x*m_Scale;
*Y=m_yStart+m_Scale* (rect.bottom-y);
}
```

//地图坐标转换为屏幕坐标

```
VoidCMap::DPtoVP(/*[in]*/double x,/*[in]*/double y,/*[out]*/int*X,/*[out]*/int*Y)
{
CRectrect;
::GetClientRect (m_AttachedWnd, &rect);
*X= (int) ((x-m_xStart)/m_Scale);
*Y=rect.bottom-(int) ((y-m_yStart)/m_Scale);
}
```

函数中使用到的 m_xStart 和 m_yStart 是地图的坐标原点，它可以在实际应用中动态地改变，这样可以实现整个地图的动态移动等功能，如地图的漫游功能（PAN）就是通过改变坐标原点来实现的。m_Scale 是地图的比例尺，系统在新建地图对象的时候都使用默认的比例尺值，用户可以在操作中动态地改变比例尺，主要是通过成员函数 SetScale 来完成。

3. 图层类 CLayer

图层是计算机制图及地图管理中常用的名称，用于操作同一类地图要素。

（1）抽象图层类、几何层和位图层。在地图中会使用很多已经存在的位图图片作底图，通常专门建立一个图层来负责显示底图，实际应用中不对底图进行编辑操作，这个图层称为位图层；而把可以编辑的矢量数据图层称为几何层。通过对位图层和几何层的基本属性的分析，抽象出一个公共类 CLayer，位图层和几何层都继承于该类。

抽象图层类主要完成图层一些公有操作，而位图层和几何层又有它们各自的不同特性。位图层（CGxImageLayer）功能相对简单，该图层除了加载了位图图像外不会再包含其他的几何对象，因此无须多余操作。而几何层（CGeoLayer）则是对应数据模型中的图层对象，组件系统针对图层的大部分操作都集中在几何层中。

（2）图层显示控制功能。图层类有一个数据成员主要作用是控制图层中所有图形的显示，它是指向图形显示属性类（CGxDisplaySettingItem）的指针 m_DisplaySettingItem。图形显示属性类中定义了图形的线形、线宽、笔色、填充色及字体等相关数据属性。新建图层时，对 m_DisplaySettingItem 进行实例化，而 m_DisplaySettingItem 的各项数据都有默认值来控制图形的默认显示，如默认的笔色是黑色、线宽是 1 个像素等。如果用户要改变显示的默认值，则可以通过图层类中 GetDisplaySettingItem 函数来访问 m_DisplaySettingItem，然后通过它来设置图形的各项显示属性。

设置了 m_DisplaySettingItem 的各项属性之后，需要将属性的改变反映到应用中去。在鼠标事件中，每次作图时图形的实际显示属性都由动态地获取活动图层（CGxControl：：m_pCurrentLayer）的显示属性类实例指针来确定。大致过程如下。

```
LRESUL TO nLButtonDown（UINT uMsg, WPARAM wParam, LPARAM lParam, BOOL&bHandled）
{
……
if（m_CurrentTool==ALTERNATE_DRAW）{//当前选择工具为交互画图工具
//得到当前图层的显示属性类实例指针
CGxDisplaySettingItem*pItem=
m_pCurrentLayer->GetDisplaySettingItem（）;
……
}
……
if（m_CurrentDraw==DRAW_LINE）{//当前工具为绘制直线工具
……
//屏幕坐标转换为地图坐标
m_pCurrentMap->VPtoDP（mPointOrign.x, mPointOrign.y, &xx1, &yy1）;
m_pCurrentMap->VPtoDP（point.x, point.y, &xx2, &yy2）;
//将设置的图形显示属性和直线其他属性一起保存至新建直线对象
CGxLine*pLine=（CGxLine*）pLineSet->AddLine
（pItem->GetPenColor（）, pItem->GetBrushColor（）,
pItem->GetLineWide（）, pItem->GetLineType（）,
id, xx1, yy1, xx2, yy2, ""）;
……
pLine->Draw（hdc, 0, 0, RGB（0, 0, 0））; //画直线
}
……
}
```

4. 实体类 CGxObject

实体类（CGxObject）对应于数据模型中的实体对象，主要负责实体空间数据的管理操作、对象集对象的管理、实体的导入导出、设置实体的编辑可视状态等。

1）实体导入与导出

每个领域都存在很多的标准设备，在实际应用中需要很多个相同的设备，并不需要每次都重复制作，而是一次制作完成后将它们保存至标准设备库中。需要再次使用设备时，只需从库中将设备引入实际应用中去。实体正是针对这种需求提出来的。实体是组件系统设计重要的一环，充分利用实体的可重用性，可以大大减小地图制作的工作量，增强系统的开放性能。

因为基础 GIS 系统使用的是数据库型数据存储方式，所以实体的导入和导出实际就是对

数据库中的数据表和记录进行操作。实体导入采用了两种方法，即引用导入和完全导入；而实体的导出只能是完全导出，完全导入和完全导出的思想相同。

（1）引用导入。引用导入主要是针对导入的标准设备在实际应用中不会再被修改的情况。对于这样的设备复用，没有必要每次都把设备的数据全部拷贝到实际应用的数据表中去，因为这些数据在使用中不会被修改，完全可以直接使用实体库中的数据，这样一方面可以保证数据的一致性，另一方面可以节省很多的数据库空间。一旦这种设备的标准属性发生了微小的改变，只需要在库中修改，其他应用中就会立刻反映出这种变化。

虽然引用导入具有以上一些优点，但同时也应该注意到一个问题，这就是：库中的一个实体可以同时被很多个应用引用，它们都使用库中数据而没有各自的拷贝。一旦某个应用决定删除某一个引用导入实体，这个时候问题就会产生，因为它将删除的是实体库中的数据，这显然是不能被接受的。而且在实体库管理中，如果决定删除一个已经过期的实体，那么可能会影响很多已经引入该实体的应用。

为了解决这个问题，可在实体库数据表中使用一个新的字段，称为引用计数字段。同时，在实体数据表中也新增一个字段，用来记录实体在实体库中的唯一标识号。使用引用计数来控制实体库中实体的生命周期，在实体库中新建一个实体时该字段默认值为 0，表示该实体还没有被任何应用引用。如果某个应用需要使用该实体，则在该应用的实体表中加入一条记录，同时记录下实体库中的唯一标识号，再将实体库中引用计数加 1。删除一个实体时，首先判断实体的实体库标识字段是否为空，如果不为空则该实体是引用导入的实体。然后根据实体库标识号在实体库中找到该实体相应的记录，判断引用计数字段是否为空。如果不为空则引用计数减 1 并删除应用实体表中实体的记录。如果为空则要分两种情况来处理，因为引用计数为空理论上删除实体是不会影响其他应用的，但是既然实体处于实体中，是否要删除它通常根据实际应用中该实体是否已经没有实用价值。所以这里两种处理情况就是：一种可以在应用中删除实体库实体，另一种必须由实体库管理员来删除。根据两种处理情况的不同，实际操作也不相同。前一种就是在删除应用实体表记录的同时也删除实体库中实体的记录，而后一种只是删除应用实体表记录而保持实体库中记录不变。

下面通过删除引用实体的流程图更直观地来了解这个过程（图 7.7）。

（2）完全导入。完全导入是将实体库中实体的数据完全导入到应用中去。这种情况在应用中很常见，实体库中的实体作为模板，每个应用都利用这个模板做微小的改动来满足需求。因为导入的一个实体中又包含了很多个对

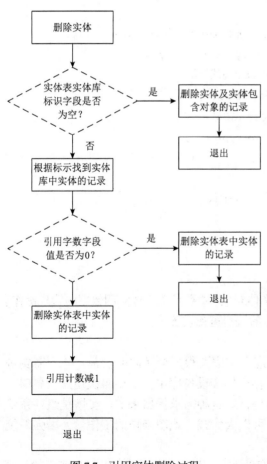

图 7.7　引用实体删除过程

象，这些对象对应的数据表在复制时将同时被复制到应用中去。导入时，首先生成新导入对象的唯一 ID 号，然后利用此 ID 号在应用实体表中生成一条记录，接着进行数据表复制，复制的时候需要注意两个问题：

一个是复制时需修改对象在实体库中的数据表名称；因为在一个应用中可能会出现一个实体的多个导入拷贝，如果不修改数据表名称，将会出现数据表重名无法完成复制操作。

另一个就是当使用新数据表名称后，则从实体层到图形元素层数据表都要相应地修改 Table_Name 字段，将它们更新为相应下层对象的新数据表名。数据表的复制如图 7.8 所示。

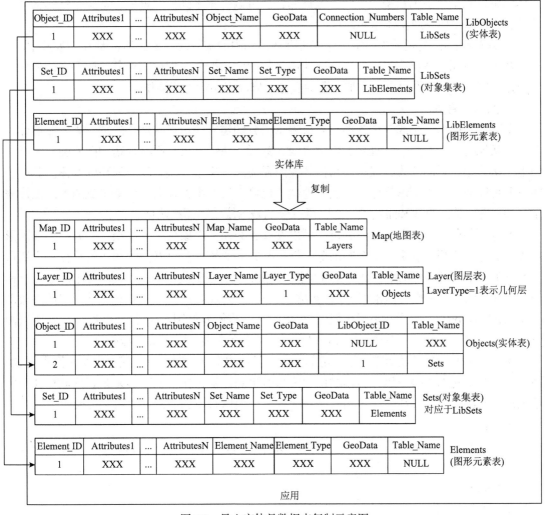

图 7.8　导入实体是数据表复制示意图

假设实体库实体数据表名为 LibObjects，其中只有一条实体记录，同时该实体中只包含一个对象集，对象集中也只包含一个图形元素对象；现在一个地图应用中已经存在一个几何图层，几何图层中包含了一个 ID 为 1 的实体，该实体不是从实体库导入的，所以 LibObject_ID 为空。

进行复制时，首先生成一个新的实体 ID 号 2 并在实体数据表中生成一条新记录；然后将除了 Table_Name 字段的实体库实体记录复制该记录中；动态生成一个新的对象集数据表名

Sets 并填入 Table_Name 字段，将 LibSets 中的全部内容复制到 Sets 表中；图形元素的操作与对象集相同。

2）实体的单独制作和实体库管理

实体是一个相对独立的概念，它应该可以独立于地图和图层，即可以不用建立地图和图层，在一个独立的环境下专门制作实体，并可以再编辑这样的实体。用户可以方便制作出应用所需的设备（对应于系统中的实体），而实际使用中再将它们导入地图和图层中。为了有效保存、管理制作好的实体，同时为了区别于地图中实体数据的存放，引入了实体库的概念，实体库可以和某个地图数据处于同一数据库，也可以位于不同的数据库，甚至是远程的数据库中，方便多个应用对实体库的共享。

CGxObjectLib 类是为访问实体库和管理实体库内的实体而设置的类。因为实体库可能与地图数据不在同一数据库内，所以不能使用访问地图数据的数据访问对象，而要专门使用一个数据访问对象。该类提供了增加、删除实体、修改引用标志等操作。

5. 图形元素类

空间地物可以一个或多个图形对象来表示。分别建立表示点状地物的图元类——实体，表示线状地物的图元类——直线、连续直线、圆弧、曲线，表示面状地物的图元类——圆、矩形、多边形、封闭曲线，表示地物标注的图元类——文本，表示复杂地物的实体。其中，实体既可以通过简单图形符号表示点状地物，也可以通过由各种图形对象组成的复杂图形表示复杂地物。连续直线和曲线是否封闭可以分别表示线状和面状地物。

通过对各种不同的图形对象分析，可以发现各类图形对象具有一些相同的属性，如图形对象的颜色、线型、线宽、所在图层等，把这些共同的属性及对属性的操作封装在一个图形对象抽象类中。利用类的继承性，具体的图形对象类由此抽象类派生，该抽象类就是 CDraw 类。具体的图形对象类由抽象类 CDraw 派生：直线类（CGxLine）、连续直线或封闭多边形类（CGxPolygon）、矩形及矩形区域（CGxRect）、椭圆及椭圆区域（CGxEllipse）、圆及圆形区域类（CGxCircle）、圆弧类（CGxArc）、文本标注类（CGxAnnotation）。

图形对象类对图形显示进行了一定的优化，显示图形元素时并不直接显示每个图形元素，而是通过判断它的外接矩形与屏幕的位置关系后再确定是否显示该图形元素。只显示处于屏幕范围内的图形，以提高整个地图的显示速度，下面以直线的绘制过程为例说明图形元素的绘制过程。

```
voidCGxLine：：Draw（HDC pDC, int m_DrawMode, int m_DrawMode1, shortBackColor）
{
HPENhOldPen, hPen;
Int x1, y1, x2, y2;
Double minx, miny, maxx, maxy;
if（b_Delete）return; //如果已经处于删除状态
long LineType=m_LineType;
long ColorPen=m_ColorPen;
GetRect（&minx, &miny, &maxx, &maxy）;
if（!IsRectCrossScreen（minx, miny, maxx, maxy））return;
if（b_Select）{//如果直线被选中，则要特殊显示
```

```
if（m_LineType!=2）LineType=2；
else LineType++；
}
if（m_DrawMode1==2）//指定颜色绘制
ColorPen=BackColor；
//设定画笔的线型、宽度、颜色
hPen=CreatePen（（int）LineType，（int）m_LineWide，m_ColorPen）；
hOldPen=（HPEN）SelectObject（pDC，hPen）；
if（m_DrawMode==0）
SetROP2（pDC，R2_COPYPEN）；//设定覆盖的绘制模式
elseif（m_DrawMode==1）
SetROP2（pDC，R2_NOT）；
//将实际坐标转换成屏幕点阵坐标
CMap*pMap=m_pSet->GetAttachedObject（）
->GetAttachedLayer（）->GetAttachMap（）；
pMap->DPtoVP（m_X1，m_Y1，&x1，&y1）；
pMap->DPtoVP（m_X2，m_Y2，&x2，&y2）；
//进行绘制
MoveToEx（pDC，x1，y1，NULL）；LineTo（pDC，x2，y2）；
SelectObject（pDC，hOldPen）；//恢复画笔
DeleteObject（hPen）；
if（b_Select）ShowSelectPoint（pDC，0）；
}
```

其他图形元素对象的绘制过程大致相同，在此就不一一介绍。

6. 对象集类 CGxBaseSet

对象集的主要功能是集中地管理有相同性质的图形元素对象，不同的图形元素对象都由对应的对象集类来对它们进行管理。这些具体对象集有很多共性，可以抽象一个类 CGxBaseSet 类作为父类，具体对象集都将从该类派生，每一个具体的图形元素类都有一个具体的对象集类与之相对应。

在此介绍一下对象集对象的空间数据打包过程，解包过程是它的一个互逆过程。其他对象如地图、图层、实体等的数据打包和解包过程与之类似。

```
BOOLC GxBaseSet：：MakeDataToBinary（CByteArray*pBya）
{
BYTE*buf=NULL；
buf=（BYTE*）&m_SetID；//对象集的 ID 号
for（inti=0；i<sizeof（m_SetID）；i++）
pBya->Add（*（buf++））；
buf=（BYTE*）&m_SetType；//对象集类型
for（i=0；i<sizeof（m_SetType）；i++）
pBya->Add（*（buf++））；
```

```
……//其他空间数据
pBya->Add('!');
return true;
}
```

7. 数据访问对象类

通过系统架构，可看出数据服务层负责整个 GIS 组件系统对空间数据库的访问操作。而这些访问操作主要是通过数据服务层提供的数据访问对象（IGxConnection）来执行的。

1）空间数据库的访问

基础 GIS 系统采用的是数据库存储模式。对于关系型数据库访问最常用的两种方式是：通过 ODBC 访问或者通过 ADO 访问。

ODBC（open data base connectivity）是微软倡导的、当前被业界广泛接受的、用于数据库访问的应用程序编程接口（API），它以 X/Open 和 ISO/IEC 的调用级接口（CLI）规范为基础，使用结构化查询语言（SQL）作为其数据库访问语言。ODBC 总体结构有四个组件：应用程序、驱动程序管理器（DriverManager）、驱动程序和数据源；ODBC 驱动程序的使用把应用程序从具体的数据库调用中隔离开来，驱动程序管理器针对特定数据库的各个驱动程序进行集中管理，并向应用程序提供统一的标准接口，这就为 ODBC 的开放性奠定了基础。

ADO 基于通用数据访问技术，提供了用 OLEDB 访问数据的易用接口，而 OLEDB 是微软处理不同数据源的系统级编程接口。OLEDB 规定了一套 COM 接口封装或隐藏各种数据库管理的系统服务。它可以快速访问异构平台的各种关系和非关系数据库（包括电子邮件、文件系统、文本、图像化和地理性数据，以及自定义商业对象）。ADO 能够访问任何兼容 ODBC 或 OLEDB 的数据库。ADO 具有高度的伸缩性，支持连接池、复杂的数据操作、断开的记录集及通过 HTTP 传递的远程同步记录集。

ADO 编程更简单、方便，使前端与数据源之间网络通信达到最小。ADO 提供了一致的、高性能的数据访问，能满足各种开发需要，包括创建前端数据库应用，以及基于各种应用、工具、语言和 Internet 浏览器的中间件商业对象。ADO 是简单或多层 C/S 结构和基于 Web 的数据驱动的解决方案的数据访问接口，使用 RAD 工具、数据库工具和语言工具的 COM 接口。

经过这两种数据访问方式的对比，为了使得基础 GIS 系统在数据访问上更易扩展，在实际应用中可选择 ADO 来访问空间数据库。

2）数据访问对象的设计

在实际应用中，为了更好地控制组件内部类对空间数据的访问，充分发挥数据库的事务特性来实现组件内部局部操作的事务性，系统在 ADO 组件的上层建立了数据访问对象，内部类不能直接访问 ADO 组件接口，而通过数据访问对象将访问请求提交给 ADO 组件，再由 ADO 组件执行数据访问操作。数据服务层的结构如图 7.9 所示。

数据访问对象具有的主要功能归纳如下：

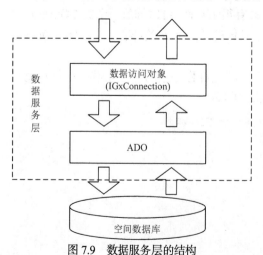

图 7.9　数据服务层的结构

①维护数据库连接和空间数据库的基本信息，如服务器位置、登录数据信息等；②提交数据

访问请求和返回请求结果；③支持事务操作；④错误和异常处理。

7.2.2　地图投影转换模块设计

地图投影转换是空间数据编辑与处理时常见的功能，其作用是将地图数据由一种投影转换为另一种投影的坐标变换，其本质是建立不同坐标系之间的对应关系。将不同尺度、不同时期、不同来源的地理空间数据精确定位于公共的地理基础之上，也是正确进行 GIS 空间分析的基本要求。

1. 模块类的设计

地图投影转换主要有解析变换法（又可分为反解变换法、正解变换法、综合变换法）、数值变换法和数值解析变换法 3 类共 5 种方法。投影转换存在共性，一般是 A 投影的坐标 *XYZ* 转换为 B 投影的坐标 *XYZ*，其参数个数、参数形式等均具相似性。所以，可采用组件技术进行地图投影转换抽象，形成类、方法、属性等。地图投影转换功能模块的基本结构如图 7.10 所示。

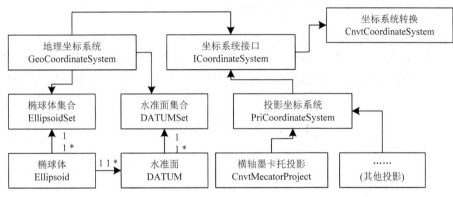

图 7.10　投影转换模块基本结构

图 7.10 中"坐标系统接口"是基类，是用于定义坐标系转换主要的函数接口，为了将接口与实现进行分离实现多态性，将"坐标系统接口"类的内部函数设置为虚函数。"地理坐标系统"和"投影坐标系统"均继承于"坐标系统接口"类。"地理坐标系统"用于实现经纬度坐标与空间直角坐标系之间的转换，该类包含"椭圆体"和"基准面"两个类。为了便于实现具体的椭球体与基准面的扩展及控制，在"地理坐标系统"与"椭圆体"和"基准面"之间分别加入"椭圆体集合"和"基准面集合"，这两个集合分别可以有一个或多个"椭球体"和"水准面"，每个"椭球体"可以对应一到多个"水准面"。"投影坐标系统"用于实现经纬度坐标与平面直角坐标之间的转换，与"坐标系统接口"类相似，"投影坐标系统"类的部分函数为虚函数，便于不同投影系统因个体差异而采用不同的策略实现同名函数重写。例如，"横轴墨卡托投影"继承于"投影坐标系统"类，实现具体的经纬度坐标与平面直角坐标之间的转换，其他的投影类型处理方法相同。

以上几个类协同实现了椭球体之间及经纬度与平面坐标之间的转换，通过不断加入椭球体、基准面及不同的投影方式，即可实现多种地图投影之间的转换功能。"坐标系统转换"为操作函数类，主要包含 BL2XY、XY2BL、BL2BL、XY2XY、Convert 等函数，用来操作前面所述几个类的功能函数进行投影转换，可以实现在不同椭球体、不同基准面、不同投影方式多种组合情况下的经纬度与经纬度或经纬度与平面直角坐标，以及平面直角坐标与平面直角坐标的相互转换。

2. 模块类的实现

根据对地图投影的分析，可采用上述面向对象技术完成地图投影转换模块总体设计。模块内部类与类之间的相互调用通过内部方法实现。

在模块"坐标系统接口"类的内部声明一个枚举类型 SYSTEMTYPE（表 7.2），用来定义坐标系统类型为地理坐标类型或投影坐标类型之一。

表 7.2　自定义的枚举类型

枚举类型定义	相关注释
enum　SYSTEMTYPE	//定义坐标系枚举类型
{	
ENUM_GROGRAPHY=0,	//定义若是地理坐标类型则为 0
ENUM_PROJECTION=1	//定义若是投影坐标类型则为 1
}	

1）基类 I-Coordinate-System 的设计

表 7.3 表述的是基类"坐标系统接口"，其内部方法为虚函数，主要用于子类的继承。该基类的内部方法为地理坐标系统与投影坐标系统所共需的相关方法。表中方法名前的"+"表示 public 方法。

表 7.3　I-Coordinate-System 类内部方法及说明

内部方法	功能说明
+GetSystemType（）:SYSTEMTYPE	判定并返回当前坐标系统类型是地理类型还是投影类型
+GetEllipsoid（）:Ellipsoid	获取椭球体对象
+GetDATUM（）:DATUM	获取基准面对象
+BL2XYZ（double B，L，H，X，Y，Z）:void	通过参数的传入与赋值，实现经纬度坐标转换为空间直角坐标
+XYZ2BL（double X，Y，Z，B，L，H）:void	通过参数的传入与赋值，实现空间直角坐标转换为经纬度坐标

2）Geo-Coordinate-System 类的设计

表 7.4 表述的是"地理坐标系统"类，它继承并重写父类中的所有方法，并拥有自己的两个方法。它通过调用椭球体集合与基准面集合中的相关方法，完成经纬度坐标与空间直角坐标间的相互转换，从而实现基于不同地理坐标系统下的经纬度相互转换。

表 7.4　Geo-Coordinate-System 类内部方法及说明

内部方法	功能说明
……	……
#GetCoefficient（double*coefficient）:void	计算经纬度与空间坐标间转换的中间参数，存入数组
#EqualGeo（ICoordinateSystem *pSystem）:bool	对比两地理坐标系统类型是否相同，相同返回 true

3）Ellipsoid-Set 类的设计

表 7.5 表述的是"椭球体集合"类，它用来获取所需的椭球体相关参数并将其提供给"地理坐标系"类。这些参数主要有椭球体的长、短半轴，扁率，第一、第二偏心率，卯酉圈曲

率半径等。"椭球体集合"类将所获取的相关参数归类到具体的椭球体方法中，而具体计算的执行则在"椭球体"类中实现。

表 7.5　Ellipsoid-Set 类内部方法及说明

内部方法	功能说明
GetEllipsoid（int ID）:Ellipsoid	根据传入的参数 ID 值，获取参数 ID 所对应的椭球体对象
GetKrassovsky（）:Ellipsoid	获取 Krassovsky 椭球体对象
GetIAG75（）:Ellipsoid	获取 IAG-75 椭球体对象
GetWGS84（）:Ellipsoid	获取 WGS-84 椭球体对象

"基准面集合"和"基准面"两个类与上面所述的"椭球体集合"和"椭球体"有着一定的相似性，基准面转换可采用七参数法，主要参数有基准面采用的椭球体、三个平移、三个旋转、比例校正因子和起始子午线经度。

4）Prj-Coordinate-System 类的设计

表 7.6 表述的是"投影坐标系统"类，它用来调用具体的投影计算方法（如横轴墨卡托投影），实现不同投影间的投影转换，它继承并重写父类中的方法，因投影坐标系中必然选有相应的地理坐标系，故其重写方式主要是调用"地理坐标系统"类中已重写的方法。

表 7.6　Prj-Coordinate-System 类内部方法及说明

内部方法	功能说明
……	……
+Prj_BL2XY（double B，L，B0，L0，X，Y）:void	实现同一地理坐标系下经纬度坐标转换为投影平面直角坐标
+Prj_XY2BL（double X，Y，B0，L0，B，L）:void	实现同一地理坐标系下投影平面直角坐标转换为经纬度坐标

该类有两个方法所拥有参数相似，前 4 个参数为传入参数，后 4 个为输出参数。各参数分别代表：B—纬度，L—经度，B0—起始纬度，L0—中央经线，X/Y—投影平面上的 x/y 坐标，其中，B0 和 L0 是根据所在地图投影带而存在的常数。

5）Cnvt-Coordinate-System 类的设计

表 7.7 所表述的是"坐标系统转换"类，它用来操作其他相关类的功能函数，实现不同坐标系间(包含地理坐标系和投影坐标系)的投影转换。函数 Cnvt-Coordinate-System（）和 Convert（）是该类中的两个主要函数，前者是后者的前提和基础，确定是何种转换方式，后者调用其余 4 个私有函数实现坐标转换，其中，O_1、O_2 是原始坐标，N_1、N_2 是转换后的坐标，两者均可为经纬度坐标或投影平面坐标。

表 7.7　Cnvt-Coordinate-System 类内部方法及说明

内部方法	功能说明
+CnvtCoordinateSystem（short FromID，ToID）	根据传入的 FromID 和 ToID 值确定是何种坐标系转换
+Convert（double O_1，O_2，N_1，N_2）:void	在确定何种坐标系转换后，对位置坐标进行坐标转换
-BL2BL（double B_1，L_1，B_2，L_2）:void	实现不同地理坐标系间原始经纬度坐标转换为目标经纬度坐标
-BL2XY（double B，L，X，Y）:void	实现两个坐标系间经纬度坐标转换为投影平面直角坐标
-XY2BL（double X，Y，B，L）:void	实现两个坐标系间投影平面直角坐标转换为经纬度坐标
-XY2XY（double X_1，Y_1，X_2，Y_2）:void	实现不同投影坐标系间原始平面直角坐标转换为目标平面直角坐标

7.2.3　地理网络分析模块设计与实现

地理网络分析就是通过对抽象的地理网络的研究、分析来对现实网络实体和网络现象进行分析和研究。一方面研究如何对现实世界中网络实体和网络现象进行抽象、描述、记录和再现，以及抽象出来的地理网络与实际网络之间的关系；另一方面研究地理网络元素之间相互关系和作用，以及它们对整个网络功能的影响和如何对它们进行控制和改造。

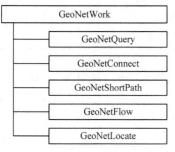

图 7.11　地理网络分析控件模型

1. 模块类的设计

根据 GIS 地理网络分析的内容将地理网络分析组件（GeoNetWork）分为地理网络查询（GeoNetQuery）、地理网络连通性分析（GeoNetConnect）、地理网络路径分析（GeoNetShortPath）、地理网络物流分析（GeoNetFlow）、地理网络的选址和服务分析（GeoNetLocate）五个对象。组件的模型如图 7.11 所示。

以下就这些对象的主要方法和属性进行设计。

1）GeoNetWork

该类用于加载地理网络文件及获得该地理网络的相关信息，总体结构如图 7.12 所示。

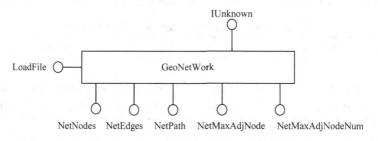

图 7.12　GeoNetWork 对象接口模型

（1）方法。Bool LoadNetFile（LPCTSTRstrNet）用于加载并初始化地理网络文件，加载成功返回 True，否则返回 False。

（2）属性。

NetNodes：该网络中网络节点的数目。

NetEdges：该网络中网络链的数目。

NetMaxAdjNode：该地理网络中具有最大邻接点的节点。

NetMaxAdjNodeNum：该地理网络中最大邻接点的节点数。

NetPath：该网络文件的路径。

2）GeoNetQuery

该类是对构成地理网络的所有网络元素的空间位置信息、形态特征信息、网络结构信息、邻接信息和属性信息等进行查询。总体结构如图 7.13 所示。

（1）方法。

Bool GetNodeNodes（long lNode）：根据输入的点（lNode）找到与该点邻接的节点集合。

Bool GetNodeEdges（long 1Node）：根据输入的点（1Node）获得与该点关联的边集合。

Bool GetEdgeNodes（long lStaNode, long lEndNode）：根据输入的边（1StaNode, lEndNode）找到与该边关联的节点集合。

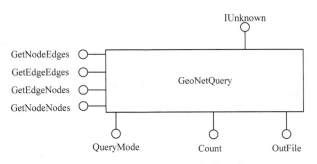

图 7.13　GeoNetQuery 对象接口模型

Bool GetEdgeEdges（long lStaNode，long lEndNode）：根据输入的边（1StaNode，lEndNode）获得与该边关联的边集合。

（2）属性。

QueryMode：查询的状态，GetNodeNodes 为 1；GetNodeEdges 为 2；GetEdgeNodes 为 3；GetEdgeEdges 为 4。

Count：查询结果的节点数或链数。

OutFile：保存查询结果的文件，文件格式如下。

第 1 行：QueryMode。

第 2 行：要分析的点 1（GetNodeNodes 和 GetNodeEdges 值为 lNode；GetEdgeNodes 和 GetEdgeEdges 值为 lStaNode），要分析的点 2（GetNodeNodes 和 GetNodeEdges 值为 0：GetEdgeNodes 和 GetEdgeEdges 值为 lEndNode），符合分析结果的结点或边数 N。

第 3 行：符合分析结果的点 lStal（查询到的第 1 个点或查询到第 1 条边的起始点），lEnd1（如果查询结果为点则值为 0，为边则为边的终止点），Dvalue1（查询结果为点值为 0，为边则值为该边的阻值）。

第 4 行：1Sta2，lEnd2，DValue2。

…………

第 N+2 行：lSta$N$，1End$N$，Dvalue$N$。

3）GeoNetConnect

该类用于对地理网络的连通性分析进行判断，主要有两点间的连通性分析、地理网络连通性分析。总体结构如图 7.14 所示。

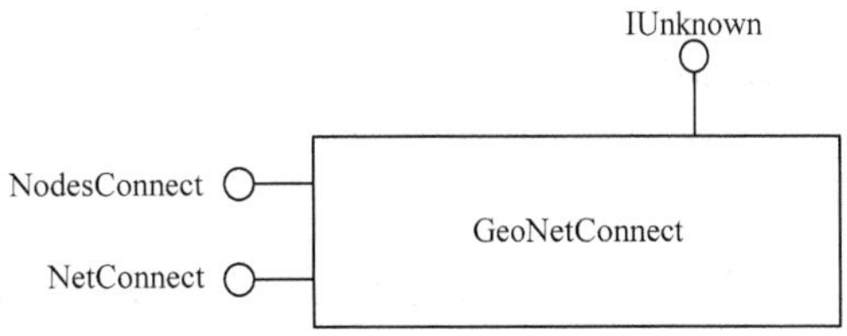

方法。

BoolNodesConnect（long 1NodeA，long 1NodeB）：根据输入的两节点点 1NodeA，1NodeB 判断这两个节点是否连通。

Bool NetConnect（ ）：判断当前网络是否连通。

图 7.14　GeoNetConnect 对象接口模型

4）GeoNetShortPath

该类用于对地理网络进行路径分析，主要包括两点间的最短路径分析、第 K 条最短路径分析、一点与其他点的最短路径分析、所有点间的最短路径分析等功能。总体结构如图 7.15 所示。

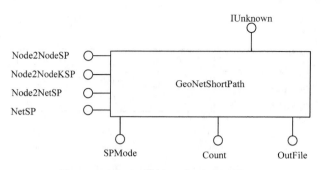

图 7.15　GeoNetShortPath 对象接口模型

（1）方法。

Bool Node2NodeSP（long lStaNode，long lEndNode）：根据输入的起点和终点找到两点间的最短路径。

Bool Node2NodeKSP（long 1StaNode，long lEndNode，long 1KSP）：根据输入的起点和终点找到两点间第 K 条最短路径。

Bool Node2NetSP（longlNode）：根据输入的点找到该点与其他点最短路径。

Bool NetSP（）：该网络所有点间的最短路径。

（2）属性。

SPMode：当前最短路径的类型，Node2NodeSP 为 1；Node2NodeKSP 为 2；Node2NetSP 为 3；NetSP 为 4。

Count：最短路径分析结果的结点数（包括起始点、终止点），链数为 Count-1。

OutFile：最短路径结果保存文件名，其文件格式如下。

第 1 行：SPMode。

第 2 行：要分析的点 1（Node2NodeSP 和 Node2NodeKSP 值为 1StaNode；Node2NetSP 值为 lNode；NetSP 值为 0），要分析的点 2（Node2NodeSP 和 Node2NodeKSP 值为 lEndNode；Node2NetSP 和 NetSP 值为 0），符合分析结果的节点 N。

第 3 行：符合分析结果的点 1Node1，该结点的前趋点 1P1，对应阻值 DValue1。

第 4 行：1Node2，1P2，DValue2。

…………

第 N+2 行：1Node$N$，IPN，DValue$N$。

5）GeoNetFlow

该类提供地理网络流分析，主要有地理网络最大流和地理网络最小费用流分析。总体结构如图 7.16 所示。

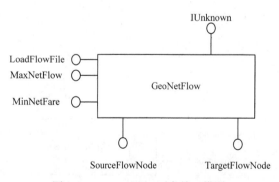

图 7.16　GeoNetFlow 对象接口模型

（1）方法。

Bool LoadFlowFile（LPCTSTR strFlow）：由于地理网络流分析需要获得每条链的容量矩阵和流量矩阵，其信息不能通过 GeoNetWork 中 LoadNetFile（）获得所有信息，LoadFlowFile 用于获得地理网络流量矩阵信息。

doubleMaxNetFlow（longlSNode、longlTNode、doubledMaxFlow）：根据输入的源点目标

点获得地理网络最大流。

Double MinNetFare（long lSNode、long lTNodet、double dMinFare）：网络最小费用流。

（2）属性。

SourceFlowNode：地理网络流的源点。

TargetFlowNode：地理网络流的目标点。

6）GeoNetLocate

该类提供地理网络选址和服务分析，主要有中心点、中位点计算及服务分析。总体结构如图 7.17 所示。

（1）方法。

Long GetNetCenterNode（long lCnt）：获得该网络的中心点，如果 lCnt>1 则将该网络中的所有结点计算出来的中心点值进行从小到大排序并输出前 lCnt 个计算结果。

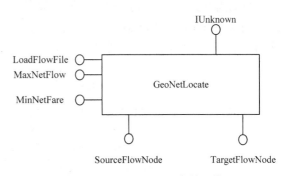

图 7.17　GeoNetLocate 对象接口模型

Long GetNetMidNode（long lCnt）：获得该地理网络的中位点，如果 lCnt>1 则将该网络中的所有结点计算出来的中位点值进行从小到大排序并输出前 1Cnt 个计算结果。

Long GetNetServer（long 1Node，double dLimValue）：根据输入的要分析的点 1Node，以及服务分析的限值 dLimValue 获得符合服务要求的结果。

（2）属性。

Count：符合分析结果的数目。

OutFile：查询结果的保存文件，其文件格式如下。

第 1 行：分析类别（中心点分析为 1、中位点分析为 2、服务分析为 3）。

第 2 行：要分析的点，符合分析结果的数目 N，DO（对于中心点、中位点分析为 0，对于服务分析为 dLimValue）。

第 3 行：符合分析结果的点 1Node1，对应阻值 DValue1。

第 4 行：lNode2，DValue2。

…………

第 N+2 行：lNode$N$，DValue$N$。

2. 模块类的实现

根据地理网络分析相关算法，结合 COM 规范，可利用 VisualC++实现地理网络分析控件对象和接口。主要包括以下方面。

1）地理网络查询分析

地理网络的查询就是从已经构建好的地理网络模型中按照用户的需求提取有用的信息，并将这些信息提交给用户。可以通过对地理网络模型中的二维表直接或间接查询到所需信息，其流程如图 7.18 所示。

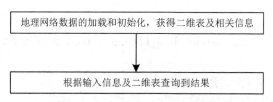

图 7.18　地理网络查询分析示意图

2）地理网络的连通性分析

地理网络的连通性分析包括两点间的连通性分析、地理网络连通性分析。地理网络连通块分析是这些分析的核心算法，图 7.19 就是该算法的示意图。其中，m_arNodes 为网络节点间的拓扑关系矩阵；iBlocks 记录该网络中连通块的个数；NodeBlock 数组记录各个节点所属连通块的序号；NetEdges 为网络中链数。

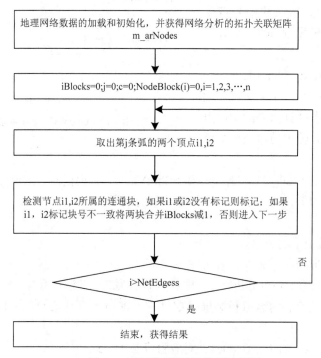

图 7.19　地理网络连通分析示意图

3）地理网络的路径分析

地理网络的路径分析主要包括两点间最短路径分析、两点间第 K 条最短路径分析、单点与其他点的最短路径分析和全源路径分析等，这些分析都是以两点间的最短路径算法为基础，同时其他地理网络分析问题中最短路径算法都是其重要的组成部分。采用基于最大邻接点的 Dijkstra 改进算法，如图 7.20 所示。

图 7.20 中，IE 为网络的邻接矩阵，DE 为对应链的阻值矩阵：NetNodes 为网络的节点数；NetEdges 为网络的链数；NetMaxAdjNode 为网络中最大邻接点数：IStaNode 为路径起始点，IEndNode 为终止点；P 数组记录该点最短路径的前驱点；D 数组为该点的最短路径值；Flag 数组用于标记。

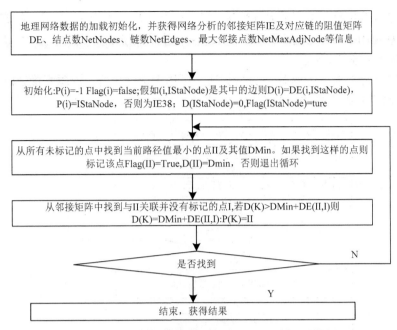

图 7.20　基于最大邻接点的 Dijkstra 改进算法示意图

4）地理网络流分析

地理网络流分析主要有最大流算法和最小费用流算法。最大流 Ford 和 Fulkerson 算法如图 7.21 所示。

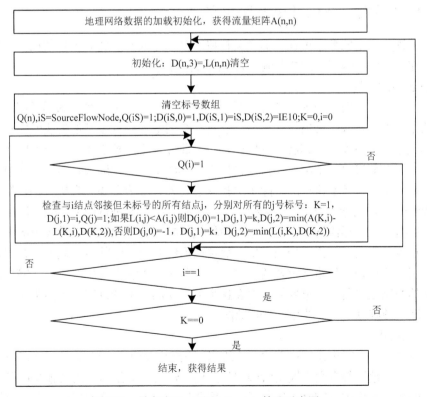

图 7.21　最大流 Ford 和 Fulkerson 算法示意图

其中，A 数组为网络结点间的允许流量矩阵；L 为最大流分配到每条弧上的流量；Q 数组用于标记；D 数组用于信息的追踪；SourceFlowNode 为网络源点；TargetFlowNode 为目标点。

5）地理网络选址服务分析

地理网络中心点、中位点和服务分析算法，可用于选址分析、资源配置分析和网络服务分析等。图 7.22 是中位点算法示意图。

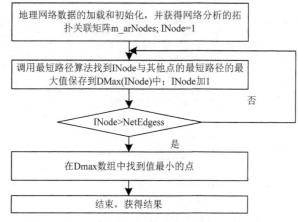

图 7.22　中位点算法示意图

其中，m_arNodesN 为网络结点间的拓扑关系矩阵；DMax 数组存储各个结点最大阻值；INodes 用于计数。

7.2.4　地形数据可视化模块设计与实现

地形可视化是空间数据可视化的重要构成，其应用非常广泛。地形数据可视化模块设计与实现需在三维引擎基础上，结合地形数据的特征进行设计。

1. 三维引擎架构

三维引擎架构一般分为主控核心、图形渲染模块、输入子模块、图形子模块等，其中，最重要的是主控模块和渲染模块，主控核心是三维引擎连接调度其他模块的中枢。三维引擎的各个模块通过主控模块的调度安排协作运行。此外，主控核心还是三维引擎作为与外界交流交互的主要对象接口，基本上任何来自外部发起的请求与调度都是通过主控核心接收，再向其他功能模块进行转发执行的。除了主控核心之外，最为重要的模块就是直接体现三维引擎三维视觉效果表现能力的图形渲染模块了。它是三维引擎进行图形图像绘制命令集中处理的核心，所有矢量图形绘制都是通过这个模块进行处理的。图形渲染模块内部可以分为几个子模块：场景控制模块、视点控制模块、简单图形绘制及三维裁剪模块等。在这几个子模块中场景控制与视点控制是非常重要的。对于一个基于军事仿真应用的三维引擎来说，大规模三维场景的渲染效果是十分重要的，而在这个大规模的三维场景进行不同角度、不同速度、不同自由度的漫游也是很基础很重要的操作。

1）主控模块

主控模块主要有三个作用：①建立三维引擎运行、处理三维渲染的架构。三维引擎的每一帧图形图像的绘制都在主控模块所构建的架构中进行。②组织调用其他功能模块，对各个功能模块的协调运作进行有序安排。③向上层调用提供合理明确的接口，包含上层图形显示所需要应用的设备描述表、资源描述表及一些其他功能模块可以被有效调用的函数。

图 7.23 为主控模块与其他各个模块的功能划分及调用分析，右侧的内包类在功能意义上讲就是各个功能模块。它们完成三维引擎特定的处理功能。但这些模块都不能直接被二次开发的用户所调用，属于三维引擎内部的处理功能。在图的两侧部分是三维引擎主控模块向外开发的接口函数，供用户使用，以完成特定的功能。

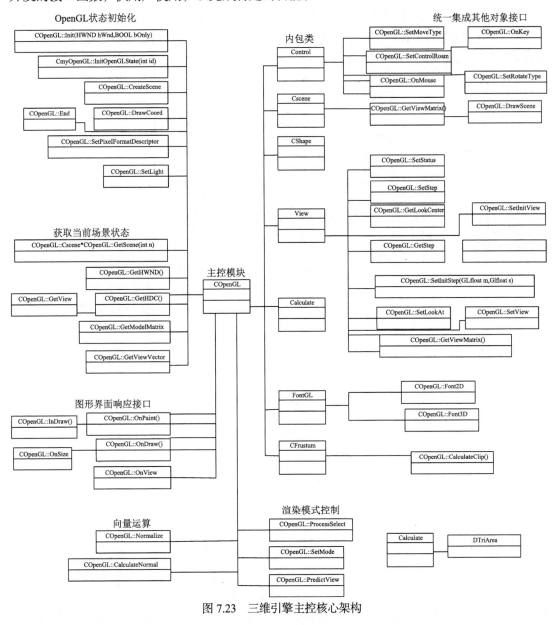

图 7.23　三维引擎主控核心架构

主控模块是三维引擎的核心，其框架结构采用 OpenGL 底层图形应用接口。完成的任务有设置三维引擎和 OpenGL 的初始化状态、建立三维引擎运行框架。初始化包含设置像素格式 PixelFormat，创建 GLRC（渲染描述表），关联 DC（设备描述表）与 GLRC（渲染描述表）。建立三维引擎运行框架主要包含多线程处理的创建、管理和渲染循环的创建及窗口变化处理等。

2）输入控制模块

输入控制模块的主要作用是在三维引擎接收外围设备输入时，对外围设备输入进行响应处理。输入控制模块主要处理键盘、鼠标输入，并且对于各种不同的输入调用不同的场景、视点及漫游方式的变化。输入控制模块是通过主控模块与其他模块进行交互的，主要交互对象是场景控制模块、视锥体裁剪和视点控制模块。

输入控制模块主要响应的操作有：视点的上下前后左右移动，对应键盘与鼠标操作；视点的旋转（绕当前相对坐标旋转与绕绝对坐标旋转），对应鼠标操作；漫游速度的控制，提高或降低漫游的速度，如图 7.24 所示。

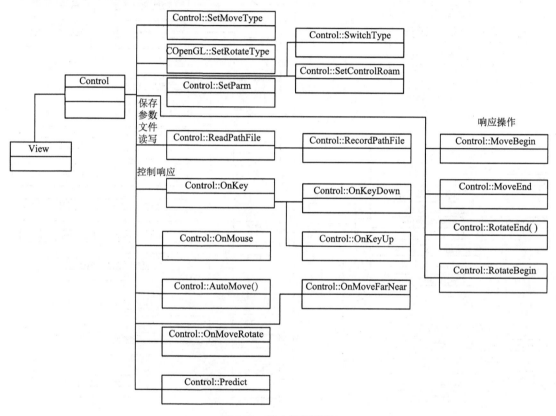

图 7.24　输入控制模块

3）视点控制模块

视点控制模块是三维引擎图形图像渲染的主要执行模块，是三维引擎渲染中一个很重要的技术。在互动的三维视觉效果场景中，视点的移动与变化是很好的三维视觉效果展现手段。但是这样的视觉效果必然要付出资源上与处理效率上的代价。因此，设计高效的视点控制处理机制与合理的三维视景裁剪是十分必要的。三维空间是立体的，但是显示设备目前大多数能应用二维的空间显示三维的视觉效果。这样就需要在三维空间中场景、物体到二维平面的转换。计算机图形学中定义了视点与视景体等概念，它是三维引擎进行视点控制与视觉裁剪的基础。

在这个过程中确定物体的前后及遮挡等现象是通过深度测试来鉴定的。在深度测试中可以得到在当前视点、视景体中需要渲染的图形，而那些被遮挡的、不处于视景体内部的都将被裁剪掉，不被渲染。视点控制的主要操作有平移、旋转、缩放和反射。这些操作的实质都是通过 OpenGL 空间变换的几何向量操作实现的，如图 7.25 所示。

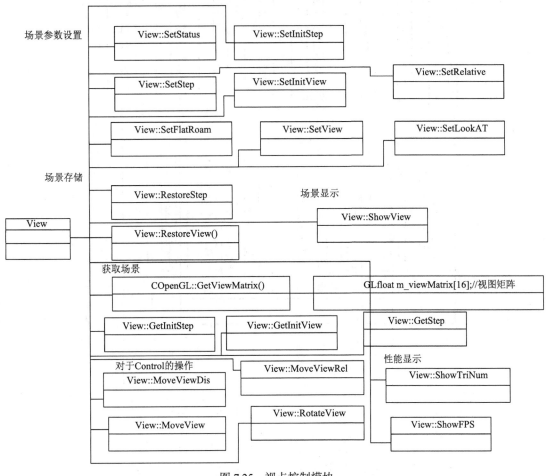

图 7.25　视点控制模块

4）场景控制模块

场景的渲染和控制是三维引擎渲染的一个部分。场景控制模块中包含很多的数据结构。主要数据结构包括 INDEX 索引、VECTOR 三维向量、MAPCOORD 纹理坐标、MAT 材质、MATMAP 材质纹理图、MAT_INDEX 材质列表、NORMAL 法向量、GROUP 地形单位对象。由以上数据类型组成的列表和集合形成了整个场景绘制中的数据结构。包含有

vector<GROUP>groups；//对象组

vector<MAT>materials；//材质列表

vector<MATMAP>maps；//材质纹理图列表

vector<VECTOR>vertices；//场景坐标点列表

vector<NORMAL>vertices_normal；//点法向量列表

通过这些列表集合组织起场景中的数据，在组织过程中，需要将每个单位面片上的材质、纹理、颜色与单位面片进行组合。为了提高渲染绘制的效率采用了双缓冲、显示列表等提高处理速度的机制，如图 7.26 所示。

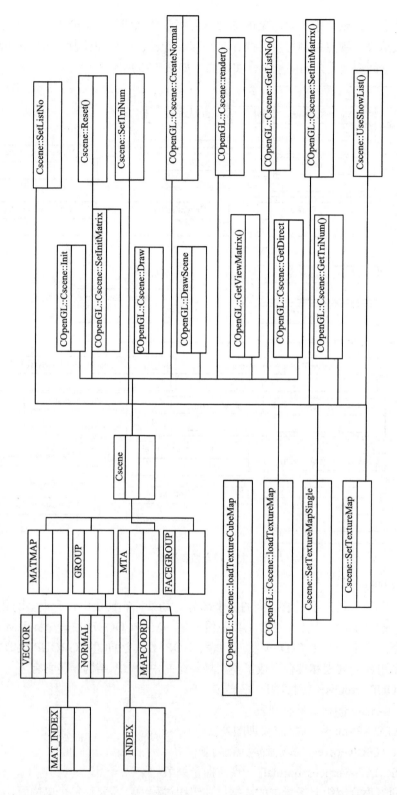

图 7.26　场景控制模块

5）其他功能模块

面向 GIS 应用的三维引擎还包含有其他模块：简单图形绘制、三维裁剪及多线程控制等。

（1）简单图形绘制模块如图 7.27 所示。

这一部分是为进一步开发所做的铺垫研究。在地形三维系统中，需要在三维地形场景中设置一些地标图形、文字等作为标识。这些地标图形、文字的绘制功能应该是向外能够开放的功能接口。因此，要具有一些可通用性，并且做到有尽量详尽的描述。

简单图形绘制是描述绘制复杂图形的基础。对于其他一些复杂的模型，根据在组件化过程中建立的图形绘制流程及简单图形对象的管理，就能够较快地进行后续开发。

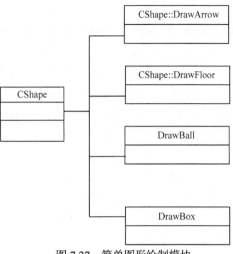

图 7.27　简单图形绘制模块

（2）视觉裁剪。视觉裁剪模块在三维引擎内部是一个主要提供三维视觉裁剪计算功能的静态类，主要的功能函数如下：ClaculatePosition（计算空间点在视锥体中的位置）、ConvertPositon（把空间点坐标转换到裁剪坐标系中）、CalculateBoundingBox（计算包围盒是否在视锥体中）、CalculateClip（计算裁剪矩阵）、CalculateDistance（计算空间点距离最近视锥体的距离），如图 7.28 所示。

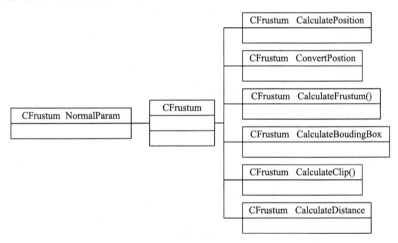

图 7.28　视觉裁剪模块

视觉裁剪模块将会被三维引擎的主控模块在 Analyse 函数中调用，用于计算当前视点所对应的视锥体内可见的场景与地形的面积。根据可见场景与地形的面积大小进行有效的裁剪，以提高引擎的计算与渲染速度。

2. 三维引擎组件化方案设计

对于三维引擎架构按照分析可以看出，主控模块是核心，而其他基本模块都是可以改造成各个组件对象的。因此，对于组件化的构建来说，需要对三维引擎的各个功能模块进行分类分层。在不同的层次上对三维引擎的各个功能模块进行组件化，再将得到的组件对象进行构建，获得一个组件化的三维引擎。三维引擎的最终展现形式是以图形化的界面显示出来，在进行组件化构建时，COM 组件的 ActiveX 是一个可以很好地将图形界面显示功能封装到组件内部的技术。因此，一般基于 ActiveX 技术对三维引擎组件进行优化。

从三维引擎的架构和各个功能模块的分析可以看出，三维引擎的架构是以主控模块为核心的，围绕着主控模块其他各个功能模块各自完成其功能。因此，三维引擎的组件化的设计思路是将三维引擎直接嵌入一个图形界面中，以方便后续二次开发。应用这样的方案有以下几个好处：首先，将三维引擎直接嵌入 ActiveX 技术实现的图形界面中可以方便二次开发人员的开发过程。在二次开发过程中，对于不同的应用不同的开发环境与开发语言，二次开发人员必需根据现有的情况结合基于军事仿真应用的三维引擎的图形界面接口的实现方法，进行图形化的实例。二次开发人员只需要有简单的应用程序开发的控件使用经验就可以了。其次，在使用 ActiveX 作为图形界面的载体后会更加方便地实现跨平台跨开发语言的好处。ActiveX 技术实现的控件本身也是一个 COM 组件，具有 COM 组件跨平台的特性，这样的特性使用起来十分方便，并且在 COM 组件规范的保证下代码的可靠度是值得信赖的。图 7.29 所示为按照各个组件对象的层次对 ActiveX 技术的使用进行的定位。

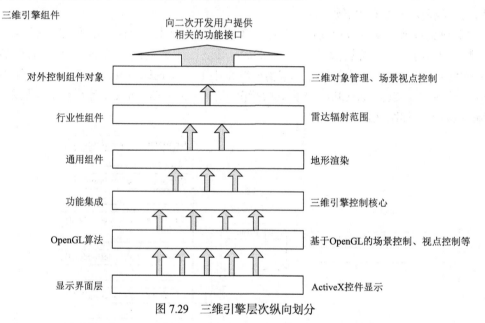

图 7.29　三维引擎层次纵向划分

在显示界面层使用 ActiveX 技术作为图形界面的载体，其他层次都使用 COM 组件技术进行组件化构建。同时为了应用的简便性，对通用组件进行 COM 组件的聚合。

在这样的设计方案下，完成的基于 GIS 应用的三维引擎应该有如图 7.30 所示的架构。

这样的架构设计目的有两个：第一，隐藏三维引擎中复杂的 OpenGL 代码，二次开发用户不用关心其内部实现，所要注意的只是 COM 组件三维引擎控制核心中开放的接口的具体定义与具体使用方法。第二，对于行业性组件采取动态加载的方法，这样提高了三维引擎的效率，同时符合软件构建的合理性。

根据以上架构确定出的三维引擎同时确定需要开放出的供二次开发使用的接口，以及接口包含的主要函数。以下是主控模块对应组件对象设计开放的接口函数：

Initialize（）//初始化三维引擎

LoadMap（[in]BSTRMapname）//装载地图场景

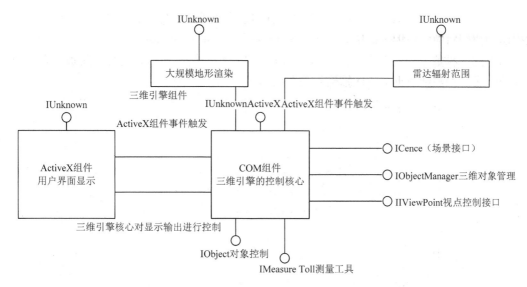

图7.30 三维引擎组件化构建设计方案

GetCurrentPosition//获取当前视点位置的坐标

MoveTo//移动当前视点位置到某个指定位置

DrawBall//在三维场景中绘制球体

CoordFromScreen//将三维世界的虚拟三维坐标转换为当前屏幕的二维坐标

ToMilWorld//将屏幕二维坐标转换到三维坐标

DrawBox//在三维场景中绘制一个六面体

DrawFloor//在三维场景中绘制一个面片

DrawArror//在三维场景中绘制一个箭头标识

Font3D//在三维场景中绘制三维字符串

3. 大规模地形场景绘制模块构建

对于大规模地形场景实时绘制问题，近年来相关的关键技术研究主要涉及细节层次技术、地形数据的调度技术、地形网格的存储技术。结合这些技术，大规模地形场景绘制组件构建主要分为以下两个步骤：数据结构与算法组件化和大规模地形绘制组件与三维引擎主控核心的协调工作。其中，大规模地形绘制的数据结构体现了地形层次及地形网格技术的实现，而大规模地形绘制的算法部分则体现了调度及其他算法。

1）数据结构与算法组件化

数据结构是大规模地形绘制中重要的数据存储单元。在大规模地形绘制中数据结构组织如下。

NODE：地形数据块信息。包括地形块法向量、中心点位置、在水平方向上地形块距离边界的距离、垂直方向上地形块距离边界的距离及地形渲染的静态信息。单个数据占用40个字节，对于一块 16K×16K 的地形划分为 33×33 块则需要总共约 15M 的空间存储地形块信息。

NODEext：地形块扩展信息。包括两个方向上块的索引、裁剪后的可视面积、视点到块的距离、地形块的优先级、绘制精细程度、当前绘制帧数、当前地形块的绘制状态和当前地形块所处的地形块层数。

　　Queue：主要的工作是对于地形数据块信息和地形块扩展信息建立对应的索引队列。通过索引队列找到对应的地形数据块。

　　以上的三种数据结构是大规模地形绘制中的基本数据结构，是通过对应关系建立起的大规模地形场景的整体数据。总体结构和关系如图 7.31 所示。

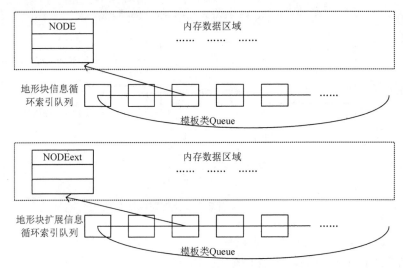

图 7.31　大规模地形绘制时地形数据组织

　　在算法方面，主要算法集中在 CMemManager 类中，CMemManager 对于大规模场景数据将进行以下处理：首先进行内存管理器的初始化，读取地形数据文件中的地形场景总体信息。根据地形场景的整体信息确定大规模场景中初级地形块个数、地形简化处理层数，以及所有地形块总块数等。根据以上信息，为地形块信息和地形块扩展信息申请内存空间，建立地形信息索引队列。从文件读取地形数据信息到内存中，并对响应的地形块索引进行标记。通过将内存中的地形块数据交付给渲染模块进行渲染。根据渲染过程中得到的渲染效率信息，通过调整地形细节层次等级及地形数据调度等操作动态调整大规模地形场景渲染的效率与渲染精细度的平衡，得到流畅与细腻程度都可接受的三维场景效果。

　　大规模地形绘制组件对象的组件化需要首先建立一个 ATL 简单对象，对于大规模地形绘制组件对象中的数据结构在组件对象中进行定义。对于 CMemManager 类中的函数，将需要被外部调用的函数在接口中进行开放，以被主控模块进行调用。开放接口函数信息如下：

　　Void ReportLackBlock（int iBlock）；//报告缺块

　　Int GetUnfetchMem（）；

　　Void SetPredictNum（int nFrame）；

　　Void GetMemData（int*&buf, int&n）；//获取数据

　　Void CalculateScheduleMem（float view[], int iFrame）；//计算调度数据

　　Void Schedule（BOOL bSmooth）；//调度

　　Void Init（CmyOpenGL*pInfo, char*filename）；//初始化，实现分配内存等初始化工作

　　将以上函数开放到 IMemManager 接口下，并完成其各个函数的实现。此外，对于组件对象私有的函数，在实现类中进行声明与实现。

　　2）大规模地形绘制模块与三维引擎主控核心协调

　　大规模地形绘制组件需要与三维引擎主控核心及渲染模块共同协作才能完成大规模地形

场景的动态绘制，如图 7.32 所示。因此，需要将大规模地形绘制组件与三维引擎进行协调工作。首先，在主控模块的初始化过程中需要调用大规模地形绘制组件对象对地形数据进行读取与管理。然后，由渲染模块对地形数据进行处理完成大规模地形的绘制工作。

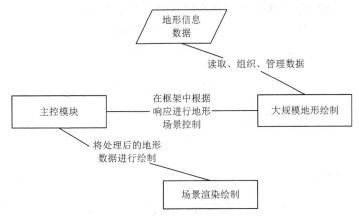

图 7.32　大规模地形绘制模块与其他模块协作

在绘制的过程中通过计算得出绘制的效率，将效率中的信息反映给大规模地形绘制组件对象进行处理，完成调整地形块的精细程度及将地形块数据进行调度等操作。以完成三维引擎的大规模场景绘制处理。

主控核心的协调主要包含以下三个方面。

（1）大规模地形绘制组件对象的聚合。在主控核心中 CMilOpenGL 的构造函数中，首先声明大规模地形组件的接口，创建大规模地形绘制组件对象实例，并对组件对象的创建成功进行判断，确保大规模地形绘制组件对象成功创建：

IMemManagerm_IMemManager；

HRESULThr=IMemManager.CoCreateInstance（__uuidof（MemManager））；

If（hr!=S_OK）return；

（2）大规模地形绘制组件对象接口函数的调用。在创建完大规模地形绘制组件对象之后，通过调用大规模地形绘制组件对象接口中的各个函数完成主控核心调用大规模地形渲染组件的功能。

在主控核心打开地形数据文件后，使用组件对象进行数据初始化 m_IMemManager→Init（this，filename）；初始化完成后，调用内存数据调度函数：

m_pMemManager→CalculateScheduleMem（CalView，m_cnFrame）；

m_pMemManager→Schedule（FALSE）；

在视点变换的响应中，对于每次视点变化后进行地形数据的调度及数据更替，并且在 InDraw 重绘函数中进行一次调度。

m_pMemManager→Schedule（FALSE）；

m_pMemManager→GetMemData（m_pMemData，m_cMemData）；

m_pMemManager→SetPredictNum（m_iPrefetchFrame）；

在每次的键盘输入响应中进行调度计算并执行地形数据调度。

m_pMemManager→CalculateScheduleMem（CalView，m_cnFrame）；

m_pMemManager→Schedule（FALSE）；

在主控核心的调整函数中发现地形数据缺块的情况时，调用大规模地形绘制组件的缺块报告函数。

m_pMemManager→ReportLackBlock（child）;

这样就完成了主控核心与大规模地形绘制组件的主要协调工作。

（3）大规模地形绘制组件对象的销毁。主控核心的析构函数中，将所有大规模地形绘制组件对象接口的每一次引用执行 Release 函数完成对象引用的释放。

7.3　基础 GIS 的二次开发环境

因为基础 GIS 软件不能完全满足终端用户特别是 GIS 应用系统的需要，所以 GIS 软件的二次开发环境在 GIS 的推广使用中占有比较重要的地位。

7.3.1　二次开发接口设计

基于基础 GIS 的功能模块划分，基础 GIS 的二次开发包将主要包含空间数据的存储与管理 API、空间数据编辑与处理 API、空间数据可视化与制图 API、空间数据查询与分析 API。

可以采用不同的技术实现基础 GIS 的二次开发接口，随着软件开发技术的发展，二次开发接口的实现技术也在不断地发展。目前，在软件开发领域中组件技术已日趋成熟，且基于组件技术实现的软件二次开发接口，具有稳定、规范、可扩充的开放结构，并且可以使用不同的编程语言操纵这些接口，从而使提供更多、更灵活的二次开发手段成为可能。同时，由于基于组件的软件具有良好的结构和组件间统一的通信接口，从而降低了设计和实现二次开发接口的难度。

以组件为基础的基础 GIS 二次开发接口环境，即把基础 GIS 改造成一个支持组件接口标准的自动化服务器（automation servers ），同时为用户提供一个接口库。这样用户就可以使用像 VB、.Net 等通用语言，编写自动化客户应用程序，从而实现对基础 GIS 功能的扩充，即实现对基础 GIS 的二次开发。

基础 GIS 二次开发接口的设计原则：第一，接口必须提供足够的服务，满足二次开发应用程序的需要，利用组件技术把接口提供的各类服务以组件的形式提供给用户，应用开发者可以利用它们再根据不同的目的自由组合生成合适的应用系统。第二，可扩充服务。能根据应用需求的增加，把新的功能插入接口，实现"即插即用"。利用组件技术可以方便地实现这一要求，在一个组件需要提供新的服务时，通过增加新的接口来完成，不会影响原接口已存在的用户。用户也可重新选择新的接口来获得服务。第三，接口定义的稳定性和一致性。接口定义的稳定性使二次开发人员能构造出坚固的应用，组件的封装特性可以保证在组件实现方法发生变化时组件的接口保持不变，从而保证基于组件之上的二次开发接口的稳定。第四，简洁、易用。二次开发人员一般都是工程技术人员，要求他们掌握专业的程序开发技术是不切实际的，对他们而言，易学易用与强大的功能同样重要。

7.3.2　二次开发控件设计

当前，图形化用户界面是基础 GIS 开发的主流，而控件技术的应用可以大大减轻图形用户界面开发的难度，它将与用户交互中使用的关键元素抽象出来，建立起统一的外观风格，培养了模式化的用户习惯，并且可将代码以更易于重用的方式组织起来，使开发者不用每次开发新应用程序都要从头开始。在此背景下，如何结合组件技术，对基础 GIS 二次开发控件进行设计与实现变得非常重要。

1. 控件概念与分类

控件，是一种图形用户界面元素，它指的是显示在屏幕上用于与用户交互的显示单元。在计算机图形用户界面的应用和发展中，渐渐形成了一组常规的可重用的控件。通过使用这些控件，不仅使得图形用户界面的开发更为规范、简单，同时也使得界面更加直观、友好。可视化的特性使得控件非常容易与用户交互，而且核心的常用控件已经形成了一组标准的外观规范，用户只要通过使用一个应用程序熟悉了这些关键的基本控件，就可以非常容易地把这些使用经验应用在别的应用程序的使用过程中。

控件可以按其构成分为原子控件和组合控件。原子控件通常是一些较为基本的、较为简单但功能完整而独立的控件，它不能再被细分为控件的组合。相对的，组合控件则是指的是由一些简单、基本的控件通过组合的方式形成一个较为复杂、高级的控件。控件又可以按其是否能容纳子控件来分为容器控件和非容器控件：能容纳子控件于其中的控件就是容器控件，它一般是用于布局的控件，如窗口控件就是最常用的容器控件；非容器控件则是不能再容纳子控件的基本控件，如按钮控件、文本框控件等。

从功能角度看，控件可分为用户界面控件、图表控件、报表控件、表格控件、条形码控件、图像处理控件、文档处理控件等。

（1）用户界面控件。用于开发构建用户界面（UI）的控件，帮助完成软件开发中视窗、文本框、按钮、下拉式菜单等界面元素的开发。代表：DXperience、WebUIStudioPremier、BCGControlBar、ComponentOneStudio、NetAdvantage、XtremeToolkit 等。

（2）图表控件。用于开发图表的控件，帮助软件实现数据可视化，实现开发时较难独立完成的复杂图表。代表：FlexChart、TeeChart、AnyChart、ChartDirector、Chartfx、Visifire、Iocomp 等。

（3）报表控件。用于开发报表的控件，在软件中实现报表的浏览查看、设计、编辑、打印等功能。代表：StimulSoftReport、FastReport、ActiveReports 等。

（4）表格控件。专门用于开发表格（CELL）的控件，主要实现网格中数据处理和操作的功能。代表：WebGridEnterprise、Spread、FlexGrid 等。

（5）条形码控件。用于条形码生成、扫描、读取和打印的控件。代表：BarcodeXpress、TBarcode、BarcodeReaderToolkit、BarCodeComponentOne 等。

（6）图像处理控件。一般是指帮助软件实现图像浏览与简单编辑功能的控件。代表：ImagXpress、ImageUploader、leadtools 等。

（7）文档处理控件。一般指实现文档文件的浏览、编辑功能的控件。代表：add-inexpressforofficeandvcl、Aspose、TXTextControl、C1Word 等。

2. 基于 ActiveX 技术的 GIS 控件设计与实现

ActiveX 是基于组件的可视化控件结构，也是目前基础 GIS 控件开发的主要方式，本节将以 ActiveX 技术为例，对基础 GIS 控件开发进行讲解。

1）基本结构

ActiveX 控件既是一个自动化对象，也是一个标准的 COM 对象，同时它也是一个界面元素。开发人员能够像使用普通的 Windows 控件一样，在设计时刻使用 ActiveX 控件。

不管在设计时刻还是运行时刻，ActiveX 控件都要通过标准的 COM 接口来提供各种功能服务。ActiveX 控件除了向控件容器提供服务以外，还要接受最终用户的各种输入，以及其他的一些 Windows 消息，这使得 ActiveX 控件与控件容器之间的交互比一般的自动化对象与自动化控制器之间的交互要复杂。

　　为了更好地实现与容器进行通信，也为了更好地响应最终用户的交互，并把对用户的响应及时地告诉容器程序，ActiveX 控件应具备以下基本要求。

　　（1）属性和方法管理，ActiveX 控件作为基本的界面单元，它必须有自己的属性并向容器提供必要的功能服务。为了使 ActiveX 控件应用于更为广泛的场合，应把它的方法和属性以一种友好的形式提供给容器程序，并且最终用户可以通过简单的界面操作来访问控件的属性。

　　（2）事件机制，因为 ActiveX 控件要面向最终用户，所以，为了使容器能够及时地感知用户操作所引起的反应，ActiveX 控件必须提供事件机制。

　　（3）用户界面特性，因为 ActiveX 控件直接面向最终用户，所以它必须能够把自己的内部状态以某种可视的方式展现给用户，并且容器程序可以根据需要调整控件的位置和大小。

　　（4）状态永久性机制，ActiveX 控件把它的属性和内部信息保存到存储对象和流对象中。

　　ActiveX 控件是多种技术的集成，它包含 COM 和 OLE 的许多技术。ActiveX 控件需要实现的接口如图 7.33 所示。

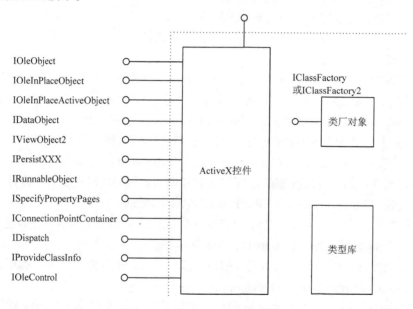

图 7.33　ActiveX 控件结构示意图

　　2）控件的方法

　　控件的方法是外界程序调用控件功能的基本途径，通过这些接口可以完成基本的 GIS 功能。GIS 控件包括基本操作（如打开、关闭地图、设置工具等）、对象管理（如新建和删除地图、图层、实体等）、图层管理（如图层的锁定、隐藏等）、图形操作功能（如地图漫游、缩放等）、实体管理（如创建实体库、单独制作实体等）和其他一些功能接口（如 Undo 操作）等方法。

　　以创建图层的控件方法为例，展示控件方法如何与内部类进行交互，完成 GIS 的功能请求。

```
STDMETHOD IMPCGxControl：：CreateLayer（short LayerType, BSTR ImageFileName,
BSTR LayerName, BSTR TableName）
    {
```

```
AFX_MANAGE_STATE（AfxGetStaticModuleState（））
//TODO：创建一个新图层（几何层或位图层）
if（m_pCurrentMap==NULL）{
AtlReportError（CLSID_GxControl, L"尚未建立地图!",
IID_IGxControl, CTRL_E_MAPNOTESTABLISHED）;
return CTRL_E_MAPNOTESTABLISHED;
}
longid=m_pCurrentMap->GetLayerOnlyID（）; //生成图层的唯一标识号
if（id==-1）{
AtlReportError（CLSID_GxControl,
L"超过地图允许最大图层数目，图层唯一标识生成失败!",
IID_IGxControl, CTRL_E_MAKELAYERONLYIDFAILED）;
return CTRL_E_MAKELAYERONLYIDFAILED;
}
if（LayerType==0）//如果创建的是几何层
{
m_pCurrentMap->AddGeoLayer（LayerType, LayerName, TableName, id）;
m_pCurrentLayer=（CGeoLayer*）m_pCurrentMap->
GetCurrentGeoLayer（）;
Fire_ActiveLayerChanged（id）; //触发图层改变事件
}
else{
CStringfileName=ImageFileName;
if（fileName.IsEmpty（））
{
AtlReportError（CLSID_GxControl,
L"位图层位图文件名不能为空!",
IID_IGxControl, CTRL_E_IMAGEFILENAMEEMPTY）;
returnCTRL_E_IMAGEFILENAMEEMPTY;
}
m_pCurrentMap->AddImageLayer（LayerType, LayerName, ImageFileName, id）;
SetLowestLayer（id）; //将位图层设置为最底层
}
m_pCurrentGeoObject=NULL;
m_pCurrentSet=NULL;
m_pCurrentMap->SetDirty（）;
Fire_MapIsDirty（）; //触发地图被修改事件
Fire_CreateLayerFinished（LayerType, id, LayerName, TableName）; //触发创建图层
完成事件
returnS_OK;
}
```

3）控件的属性

可以把控件的属性分为两种：一种是控件的表现属性，主要负责控件的窗口显示，一般由集成开发环境自动生成；另一种是控件的功能属性，通过设置功能属性并结合方法的调用可以完成很多控件的功能操作。

下面是部分基础 GIS 控件的主要功能属性：

…………

```
ToolTypem_ToolType//当前工具
DrawTypem_DrawType//当前画图类型
BOOL m_isAutoSave//是否自动保存
Long m_ElapseTime//自动保存时间间隔
Char*m_MapTableName//地图数据表名称
BOOL m_isSelPointShow//显示选中点状态
Long m_selectElementsNum//选中图形数目
Long m_selectObjectsNum//获得选中实体数目
BOOL m_isShowGrids//获得显示网格点状态
Char*m_topoTableName//拓扑数据表名
```

……

其中，ToolType 和 DrawType 是自定义的枚举类型；ToolType 用来表示系统当前的工具类型，如漫游工具、放大缩小工具、画图工具等。而 DrawType 在绘制图形时使用，表示当前制作的图形类别，只有当 m_ToolType 为 ALTERNATE_DRAW，即画图工具时，m_DrawType 才有效。

4）控件的事件

事件是外界程序和控件进行交互的主要方式。在某个接口被调用之前或执行过程中或完成调用时激发控件的事件，用以通知外界程序控件内执行了某个操作，并通过参数返回控件的某种状态，外界程序接收到事件再根据参数来执行相应的操作。

GIS 控件设计了很多必需的事件，通过这些事件才能真正执行一个完整的 GIS 请求操作。例如，CreateMapOK 事件，客户端程序请求了方法 CreateMap 后，控件内部生成新地图的唯一标识号，通过该事件将唯一标识号返回给客户端程序，客户端程序将根据这个标识号在数据库内生成相应的数据记录，然后提供界面由用户输入或设置属性信息。这样才真正完成了新建地图的请求操作。

以上介绍了 GIS 控件的方法、属性和事件，要很好地使用控件的功能，则必须很好地将这三者结合使用。可通过一个点选查询图形元素信息的过程来说明这一点：客户端使用点选查询功能，首先要通过调用控件方法来设置查询哪些信息，再设置控件的工具属性 m_ToolType 为 POINT_SELECT_ELEMENT，然后点击进行查询，控件根据点击坐标来判断是否选择了某个图形元素，不论是否选中都会通过点选完成事件来通知客户端。客户端则可以根据返回的内容来反馈给用户相应的信息。

第 8 章　网络地理信息系统

计算机网络是计算机技术与通信技术相结合的产物，它将分布在不同地理位置、功能独立的多个计算机系统、网络设备和其他信息系统互联起来。网络促成了人类通信与交流方式的一次重大革命，改变了与之有交集的所有领域。网络与 GIS 相互深度整合应用改变了地理信息的获取、传输、发布、共享和应用的方式。在网络技术和分布式计算技术的大力推动下，网络 GIS 的体系结构不断演化，已成为地理信息领域最具活力的发展方向。在应用方式上，网络 GIS 使多个用户基于同一个系统对同一套数据进行共享和操作，网络 GIS 与专业业务深度整合，实现了协同办公；在更新方式和时效性上，可以将最新的数据和最新的功能通过网络发送到客户端，提高 GIS 服务的时效性。

8.1　网络 GIS 概述

网络 GIS，通俗地讲就是以网络为平台的 GIS。本质上它是一个基于网络的分布式空间信息管理与服务系统，能实现空间数据管理、分布式协同作业、网上发布、地理信息应用服务等多种功能。具体地讲，"以网络为平台"包括两层含义：首先是以网络作为 GIS 的实现平台，具有 GIS 所共有的数据采集、管理、分析、处理、输出等功能；其次是以网络作为 GIS 的应用平台，开拓了 GIS 资源利用的新领域，为 GIS 信息的高度社会化共享提供了可能，为 GIS 信息的提供者和使用者提供了有效途径，为 GIS 的发展提供了新的机遇。

8.1.1　网络GIS定义

网络 GIS 有广义和狭义之分。

狭义网络 GIS 是基于一定时期内特定形式的计算机网络和分布式对象技术的融合所形成的 GIS 系统。不同网络 GIS 因其网络结构和分布式对象技术的不同而在体系结构、数据存储和访问方法、数据组织与存储策略等方面存在较大差异。狭义网络 GIS 实际上代表了 GIS 在不同应用环境下的重要特征，不同模式有不同的特点和适用场合，从目前来看，它们的地位是平等的，不是简单的更替关系。

广义网络 GIS 是新技术新方法，是已有技术的弥补，多种技术互相融合、互为利用。本书所探讨的广义网络 GIS 不仅是所有狭义网络 GIS 的统称，同时也代表了不同狭义网络 GIS 结合时的产物。在一个技术方法繁多、数据共享需求多样的企业里，GIS 并非都是狭义网络 GIS，更多的是几种不同狭义网络 GIS 的结合，即同时使用几种网络结构和不同的分布式对象技术。

8.1.2　网络GIS功能

网络 GIS 功能主要表现在以下几点。

（1）地理数据网络采集与更新。网络 GIS 可以提高数据采集和更新的实时性和效率。例如，用户基于 Web 浏览器或特定的瘦客户端（如 Google Earth）可以进行在线标注，实现信息的添加、更新和发布，或者采用 PDA+GPS+在线地图服务的方式进行野外数据采集（实际上大多数智能手机已经具备这样的功能），还可以通过物联网+GPS 的方式实现位置信息和属性信息的同步采集。在数据采集与更新方面，网络 GIS 带来的不仅是技术上的进步，更催生了一种新的地理数据采集和更新的模式。

（2）地理数据分布式管理。网络 GIS 的分布式地理数据管理包括两层含义：一是指地理数据可以通过分布在网络上不同节点的数据库进行管理，用户不必关心数据的存储位置和状态；二是指互联网上存在大量具有空间分布特性的信息，基于网络 GIS 平台可以将这些信息准确地定位在空间位置上，而零散的信息能够在同一时空基准上实现集成和管理。

（3）在线数据服务。网络 GIS 能够提供的在线数据服务包括数据网络分发（下载）服务、静态图像显示服务、动态地图显示服务、元数据服务、地理数据查询服务等。常用的数据服务形式主要包括 OCC 网络地图服务（web map service，WMS）、网络覆盖服务（web coverage service，WCS）、网络要素服务（web feature service，WFS）等。

（4）在线处理服务。地理信息处理服务是指能够对空间数据进行某些操作并提供增值服务的基本应用，可以理解为桌面 GIS 中的某些功能组件在网络环境下的服务化封装，一个处理服务通常包括一个或多个输入，对数据进行相应处理后进行输出。处理服务的内容可以涵盖一个完整的 GIS 系统所应当具备的所有功能，如数据预处理、数据查询、空间分析、打印输出等。用户可以单独使用一个处理服务，也可以通过设定服务链或工作流的方法对多个处理服务和数据服务进行组合，建立松散耦合的关联模式，解决更大的问题。

8.1.3　网络GIS基本特征

尽管在狭义网络 GIS 的体系下，每一种网络 GIS 形态都具有不同的特征，但是从广义网络的角度，与传统的桌面 GIS 相比，不同类型的网络 GIS 具有一些共性特征。这些特征主要表现在以下几个方面。

（1）多层架构的开放系统。无论是 C/S 结构的两层体系，还是 B/S 结构的三层或四层体系，以及面向服务的多层体系，网络 GIS 打破了桌面 GIS 的紧耦合状态，能够通过 Java、CORBA、DCOM 等技术跨平台协作运行，也能够通过对象管理、中间件、插件及服务发现与组合等技术手段与非 GIS 系统集成，既提高了 GIS 软件本身的稳定性和扩展能力，也增强了 GIS 的行业应用能力。

（2）数据网络化特征。与桌面 GIS 中数据集中管理的方式不同，网络 GIS 的数据可以来自网络上的各个结点，并服务于网络上的每一个用户。数据的网络化体现在 GIS 的数据模型、数据组织、存储模式及应用模式的网络化。ESRI 公司的 GeoDatabase 数据模型是典型的网络化 GIS 数据模型，它在面向对象、知识与规则表达方面所表现出来的优势是诸多传统 GIS 数据模型无法比拟的。Oracle 公司利用其 SDO 的数据模型和组织方式实现了 Oracle 数据库对空间数据的无缝存储；ESRI 公司的 ArcSDE 利用连续的数据模型策略实现了海量的关系数据库管理；Google 公司利用 BigTable 和 MapReduce 技术实现了基于文件系统的数据存储和管理。对用户而言，可以在客户端将来自网络上的数据服务与来自本地的数据文件组合在一起完成自己的工作，这些都充分表明了数据网络化的特征。

（3）应用网络化特征。不同用户对于 GIS 具有不同的应用需求，特别是对一个企业级应用来说，单纯的一个 GIS 软件或系统有时很难满足用户的全部使用要求。网络 GIS 的用户可以将任务分解为多个子任务，并进一步分解为 GIS 软件可以理解和执行的操作，由多人在多个节点上应用多个不同的软件系统分别完成，再按照约定的消息传递机制和标准对结果进行集成，从而完成整个操作。这种协同工作的模式和能力是传统的桌面 GIS 所不具备的。

（4）支持多用户和广泛的访问。就用户数量而言，网络 GIS 的用户数量与传统桌面 GIS 相比是数量级上的增长，网络 GIS 的出现使 GIS 真正进入大众化和普适化的时代。就访问范围而言，网络 GIS 的用户可以同时访问多个位于不同位置的服务器上的最新数据，并使用来自多个节点的地理信息处理服务进行加工处理。

（5）提高信息共享能力。由于采用数据与应用分离的策略，网络 GIS 对地理信息的更新、管理和维护能力得到显著提高，并且无论是哪种结构的网络 GIS，由于采用了通用的网络通信协议，用户可以通过浏览器或客户端实现对网络数据的透明访问，极大地提高了信息共享能力。

（6）建设和使用成本降低。传统的桌面 GIS 在每个客户端都要配备昂贵的专业 GIS 软件，而用户使用的通常只是一些最基本的功能，这实际上造成了极大的浪费。网络 GIS 在客户端通常只需要使用 Web 浏览器（有时还要加一些插件），其软件成本与全套专业 GIS 相比明显要节省得多，维护费用也大大降低。从用户使用的角度来说，基于通用 Web 浏览器的操作显然比专业 GIS 软件要简单得多，操作复杂度的降低进一步降低了网络 GIS 的使用成本。

8.2　网络通信协议

网络是用物理链路将各个孤立的工作站或主机相连在一起，组成数据链路，从而达到资源共享和通信的目的。网络通信是通过网络将各个孤立的设备进行连接，通过信息交换实现人与人、人与计算机、计算机与计算机之间的通信，其中最重要的就是网络通信协议。

8.2.1　数据通信模型

网络通信协议为连接不同操作系统和不同硬件体系结构的互联网络提供通信支持，是一种网络通用语言。国际标准化组织（International Standards Organization，ISO）提出过一个体系模型。这个体系模型称为"开放系统互连（Open System Interconnect，OSI）参考模型"。OSI 参考模型共有七层（layer），每一层分别定义了数据通信的各种功能。当相互合作的应用程序通过网络传送数据时，经过每一层都表示执行了一种功能。

图 8.1 表明了每一层的名称并简略地介绍了其功能。每一层并不是只能定义一种协议。它所定义的，可能是由任意多个协议执行的一种数据通信功能。因此，每层可能包含多个协议，而每个协议都提供一项适合该层功能的服务。例如，文件传输协议和电子邮件协议都为用户提供服务，而两者都是应用层的一部分。每一个协议与它的"对等实体"（peer）通信。"对等实体"是指远程系统中对等层次上的同种协议，换句话说，本地的文件传输协议是远程文件传输协议的对等实体。对等层次的通信必须标准化，通信才能够成功。在抽象层次上，每一协议只关心与对等实体的通信，而不关心它的上层和下层。

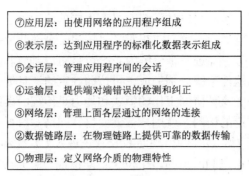

图 8.1　OSI 参考模型

8.2.2　传输层协议

目前，实现 IP 网络消息交换和数据传输的方法主要有 TCP 传输控制协议、SCTP 简单流传输协议，以及 UDP 用户数据报协议。这些协议各有特点。TCP 和 SCTP 协议都是面向连接的，保证了数据的可靠传输，但是处理复杂，效率不高，占用资源较多。而 UDP 则与之相反，是无连接的，数据传输不可靠，但是效率高，占用资源少。

1. TCP 协议

TCP/IP 协议（transmission control protocol/internet protocol）称为传输控制/网际协议，又称网络通信协议，这个协议是 Internet 国际互联网络的基础，也是发展至今最成功的通信协议之一。TCP/IP 协议是一个四层协议，包括链路层、网络层、传输层和应用层，结构如图 8.2 所示。

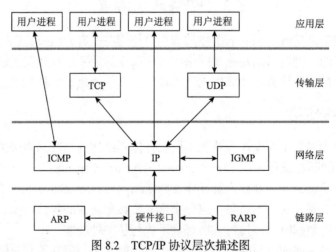

图 8.2　TCP/IP 协议层次描述图

TCP/IP 协议的核心是传输层协议（TCP、UDP）、网络层协议（IP）和物理接口层，这三层通常在操作系统的内核中实现。TCP/IP 网络环境下的应用程序设计是通过网络系统编程接口 Socket 提供的应用程序与系统内核之间的网络编程接口实现的。

TCP/IP 协议组中两个基本数据服务是：字节流服务和数据报服务，使用字节流的协议将信息看作一串字节流进行传输。协议不管要求发送或接收数据的长度和传送数目，只是将数据看作一个简单的字节串流。使用数据报的协议将信息视作一个独立单元进行传输，协议单独发送每个数据报——数据报之间不相互依赖。

1）TCP/IP 协议的体系结构

关于怎样使用层次模型 TCP/IP 虽然没有一致的约定，但通常把它视为比 OSI 七层模型少几层的结构。大部分 TCP/IP 的模型，都定义为 3～5 个功能层的协议体系。图 8.3 的四层模型是根据 *DDN Protocol Handbook*，*Volume I* 中 DOD Protocol Model 所描述的三层（应用层、主机对主机传输层、网络存取层）协议模型为基础，再加入一层互联网层所构成的。这个模型为 TCP/IP 协议体系提供了一个理想的层次表示图。

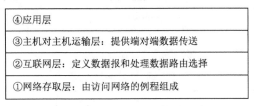

图 8.3　TCP/IP 协议体系的层次

就像 OSI 模型一样，当数据被送到网络时，沿堆栈向下传送。而当收到网络传来的数据时，沿堆栈向上传送。当数据由应用层沿堆栈向下传往底层的物理网络时，TCP/IP 的四层结构就说明了数据处理的方式。堆栈中的每一层都加入控制数据以确保传送正常。这些控制数据称为"报头"（header），它们被放在传送数据的前面。每一层都把上一层传来的所有信息视为一般数据，并在那些信息前面加上自己的报头。这种动作称为"封装"（encapsulation），见图 8.4 的说明。当收到数据时，动作刚好相反。每一层把信息传递给上层以前，先剥去它的报头。当信息沿堆栈向上回流时，从下层收到的信息，都被解释成"报头"加"数据"。

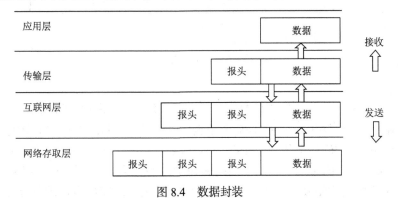

图 8.4　数据封装

每一层都有自己独立的数据结构。理论上，各层都不知道它的上层和下层所用的数据结构。但实际上，每一层的数据结构都设计得与邻层所用的数据结构相容，以增加数据传输的效率。当然，每层仍有自己的数据结构及说明此结构的专门用语。

图 8.5 表示 TCP/IP 传送数据时，TCP/IP 不同层次对数据所使用的名称。使用 TCP 的应用程序称数据为"流"（stream），但使用用户数据包协议（UDP）的应用程序则称数据为"报文"（message）。TCP 把数据称为"数据段"（segment），而 UDP 称它的数据结构为"分组"（packet）。互联网层将所有数据视为区块，称为"数据报"（datagram）。TCP/IP 使用各种不同形态的底层网络，每一种对它所传送的数据，可能都有一个独特的专用术语。大部分网络称传送的数据为"分组"或"帧"（frame）。在图 8.6 中，将假设网络传送的数据称为帧。

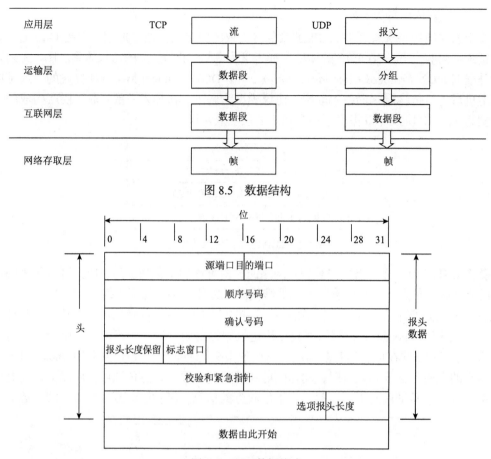

图 8.5　数据结构

图 8.6　TCP 数据格式

2）传输控制协议

如果应用程序需要可靠性高的数据传输方式，那么，可以采用 TCP 传输控制协议。因为 TCP 可将数据以适当顺序精确地传过网络，它是一个可靠的、面向连接的字节流（byte stream）协议。TCP 使用称为"确认重传"（positive acknowledgment with retransmission，PAR）的机制提供传输的可靠性。简单地说，一个使用 PAR 的系统，除非"听"到远程系统"说"数据已经安全抵达，否则就重新发送数据。相互合作的 TCP 模块间交换数据的单位称为"数据段"，如图 8.6 所示。

TCP 是面向连接的协议。它在通信的两台主机间，建立"端点对端点"的逻辑连接。在数据传送之前，两端点间交换控制信息已建立对话，称为"握手"。TCP 用"数据段报头"（segment header）第四个字"标志"字段里的适当位来设置数据段的控制功能。

每一数据段含有一个校验和，接收者用它来验证数据是否受损。如果收到的数据段没有损坏，接收者传回"确认"（acknowledgment）给发送者。如果数据段有损坏，接收者就把它丢弃。在一段时间之后，由于发送端没有收到"确认"的回应，TCP 模块将会重新传送数据。因为要交换三个数据段，TCP 使用的握手方式称为"三段式握手"（three-way handshake）。图 8.7 表示三段握手的最简单形式。开始连接时，A 主机传送给 B 主机一个数据段，设置了同步序号（synchronize sequence number，SYN）位。这个数据段告诉 B 主机，A 希望建立连接，以及 A 使用的数据段起始序号（序号是用来保持数据的适当顺序的）。B 主机用设置了

ACK（acknowledgment）及 SYN 位的数据段回应 A。B 的数据段向 A 确认收到了 A 的数据段，同时也告知将使用的起始序号。最后，A 主机再传送一个数据段给出通知 B 已收到数据段，接着开始传送真正的数据。

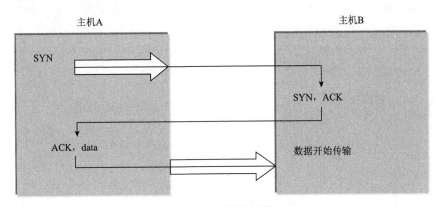

图 8.7　三段式握手

经过这个交换步骤之后，主机 A 的 TCP 确知远程 TCP 正在运作并准备接收数据。连接一旦建立，数据就开始传送。当相互合作的模块传送完数据时，它们用包含"没有数据"（FIN）位的数据段，再来一次三段式"握手"，以结束连接。这就是提供逻辑连接的两系统间端点对端点的数据交换。

TCP 把所传送的数据视为连续不断的字节流，而非个别独立的分组。因此，TCP 小心维护字节传送和接收的顺序。TCP 数据段头中的"顺序号码"（sequence number）及"确认号码"（acknowledgment number）两个字段，就是用来改变字节顺序的。

TCP 的标准并不规定每个系统都以特定号码开始计算字节，每一个系统只要选一个开始的数字即可。为保持数据流的正确性，连接的每一端都必须知道另一端的起始号码。连接的两端借着"握手"时交换 SYN 数据段，使字节计数系统同步。SYN 数据段中的顺序号码字段含有的是"起始序号门"（ISN），这是字节计数系统的起点。为了安全上的考虑，ISN 应该采用随机数字，但通常还是用 0。

每个数据字节从 ISN 起依序编号。开始传送真正的数据时，每一个字节的序号是 ISN + 1。数据段头中的顺序号码指明该数据段的第一个数据字节在整个数据流中的顺序位置。例如，如果数据流中的一个字节的序号是 1（ISN=0），而且已经传送了 4000 个字节，那么目前数据段中的第一个数据字节就是第 4001 个字节，顺序号码是 4001。

确认数据段（ACK）执行两种功能——确认及流量控制。确认功能通知发送者已收到多少数据，以及还能接收多少。确认号码就是远程收到的最后一个字节的顺序号码，是所有已确认字节的总数。TCP 标准并不需要对每一个分组逐个确认。例如，如果第一个传送的字节编号是 1，而且已成功地收到 2000 个字节，则确认号码就是 2001。

窗口（Window）字段中包含 Window，即远程能够接收的字节数量。如果接收者还能再接收 6000 个字节，窗口字段就是 6000。窗口指示发送者可以继续传送数据，只要所传送的字节数量比窗口数字少就可以了。接收者可以凭借改变窗口数字的大小，来控制发送者的字节流量。零窗口告诉发送者停止传送，直到收到不为零的窗口值。

图 8.8 显示起始号码为 0 的 TCP 数据流。接收系统已经收到并确认了 2000 个字节，所

以目前的确认号码是 2001。接收者还有足够的缓冲区空间再接收 6000 个字节，所以它通告的窗口是 6000。发送者目前正在传送的是，顺序号码从 4001 开始的 1000 个字节的数据段。虽然从第 2001 个字节起，发送者还没有得到确认，但只要仍在窗口范围内，就继续传送。如果传送者填满了窗口，而之前传送的数据在等待一段适当的时间以后仍然没有得到确认，它就从第一个未确认的字节开始重新发送这些数据。

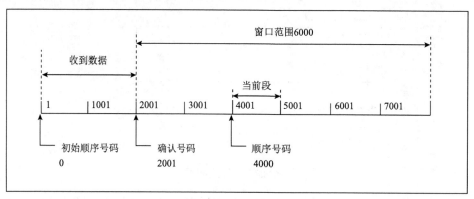

图 8.8　TCP 数据流

图 8.8 中，如果没有进一步的接收确认，传送者就从第 2001 个字节开始重传。这种做法可以保证网络远程那端确实收到数据。TCP 也负责把 IP 接收到的数据传递给正确的应用程序。数据要交给哪一个应用程序，由一个 16 位的数字标明，这个数字称为“端口号码”。源端口及目的端口的号码都包含在数据段报头的第一个字中，把数据正确地传进及传出应用层，是运输层的重要服务项目。

一个 IP 地址和一个端口号码合并，称为“套接字”，它和“端口号码”可以交换使用。在本章的讨论中，“套接字”是 IP 地址与端口号码合并在一起的。一对“套接字”包含一个发送主机和一个接收主机，就可以定义如 TCP 之类的面向连接协议的一对连接。

2. UDP 协议

在 TCP/IP 网络通信中，基于 UDP 用户数据包协议的网络通信是一种面向无连接的服务。它以独立的数据包形式发送数据，不提供正确性检查，也不保证各数据包的发送顺序。因此，可能出现数据的重发、丢失等现象，并且不保证数据的接收顺序。

UDP 协议是面向非连接的网络数据协议，在正式通信前不必与对方先建立连接，在不关心对方计算机状态的情况下直接向接收方发送数据是一种不可靠的通信协议。正是由于 UDP 协议不关心网络数据传输的一系列状态，UDP 协议在数据传输过程中，节省了大量的网络状态确认和数据确认的系统资源消耗，大大提高了 UDP 协议的传输速度，而且 UDP 无须连接管理，可以支持海量并发连接。如果能在充分利用 UDP 协议优势的前提下，充分保证 UDP 通信的可靠性，将使网络通信系统的性能得到极大地提高。

1）UDP 协议的优点

系统开销小，速度快，效率高。在应用过程中，UDP 协议在一次交易中往往只有一来一往两次报文交换。假如为此而建立连接和撤除连接，系统开销庞大。在这种情况下，即使因报文损失而利用 UDP 协议重传一次数据包，其开销也比面向连接的传输小很多。对绝大多数基于消息包传递的应用程序来说，基于帧的通信比基于流的通信更为直接有效，为应用部分解决系统冗余和任务分担等问题提供了极大的可能性和可操作性。

客户端/服务器模式及分布处理模式的方便构造，增强了应用的灵活性和可扩充性，并且提高了应用的稳定性和可维护性。比较 TCP 而言，无并发链接数目限制。

2）UDP 协议的缺点

（1）非连接性。UDP 协议的非连接性突出的表现是运行在服务器和运行在客户端的两个程序不用建立任何连接，只以收、发数据包作为通信方式，数据包以分离的形式传送，每个数据包有独立的源地址和目的地址。UDP 协议这种非连接性，在数据包的传输过程中不能保证对方一定能收到，也不能保证收到正确的报文次序。

（2）弱可靠性。UDP 协议弱可靠性主要体现在两个方面：首先是协议逻辑链路的可靠性无法保证，UDP 协议在发送时并不知道逻辑链路是否正常，从而造成数据丢失的情况；其次是数据传输的弱可靠性，在数据传输过程中，由于网络状况的问题有可能使其中一些数据包不能到达目的地，而 UDP 协议没有数据包确认机制，当数据包丢失的时候发送方不能感知，不能进行重发，因此在具体的设计中要自己控制其数据传输的可靠性，如引入"确认重传"和"超时重发"机制。

3. SCTP 协议

为了克服 TCP 协议存在的某些局限。IETF 提出了一套新的传输消息机制——流控制传输协议（SCTP）。SCTP 协议不仅有许多 TCP 协议的特性，而且比 TCP 协议更健壮、更安全，SCTP 协议是面向连接的传输协议，支持多路径和多流，提供了消息的定界功能，还提供类似 TCP 协议增强的流量控制和拥塞控制功能，以及安全的关联建立。同时，SCTP 协议是一种单播协议，不支持 IP 组播和广播，其本身的包结构也不可避免地存在一定系统开销。所以，SCTP 协议并不能完全满足实时网络或集群系统内部通信的要求。

8.2.3　应用层协议

1. HTTP 协议

超文本传输（hyper text transfer protocol，HTTP）协议是万维网 WWW（world wide web）的基础。它是一个简单的协议，客户进程建立一条同服务器的 TCP 连接，然后发出请求并读取服务器进程的响应，服务器进程关闭连接表示本次响应结束。

HTTP 协议由于其简捷、快速的方式，适用于分布式和合作式超媒体信息系统。自 1990 年起，HTTP 就已经被应用于 WWW 全球信息服务系统。HTTP 允许使用自由答复的方法表明请求目的，它建立在统一资源识别器（URI）提供的参考原则下，作为一个地址（URL）或名字（URN），用以标志采用哪种方法，它用类似于网络邮件和多用途网际邮件扩充协议（MIME）的格式传递消息。HTTP 也可用作普通协议，实现用户代理与连接其他 Internet 服务（如 SMTP、NNTP、FTP、GOPHER 及 WAIS）的代理服务器或网关之间的通信，允许基本的超媒体访问各种应用提供的资源，同时简化了用户代理系统的实施。

HTTP 是一种请求/响应式的协议。一个客户机与服务器建立连接后，发送一个请求给服务器，请求的格式是：统一资源标识符（URI）、协议版本号，后面是类似 MIME 的信息，包括请求修饰符、客户机信息和可能的内容。服务器接到请求后，给予相应的响应信息，其格式是：一个状态行包括信息的协议版本号、一个成功或错误的代码，后面也是类似 MIME 的信息，包括服务器信息、实体信息和可能的内容。

2. SOAP 协议

简单对象访问协议（simple object access protocol，SOAP），是一种轻量的、简单的、基于 XML 的协议，它被设计成在 Web 上交换结构化的和固化的信息。SOAP 可以和现存的许多因特网协议和格式结合使用，包括超文本传输协议（HTTP）、简单邮件传输协议（SMTP）、多用途网际邮件扩充协议（MIME）。它还支持从消息系统到远程过程调用（RPC）等大量的应用程序。SOAP 使用基于 XML 的数据结构和超文本传输协议（HTTP）的组合定义了一个标准的方法来使用 Internet 上各种不同操作环境中的分布式对象。

SOAP 协议是一种在松散的分布式环境中用于点对点之间交换结构化和类型信息的简单的轻量协议，是计算机之间交换信息的一个通信协议，它与计算机的操作系统或编程环境无关。在 SOAP 中 XML 用于消息的格式化，HTTP 和其他的 Internet 协议用于消息的传送。

SOAP 为信息交换定义了一个消息协议。SOAP 的一部分说明了使用 XML 来描述数据的一些格式，另外一部分定义了一个可扩展的消息格式，用于方便地使用 SOAP 消息格式描述远端程序（RPC），并且和 HTTP 协议进行捆绑（SOAP 消息也可以通过其他协议交换，但是目前的说明仅仅定义了和 HTTP 协议捆绑的内容）。SOAP 已经成为万维网联盟（W3C）推荐的 WebService 间交换的标准消息格式。

虽然这种传输方式是一种完全跨异构平台进行数据传输的方式，但是这种方式存在两个方面的问题：一方面，在这种方式中，SOAP 消息是一种基于 XML 的文档消息，无法直接保存二进制数据，因此需要将二进制数据转化为字符数据才能够将数据封装在 SOAP 消息中。另一方面，在接收到数据之后，又需要将字符转化为二进制数据。编码、解码过程需要一定的时间。同时将二进制数据转换为字符数据会增加一定的数据量。例如，采用 Base64 编码方式在最坏的情况下会增加近 33% 的数据量。这两方面的开销都会损耗数据传输的性能。

8.3　网络传输语言

在网络传输信息，需要语言载体，网络语言是从网络中产生并应用于网络传输信息的一种语言，包括中英文字母、标点、符号、拼音、图标（图片）和文字等多种组合。在网络通信中，标记指计算机所能理解的信息符号，通过此种标记，计算机之间可以处理包含各种的信息，如文章等。它可以用来标记数据、定义数据类型，是一种允许用户对自己的标记语言进行定义的源语言。它非常适合万维网传输，提供统一的方法来描述和交换独立于应用程序或供应商的结构化数据。它是 Internet 环境中跨平台的、依赖于内容的技术，也是当今处理分布式结构信息的有效工具。

8.3.1　可扩展标记语言

1. XML

扩展标记语言（extensible markup language，XML）是标准通用标记语言的子集，是一种用于标记电子文件使其具有结构性的标记语言。XML 从 1996 年开始有其雏形，并向 W3C（全球信息网联盟）提案，而在 1998 年 2 月发布为 W3C 的标准（XML1.0）。XML 是一种可提供描述结构化资料的格式。详细来说，XML 是一种用来描述数据的语言，它提供了一种独立的运行程序的方法来共享数据。它是用来自动描述信息的一种新的标准语言，它能使计算机通信把 Internet 的功能由信息传递扩大到人类其他多种多样的活动中去。XML 由若干规则组成，这些规则可用于创建标记语言，并能用一种被称作分析程序的简明程序处理所有新创建的标记语言，正如 HTML 为第一个计算机用户阅读 Internet 文档提供一种显示方式一样，XML 则创建了一种任何人都能读出和写入的世界语。

XML 的出现为 Web 的数据管理提供了新的模型。XML 形式的 Web 数据不仅是一种新的 Web 数据组织形式，而且它推动了面向数据交换特性的 Web 应用模型的发展。目前，很多关于数据存储、查询和系统实现与应用模式等方面的研究已经展开。以 XML 家族为基础的新一代的 WWW 环境是直接面对 Web 数据的，它不仅可以很好地兼容原有的 Web 应用，而且可以更优地实现 WWW 这一分布计算环境下的信息共享与交换，成为 Web 信息发展的趋势。XML 的体系标准如图 8.9 所示。

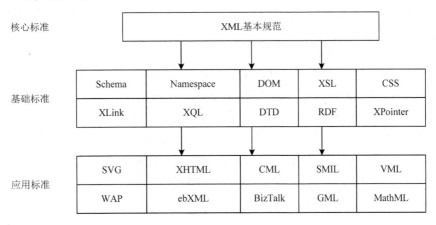

图 8.9　XML 体系标准

作为一种开放式语言，XML 的出现对 Web 的影响十分深远，而对作为 GIS 与 Web 相结合的 WebGIS 也有巨大的影响：①以 XML 编码的空间数据方便搜索和查询，从而增强了地理信息的共享和异构系统间的互操作；②使分布式异构地理空间数据的集成更加容易；③随着 XML 编码数据源范围的扩大，促进了地理空间数据和非空间数据的集成，从而大大扩大了地理空间数据的应用领域。另外，在 WebGIS 的地理元数据的描述、地理空间数据的组织、集成和表现等方面也发挥了重要的作用。

良好的数据描述方法、可扩展性、半结构化、跨平台是 XML 的主要特点。很多 GIS 厂商都制定了相关的基于 XML 的规范，比较突出的有 Intergrah 公司的 Geo Media Web Map 和 Geo Media Web Enterprise 对 XML 语言 GML2.0 的支持，ESRI 公司的 ArcXML 语言等。XML 给基于 Web 的应用软件赋予了强大的功能和灵活性，从而给开发者带来了很大的好处。

2. GML

地理标记语言（geography markup language，GML）是由国际开放地理空间信息联盟（OGC）所制定的基于 XML 的地理信息编码标准，是 XML 最早的行业应用之一。GML1.0 规范是 OGC 于 2000 年 5 月 12 日发布的，并很快成了业界所接受的空间数据格式。此后，OGC 根据 W3C 于 2001 年 2 月发布的 XML Schema 候选推荐标准，适时地于 2001 年 2 月 20 日发布了 GML2.0 规范。该规范被认为是空间信息互操作体系结构发展中的一个重要里程碑，使用 XMLSchema 取代了 1.0 中使用的 DTD 和 RDF。2000 年 4 月 OGC 推出了基于 DTD 的 GML1.0 版本，2001 年 2 月推出了基于 XMLSchema（简记为 XSD）的 GML2.0 版本，2003 年 2 月又发布了最新 GML3.0 版本。

GML 是由开放地理空间信息联盟（OGC）开发的基于 XML 的地理信息编码工具，用来表示空间对象的空间数据和非空间的属性数据。因为 GML 是基于 XML 的，所以与 XML 编码相似，GML 也是用文本的形式来进行地理信息的表示。它是建立在 OGC 的地理抽象模型基础之上的，用地理特征来描述世界。特征是属性与几何体的序列，特征属性由其名称、类型、属性值来描述，几何体由基本的几何体类型如点、线、多边形、复合点、复合线、复合多边形、复合几何体等所组成。

由于 GML 是建立在已被大多数组织或团体所接受的公共地理模型基础之上，使 GML 具有可传输性和可访问性，使得该语言对地理空间数据的共享具有十分深远的意义。GML 通过提供基本的几何标记、通用的数据模型和一个创建与共享应用系统框架的机制来实现空间数据的互操作。为实现空间信息的共享与对异构空间信息进行集成，以及为开放式 WebGIS 的进一步发展，提供一个有力的工具。

当前 GML 的最高版本是 3.3 版[①]，于 2012 年 2 月正式发布，可满足大部分二维空间数据料的基本需求，GML3.x 基于 GML2.x 版本则加入了包括 Coverage 及时间支持等多项扩充，可记录网格（grid）、数字高程模型（digital elevation model，DEM）、等高线、不规则三角网 （triangulated irregular network，TIN）等更多数据模式的几何信息。

GML2.x 框架结构由三个基本的 XMLSchema 构成，分别是特征模式（Featureschemafeature.xsd）、几何模式（Geometryschemageometry.xsd）和扩展链接模式（XlinksSchemaxlink.xsd），它们之间的关系如图 8.10 所示。

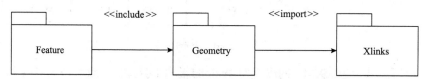

图 8.10　GML 2.x 中三个 GML 模式之间的关系

图 8.10 中的三个 Schema 相当于三个基类，通过对这三个基本 Schema 的继承和扩展，可以定义自己的"应用 Schema"来对地理数据进行编码，实现以 XML 的方式，对 WebGIS 中的地理信息建模。这三个 Schema 文件并不适于单独使用，它们互相配合，为 GML 的扩展应用提供了基本类型和结构。

GML2.x 仅提供三个基本的 GML 模式，GML3.2.1 则扩充到 29 个核心模式，它以分工合作的方式定义了不同类型的地理数据模型。但是常用的模式是特征模式（Featule.xsd）、几何模式（geometry Primitives.xsd，geometry Basic Odld.xsd，geometry Basic2d.xsd，geometry Complexes.xsd，geometry Aggregates.xsd）和拓扑模式（topology.xsd）。GML 模式仅定义了构建地理空间数据的基本类别，并没有具体定义真实世界中的地理对象，如道路、河流、建筑物等。然而，用户可以根据这些 GML 模式定义自己的用户应用模式。

1）特征模式

GML 使用特征来描述真实世界的一个地理对象，如一个地址点、一条道路、一栋建筑物等。基本上一个 GML 特征由一系列的属性及几何图形所组成，属性的内容包括名称、类型、值的描述等。GML 特征模型由 Feature.xsd 所定义，为 GML 特征及特征集合（feature collection）提供了一个构建框架，定义了抽象及具体的特征元素及类型。

特征模式定义了通用的特征、属性模型，在所定义的特征类中可以通过<include>元素引入 GML 的几何体，最基本的类型定义是 Abstract Feature，用户想要建立自己的应用模式时，所有的特征类型必须继承自 Abstract Feature，就可以通过 GML 标准的特征模式进行地理数据编码设计。

2）几何模式

地理信息的几何图形由基本的几何区块，如点、线及多边形等所组成。在 GML2.x 版中，为了简化起见，其规格限定在简单的平面几何图形，称为简单特征（SimpleFeature），如 Point、LineString、LinearRing、Box、Polygon，以及相对应的聚合几何模型，如 MultiPoint、MultiLineString 及 MultiPolygon 等。

GML3.x 版则新增了许多复杂的特征几何描述，包括 Point、Curve、Surface 及 Solid 在内的三维几何图形，以及许多新的复杂特征几何图形，如 Arc、Circle、Ring、OrientableCurve 及 OrientableSurface 等，此外还有聚合几何图形，如 MultiPoint、MultiCurve、MultiSurface 及 MultiSolid 等，以及复合几何图形，如 CompositeCurve、CompositeSurface 及 Compositesolid 等。这些不同的几何模型分别定义在五个不同的 Schema 文件中，即 GeometryBasicOdld.xsd、GeometryBasic2d.xsd、GeometryAggregates.xsd、GeometryPrimitives.xsd 及 GeometryComplex.xsd 等。前三个 Schema 文件包含了几个最常用的线性几何图形，且能兼容于 GML2.x 版，后面两个模式文件则包含新的非线性几何图形。

3）扩展连接模式

扩展连接模式提供了用于实现链接功能的 Xlink 特性。GML 作为一种全新的地理空间数据编码标准，遵循国际 OGC 组织推荐规范，基于 XML 的空间数据编码规范，具有纯文本、自我描述、中立于任何软件厂商、可以在 Web 浏览器中显示、可以很容易与非空间数据集成等特征。它为空间数据的建模、存储和处理提供了可操作的规范，真正解决了地理空间数据建模存在的问题。

目前，GML 已经成为事实上的空间数据编码、传输、存储、发布的国际标准，其应用开发已得到了许多系统和软件厂商，以及政府、学术机构的支持。相信基于 GML 的 GIS 将成为下一代 GIS 的主流。

3. HTML5

HTML5 是 W3C 推出的面向 Web 应用程序的网页语言 html，扩展了传统 HTML 的特性，如二维图形、网络传输、本地数据存储等。其优点主要在跨平台运行、无须插件、硬件要求低与本地离线存储。其中，跨平台运行对于 3DWebGIS 可以说是历史性的改进，其让三维 WebGIS 摆脱了客户端运行时要求安装一系列的插件的束缚。

从传统意义上来说，为了显示三维图形，开发者需要使用 C 或 C++语言，另外加上专门的计算机图形库，如 OpenGL 或 Direct3D，来开发一个独立的应用程序。现在有了 WebGL，人们只需要向已经熟悉的 HTML 和 JavaScript 中添加一些额外的三维图形学的代码，就可以在网页上显示三维图形了。

HTML5 中新增了对矢量数据的直接支持和一些新的标签及属性，虽然现在还未被 W3C 作为正式标准推出，但目前其大部分功能已经得以实现，有些特性甚至成了 Web 应用程序的核心，并得到了各主流浏览器的广泛支持。该规范的提出和发展，使浏览器摆脱第三方插件的依赖实现了矢量数据的实时绘制和使可视化成为可能，为浏览器提供了富互联网应用服务（rich internet application，RIA），且无须依赖第三方插件。

作为 HTML 的新一代标准, HTML5 在之前版本的基础上引入了一套全新的元素和属性。概括起来主要包括三个方面的新特性: 第一, 新增了一些标记并对原有一部分标记和属性进行了更新, 如新增了便于搜索引擎整理的<nav>和<footer>标签, 拓宽了 HTML5 的适用对象; 新增了结构语义标签<details>、<datagrid>等, 同时也删去了一些几乎用不到且不方便使用的标签<font>和<center>等。第二, 新增了异常处理的功能, 使浏览器在对语法错误的处理上更加灵活。第三, 在之前 DOM 接口的基础上, 新增了一系列应用程序接口 API。

4. CSS

CSS (cascading style sheets, 层叠样式表), 是一种用来给结构化文档 (如 HTML、XML) 添加样式的计算机语言, 几乎所有的网页都是使用 CSS 来添加样式的。网页的读者和作者都可以使用 CSS 来决定文件的颜色、字体、排版等显示特性。CSS 最主要的目的是将文件的内容与显示分隔开来, 这样就可以增强文件的可读性, 使文件的结构更加灵活等。此外, 在 HTML 中整个网站或其中一部分网页的显示信息被集中在一个地方, 要改变它们很方便, 通过 CSS 也可以使 HTML 文件的本身变小, 结构简单, 不需要包含显示的信息。此外, CSS 还可以控制其他参数, 如声音 (假如浏览器有阅读功能的话) 或给视障者用的感受装置。

8.3.2　脚本语言

1. Javascript

JavaScript, 一种直译式脚本语言, 是一种动态类型、弱类型、基于原型的语言, 内置支持类型。JavaScript 引擎是 JavaScript 的解释器, 是浏览器的一部分, 用于对客户端的脚本语言进行编译。其最早是为了给 HTML 网页添加动态功能。然而现在 JavaScript 也可被用在服务器端的网络编程 (基于 Node.js)、游戏开发、创建桌面和移动应用程序。

不同于服务器端脚本语言, 如 PHP 与 ASP 等, JavaSeript 主要被作为客户端脚本语言, 它们不需要服务器的支持, 可以在用户的浏览器上直接运行。JavaScript 的使用可以减少服务器的负担, 但与此同时也带来了安全性的问题。随着服务器功能不断完善, 运用服务端的脚本可以克服 JavaScript 所带来的安全性问题, 而且 JavaScript 由于可以实现跨平台访问、资源消耗小、容易学习与使用等优势, 依旧受到了 Web 开发的青睐。与此同时, 某些特定的功能 (如 AJAX) 仍然需要 JavaScript 在客户端的支持, 使其不可或缺。当然, 随着一些 Js 引擎的发展 (如 V8), 以及其事件驱动及异步 IO 等特性, JavaScript 编程已经不仅限于客户端了, 开始被用于编写服务器端的请求。其中, Node.js 就是基于 V8 引擎的一个服务器端编程语言, 通过 node.js 可以方便地构建网络及后台服务。

2. Ajax

Ajax (即异步 JavaScript 和 XML, 英文为 Asynchronous Javascript and XML) 是一种 Web 应用程序开发的手段, 它用来实现客户端脚本与 Web 服务器交换数据。而且不必采用会中断交互的完整页面刷新, 就可以动态地更新 Web 页面。使用 Ajax, 可以创建更加丰富、更加动态的 Web 应用程序用户界面, 其即时性与可用性甚至能够接近本机桌面应用程序。这使得 Web 应用的交互性得到了前所未有的提高, 大大增强了应用的实用性和实时性。

Ajax 的工作原理相当于在用户和服务器之间加了一个中间层, 使用户操作与服务器响应异步化。通过在用户和服务器之间引入一个 Ajax 引擎, 可以消除 Web 的开始—停止—开始—停止这样的交互过程。它就像增加了一层机制到程序中, 使它响应更灵敏, 而它的确做到了这一点。

通常在加载一个页面时，在会话的开始，浏览器加载了一个 Ajax 引擎，采用 JavaScript 编写并且通常在一个隐藏 frame 中，这个引擎负责绘制用户界面及与服务器端通信。Ajax 引擎允许用异步的方式实现用户与程序的交互，不用等待服务器的通信。

要产生一个 HTTP 请求的用户动作，现在通过 JavaScript 调用 Ajax 引擎来代替。任何用户动作的响应不再要求直接传到服务器。例如，简单的数据校验、内存中的数据编辑，甚至一些页面导航，引擎自己就可以处理。如果引擎需要从服务器读取数据来响应用户动作，假设它提交需要处理的数据，载入另外的界面代码，或者接收新的数据，引擎会让这些工作异步进行，不会再耽误用户界面的交互。

3. WebGL

随着互联网产业的蓬勃发展，Web 程序的变化也多种多样。图形是 Web 端重要的表现形式，它的复杂程度和多样性也随着 Web 的变化而变化，在 Web 端只有二维图形的展示已经比较成熟，如何将三维图形应用到 Web 程序中，已经成为现在图形研究的一个热点。刚开始由 JavaApplet 所实现的比较简单的 Web 可交互的三维图形程序，需要下载巨大的环境支持，而且由于不是直接利用图形硬件加速的，三维图形渲染的效率很差，画面粗糙。直到 Adobe 的 FlashPlayer 浏览器插件和微软 Silverlight 技术的出现，Web 交互式三维图形得到了快速的发展，但这两种解决方案也存在一些问题。首先，跨平台能力不够。由于它们是通过浏览器插件的形式实现的，对于不同的操作系统和浏览器就需要不同版本的插件，有些情况下还没有对应版本的插件。其次，不同的操作系统所需要的图形程序接口也是有差异的，这就需要调用不同的接口。这两点不足，使得 Web 交互式三维图形程序的使用在很大程度上受到了限制。

2009 年 8 月 Khronos 提出 WebGL 绘图技术，很好地解决了上述两个问题：首先，WebGL 是运用 JavaScript 脚本制作 Web 交互式三维图形程序的，不再需要浏览器插件作为支持。其次，它利用统一的、标准的、跨平台的 OpenGL 接口，通过底层图形硬件加速功能进行图形的渲染。这就是说，仅仅用 HTML 和 JavaScript 脚本就可以制作出性能不亚于现在用 Flash、Silverlight 等做出来的 Web 交互式三维图形应用，而且不需要任何浏览器插件，在任何平台上也都能以同样的方式运作。

WebGL 是一个跨平台、免费的、用于在 Web 浏览器创建三维图形的 API。基于 OpenGLES2.0 标准，并使用 OpenGL 着色语言 GLSL，而且提供了类似于标准的 OpenGL 的 API。WebGL 可以直接在 HTML5 的 Canvas 元素中绘制三维动画并提供硬件三维加速渲染，不需要安装浏览器插件，只需要编写网页代码即可实现三维图像的展示。

WebGL 交互式三维图形程序包括大量的底层细节，是很复杂的，直接从底层开发既繁杂又费时，也不容易实现。这样便产生了封装好的 3D 图形引擎，以避免每次都需要从底层直接开发应用程序，大大地降低了 WebGL 交互式三维图形程序的开发成本。

自从有了 WebGL，开发人员就可以在浏览器内部实现 3D 图形的硬件加速，就可以创建 3D 游戏或者其他高级的 3D 图形应用程序。另外，它具有 Web 应用程序的全部优点。WebGL 具有吸引人的特性：①WebGL 是一个开放的标准，任何人都可以使用，不需要支付任何版权费；②WebGL 利用图形硬件加速图形绘制，绘制渲染速度大大提高；③WebGL 支持本地浏览器上运行，不需要任何插件。

因为 WebGL 是以 OpenGLES2.0 为基础的，所以对于具有 OpenGLES2.0 编程经验的开发人员而言，甚至对于熟悉 OpenGL 开发的人们来说，都是比较容易学习和研究的。

8.4 网络软件体系结构

网络软件体系结构的设计是整个软件开发过程中关键的一步。对于当今世界上庞大而复杂的系统来说，没有一个合适的体系结构而要有一个成功的软件设计几乎是不可想象的。不同类型的系统需要不同的体系结构，甚至一个系统的不同子系统也需要不同的体系结构。体系结构的选择往往会成为一个系统设计成败的关键。体系结构问题包括总体组织和全局控制、通信协议、同步、数据存取，给设计元素分配特定功能、设计元素的组织、规模和性能，在各设计方案间进行选择等。网络地理信息系统架构同样为地理信息系统提供了一个结构、行为和属性的高级抽象，由构成系统的元素的描述、这些元素的相互作用、指导元素集成的模式及这些模式的约束组成。

网络软件体系结构是具有一定形式的结构化元素，即构件的集合，包括处理构件、数据构件和连接构件。处理构件负责对数据进行加工，数据构件是被加工的信息，连接构件把体系结构的不同部分组合连接起来。传统软件系统体系结构充分利用两端硬件环境的优势，但对于大型软件系统而言，这种结构在系统的部署和扩展性方面还是存在着不足。面向服务架构（service-oriented architecture，SOA）是组件技术和网络技术结合的结果，是为了解决在网络环境下业务集成的需要，通过连接能完成特定任务的独立功能实体实现的一种软件系统架构，是在 Web Service 的基础上发展起来的一种软件设计与开发的理念和思想。

8.4.1 传统网络软件体系结构

1. Client/Server 网络架构

Client/Server 网络架构是一种比较早的软件架构，主要应用于局域网内。在这之前经历了集中计算模式，随着计算机网络的进步与发展，尤其是可视化工具的应用，出现过两层C/S 和三层 C/S 架构，不过一直很流行也比较经典的是两层 C/S 架构，如图 8.11 所示。C/S 架构软件分为客户机和服务器两层：第一层是在客户机系统上结合了表示与业务逻辑，第二层是通过网络结合了数据库服务器。简单地说，就是第一层是用户表示层，第二层是数据库层。Client 程序的任务是将用户的要求提交给 Server 程序，再将 Server 程序返回的结果以特定的形式显示给用户。

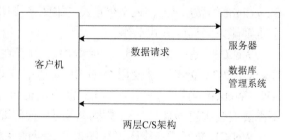

图 8.11 传统的 C/S 体系结构

Server 程序的任务是接收客户程序提出的服务请求，进行相应的处理，再将结果返回给客户程序。

C/S 结构的基本原则是将计算机应用任务分解成多个子任务，由多台计算机分工完成，即采用"功能分布"原则。客户端完成数据处理、数据表示及用户接口功能；服务器端完成数据存储、检索和处理的核心功能。这种客户请求服务、服务器提供服务的处理方式是一种新型的计算机应用模式。

客户机和服务器通过网络协议进行信息交换，根据网络负载的分配策略，可以分为胖客户机-瘦服务器（基于客户机）和胖服务器-瘦客户机（基于服务器）两种形式。胖客户机的网络 GIS 大部分功能在客户端实现，客户机向服务器发出数据和 GIS 数据处理工具请求，服务器根据请求将数据和数据处理工具一并传送给客户机，客户机根据用户操作完成数据处理和分析。胖服务器的绝大多数功能在服务器实现，客户机向服务器发送数据处理请求，服务器接受请求并进行数据处理，将处理结果返回客户端，客户机按适当的方式显示。两层体系结构可根据实际情况合理分配负载。

C/S 结构的优点是能充分发挥客户端 PC 的处理能力，很多工作可以在客户端处理后再提交给服务器。对应的优点就是客户端响应速度快。具体表现在以下几点。

（1）应用服务器运行数据负荷较轻。最简单的 C/S 体系结构的数据库应用由两部分组成，即客户应用程序和数据库服务器程序。二者可分别称为前台程序与后台程序。运行数据库服务器程序的机器，也称为应用服务器。一旦服务器程序被启动，就随时等待响应客户程序发来的请求；客户应用程序运行在用户自己的电脑上，对应于数据库服务器，可称为客户电脑，当需要对数据库中的数据进行任何操作时，客户程序就自动地寻找服务器程序，并向其发出请求，服务器程序根据预定的规则做出应答，送回结果，应用服务器运行数据负荷较轻。

（2）数据的储存管理功能较为透明。在数据库应用中，数据的储存管理功能，是由服务器程序和客户应用程序分别独立进行的，并且通常把那些不同的（不管是已知还是未知的）前台应用所不能违反的规则，在服务器程序中集中实现，如访问者的权限、编号可以重复、必须有客户才能建立订单这样的规则。所有这些，对于工作在前台程序上的最终用户，是"透明"的，他们无须过问（通常也无法干涉）背后的过程，就可以完成自己的一切工作。在客户服务器架构的应用中，前台程序不是非常"瘦小"，麻烦的事情都交给了服务器和网络。C/S 结构通过将任务合理分配到 Client 端和 Server 端，降低了系统的通信开销，可以充分利用两端硬件环境的优势，这种模式具有强壮的数据操纵和事务处理能力。

（3）由于 C/S 是配对的点对点的结构模式，它一般建立在专用的小范围网络环境，通常是局域网，而局域网之间再通过专门服务器提供连接和数据交换服务。C/S 一般面向相对固定的用户群，对信息安全的控制能力很强。采用适用于局域网安全性较好的网络协议（如 NT 的 NetBEUI 协议），保证了数据的安全性和完整性约束：在基于 C/S 结构的系统中，各种应用逻辑顺序通过相应的前端应用程序完成，系统安全，可靠性强；一般高度机密的信息系统采用 C/S 结构比较适宜。

（4）C/S 结构目前已经非常成熟，有大量的优秀开发工具支持，基于 C/S 结构往往具有事务数据处理能力强、性能高等特点。

随着网络规模的日益扩大，应用程序的复杂程度不断提高，C/S 结构也逐渐暴露了一些缺点，具体表现在以下几个方面。

（1）由于每个客户端（Client）都直接与服务器（Server）相连接，并建立只能被该客户使用的连接，该连接直到客户主动放弃时才被销毁。这样一来，因服务器可建立的链接数目有限，所以用户数目受到限制。

（2）客户端受数据库格式和位置的约束，程序代码重复使用机会减少。并且客户端有数据处理逻辑，如果日后这些逻辑因需求发生变化而需要修改，则每一个客户端都要进行相应修改。

（3）客户机软件既要完成用户交互和数据表示，又要负责应用处理及与数据库交互，这就是说，用户界面与应用逻辑位于统一平台之上，这样就带来一系列特殊问题：系统可伸缩性差，对数据管理不够灵活，用户界面千差万别，而且系统升级、安装维护困难并且费用高。

（4）由于客户端应用程序很庞大，软件运行需要特定的由开发平台决定的环境，导致系统的跨平台性和开发性均不理想，新技术不能轻易应用，因为一个软件平台及开发工具一旦选定，不可能轻易更改。

（5）传统的 C/S 体系结构虽然采用的是开放模式，但这只是系统开发一级的开放性，在特定的应用中无论是 Client 端还是 Server 端都还需要特定的软件支持。因为没能提供用户真正期望的开放环境，加之产品的更新换代十分快，已经很难适应百台电脑以上局域网用户同时使用，而且代价高，效率低。所以 C/S 结构的软件需要针对不同的操作系统开发不同版本的软件。

基于以上这些缺点，以 B/S 架构为代表的三层及多层架构作为 C/S 的天然延伸自然而然地发展起来。

2. Browser/Server 网络架构

随着 Internet 技术的兴起，Browser/Server 是对 C/S 结构的一种变化或者改进的结构。在这种结构下，用户工作界面是通过 WWW 浏览器来实现的，极少部分事务逻辑在前端（Browser）实现，主要事务逻辑在服务器（Server）实现。

Browser/Server 结构模式是 Web 兴起后的一种网络架构模式，Web 浏览器是客户端最主要的应用软件。这种模式将客户端统一为浏览器，将系统功能实现的核心部分集中到服务器上，简化了系统的开发、维护和使用。客户机上只要安装一个浏览器，如 Netscape Navigator 或 Internet Explorer，服务器安装 SQL Server、Oracle、MYSQL 等数据库。B/S 最大的优点就是可以在任何地方进行操作而不用安装任何专门的软件，只要有一台能上网的电脑就能使用，客户端零安装、零维护；系统的扩展非常容易；浏览器通过 Web Server 同数据库进行数据交互，如图 8.12 所示。

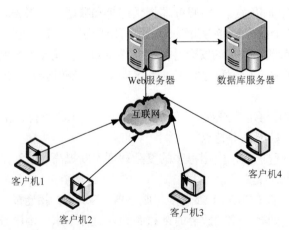

图 8.12　基于 Web 的 B/S 网络架构

在软件体系架构设计中，分层式结构是最常见，也是最重要的一种结构。B/S 模式应用系统由浏览器（Browser）和服务器（Web Server.Other Server）组成。数据（Data）和应用程序（App）都放在服务器上，浏览器的功能可以通过下载服务器上的应用程序得到动态扩展。服务器具有多层结构，B/S 系统处理的数据类型可以动态扩展，典型是三层体系结构。

（1）客户层（Client Tier）。用户接口和用户请求的发出地，典型应用是网络浏览器和胖客户。

（2）服务器层（Server Tier）。典型应用是 Web 服务器和运行业务代码的应用程序服务器。用户通过浏览器向分布在网络上的许多服务器发出请求，服务器对浏览器的请求进行处理，将用户所需信息返回到浏览器。

（3）数据层（Data Tier）。典型应用是关系型数据库和其他后端（Back End）数据资源，如 Oracle 和 SAP、R/3 等。

三层体系结构，是在客户端与数据库之间加入一个"中间层"，也称为组件层。这里所说的三层体系，不是指物理上的三层，不是简单地放置三台机器就是三层体系结构，也不仅仅有 B/S 应用才是三层体系结构，三层是指逻辑上的三层，即把这三个层放置到一台机器上。

三层体系结构中，客户（请求信息）、程序（处理请求）和数据（被操作）被物理地隔离。三层结构是个更灵活的体系结构，它把显示逻辑从业务逻辑中分离出来，这就意味着业务代码是独立的，可以不关心怎样显示和在哪里显示。业务逻辑层现在处于中间层，不需要关心由哪种类型的客户来显示数据，也可以与后端系统保持相对独立性，有利于系统扩展。

三层结构具有更好的移植性，可以跨不同类型的平台工作，允许用户请求在多个服务器间进行负载平衡。三层结构中安全性也更易于实现，因为应用程序已经同客户隔离。应用程序服务器是三层/多层体系结构的组成部分，应用程序服务器位于中间层。

B/S 结构简化了客户机的工作，客户机上只需配置少量的客户端软件，服务器将担负更多的工作，对数据库的访问和应用程序的执行将在服务器上完成。浏览器发出请求，而其余如数据请求、加工、结果返回及动态网页生成等工作全部由 WebServer 完成。实际上 B/S 体系结构是把二层 Client/Server 结构的事务处理逻辑模块从客户机的任务中分离出来，由 Web 服务器单独组成一层来负担其任务，这样客户机的压力减轻了，把负荷分配给了 Web 服务器。采用这种结构的优势在于：

（1）具有较低开发成本和维护成本。Client/Server 的应用必须开发出专用的客户端软件，无论是安装、配置还是升级都需要在所有客户端上实施，极大地浪费了人力和物力。而 Browser/Server 用户的界面的应用只需在客户端装有通用浏览器即可，维护和升级工作绝大部分都在服务器端进行，不需或只需少部分在客户端上改动。

（2）可实现跨平台操作。在基于 B/S 结构的系统中，各种平台上的用户可通过浏览器访问相应的信息。

（3）减少数据库并发用户。由于 Web 服务器采用的 HTTP 协议是一种无连接的协议，浏览只有在请求时才和 Web 服务器连接，取到结果后马上结束此连接。只有采取这种无连接模式，才可能同时为几百、几万甚至更大的并发请求服务，所以这种结构可以通过共享数据库连接的方式，来明显地减少数据库并发连接数。

（4）减少网络开销，若将二层 C/S 结构移到一个复杂应用环境中，这时客户机与数据库服务器往往不在同一比较高速的网络上，需要通过广域网甚至拨号线路来实现连接，而这种通信一般并非十分有效，一次数据库操作需要在客户机与服务器之间交互若干次。在 B/S 结构中，Web 服务器与客户机只需一次交互。假设客户机与服务器每次交互的平均时间为 T_c，Web 服务器与数据库服务器每次交互平均时间为 T_s，交互次数为 n。因为 B/S 结构接受用户请求会将结果一次返回，所以当 n 较大时二层结构消耗时间（$n \times T_c$）就远远大于 B/S 三层结构消耗时间（$T_c + n \times T_s$）（这里 $T_c \gg T_s$）。

（5）消除数据库瓶颈。由于客户机与服务器通常不在同一个局域网上，而应用服务器与数据库服务器往往在高速局域网，甚至是同一台主机，故 $T_c \gg T_s$。虽然数据库的并行系统不能有很大的并发度，但应用服务器却无此限制，当应用服务器成为瓶颈时，可以通过增加应用服务器数目，由多台应用服务器同时为终端客户服务，实现平衡负载，同时提高系统的整体可靠性。当数据库瓶颈不可逾越时，可以由应用服务器上的应用来实现用分类过的数据访问不同的数据库，由多个数据库实现应用级的一个逻辑数据库，这可在一定程度上消除数据库服务器的瓶颈。

经过近几年的应用，B/S 体系结构也暴露出了许多不足，具体表现在以下几个方面。

（1）由于浏览器只是为了进行 Web 浏览而设计的，当其应用于 Web 应用系统时，许多功能不能实现或实现起来比较困难。例如，通过浏览器进行大量的数据输入，或进行报表的应答都是非常困难和不便的。

（2）复杂的应用构造困难。虽然可以用 ActiveX、Java 等技术开发较为复杂的应用，但是相对于发展已非常成熟 C/S 的一系列应用工具来说，这些技术的开发复杂，并没有完全成熟的技术供使用。

（3）HTTP 可靠性低有可能造成应用故障，特别是对于管理者来说，采用浏览器方式进行系统的维护是非常不安全与不方便的。

（4）Web 服务器成为对数据库唯一的客户端，所有对数据库的连接都通过该服务器实现。Web 服务器同时要处理与客户请求及与数据库的连接，当访问量大时，服务器端负载过重。

（5）由于业务逻辑和数据访问程序一般由 Java Script、VBScript 等嵌入式小程序实现，分散在各个页面里，难以实现共享，给升级和维护带来了不便。同时源代码开放性，使得商业规则很容易暴露，而商业规则对应用程序来说则是非常重要的。

3. C/S 和 B/S 的混合网络架构

通过对比分析 C/S 和 B/S 的架构可以看出，C/S 体系结构并非一无是处，而 B/S 体系结构也并非十全十美。因为 C/S 体系结构根深蒂固，技术成熟，原来的很多软件系统都是建立在 C/S 体系结构基础上的，所以，B/S 体系结构要想在软件开发中起主导作用，要走的路还很长。现阶段在大系统和复杂系统中，为克服 C/S 和 B/S 的不足，通常在原有 B/S 体系结构基础上，采用多层体系结构，嵌套 C/S 结构，如图 8.13 所示。

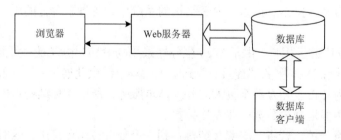

图 8.13　C/S 和 B/S 混合网络架构

该多层体系结构中，通常组件位于 Web 应用程序中，客户端发出 HTTP 请求到 Web Server，或者将请求传送给 Web 应用程序。Web 应用程序将数据请求传送给数据库服务器，数据库服务器将数据返回 Web 应用程序,然后由 WebServer 将数据传送给客户端。对于一些实现起来困难的功能或一些需要丰富的 HTML 页面,通过在页面中嵌入 ActiveX 或 JavaApplet 控件来实现。

多层体系结构屏蔽了客户机和服务器的直接连接,由中间层 Web 服务器接受客户机请求,然后寻找相应的数据库及处理程序,经由 GIS 数据处理器处理将结果返回客户端。这种模式实现了客户与服务器的透明连接,使得无论用户以何种方式提出请求,Web 服务器均可调用相应的程序和数据提供服务。

在该系统设计中拟采用基于 C/S 与 B/S 混合软件体系结构,企业内部用户通过局域网直接访问数据库服务器,软件系统采用 C/S 体系结构;企业外部用户通过 Internet 访问 Web 服务器,通过 Web 服务器再访问数据库服务器,软件系统采用 B/S 体系结构。C/S 与 B/S 混合软件体系结构如图 8.14 所示。

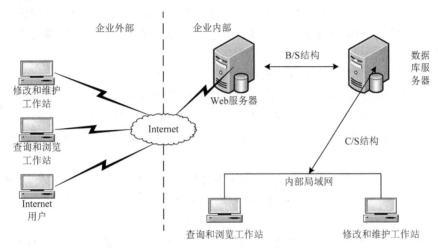

图 8.14　C/S 与 B/S 混合体系结构

混合体系结构的优点是外部用户不直接访问数据库服务器,能保证企业数据库的相对安全。企业内部用户的交互性较强,数据查询和修改的响应速度较快。混合体系结构的缺点是企业外部用户修改和维护数据时,速度较慢,较烦琐,数据的动态交互性不强。

8.4.2　面向服务的网络体系结构

面向服务的体系结构,是一个组件模型,它将应用程序的不同功能单元(称为服务)通过这些服务之间定义良好的接口和契约联系起来。接口是采用中立的方式进行定义的,它应该独立于实现服务的硬件平台、操作系统和编程语言。这使得构建在各种这样的系统中的服务可以以一种统一和通用的方式进行交互。这种具有中立的接口定义(没有强制绑定到特定的实现上)的特征称为服务之间的松耦合。松耦合系统的好处有两点:一是它的灵活性;二是,当组成整个应用程序的每个服务的内部结构和实现逐渐地发生改变时,它能够继续存在。另外,紧耦合意味着应用程序的不同组件之间的接口与其功能和结构是紧密相连的,因而当需要对部分或整个应用程序进行某种形式的更改时,它们就显得非常脆弱。

对松耦合的系统的需要来源于业务,应用程序根据业务的需要变得更加灵活,以适应不断变化的环境,如经常改变的政策、业务级别、业务重点、合作伙伴关系、行业地位及其他与业务有关的因素，这些因素甚至会影响业务的性质。称能够灵活地适应环境变化的业务为按需（on demand）业务，在按需业务中，一旦需要，就可以对完成或执行任务的方式进行必要的更改。

1. SOA 的定义

SOA（service oriented architecture）是一种架构模型，是面向服务的体系结构。它是一种粗粒度、松耦合服务架构，服务之间通过简单、精确定义的接口进行通信，不涉及底层编程接口和通信模型。根据 Service-architecture.com 对于它的定义，SOA 本质上是服务的集合，服务间彼此通信，这种通信可能是简单的数据传送，也可能是两个或更多的服务协调进行某些活动。

SOA 的关键是"服务"的概念，服务是构件提供使用者调用的相关的物理黑盒封装的可执行代码单元，是精确定义、封装完善、独立于其他服务所处环境和状态的函数。它的服务只能通过已发布接口（包括交互标准）进行访问，也可以连接到其他构件以构成一个更大的服务。服务通常实现为粗粒度的软件实体，并且通过松散耦合的基于消息通信模型来与应用程序和其他服务交互。

SOA 是一个组件模型，它将应用程序的不同功能单元称为服务。通过这些服务之间定义良好的接口和契约联系起来，根据需求通过网络对松散耦合的粗粒度应用组件进行分布式部署、组合和使用。接口是采用中立的方式进行定义的，它应该独立于实现服务的硬件平台、操作系统和编程语言。这使得构建在各种这样的系统中的服务可以以一种统一和通用的方式进行交互。

SOA 并不是新生事物，大型 IT 组织成功构建和部署 SOA 应用已有多年的历史。SOA 是一种架构和组织 IT 基础结构及业务功能的方法，并且具有管理上的优点。

2. SOA 参考架构模型

SOA 的架构模型具有简单、动态和开放的特性。在 SOA 的架构模型中，存在三种角色，它们分别是服务提供者、服务注册表和服务请求者。如图 8.15 所示，SOA 架构模型中的角色分别完成不同的功能，通过它们之间的相互联系、相互作用，完成基于 SOA 的应用系统的基本功能。在这三种角色之间，通过三种操作，即发布、查找和绑定来实现相互联系。

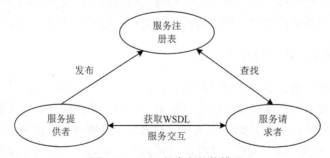

图 8.15　SOA 的参考架构模型

1）服务提供者

服务提供者是一个可通过网络寻址的实体，它接受和执行来自请求者的请求。它将自己的服务和接口契约发布到服务注册中心，以便服务请求者可以发现和访问该服务。服务的提供者是服务的所有者，它是被访问的服务所运行的平台。服务的提供者通常是一个可以通过网络访问的实体，接受来自服务的请求者所发起的请求，并根据服务发起者所提供的参数，提供面向该请求者的个性化服务。但是在面向服务的架构中，服务的提供者和服务的请求者并不是在一开始就直接沟通的，它们需要服务注册表作为它们中间的桥梁。

2）服务请求者

服务请求者是一个应用程序、一个软件模块或需要一个服务的另一个服务。它发起对注册中心中的服务的查询，通过传输绑定服务，并且执行服务功能。服务请求者根据接口契约来执行服务，服务的请求者是真正需要使用那些服务所提供的特定功能的企业。服务的请求者可以以非常多样的方式存在，人们日常生活中所能看到的很多东西都可以作为服务的接入点或者发起者，如个人电脑、手机、掌上电脑等。服务的请求者可以作为一个应用程序或者一个软件模块，实现对服务提供者所提供的服务的请求。

3）服务注册表

服务注册表是服务发现的支持者。它包含一个可用服务的存储库，并允许感兴趣的服务请求者查找服务提供者接口。服务注册表是连接服务的使用者和服务提供者的中间机构。服务提供者在构建好一个服务之后，可以将服务发布到服务注册表。服务注册表通过各个服务提供者所提供的服务，构建一个服务库。服务使用者可以通过服务注册表查找，获取他们所需要的服务及服务的描述，然后与服务提供者进行绑定，发起对服务的请求，完成自己需要实现的功能或者获取数据等。

面向服务的体系结构中的每个实体都扮演着服务提供者、服务请求者和服务注册表这三种角色中的某一种（或多种）。面向服务的体系结构中的操作包括：

（1）发布。为了使服务可访问，需要发布服务描述以使服务请求者可以发现和调用它。

（2）查询。服务请求者定位服务。方法是查询服务注册表来找到满足其标准的服务。

（3）绑定和调用。在检索完服务描述之后，服务请求者继续根据服务描述中的信息来调用服务。

面向服务的体系结构中的构件包括：

（1）服务。可以通过已发布接口使用服务，并且允许服务使用者调用服务。

（2）服务描述（web service description language）。服务描述指定服务使用者与服务提供者交互的方式，它指定来自服务的请求和响应的格式。服务描述可以指定一组前提条件、后置条件或服务质量（QoS）级别。

在理解 SOA 和 Web 服务的关系中，经常发生混淆。从本质上来说，SOA 是一种架构模式，而 Web 服务是利用一组标准实现的服务。Web 服务是实现 SOA 的方式之一。用 Web 服务来实现 SOA 的好处是可以实现一个中立平台，来获得服务，Web 服务是技术规范，而 SOA 是设计原则。特别是 Web 服务中的 WSDL，是一个 SOA 配套的接口定义标准：这是 Web 服务和 SOA 的根本联系。

3. SOA 的核心特征

SOA 作为一种架构模型，它可以根据需求通过网络对松散耦合的粗粒度应用组件进行分布式部署、组合和使用。通常 SOA 具有以下核心特点。

（1）平台中立。SOA 服务接口采用中立的方式定义，独立于具体实现服务的硬件平台、操作系统和编程语言，使得构建在这样的系统中的服务可以使用统一和标准的方式进行通信。服务运行的平台不影响其他平台上用户的访问和使用。

（2）基于标准。SOA 在快速发展的过程中产生了大量的行业标准作为应用的指导。通过服务接口的标准化描述，使得该服务可以提供给任何异构平台和任何用户接口使用。服务交互必须是明确定义的，XML 和 Web 服务是近年来出现的两个重要标准。Web 服务描述语言 WSDL 用于描述服务请求者所要求的绑定到服务提供者的细节。WSDL 不包括服务实现的任何技术细节，服务请求者不知道也不关心服务究竟是由哪种程序设计语言编写的。Web 服务使应用功能得以通过标准化接口（WSDL）提供，并可基于标准化传输方式（HTTP 和 JMS）、采用标准化协议进行调用，基于标准有利于技术的融合。它的出现将 SOA 推向更高的层面，并大大提升了 SOA 的价值。

（3）良好封装性。把服务封装成可以被不同业务流程重复使用的业务组件。它隐藏所有实现细节，不管服务内部如何修改，使用什么平台、什么语言，只要保持接口不变，就不会影响最终用户的使用。SOA 通过使用标准接口的全部细节（包括消息格式、传输协议和位置进行描述），隐藏了实现服务的细节（包括实现服务的硬件或软件平台及编写服务所用的编程语言）。

（4）良好的重用性。一个服务创建后能用于多个应用和业务流程。服务基于目录分发并存在于整个网络平台，容易被发现，极大地方便了服务的重复使用，从而降低了开发成本。

（5）基于异步的调用。在异步服务调用中，调用方向消息收发服务发送一个包含完全上下文的消息，收发服务将该消息传递给接收者。接收者处理该消息并通过消息总线向调用方返回响应。在消息正在处理的过程中，调用方不会中断。

（6）服务是独立的。服务应该是独立的、自包含的请求，在实现时它不需要获取从一个请求到另一个请求的信息或状态。服务不应该依赖于其他服务的上下文和状态，当产生依赖时，它们可以定义成通用业务流程、函数和数据模型。一个服务是一个独立的实体，与底层实现和用户的需求完全无关，它自身是完全独立的、自包含的、模块化的。基于消息的接口可以采用同步和异步协议实现。服务请求者和服务提供者之间只有接口上的往来，至于服务内部如何更改、如何实现都与服务请求者无关。服务提供者和服务使用者间松散耦合背后的关键是服务接口作为与服务实现分离的实体而存在。

（7）可重用现有资源。由于 SOA 与技术无关，很容易利用历史遗留的资源，通过封装开发出新的服务，并且 SOA 基于大量已经存在的技术，如 XML 等。

（8）服务可组合。可以通过一定的逻辑将已有的服务进行组合使用，极大地提高了服务的使用便利。SOA 利用基于新的接口，能够兼容多种传输方式（如 TCP、JMS、TCP/IP 等），这使服务实现能够在完全不影响服务使用的情况下进行修改。在享受组合便利性的同时，也可以在不影响使用的情况下随着个体服务的更新而更新。

（9）服务松耦合。服务请求者到服务提供者的绑定与服务之间应该是松耦合的。因此，服务请求者不需要知道服务提供者实现的技术细节，如程序语言、底层平台等。服务提供者和服务使用者可以用定义良好的接口来独立开发。服务实现者可以更改服务中的接口、数据或者消息版本，而不对服务使用者造成影响，即"松散耦合"是 SOA 区别于其他的组件架构的独有特点。松散耦合旨在将服务使用者和服务提供者在服务实现和客户如何使用服务的层面隔离开来。大多数松散耦合方法都依靠基于服务接口的消息。

松耦合性要求 SOA 架构中的不同服务之间保持一种松耦合的关系，也就是保持一种相对独立无依赖的关系。这样的好处有两点：首先是具有灵活性，其次当组成整个应用程序的服务内部结构和实现逐步地发生变化时，系统可以继续地独立存在。而紧耦合意味着应用程序的不同组件之间的接口与其功能和结构是紧密相连的，因而当需要对部分或整个应用程序进行某种形式的更改时这种结构就显得非常脆弱。

（10）透明的服务位置。位置透明性要求 SOA 系统中的所有服务对于其调用者来说都是位置透明的，也就是说，每个服务的调用者只需要知道想要调用的是哪一个服务，并不需要知道所调用服务的物理位置在哪，即服务请求者不需要知道服务的具体位置及是哪一个服务响应了自己的请求，服务请求者关心的是使用一个服务完成了自己要处理的工作。

（11）协议无关性。协议无关性要求每一个服务都可以通过不同的协议来调用。

8.4.3　面向服务架构实现技术

在网络环境下实现地理信息服务的基础就是分布式计算技术，而目前存在着两种流行的分布式计算技术，即 CORBA 和 DCOM，虽然这两种技术在各种平台上得到了实现，但它们之间的协作却存在问题，即 CORBA 应用程序和 DCOM 应用程序不能实现互操作。为此，一种革命性的技术 Web Service 技术应运而生。

1. Web Service

Web Service 是指使用标准技术实现的、公布并运行在互联网上的一些业务流程。应用 Web Service 的公司可以轻松地通过标准的网络协议使用 XML 格式把应用程序连接到任何客户端（包括桌面应用程序、Web 浏览器、移动设备和 PDA）。与此相似的是，Web Service 还可以轻松地把来自完全不同硬件平台（如大型机、应用服务器和 Web 服务器）的应用程序互相连接起来。另外，Web Service 还支持在异构操作系统（如 Windows、Java 和 Unix）中实现互联。Web Service 还使开发人员创建的电子商务应用程序能够与世界上任何地方的任何客户、供应商和业务伙伴进行连接，并且这种连接是与开发平台或编程语言无关的。

1）Web Service 概念

Web Service 是由 W3C 制定的一套开放的标准的技术规范，W3C 对 Web Service 的定义如下：Web Service 是由 URI 标识的一个软件应用，其接口和绑定可以通过 XML 文档定义、描述和发现；它使用基于 XML 的消息通过互联网协议与其他软件之间直接交互。Web 服务的目的是让不同的软件应用程序能相互操作，无论这些程序是用什么编程语言实现，运行在什么样的操作平台或架构技术上。Web Service 在不同的软件应用之间提供了标准的交互方式，使原来各孤立的站点之间的信息能够相互通信、共享，而不用考虑应用程序的实现技术及运行平台。对 Web Service 更精确的解释是：Web Service 是建立可互操作的分布式应用程序的新平台。Web Service 平台是一套标准，定义了一套标准的调用过程。

2）Web Service 架构

Web Service 架构通常指用于架构 Web Service 的整体技术架构，提供了运行于多种平台上的软件系统之间互操作的一种标准方法，其核心是互操作性。任何 Web Service 架构环境都少不了以下基本活动。

（1）发布（Publish）服务：服务提供者向服务注册中心发布服务描述，以使服务使用者可以发现和调用。发布的信息包括与该服务交互必要的所有内容，如服务路径、传输协议及消息格式等。

（2）查找（Find）服务：服务请求者直接检索服务描述或在服务注册中心来查找和定位满足其标准的服务。查找服务的操作由用户或者其他服务发起。

（3）绑定（Bind）服务：在绑定操作中，服务请求者根据服务描述中的绑定细节来定位、联系和调用服务，一旦服务请求者发现适合自己的服务，他将根据服务描述中的信息在运行时直接激活服务。

这些活动涉及五种基本角色。

（1）服务（Service）：Web Service 是一个由服务描述来描述的接口，而服务描述的实现就是该服务。服务是一个软件模块，独立于技术的业务接口，部署在服务提供者提供的可以通过网络访问的平台上。

（2）服务提供者（Service Provider）：服务的创建者和拥有者，是一个可以通过网络访问的实体，它将自己的服务和服务描述发布到服务注册中心，以便于服务请求者来定位，也可以因为用户需求的改变而取消服务。

（3）服务请求者（Service Requester）：从服务注册中心定位其需要的服务，向服务提供者发送一个消息来启动服务的执行。它可以是一个请求的应用、服务或者其他类型的软件模块，完成发现提供所需服务的 WSDL 文档，以及与服务通信的功能。

（4）服务注册表（Service Registry）：服务提供者在此发布自己的服务描述，服务请求者查找服务并获得服务的绑定信息，实现增加、删除、修改已发布的服务描述及从注册表中查询服务的功能。

（5）服务描述（Service Description）：本质是服务内容的标准化描述，提供了服务内容、绑定类型、传输协议、服务地址等，生成相应的完全的文档，发布给服务请求者或服务注册中心。其基本架构如图 8.16 所示。

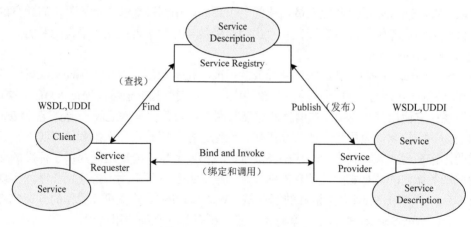

图 8.16　Web Service 基本架构

3）Web Service 工作流程

Web Service 用到 SOAP、WSDL、UDDI 等方面的技术，图 8.17 阐明了这些技术的工作过程。

根据 Web Service 工作流程图，其工作过程阐述如下。

服务提供者通过服务注册表发布自己的 Web Service，以供服务请求者查找和调用，服务请求者（Java、VB 等应用程序）通过服务注册表查找到 Web 服务描述文件，服务注册表授权给服务请求者，继而通过 WSDL 描述文档创建相应的 SOAP 请求消息。Web Service 放在具体的可执行环境（J2EE、CORBA、JMS）中，服务描述与可执行环境通过一个映射层相分离，映射层通常以代理（Proxy）或桩（Smb）的形式实现；SOAP 请求通过 HTTP 发送给可执行环境。Web Service 在完成服务请求后，将 SOAP 返回消息通过 HTTP 传回请求者，服务请求者再根据 WSDL 文档将 SOAP 返回消息解析成自己能够理解的内容。

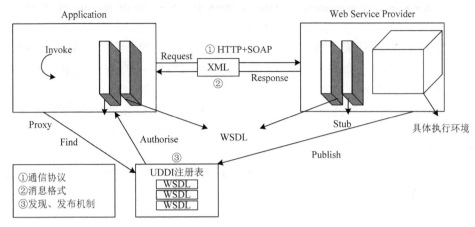

图 8.17　Web Service 工作流程图

　　Web Service 即 Web 服务。简单来讲，就是在网络上创建一个应用程序，对外提供一系列可以调用的接口 API，接收和处理来自网络上的应用请求，执行相应的功能，并将处理结果以 XML 形式或其他形式返回给请求者。它是一个自包含、自描述、在 Internet 分布式计算环境下的基本程序模块。该技术以 XML 描述数据，以 Web 服务描述语言（web services description language，WSDL）定义接口，以通用描述、发现和集成服务（universal description discovery and integration，UDDI）实现服务发现与匹配，以简单对象访问协议（simple object access protocol，SOAP）调用服务。近年来 Web 服务迅速发展，其概念体系基于面向服务的架构（SOA）。作为下一代网络应用的核心，Web Service 具有很多特点：良好的互操作性、完好的封装性、松散耦合、高度集成能力、使用标准协议规范、普遍性、易于使用等。

　　Web 服务技术的出现为分布式互操作的软件系统提供了广阔的应用前景，能对已有的数据及功能模块进行重新解析、包装及组合，为异构空间数据的共享和互操作提供了技术支持途径，使构建开放式 WebGIS 系统成为可能，对开放式 WebGIS 系统的构建和发展具有重大意义。

2. WCF 技术框架

　　WCF（windows communication foundation）是微软基于 SOA 推出的.Net 平台下的新产品，是使用托管代码建立和运行面向服务应用程序的统一框架，它使得开发者能够建立一个跨平台的安全、可信赖、事务性的解决方案，且能与已有系统兼容协作。

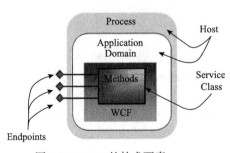

图 8.18　WCF 的技术要素

1）WCF 技术要素

　　作为基于 SOA 的一个框架产品，WCF 最重要的就是能够快捷地创建一个服务。如图 8.18 所示，一个 WCF Service 由下面三部分构成。

　　（1）Service Class（服务类）：一个标记了 [ServiceContract] 属性的类，其中可能包含多个方法。除了标记了一些 WCF 特有的属性外，这个类与一般的类没有什么区别。

（2）Host（宿主）：可以将 EXE、Console、Asp.Net、WinForms、WPF、NT Service、COM+、IIS、WAS 等多种 Windows 应用程序作为宿主，它是 WCF 服务运行的环境。

（3）Endpoints（终结点）：可以是一个也可以多个，它是 WCF 实现服务的核心要素。

服务内部包括了诸如语言、技术、平台、版本与框架等诸多概念，而服务之间的交互，则只允许指定的通信模式。服务的客户端只是使用服务功能的一方。理论上讲，客户端可以是任意的 Windows 窗体类、ASP.NET 页面或其他服务。客户端与服务通过消息的发送与接收进行交互。消息可以直接在客户端与服务之间进行传递，也可以通过中间方进行传递。WCF 的所有消息均为 SOAP 消息，与传输协议无关。因此，WCF 服务可以在不同的协议之间传输，而不仅限于 HTTP。

WCF 不允许客户端直接与服务交互，即使它调用的是本地机器内存中的服务。相反，客户端总是使用代理将调用转发给服务。代理公开的操作与服务相同，同时还增加了一些管理代理的方法。

WCF 允许客户端跨越执行边界与服务通信。在同一台机器中，客户端可以调用同一个应用程序域中的服务，也可以在同一进程中跨应用程序域调用，甚至跨进程调用。

WCF 服务是一个公开了终结点集合的程序，每个终结点都是一个与外界通信的入口。客户端是一个与一个或多个终结点交换消息的程序，如图 8.19 所示。

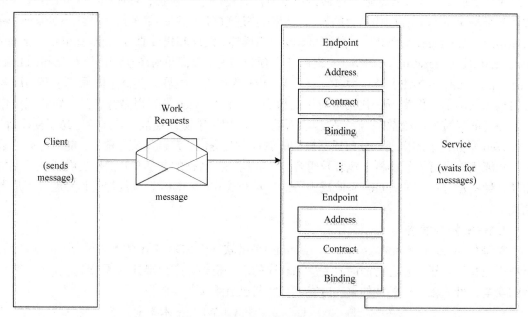

图 8.19　客户端与服务终结点结构图

一个 WCF 服务可以公开一个或多个终结点以接收消息提供服务，每个终结点由三要素构成——地址（Address）、绑定（Binding）和协议（Contract），简称 ABC。其中，"地址"指定了接收消息的端口信息，"绑定"描述了消息的传输方式，"协议"则规定了消息的内容格式。服务端可利用 WSDL 描述语言发布服务信息，客户端可利用 WSDL 描述信息生成用户代码以调用服务，如图 8.20 所示。

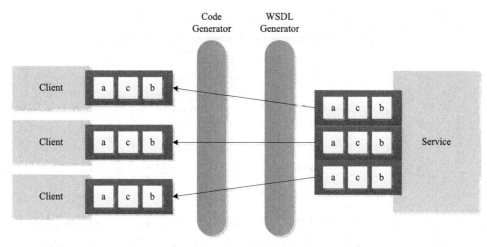

图 8.20　WSDL 描述终结点信息

当建立一个 WCF 服务时，首先应定义一个.Net 接口作为服务契约（Service Contact），并在一个.Net 类中实现这个服务契约，同时指定服务类型（Service Type），配置服务行为（Service Behavior）。然后定义一个终结点发布该服务，并为该服务指定 Address、Binding 和 Contact。最后将 WCF 服务寄宿在某一应用程序，启动服务。客户端根据 WCF 服务节点地址，首先获得该服务节点的相关信息，利用该信息在.Net3.5 环境下会自动生成一个 WCF 代理类（Proxy），通过这个代理类便可调用 WCF 服务。而在非.Net 环境下则可以通过 SOAP 来调用 WCF 服务。

利用 WCF，不论是设计服务端提供服务节点，还是编写客户端连接服务节点都必须与终结点打交道，因此，WCF 编程模式及其体系结构的中心在于对终结点的理解。以下将对终结点的三要素 Address、Binding 和 Contact 分别进行阐述。

（1）Address。Address 标示了消息发送的目的地，在 WCF 消息传输中，它解决了服务在哪里的问题。它的结构要素及作用如表 8.1 所示。

表 8.1　Address 结构要素及作用

结构要素	作用
Uri	指示 Endpoint 的地址，是必需的
Identity	能保证地址的唯一性，当 Uri 一致的时候，可以用 Identity 来区分 Endpoint，非必需的
Headers	为地址提供一些附加信息，如 SOAP 消息过滤，非必需的

WCF 可以采用编程代码和配置文件两种方式灵活地指定服务地址，而且支持将一个服务同时发布到多个地址上面，只要这些地址采用的都是一种访问方式。这种一份程序、多个发布地址的做法，在以往的分布式技术中是没有的。

（2）Binding。Binding（绑定）实现了在客户端和服务端进行通信的底层细节，包括数据如何传输（如采用 TCP、HTTP 等）、传输消息的编码格式（如 Text/xml、MTOM、Binary 等），以及如何解决安全问题（SSL、Message Level Security 等），而所有这些都是通过各种信道（Channel）来实现的，也就是说，Binding 是通过绑定各种不同的信道构成一条有序的信道栈（Channel Stack）来实现节点间通信的。对于 WCF 的信道栈来说，有两种信道是必需的：传输信道（Transport Channel）和消息编码信道（Message Encoding Channel），所以最简单的信道栈由传输信道和消息编码信道组成，如图 8.21 所示。

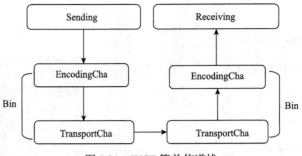

图 8.21　WCF 简单信道栈

WCF 通信的本质在于通过绑定对象提供的 API 构建信道栈，从而实现基于消息的通信。在信道栈和绑定之间，还存在着一些中间对象。它们是信道管理器（Channel Manager）、绑定元素（Binding Element）和绑定上下文（Binding Context），如图 8.22 所示。

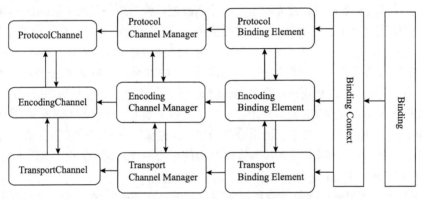

图 8.22　绑定与信道栈间的中间对象

从图 8.22 可以看出，在整个绑定模型中，信道和信道栈位于最底层。信道栈是消息进行通信的通道，组成信道栈的各个信道出于各自的目的对消息进行相应的处理。按照功能划分，可以将信道分成三类：传输信道、消息编码信道和协议信道。其中，传输信道和消息编码信道是必需的；而协议信道则实现了 WS-*协议的支持，如 WS- Security（实现了消息层的安全）、WS-RM（实现了可靠消息通信）、WS-AT（实现了分布式的事务支持）等。Binding 是可以自定义实现的，但 WCF 框架已经提供了足够多内置的 Binding 对象，供人们来选择。

（3）Contract。任何一个分布式应用程序，为了能够实现互操作，都必须事先制定好一系列交换规则，这个规则正是交换数据双方能彼此理解的依据，WCF 作为分布式开发技术的一种，同样具有这样一种特性。而在 WCF 中制定的规则被称为契约（contract），它也是 WCF 终结点的三要素之一，在 WCF 中，契约分为四种，如下。

服务契约（service contract）：用于描述一个 WCF 终结点能提供什么样的功能服务（service），每个功能服务都有哪些操作（operation）可调用，每个调用采用何种消息交换模式（message exchange pattern）。在 WCF 中，服务契约的定义涉及两个自定义特性：Service Contract Attribute 和 Operation Contract Attribute。前者用于类或者结构上，指示此类或者结构能够被远程调用，并可设置名称、命名空间、会话模式、消息保护级别和消息交换模式等属性；而后者用于类中的方法上，指示该方法可被远程调用，并可设置名称、请求、响应、是否异步、消息保护级别、是否单工等信息。

数据契约（data contract）：在客户端和服务端进行有效的数据交换，要求交换双方对交换数据的结构达成共识，WCF 通过数据契约来对交换的数据进行描述。数据契约也分为两种：DataContract 和 DataMember。DataContract 用于类或者结构上，指示此类或者结构能够被序列化并传输，而 DataMember 只能用在类或者结构的属性字段上，指示该属性或字段能够被序列化传输。

消息契约（message contract）：为了实现跨平台服务的调用都是基于消息的传递，控制消息格式在 SOA 架构中是不可或缺的。在 WCF 中用于控制消息格式为消息契约，通过消息契约能自定义消息格式，包括消息头、消息体，还能指示是否对消息内容进行加密和签名。

错误契约（fault contract）：错误契约用于自定义错误异常的处理方式，默认情况下，当服务端抛出异常的时候，客户端能接收到异常信息的描述，但这些描述往往格式统一，有时比较难以从中获取有用的信息，因此可以自定义异常消息的格式，将关心的消息放到错误消息中传递给客户端，此时需要在方法上添加自定义一个错误消息的类，然后在要处理异常的函数上加上 FaultContract，并将异常信息指示返回为自定义格式。

2）WCF 的优势

WCF 技术允许创建服务，访问跨进程、机器和网络的其他应用程序。这些服务可以共享多个应用程序中的服务，提供数据源，或者抽象复杂的过程。与 Web 服务一样，WCF 服务提供的功能也封装为该服务的方法。每个方法（在 WCF 术语中称为"操作"）都有一个端点，用于交换数据。在这一点上，WCF 与 Web 服务不同：在 Web 服务中，只能在 HTTP 上通过 SOAP 与端点通信；在 WCF 服务中，可以选择要使用的协议，端点甚至可以通过多个协议来通信，以满足特定网络连接服务和特殊的安全要求。

在 WCF 上，端点可以有多个绑定，每个绑定都指定了一种通信方式。绑定还可以指定包括安全要求在内的其他信息，如绑定可能需要用户名和密码验证或者 Windows 用户账户令牌。用户一旦连接了一个端点，就可以使用 SOAP 消息与它通信，所使用的消息形式取决于所进行的操作和该操作收发消息所需的数据结构。WCF 使用数据契约指定所有这些信息。通过与服务交换的元数据可以查找数据契约，这类似于 Web 服务使用 WSDL 描述其功能。实际上，可以用 WSDL 格式获得 WCF 服务的信息，但 WCF 服务还可以用其他方式描述。

当用户识别出要使用的服务和端点，知道了要使用的绑定和需要的数据契约之后，就可以与 WCF 服务通信，这与使用在本地定义的对象一样简单。与 WCF 服务通信可以是简单的单向事务、请求/响应消息，也可以是从通信通道任一端发出的双向通信，还可以在需要时使用消息平衡负载等优化技术。WCF 服务在存储它的计算机上运行为许多不同进程中的一个。Web 服务总是运行在 IIS 上，而 WCF 服务可以选择适合的主机进程。可以使用 IIS 运行 WCF 服务，也可以使用 Windows 服务或其他可执行程序。

WCF 框架体系的集成性、易学性、灵活性、安全性等特点，总结出来，主要特性包括：①基于声明性编程模型，简单易用；②实现了多种分布式技术的统一；③能够实现跨平台、跨防火墙的互操作；④充分利用配置文件，根据网络情况，实现框架的灵活搭建；⑤使用配置的同时，仍保留代码编程的模型，使得框架更加丰富，便于控制；⑥默认的 CIA（confidentiality，保密性；integrity，完整性；authentication，可验证性）支持，极大地简化了安全控制。

8.5　网络地理信息开发

伴随着 GIS 与 Internet 的结合发展，用户对通过互联网获取复杂的、大数据量的空间信息服务的要求越来越迫切，而传统的 WebGIS 存在客户端和服务端配置基本同类结构的对象模型协议，客户端和服务端的接口匹配严格、耦合紧密，对整体计算的支持不强，仅对本地和本网络的计算支持良好，对 Internet 上的计算资源的整合应用支持不够等，面向服务架构（SOA）的 WebGIS 的出现已是必然。基于 SOA 架构的 Web Service 技术使得 Internet 不再仅是传播数据的平台而且也是传递服务的平台，并由此导致了地理信息系统网络服务（GIS web service）的诞生。它将解决传统 WebGIS 无法实现异构空间数据的互操作、无法实现跨平台及开发调度和维护困难的问题，以实现数据可共享和互操作的松散耦合的异构系统。

8.5.1　网络GIS平台框架

目前，比较流行的 WebGIS 结构是三层网络结构体系：客户端的浏览器、中间层的 Web 服务器及后台的数据库服务计算、分析和统计工作。随着 WebGIS 发展，功能服务的需求越来越多，也可以将后台的数据库服务拆分为功能实现层和数据资源支持层，如图 8.23 所示。

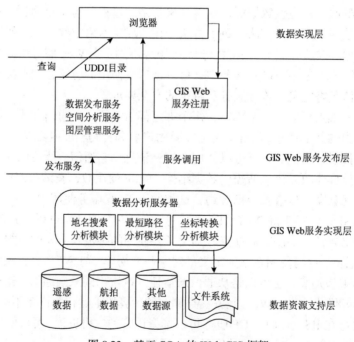

图 8.23　基于 SOA 的 Web GIS 框架

1. 数据表现层即客户端

客户端可通过浏览器或 GIS 应用程序实现。它通过向用户提供访问接口，使用户方便地在 UDDI 注册中心查询和调用 GIS Web 服务，并最终实现数据的表现，如各种数据格式的显示、地图的浏览、GIS 查询和空间分析结果及输出等。用户层包括 GIS Web Service 的 UDDI 资源注册中心、数字证书管理服务器及用户客户端。

1）UDDI 资源注册中心

UDDI 资源注册中心作为服务提供者和服务请求者之间的桥梁，是整个体系构架的核心，服务提供者通过在 UDDI 注册中心注册服务描述信息以提供查询服务。服务目录在服务注册处生成，服务注册处负责接收、解析、查找、定位请求的服务，返回服务描述信息给服务请求者。服务的注册可以分为两种情况：局域网内的服务注册可以通过在注册服务器的 Web 服务器（如 IIS 等）上建立虚拟目录来进行，虚拟目录注册的是与服务相对应的描述文档，客户端可通过该描述文档获取服务具体的访问地址、端口、参数等信息；Internet 上的服务注册则可以使用 UDDI 商业注册中心或使用 UDDI 开发系统设计独立的注册中心进行。

服务请求者通过 UDDI 注册中心查找服务描述、接口描述、服务的绑定位置描述等注册信息，绑定或调用服务。首先应通过浏览器登录 UDDI 服务添加向导，通过向导可一步步填充 UDDI 的数据模型，包括商业实体信息、高层服务信息、绑定接口信息等。用户通过这些信息便可查找到所需要的服务及服务接口说明。

2）数字证书管理服务器

数字证书管理服务器，也称证书颁发机构或认证中心，是 PKI 中受信任的第三方实体，是为实现基于证书形式的 WCF 服务访问控制而设置的，主要负责证书颁发、吊销、更新和续订等证书管理任务，以及 CRL（被 CA 吊销的证书列表）发布、事件日志记录等几项重要的任务。

证书服务作为管理空间信息网络服务权限证书的实体。首先，主体发出证书申请，通常情况下，主体将生成密钥对，有时也可能由 CA 完成这一功能。然后，主体将包含其公钥的证书申请提交给 CA，等待批准。CA 在收到主体发来的证书申请后，必须核实申请者的身份，一旦核实，CA 就可以接受该申请，对申请进行签名，生成一个有效的证书。最后，CA 将该证书颁发给用户，以便申请者使用该证书。

3）用户客户端

客户端可以是通用的浏览器，也可以是其他的 GIS Web 服务，以实现服务的集成组合，或者是 WebGIS 应用系统。WebGIS 应用系统采用常用的 ASP、JSP 等动态网页技术构建客户端界面，客户端通过服务的描述文档动态生成代理类，利用代理类生成发送请求消息，接收、解析响应消息，将远程服务访问本地化。Web 地图显示则采用插件的形式予以实现。

2. GIS Web 服务发布层

GIS Web 服务发布器的架设是为了使用户能够以浏览器的方式进行地图的浏览查询，实现矢量数据、遥感影像数据、地形数据、三维数据的网络发布，实现空间处理分析服务的发布，服务于空间数据的共享和互操作，隐藏了服务实现层和资源数据层中数据及平台的异构性，为客服提供统一简单稳健的程序接口。客户端通过 UDDI 对各服务接口进行访问。通过 UDDI 目录服务器把各种 GIS Web 服务接口向外发布。通过平台提供的服务接口，用户可根据需求加载已经发布的地理信息，并叠加自身业务专题信息，完成数据的查询、定位、分析等功能，实现空间数据的共享，提升地理信息应用层次。

3. GIS Web 服务实现层

GIS Web 服务实现层作为用户和数据的纽带，既是整个服务系统的中间层，也是核心层，它包括提供空间信息数据服务、空间信息功能服务及 Web 服务器地图浏览查询功能。其中，空间信息数据服务是其他服务的基础，空间信息数据服务实现了多源数据的融合，以统一的接口向用户提供栅格地图服务和矢量地图服务，空间信息功能服务以数据共享服务为数据源，提供基本空间信息处理服务，包括地名搜索、投影变换及路径分析等。

4. 地理数据资源支持层

实现数据的存储并为服务实现层提供各种数据。GIS Web Service 平台框架的数据层只能通过服务层向用户提供数据。数据层存储着各种各样的空间数据，如系列比例尺地形图数据库、DEM 数据、地名信息库、卫星影像库、基于四叉树结构的栅格图片库，以及各城市大比例尺的 DXF、SHP 等格式的矢量数据。空间数据的存储安全是整个服务体系安全的基础，采用数据库存储和管理空间数据，并建立多层网络防护体系，同时对敏感的空间数据进行对称加密存储等策略来保证空间数据的安全存储。

整个框架的数据源封装在网络上不同终端主机上，数据的物理组织机构和功能实现方式透明于数据的使用者，异构数据的共同使用通过数据转换服务实现地理标识语言（GML）数据抽取以保证异构、多源数据的无缝集成。数据的管理与维护由服务开发人员来实现，数据的管理与应用是分离开来的，这有利于保证数据的安全性、一致性和系统的稳定性。

8.5.2 网络GIS功能服务

GIS Web 服务承担与数据库的交互，完成特定的 GIS 功能，如地图目录管理、网络地图发布、基于 Web 的地理信息空间分析等。这些彼此独立的 GIS Web 服务分散于网络中的不同终端上，它可以通过结构化程序语言中的函数、过程或者是不同语言编写的、封装良好的类（在类中以不同的方法来实现相应的功能）来实现。基本可以采用两种开发方式：一种是对目前已有的 GIS 应用程序进行功能的重新封装，这种方法较方便简单也是最常用的方法；另一种是开发新的 GIS 应用，主要是在遵循 GIS Web 服务的开发规范的基础上借助通用编程语言及特定 GIS 平台完成的二次开发。

1. 网络 GIS 功能服务框架

网络 GIS 功能服务由空间数据加工系统、空间数据维护与管理系统、地理信息服务发布系统、地理信息服务客户端和二次开发工具包等组成（图 8.24）。

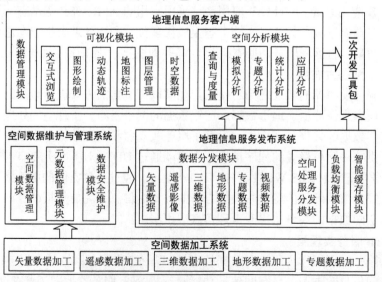

图 8.24　网络 GIS 功能服务总体框架

（1）空间数据加工系统。通过完备的矢量数据、遥感数据、三维数据、地形数据加工能力，方便地帮助用户组织和管理空间数据。

（2）空间数据维护与管理系统。实现多源、多时相矢量数据、遥感影像数据、地形数据、三维数据的集成与管理。在地理信息数据基础上，根据数据可视化、应用分析等需求，按照统一规范进行数据整合处理，采用分布式的存储与管理模式，实现在逻辑上规范一致、物理上分布，彼此互联互通的空间数据管理引擎。

（3）地理信息服务发布系统。是面向政府、企业和公众的 Web 服务，在云计算与超算环境中以 WCS、WMS、WFS、Web Service 等方式提供数据服务和处理服务的接口。

（4）地理信息服务客户端。是向政府、企业、公众提供服务的总界面、总窗口，是用户使用"网络 GIS 功能服务"各类服务的入口和平台，平台门户系统将提供 PC 端和移动终端两种入口，支持多种主流浏览器，向用户提供数据浏览、空间查询、空间分析等服务。

（5）二次开发工具包。对地理信息服务、空间数据的可视化与分析功能进行封装，满足不同用户的开发需要。开发用户可以快速开发独立的应用系统或者进行地理信息服务扩展。

2. 网络 GIS 功能服务实现

一个简单的地理信息系统的常用功能包括地图浏览、地名查询定位、最短路径计算及空间坐标系的转换。而地图浏览功能可能由于客户端的形式不同，如 CS 模式和 BS 模式，实现起来有不一样的地方，而且一般用户都是在自己的系统里面调用地理信息功能服务，地图的绘制浏览一般由客户自己绘制，因此地图浏览服务不作为一个基本服务，这里仅介绍地名搜索、最短路径与坐标转换这三个基本功能服务实现流程。

1）地名搜索服务实现

地名搜索服务是在空间信息数据服务基础上实现的，它通过在客户端输入地名，调用地名搜索服务，返回匹配地名及其坐标，然后根据用户选择的地名坐标，再调用数据服务以获得该区域的地图，进而实现搜索定位，流程如图 8.25 所示。

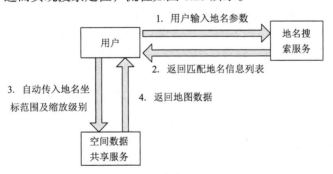

图 8.25　地名搜索服务流程图

2）最短路径服务实现

最短路径服务是 GIS 最普遍的功能之一，构建一个快速准确的最短路径服务是建立一个完整的空间信息网络服务所不可缺少的。它的客户端实现是集多种基本服务为一体的功能服务，包括地名搜索服务、空间信息数据服务及最短路径服务，具体涉及交通层拓扑数据的准备、最短路径服务契约的制定、多服务聚合的实现。另外，可以采用区域授权的方式限制路径服务权限，以区别用户等级，例如，付费用户可以进行跨省份的最短路径搜索，而免费用户只能在某一省份内进行最短路径搜索。

最短路径服务是在空间信息数据服务和地名搜索服务基础上，通过在客户端输入起始点和终点地名,调用地名搜索服务,获得起始点和终点坐标(或者通过鼠标点击直接获得坐标),然后调用最短路径服务传入两点坐标参数,从最短路径服务端返回最短路径系列坐标,最后将该路径坐标叠加在该区域地图上,流程如图 8.26 所示。

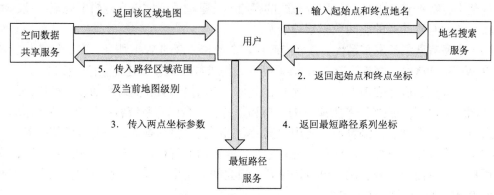

图 8.26　最短路径服务流程图

3)坐标转换服务实现

坐标转换服务是指对用户提交的坐标数据按照用户要求进行地图投影或坐标转换。它只在处理空间矢量数据时才调用,一般用户先通过调用 GetTransformType 方法获得服务端能够提供的坐标转换类型,然后调用 Transform 方法,以转换类型名和待转换的坐标序列作为参数传给服务端,最后返回转换后的坐标链表。

3. 网络 GIS 服务开发接口

网络 GIS 服务开发接口是软件系统不同组成部分衔接的约定。在数据封装时,网络分层中的每个层相互之间会用接口进行交互并提供服务,其中,应用层与用户之间的接口称为应用程序接口(application programming interface,API)。API 实际上是一种功能集合,也可说是定义、协议的集合,无论是哪种集合,它的实质都是通过抽象为用户屏蔽实现上的细节和复杂性。从用户角度看应用程序接口,表现为一系列 API 函数,用户可以使用这些函数进行网络应用程序开发。从网络角度看,应用程序接口给用户提供了一组方法,用户可以使用这组方法向应用层发送业务请求、信息和数据,网络中的各层则依次响应,最终完成网络数据传输。

8.5.3　网络GIS数据服务

网络 GIS 数据服务是整个地理信息网络服务的基础,它大体可分为栅格地图服务与矢量地图服务两种。栅格地图服务是指在服务端将多源多类型的空间数据处理成栅格图片的形式传输给用户端,作为用户获得地理信息的媒介,它包括普通地图服务、卫星影像服务、晕渲图服务及三维图像服务等。矢量地图服务是指在服务端将各种矢量数据以统一的矢量数据模型传输给用户端,它包括各种格式的矢量数据(SHP、MIF、DXF 格式等)服务。目前,矢量数据的共享服务一般以 GML 格式进行传输,由于矢量数据格式的复杂性,仅在要素层次级别有服务接口标准。通过国际标准化组织(ISO/TC211)或技术联盟(如 OGC)制定空间数据互操作的接口规范,GIS 软件商开发遵循这一接口规范的空间数据的读写函数,可以实现异构空间数据库的互操作。基于 HTTP(Web)XML 的空间数据互操作是一个很热门的研究方向,主要涉及 Web Service 的相关技术。OGC 和 ISO/TC211 共同推出了基于 Web 服务

（XML）的空间数据互操作实现规范 WMS、WFS、WCS，以及用于空间数据传输与转换的地理信息标记语言 GML。

1. Web 地图服务

Web 地图服务（WMS）利用具有地理空间位置信息的数据制作地图。其中，将地图定义为地理数据可视的表现。这个规范定义了三个操作。

（1）GetCapabitities 返回服务级元数据，它是对服务信息内容和要求参数的一种描述。

（2）GetMap 返回一个地图影像，其地理空间参考和大小参数是明确定义了的。

（3）GetFeatureInfo（可选）返回显示在地图上的某些特殊要素的信息，能够根据用户的请求返回相应的地图（包括 PNG、GIF、JPEG 等栅格形式或者是 SVG 和 Web CGM 等矢量形式）。WMS 支持网络协议 HTTP，所支持的操作是由 URL 定义的。

GetFeatureInfo 更容易理解，它和几乎所有的桌面程序上都用的 Info 按钮功能相同，都是用来获得屏幕坐标某处的信息，GetFeatureInfo 中的参数是屏幕坐标、当前视图范围等，在一定程度上也方便了客户端的编写。GetFeatureInfo 可以同时返回多个图层中的要素信息。

还有一些其他操作，如 DescribeLayer、GetLegendGraphic、GetStyles、SetSytles 等。

2. Web 要素服务

Web 要素服务（WFS）允许客户端从多个 Web 要素服务中取得使用地理标记语言（GML）编码的地理空间数据，支持对地理要素的插入、更新、删除、检索和发现服务。该服务根据 HTTP 客户请求返回 GML 数据。WFS 定义了五个操作。

（1）GetCapabilites 返回 Web 要素服务性能描述文档（用 XML 描述）。

（2）DescribeFeatureType 返回描述可以提供服务的任何要素结构的 XML 文档，返回要素结构，以便客户端进行查询和其他操作。

（3）GetFeature 为一个获取要素实例的请求提供服务，可根据查询要求返回一个符合 GML 规范的数据文档。GetFeature 是最重要的接口。

（4）Transaction 为事务请求提供服务，它不仅能提供要素读取，同时支持要素在线编辑和事务处理。

（5）LockFeature 处理在一个事务期间对一个或多个要素类型实例上锁的请求。

WFS 对应于常见桌面程序中的条件查询功能，WFS 通过 OGC Filter 构造查询条件，支持基于空间几何关系的查询、基于属性域的查询，当然还包括基于空间关系和属性域的共同查询。

在 Web 上，WFS 的请求不是以 SQL 实现的，而是通过 Filter XML 来实现的，可扩展性更强。WFS 所返回的是查询的结果集，从某种程度上说，区别于 WMS 的"数据的表现"，WFS 的结果集是由完整的 Schema 定义和约束的结果集，以 GML 为载体。

3. Web 地理覆盖服务

Web 地理覆盖服务（WCS）面向空间影像数据，它将包含地理位置值的地理空间数据作为"覆盖"（coverage）在网上相互交换，提供的是包含了地理位置信息或属性的空间栅格图层，而不是静态地图的访问。网络覆盖服务由三种操作组成。

（1）GetCapabilities 返回一个描述服务和 XML 文档，从中可获取覆盖的数据集合。操作返回描述服务和数据集的 XML 文档。

（2）GetCoverage 是在 GetCapabilities 确定查询方案和需要获取的数据之后执行，返回覆盖数据。GetCoverage 操作是在 GetCapabilities 确定什么样的查询可以执行、什么样的数据能够获取之后执行的，它使用通用的覆盖格式返回地理位置的值或属性。

（3）DescribeCoverageType 操作允许客户端请求由具体的 WCS 服务器提供的任一覆盖层的完全描述。根据 HTTP 客户端要求发送相应数据，包括影像、多光谱影像和其他科学数据。

WCS 对应基于栅格数据的功能，与 WMS 基于矢量数据的特点相对应。

Web Processing Server（WPS）是新近推出的标准，它具有 Union、Intersect 功能等。WPS 要做的就是暴露基于 URL 接口来实现客户端通过 Web Service 对此类方法的调用并返回数据。

以上三个规范既可以作为 Web 服务的空间数据服务规范，又可以作为空间数据的互操作。只要某一个 GIS 软件支持这个接口，部署在本地服务器上，其他 GIS 软件就可以通过这个接口得到所需要的数据。从技术实现的角度，可以将 Web 服务理解为一个应用程序，它向外界暴露出一个能通过 Web 进行调用的接口，允许被任何平台、任何系统用任何语言编写的程序调用。这个应用程序可以用现有的各种编程语言实现。Web 服务最大的特点是可以实现跨平台、跨语言、跨硬件的互操作，正是 Web 服务中的 SOAP、WSDL 和 UDDI 保证了 Web 服务的跨平台互操作的特性，所以，如何使用 SOAP、WSDL 和 UDDI 来部署、描述、传输和注册一个 Web 服务是实现 Web 服务的关键。由于 SOAP、WSDL 和 UDDI 是一套标准，不同的厂商可以有实现这些标准的不同产品，如 SUN、APACHE、IBM、Borland 等公司推出的基于 Java 平台的 Web 服务工具包，以及微软提出的.NET 平台等，这些工具为实现 Web 服务的开发、部署、描述提供了方便的工具，极大地降低了开发 Web 服务的复杂度。

这些规范基本在各大主流 GIS 平台和开源 GIS 软件中得到支持。Intergraph 早就推出了 WFS 服务器和互操作开发包，ESRI 在 ArcIms 中开发了支持 WMS、WFS 等规范的相关部件，MapInfo8.5 也已经增加了访问 WMS 和 WFS 服务，也有读取 GML 数据的接口功能。GeoServer、MapServer 地图服务器扮演向网络中的客户端提供地图服务的角色。这类地图服务器可以接收统一规范的 WMS 和 WFS 请求（request），返回多种格式的数据。这个过程有 WMS/WFS 规范的严格规定，所以，对客户端来说，其地图服务器的实现究竟是什么并不会造成太大影响，这样的规范为公共的、联合的地图服务创造了可能。OpenLayers/MapBuilder、uDig、QGIS 这些客户端软件分为浏览器和桌面客户端程序两种。以 OpenLayers 为代表的 B/S 系统客户端现在已经非常强大，它可以封装 WMS 请求，在浏览器上实现地图的切片载入功能。另外，拖动、缩放等功能也非常完善，可以实现跨浏览器操作。最近的 OpenLayers 版本还支持了矢量编辑功能，可以通过 WFS-t 提交。而传统的桌面客户端程序功能则更加强大，支持多种包括 WMS 和 WFS 在内的数据源，另外，编辑功能、操作性也要比浏览器中的强大。

第9章　移动地理信息系统

移动地理信息系统（mobile geospatial information system, MobileGIS）是一个集 WebGIS、嵌入式 GIS、实时定位技术、移动通信（GSM/GPRS/CDMA）四大技术于一体，提供移动目标位置和导航及相关服务的集成系统。它是基于嵌入式硬件设备，在移动计算环境条件下，运用卫星/无线电室内定位技术、无线 Internet 接入和有限空间数据处理能力的终端设备，提供移动的、分布式的、随遇性的地理信息系统应用。

9.1　移动 GIS 概况

移动地理信息系统是嵌入式地理信息系统（embedded GIS）、高精度实时定位技术和移动通信技术集成的产物，它不仅涵盖了传统意义上的 GIS 领域，而且是 GIS 的分支与延伸、补充与发展。嵌入式 GIS 是以应用为中心，以 GIS 技术为基础，软硬件可裁剪（可编程、可重构），适用于对功能、可靠性、成本、体积、功耗等方面有特殊要求的专用 GIS 系统。嵌入式设备普遍具有耗电少、体积小、重量轻、可移动的特征，从而使嵌入式 GIS 在军事、测绘、公众服务等领域的开发应用中起着重要作用。将嵌入式 GIS 与通信融合，深度研发移动地理信息集成应用，是当前 GIS 发展的必然趋势。

9.1.1　嵌入式系统

嵌入式系统的嵌入性本质是将一个计算机嵌入一个对象体系中，这些是理解嵌入式系统的基本出发点。由于微型处理器和嵌入式操作系统的快速发展，基于嵌入式设备的系统软件在信息系统及现代化生活中占据越来越重要的位置。

1.嵌入式系统定义

一般认为，嵌入式系统是建立在计算机科学技术基础上，以实际应用为目的，并且软件和硬件可配置的专用计算机系统。与一般的 PC 机应用系统不同，不同的嵌入式系统彼此之间差别也很大。一般功能单一，在兼容性方面要求不高，但是在大小、成本方面限制较多。

目前，嵌入式系统还没有比较权威、比较统一的定义，人们从不同的角度来理解嵌入式系统。

从技术角度被定义为：是计算机技术、通信技术、半导体技术、微电子技术、语音图像数据传输技术，甚至传感器等先进技术和具体应用对象相结合后的技术密集型系统。

从应用角度被定义为：以应用为中心，以计算机技术为基础、软件硬件可裁剪、适应应用系统对功能、可靠性、成本、体积、功耗严格要求的专用计算机系统。

从学科角度被定义为：是现代科学多学科互相融合，以应用技术产品为核心，以计算机技术为基础，以通信技术为载体，以消费类产品为对象，引入各类传感器，进入物联网技术的连接，从而适应应用环境的产品。

嵌入式系统是嵌入式计算机及其应用系统，具有"嵌入式""专用性""计算机系统"三个基本要素。"嵌入性"是指：由于是嵌入对象系统中，必须满足对象系统的环境需求，如物理环境（小型）、电气/气氛环境（可靠）、成本（价廉）等要求。"专用性"是指：对软、硬件的可裁剪性，满足对象要求的最小软、硬件灵活性的配置。"计算机系统"是指：嵌入式系统必须是能满足对象系统控制要求的计算机系统。

2.嵌入式系统特点

嵌入式系统与通用计算机系统的本质区别在于系统应用不同，嵌入式系统是将计算机系统嵌入对象系统中，往往具有系统内核小、专用性强、系统精简和高实时性等特点，而嵌入式设备又由于其小巧、低功耗、可移动等特点备受人们青睐。嵌入式系统与通用计算机系统相比具有以下特点。

（1）专用性强。嵌入式系统是面向特定应用的系统，与通用型系统的最大区别就在于嵌入式系统大多是为特定用户群设计的系统，处理器的功耗、体积、成本、可靠性、速度、处理能力、电磁兼容性等方面均受到应用需求的制约。

（2）计算资源少。嵌入式系统设计通常只完成少数几个任务，考虑经济性和能耗，不使用通用CPU，结构简单，成本低廉，系统配置要求低，尽量减少管理资源。嵌入式系统的硬件和软件都必须进行高效地设计，量体裁衣、去除冗余，力争在同样的硅片面积上实现更高的性能，这样才能更具竞争力。

（3）技术融合。嵌入式系统是将先进的计算机技术、半导体技术和电子技术与各个行业的具体应用相结合的产物。其硬件和软件都可以高效率地设计，软硬一体化，量体裁衣，去除冗余，实时性强。能够把通用CPU中许多由板卡完成的任务集成在芯片内部，从而有利于嵌入式系统的小型化。这一点就决定了它必然是一个技术密集、资金密集、高度分散、不断创新的知识集成系统，从事嵌入式系统开发的人才也必须是复合型人才。

（4）软硬一体。为了提高执行速度和系统可靠性，嵌入式系统中的软件一般都固化在FLASH或ROM中，而不是存储在磁盘中。嵌入式系统开发的软件代码尤其要求高质量、高可靠性，因为嵌入式设备所处的环境往往是无人值守或条件恶劣的情况，所以，其代码必须有更高的要求。

（5）寄生开发。嵌入式系统本身不具备自主开发能力，必须有一套寄生于通用PC的开发工具和环境才能进行开发，用户也不能修改嵌入式系统中的软件功能。在嵌入式应用系统的设计过程中，系统应用功能划分为一个个相对独立的任务之后，任务的组织方式主要取决于任务之间的数据转换关系，即任务之间的逻辑关系，任务的组织和管理功能主要由嵌入式操作系统来完成。

嵌入式计算机在应用数量上远远超过了各种通用计算机，在一台通用计算机的外部设备中就包含了多个嵌入式微处理器，如键盘、鼠标、软驱、硬盘、显示卡、显示器、网卡、声卡、打印机、扫描仪、数字相机等。与通用计算机不同，嵌入式系统的硬件和软件都必须高效率地设计，提高同等硅片面积的性能，使其在具体应用时对处理器的选择上更具有竞争力。

3.嵌入式系统体系结构

与普通的计算机一样，嵌入式系统是计算机软件和硬件的综合体，因此一般也是由硬件和软件两部分组成。硬件部分包括嵌入式微处理器和外围硬件设备，软件部分包括嵌入式操作系统和应用程序两部分。嵌入式系统的外围硬件设备是嵌入式系统与外界进行信息交换和控制处理的途径，包含了最大程度的用户应用，是研究开发的重点，嵌入式操作系统的选择通常是根据应用背景和硬件环境，并综合考虑硬件开销来进行选型。典型的嵌入式系统的组成如图 9.1 所示。

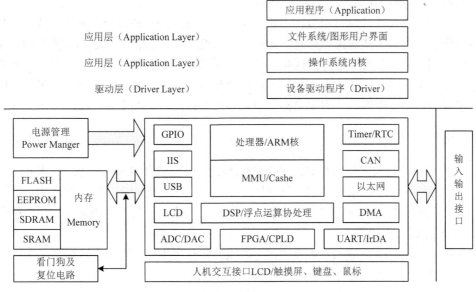

图 9.1 典型嵌入式系统组成

1）嵌入式处理器

嵌入式处理器是嵌入式系统的核心，与通用处理器的最大不同点在于嵌入式 CPU 工作在特定设计的系统中，把通用 CPU 中许多由板卡完成的任务集成在芯片内部，有利于嵌入式系统设计小型化、高效率。据有关部门统计，全世界嵌入式处理器已经超过 100 多种，流行的体系结构有 30 多个系列，嵌入式处理器目前主要有 Am186/88、386EX、SC-400、PowerPC、Intel、m68K、MIPS、ARM/StrongARM 系列等。

2）外围设备

外围设备是指在嵌入式系统中，除了嵌入式处理器之外用于完成存储、通信、调试、显示等辅助功能的其他器件。目前，常用的外围设备按功能可以分为以下几类。

（1）通信设备。目前存在的绝大多数通信设备都可以直接在嵌入式系统中应用，包括串口、SPI（串行外围设备）接口、IrDA（红外）接口、I^2C 总线接口、CAN（现场总线）接口、USB（通用串行总线）接口、以太网接口等。

（2）存储设备。主要用于各类数据的存储，常用的有静态易失性存储器（RAM/SRAM）、动态存储器（DRAM）和非易失性存储器（ROM，EPROM，FLASH）等。

（3）人机交互设备。主要指键盘、触摸屏（TouchPanel）和液晶显示屏（LCD）等设备。

3）嵌入式操作系统

嵌入式系统的软件核心是嵌入式操作系统。嵌入式操作系统一般被裁剪得紧凑有效，只提供运行在嵌入式设备上的应用程序所必需的功能。它是管理存储器资源、中断处理、任务间通信和定时器响应的软件模块集合，具有一般操作系统的功能，同时具有嵌入式软件的特点，如可固化、可裁剪、可配置、独立的板级支持包、可修改等。嵌入式操作系统的出现使得嵌入式系统的资源得到充分的利用，减轻了程序员的设计难度，同时增加了对复杂的应用软件的支持等。因此，选择合适的嵌入式操作系统及对其进行裁剪是开发嵌入式系统的首要任务。目前，在嵌入式领域使用较为广泛的操作系统有 WindowsCE、嵌入式 Linux、Android、

VxWorks、iOS 等。

4）嵌入式应用软件

嵌入式应用软件是针对特定应用领域，基于某一固定的硬件系统，并能完成用户预期目标的计算机软件。嵌入式应用软件是实现嵌入式系统功能的关键，与通用计算机的应用软件有一定的区别，要求尽可能地进行优化，减少对系统资源的消耗。因为用户任务可能有时间和精度上的要求，所以有些嵌入式应用软件需要特定嵌入式操作系统的支持。另外，嵌入式应用要求尽可能固化存储、代码要求高质量和高可靠性、较高的实时性等。

9.1.2 嵌入式GIS

嵌入式 GIS 是嵌入式技术与 GIS 融合的结晶，是一个软硬件混合的系统，是嵌入式 GIS 技术、定位导航技术集成系统。它是集导航、定位、地图查询和空间数据管理为一体的理想解决方案，在很多领域广泛应用，如军事、智能交通、旅游、自然资源调查、环境研究等。

1. 嵌入式 GIS 组成

典型的嵌入式 GIS 由嵌入式硬件系统、嵌入式操作系统、地理信息数据和嵌入式 GIS 软件组成，如图 9.2 所示。

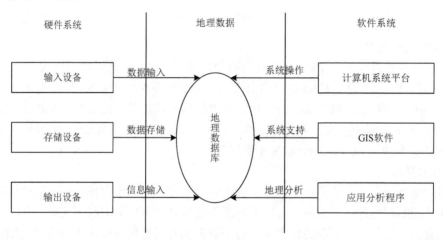

图 9.2　嵌入式 GIS 典型组成结构图

1）嵌入式硬件系统

通常嵌入式 GIS 是以掌上电脑为硬件开发平台的。CPU 可以为 ARM、MIPS、SH3、SH4、x86 等，保证其占用资源少，运时行间短；采用对象存储器（object store）程序内存，可以调节。另外，最好备有 CF 卡（CompactFlash）、SD 卡、主电池、备用电池等硬件设备。

2）嵌入式操作系统

嵌入式操作系统（embedded operating system，EOS）是指用于嵌入式系统的操作系统。EOS 通常包括与硬件相关的底层驱动软件、系统内核、设备驱动接口、通信协议、图形界面、标准化浏览器等。EOS 负责嵌入式系统的全部软、硬件资源的分配、任务调度，控制、协调并发活动。目前，在嵌入式领域广泛使用的操作系统有 Windows CE、嵌入式 Linux、VxWorks 等，以及应用在智能手机和平板电脑的 Android、iOS 等。

3）嵌入式 GIS 软件

随着嵌入式设备的发展，地理信息系统的发展逐步进入了后 PC 时代，移动 GIS 应用不断增加，迫切需要基础性开发平台，针对 GIS 专业特点，将地理空间信息应用到各种嵌入式设备中，为用户提供嵌入式移动环境下地理空间信息的实时同步支持。具体来说，就是在通用嵌入式软件、硬件环境下，对各类地理空间信息进行实时的分析与处理，以满足用户室外作业和活动的各种需求，从而使得 GIS 的应用更具实用性和针对性。

嵌入式 GIS 首先具有嵌入式系统的特点：①以应用为中心，对功能、可靠性、成本、体积、功耗等要求严格；②需要和应用系统集成使用，面向用户、面向设备、面向应用，并同步升级；③不同于常规软件，要求代码具有高质量、高可靠性，满足实时处理、多任务等技术要求。

2. 嵌入式 GIS 特点

嵌入式系统的这些特性决定了嵌入式 GIS 软件开发平台的要求与通用计算机的 GIS 软件开发平台有着明显的不同。

（1）由于运行在资源紧缺的嵌入式设备上，嵌入式 GIS 应用程序必须考虑合理利用资源，尽量减少资源的消耗，包括运算量、内存和外存的消耗，尽可能地提高效率。地理空间数据需要裁剪，合理设计嵌入式 GIS 的数据架构，采用矢量数据分块存储、管理和调度，采用空间数据索引的方法，使每次调入内存的地理数据，既满足用户需求，又满足快速显示图形的要求。这就要求矢量数据结构简单、数据冗余度小和简化拓扑关系。

（2）嵌入式 GIS 软件要求固态化存储、软件代码的高质量和高可靠性、系统高实时性等。空间数据占用的存储空间尽量小，尽可能用最小的数据量表示地理实体，去掉多余的附属数据、选用适合的索引方式、减少数据冗余，采用适当的压缩算法对空间数据进行压缩以节省存储空间。

（3）嵌入式 GIS 的一个主要特点是"可裁剪"，可以根据用户的不同需求与兴趣，对 GIS 功能进行裁剪，同时保证内容的准确性和完整性。例如，个人导航系统所需要的电子地图就可以很简单，只需要道路、路标、水路和一些重要信息就可以，而不需要其他诸如等高线、路径拓扑等信息。功能上也就只需要能够浏览地图，简单的卫星定位和查询等。因为许多数据信息都可以进行裁剪，从而提高了速度，节省了容量。

其平台的特殊性，使得嵌入式 GIS 的特征与普通的 GIS 相比有着明显不同，如表 9.1 所示。

表 9.1　PC-GIS 与嵌入式 GIS 特性对比表

PC-GIS	嵌入式 GIS
平台种类较少	平台种类繁多
资源不受限	资源受限
通用系统	专用系统
底层操作通过系统软件的接口函数实现，与设备无关	与底层硬件设备交互，设备相关
对编辑器没有特别要求，使用通用编译器和调试软件，不需要专门的调试工具	对编译器要求较高，不同的处理器/平台，有不同的编译器和调试软件，对一些专用设备，需要专门的调试工具
对代码质量没有特别要求，存储空间限制较少	对代码的质量要求高，要求代码精简，程序存储和运行占用空间尽量少
在稳定性和性能方面没有嵌入式系统那么严格	因为多任务同时运行，产生的错误比较多，所以在稳定性和性能方面要求比较高
程序的改变和升级简单，通用性高	程序的改变和升级较难，通用性较低
可实现复杂的空间数据处理，功能较多	只实现基本的空间数据操作，功能简单
体积大，移动性差	体积小，移动性强

3. 嵌入式 GIS 功能

它具有数据采集、地图浏览、信息检索、路径分析和地形分析等功能。

（1）基本地图操作功能，主要用于地图的显示、缩放、漫游、查询等。此功能尽量保证具有精简的内核和快速的浏览速度。

（2）图层管理功能。根据用户需求可以打开/关闭，显示/隐藏图层。

（3）查询、检索、分析、导航功能。

支持属性查询、空间查询，以及属性和空间的混合查询；支持各种空间查询、等值线分析、态势标绘、叠置分析、统计分析、缓冲区分析、网络分析等；支持获取北斗或 GPS 定位坐标，实现定位监控，甚至在没有北斗或 GPS 信号的情况下，能自动切换至基站定位。

4. 嵌入式 GIS 应用

目前，嵌入式 GIS 已经在汽车导航、公众服务、城市智能交通系统（ITS）、物流配送系统、车辆导航及监控系统和数字化武器装备等系统中得到广泛应用。行业应用涉及外业勘测、道路巡检、外业调查、外业测量、电力巡线、管网巡查、公安外勤，商业服务、物流配送和旅游导游等领域。

9.1.3　移动 GIS

移动环境状态下的 GIS 应用称为移动 GIS，其环境称为"移动计算环境"，它是一种以计算机技术为核心、无线网络为支撑、支持用户访问 WebGIS 为基础，实现快捷、方便地自由通信和共享的分布式计算环境。移动 GIS 存在狭义和广义之分。狭义的移动 GIS 称为具有桌面 GIS 功能的嵌入式 GIS 系统，它是一种离线工作模式，不与服务器进行交互。广义的移动 GIS 定义为一种集成系统，是由 GPS、移动通信、互联网服务和 WebGIS 共同构成的集成系统，它基于这些集成载体将最终的服务提供给用户，方便用户进行日常信息的分析与决策。移动 GIS 作为移动空间信息服务的基础设施，其应用领域非常广泛。

1. 移动 GIS 组成

与传统 GIS 相比，移动 GIS 的体系结构略微复杂些，因为它要求实时地将空间信息传输给服务器。移动 GIS 的体系结构主要由三部分组成：客户端部分、服务器部分和数据源部分，分别承载在表现层、数据层和中间层。

（1）表现层是客户端的承载层，直接与用户打交道，是向用户提供 GIS 服务的窗口。该层支持各种终端，包括手机、PDA、车载终端，还包括 PC 机，为移动 GIS 提供更新支持。

（2）数据层是移动 GIS 各类数据的集散地、确保 GIS 功能实现的基础和支撑。

（3）中间层是移动 GIS 的核心部分，系统的服务器都集中在该层，主要负责传输和处理空间数据信息，执行移动 GIS 的功能等，包括 Internet、Web Server、GIS Server 等组成部分。

根据嵌入式建立过程、数据获取方式及信息服务的方式不同，总体上可以分为离线和在线两种模式。

1）离线模式

离线模式是将数据存放到具有处理和存储能力的掌上电脑内 SD 卡里，通过掌上电脑对数据进行管理、分析、显示，最终提供地理信息服务。这种体系的功能都是由掌上电脑独立完成的。因数据存储在掌上电脑中，其对用户的操作都能以较快的速度响应。对用户提供地理信息服务时，可以地图信息卡的形式直接插入使用。支持本地矢量地图存储在手机 SD 卡里予以显示浏览、节点采集编辑、空间查询与分析等。

2）在线模式

在线模式是在数字移动产品如智能手机、掌上电脑等广泛普及且功能日益增强、无线网络传输技术日益成熟的条件下，利用网络的虚拟空间实现移动用户、空间信息、无线网络无缝集成，最终使移动用户可以在任何时间、任何地点，通过任何媒介，得到任何内容的信息。支持 OGC 标准的在线地图服务，即以网络在线配合本地缓存的模式访问，支持 WMTS、WMS、WFS、WCS 等标准 OGC 服务。

2. 移动 GIS 特点

由于移动 GIS 运行环境的特殊性，从应用的角度来说其具有以下特点。

（1）客户端多样性。移动 GIS 的客户端指的是在户外使用的可移动终端设备，其选择范围较广，可以是拥有强大计算能力的主流微型电脑，也可以是屏幕较小、功能受限的各类移动计算终端，如 PDA、移动电话等，甚至可以是专用的 GIS 嵌入设备，这决定了移动 GIS 应该是一个开放的、可伸缩的平台。

嵌入式 GIS 的运行平台是各种嵌入式设备，包括智能手机、掌上电脑、车载终端等，这些设备不仅外观不同，而且硬件环境和操作系统也是多种多样。因此，通常情况下嵌入 GIS 的开发需要针对不同的软硬件平台进行专门的定制。

（2）移动性。移动性是嵌入式 GIS 不同于桌面 GIS 的最大特点，由于各种嵌入式移动终端具有体积小、功耗低、携带方便等特点，GIS 的应用不再受空间的限制，具有移动性。移动 GIS 运行在各种移动终端上，通过无线通信技术与服务器端交互，可以随时随地进行空间信息服务，摆脱了有线网络的限制和束缚，通过无线网络与服务器连接进行信息的交互，是桌面系统应用的扩展。

（3）多样性。移动 GIS 运行平台向无线网络的延伸进一步拓宽了其应用领域，与传统 GIS 相比，移动终端用户与服务器及其他用户的交互手段更加丰富，随着移动终端功能的丰富（如摄像功能、拍照功能、文本编辑功能和 GIS 功能等），移动 GIS 所使用的信息也丰富起来，包括定位信息、文本信息、视频信息、语音信息、图像信息和图形信息等。由于移动用户的位置是不断变化的，移动用户需要的信息也是多种多样的，这就需要系统支持不同的传输方式，任何单一的数据源都无法满足所有的移动数据请求。

（4）动态（实时）性。移动 GIS 最大的特点就是在各种导航定位设备的支持下，在移动的过程中，不受限制地把采集到的相关信息及时处理并发布给用户。作为一种应用服务系统，能及时地响应用户的请求，并能根据用户环境的变化进行实时动态的分析计算。最常见的就是车载监控应用，在移动过程中，把带有定位功能的 GPS 设备采集的位置坐标信息，通过无线网络提交给服务器处理，也可以及时接收服务器下发的数据。在车辆导航系统中，可以根据当前车辆位置和交通状况进行实时动态的路径分析和语音引导；在各种野外作业系统中，可以在室外进行实时的信息采集等。

（5）对位置信息的依赖性。通过无线网络进行通信的移动 GIS 受到网络覆盖的限制，因此移动 GIS 提供的服务也仅限于此空间范围内。同时网络区域化管理界定出逻辑上的边界范围，形成层次化的管理空间。不同的管理域形成物理或逻辑上的位置，在其间进行的计算也必须考虑空间位置因素。此外，城市的高层建筑及野外陡峭山势、树林对 GPS 的通信都会产生极大的影响和干扰。这些特征是基于移动计算的 GIS 所具有的最基本的特点，是当今及将来移动 GIS 研究所涉及的主要问题和技术。

（6）频繁断接性。移动 GIS 终端经常会主动地接入（要求信息服务）或被动断开（网络信号不稳定等），从而形成与网络间断性的接入与断开。这就要求移动 GIS 在不同情况下能随时重建连接，并且可独立运行。

（7）带宽和计算能力。与 Internet 相比，同时期无线网络的带宽总是相对较小，为了确保服务质量，移动 GIS 系统必须通过尽可能少的数据量来提供满足用户要求的服务。同时，移动终端的计算能力相对较弱，功率有限，显示屏小，内存有限。因此，移动 GIS 对数据的质量提出了更高的要求。

9.2　嵌入式开发环境

对于嵌入式系统开发而言，在选定操作系统后，下一步要做的就是针对特定的硬件设备编写相应的设备驱动程序和针对特定目的编写应用程序。开发设备驱动程序以驱动设备使其能够正常工作，开发应用程序是为了实现系统预定功能。

9.2.1　硬件系统构建

嵌入式系统作为一种用于控制、监测或协助特定机器和设备正常运转的计算机，核心部件是各种类型的嵌入式处理器，以处理器为核心来选择硬件各个部件，从而设计系统的硬件平台方案。一般包括嵌入式微处理器系统、存储器、通用设备接口和显示设备等。

1. 嵌入式微处理器系统

嵌入式微处理器有各种不同的体系，即使在同一体系中也可能具有不同的时钟频率和数据总线宽度，或集成了不同的外设和接口。它的选择是根据具体的应用而确定的。

1）嵌入式微控制器

嵌入式微控制器（single chip micro controller）简称单片机。在 CPU 基础上，将输入输出（I/O）接口电路、时钟发生器及一定容量的存储器等部件集成在一个芯片上，即比较早期的单片机。在其外加上晶体振荡器、AD、DA、DI、DO 及光电隔离等外围器件就构成计算机系统，主要用于工业控制、智能化仪表、家用电器等方面，目前扩大到通信、高档电子玩具等方面。它具有体积小、个性突出（如控制功能强、工作温度范围宽、抗干扰强、指令系统比通用微机系统简单）、价格低廉等特点，加之它是各个层次的技术院校学生教学的必修课，掌握此项技术的人力充足，易于动手，所以在国内比较普及。单片机的开发系统或称仿真机，是开发、培训的有效工具。它可以浏览和修改内部、外部 RAM 和程序存储器内的内容；提供汇编语言或 C 语言等高级语言的编辑环境；具有单步、连续指令执行功能，具备跟踪执行功能，具备断点设置和取消功能等，以便于程序调试。

2）嵌入式数字信号处理器

与 MCU 注重控制功能不同，DSP 接受声音等模拟信号，注重数字化后的各种快速算法，通过数字信号处理，完成如声音和图像的压缩编码、识别和鉴别、加密解密、调制解调、信道辨识与均衡、智能天线、频谱分析等运算功能，所以它对处理速度、实时性能及运算能力等要求很高。主要应用于移动手机、硬盘和光盘驱动器、便携式数字音频播放器，这些产品订货量大。DSP 作为进行高速数字信号处理的微处理器结构如图 9.3 所示，这就是所谓改善的哈佛结构，以提高运算速度。

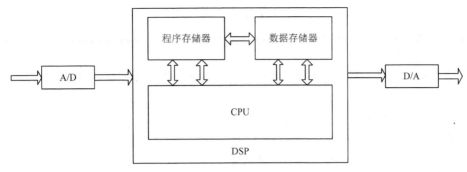

图 9.3　典型 DSP 系统结构

3）嵌入式微处理器

嵌入式系统硬件层的核心是嵌入式微处理器，它是由通用计算机中的 CPU 演变而来的。其与通用 CPU 的不同在于保留与嵌入式应用紧密相关的功能硬件，去除其他的冗余功能部分。它将通用 CPU 许多由板卡完成的任务集成在芯片内部，从而有利于嵌入式系统小型化，以最低的功耗和资源实现嵌入式应用的特殊要求，同时具有很高的效率和可靠性。

嵌入式微处理器有各种不同的体系，即使在同一体系中也可能具有不同的时钟频率和数据总线宽度，或集成了不同的外设和接口。据不完全统计，世界嵌入式微处理器已经超过 1000 多种，体系结构有 30 多个系列，其中，主流的体系有 ARM、MIPS、PowerPC、x86 和 SH 等。但与全球 PC 市场不同的是，没有一种嵌入式微处理器可以主导市场，仅以 32 位的产品而言，就有 100 种以上的嵌入式微处理器。嵌入式微处理器的选择是根据具体的应用而确定的。

4）嵌入式片上系统

随着 EDA（electrical design automation）的推广和 VLSI（very large scale integration）设计的普及化，以及半导体工艺的迅速发展，在一个硅片上实现一个更为复杂的系统的时代已经来临，这就是 SOC。各种通用处理器内核将作为 SOC 的标准库，与许多其他嵌入式系统外设一样，成为 VLSI 设计中一种标准的器件，用标准等语言描述，存储在器件库中。用户只需定义出其整个应用系统，仿真后就可以将设计图交给半导体工厂制作样品。这样除个别无法集成的器件外，整个嵌入式系统大部分均可集成到一块或几块芯片中去，应用系统电路板将变得更简洁，对于减少体积和功耗、提高可靠性都非常有利。

在选择处理器时要考虑的主要因素有：

（1）处理性能。一个处理器的性能取决于多个方面的因素，如时钟频率、内部寄存器的大小、指令是否对等处理所有的寄存器等。对于许多需要用处理器的嵌入式系统设计来说，目标不在于挑选速度最快的处理器，而在于选取能够完成作业的处理器和 I/O 子系统。

（2）技术指标。当前，许多嵌入式处理器都集成了外围设备的功能，减少了芯片的数量，降低了整个系统的开发费用。开发人员首先考虑的是，系统所要求的一些硬件能否无须过多的胶合逻辑（glue logic，GL）就可以连接到处理器上。其次是考虑该处理器的一些支持芯片，如 DMA 控制器、内存管理器、中断控制器、串行设备和时钟等的配套。

（3）功耗。嵌入式微处理器最大并且增长最快的市场是手持设备、电子记事本、PDA、手机、GPS 导航器、智能家电等消费类电子产品。这些产品中选购的微处理器，典型的特点是要求高性能低功耗。许多 CPU 生产厂家已经进入了这个领域。目前，用户可以买到一颗嵌入式的微处理器，其速度像笔记本中的 Pentium 一样快，而它仅使用普通电池供电即可，并且价格很便宜。如果用于工业控制，则对这方面的考虑较弱。

（4）软件支持工具。是否有较好的软件开发工具的支持，选择合适的软件开发工具对系统的实现会起到很好的作用。

（5）是否内置调试工具。处理器如果内置调试工具可以大大缩小调试周期，降低调试的难度。

（6）供应商是否提供评估板。许多处理器供应商可以提供评估板来验证理论是否正确，决策是否得当。

（7）处理器的算法。算法是在进行嵌入式系统综合时确保系统实现性能目标的一个关键内容，某些处理器能够高效地处理某类算法，因此，最好选择能够与应用最佳匹配的处理器。例如，具有许多控制代码的有限状态机应该映射为类似 ARM 处理器的 RISC 器件。编码、解码和回波抵消等信号处理应该映射为数字信号处理器，或具有信号处理加速器的某种器件。

硬件部件选型还要考虑一些其他的因素，如生产规模、开发的市场目标，软件对硬件的依赖性等也是选取处理器时要考虑的因素。

2. 存储器

嵌入式系统需要存储器来存放和执行代码。嵌入式系统的存储器包含主存、Cache 和辅助存储器。

主存是嵌入式微处理器能直接访问的寄存器，用来存放系统和用户的程序及数据。它可以位于微处理器的内部或外部，其容量为 256KB～1GB，根据具体的应用而定。一般片内存储器容量小、速度快，片外存储器容量大。

Cache 是一种容量小、速度快的存储器阵列，它位于主存和嵌入式微处理器的内核之间，存放最近一段时间微处理器使用最多的程序代码和数据。在需要进行数据读取的操作时，微处理器尽可能地从 Cache 中读取数据，而不是从主存中读取，这样就大大改善了系统的性能，提高了微处理器和主存之间的数据传输速率。Cache 的主要目标就是：减小存储器（如主存和辅助存储器）给微处理器内核造成的存储器访问瓶颈，使处理速度更快、实时性更强。

辅助存储器用来存放大数据量的程序代码或信息，它的容量大，但读取速度与主存相比就慢很多，用来长期保存用户的信息。嵌入式存储器分为内部存储器和外部存储器两种。内部存储器用来存放操作系统和用户应用程序，以及常用的少量数据，访问速度快，容量小。外部储器种类很多，主要包括 CF 卡、硬盘、SD 卡、NAND FLASH 和 MMC 等，这些设备的存储量不等，访问速度差别也很大，但总体上同桌面 PC 机相比，仍然具有存储量小、访问速度慢等特点，尤其是进行随机访问和顺序访问的速度差别非常明显。

3. 通用设备接口

嵌入式系统和外界交互需要一定形式的通用设备接口，如 A/D 转换模块、D/A 转换模块、I/O 接口模块、Ethernet（以太网接口）、USB（通用串行总线接口）、JTAG、RS-232 接口（串行通信接口）、PCI、HPI、I2C（现场总线）、I2S、SPI（串行外围设备接口）、LVDS、cameralink 等。每个外设通常都只有单一的功能，它可以在芯片外也可以内置在芯片中。外设的种类很多，可从一个简单的串行通信设备到非常复杂的 802.11 无线设备。

1）A/D 和 D/A 转换模块

A/D（digit to analog）和 D/A（analog to digit）转换是计算机与外部世界联系的重要接口。在一个实际的系统中，有两种基本的量——模拟量和数字量。外界的模拟量输入给计算机，首先要经过 A/D 转换，才能由计算机进行运算、加工处理等。若计算机的控制对象是模拟量，也必须先把计算机输出的数字量经过 D/A 转换，才能控制模拟量。

2）I/O 接口

I/O 接口是连接计算机与控制对象之间的桥梁，它把反映控制对象状态的各种开关量、模拟量转换成计算机能够处理的数字量。同样，计算机通过 I/O 接口把输出的数字量转化为开关量或模拟量以实现对控制对象的过程控制和数据交换。因此，它是以计算机为核心的控制系统的重要组成部分。I/O 接口的功能是负责实现 CPU 通过系统总线把 I/O 电路和外围设备联系在一起，按照电路和设备的复杂程度，I/O 接口的硬件主要分为 I/O 接口芯片和 I/O 接口控制卡两大类。

3）以太网接口

以太网一般分为十兆、百兆、千兆。传统以太网接口符合 10Base-T 物理层规范，工作速率为 10Mbit/s。快速以太网接口符合 100Base-TX 物理层规范，兼容 10Base-T 物理层规范，可以在 10Mbit/s、100Mbit/s 两种速率下工作。它具有自动协商模式，可以与其他网络设备协商确定工作方式和速率，自动选择最合适的工作方式和速率，从而大大简化系统的配置和管理。传统以太网接口的配置与快速以太网接口的配置基本相同，但前者配置简单，配置项较少。

以太网卡可以工作在两种模式下：半双工和全双工。半双工传输模式实现以太网载波监听多路访问冲突检测。传统的共享 LAN 是在半双工下工作的，同一时间只能传输单一方向的数据。当两个方向的数据同时传输时，就会产生冲突，这会降低以太网的效率。全双工传输是采用点对点连接，这种安排没有冲突，因为它们使用双绞线中两个独立的线路，这等于没有安装新的介质就提高了带宽。

4）USB 接口

USB，是英文 universal serial bus（通用串行总线）的缩写，其中文简称为"通串线"，是一个外部总线标准，用于规范电脑与外部设备的连接和通信，是应用在 PC 领域的接口技术。当前主板中主要是采用 USB2.0 和 USB3.0，各 USB 版本间能很好地兼容。USB 用一个 4 针（USB3.0 标准为 9 针）插头作为标准插头，采用菊花链形式可以把所有的外设连接起来，最多可以连接 127 个外部设备，并且不会损失带宽。USB 需要主机硬件、操作系统和外设三个方面的支持才能工作。

5）JTAG

联合测试行动小组 JTAG（joint test action group）是一种国际标准测试协议（IEEE1149.1 兼容），主要用于芯片内部测试。JTAG 的基本原理是在器件内部定义一个测试访问口 TAP（test access port），通过专用的 JTAG 测试工具对内部节点进行测试。JTAG 测试允许多个器件通过 JTAG 接口串联在一起，形成一个 JTAG 链，能实现对各个器件分别测试。现在多数的高级器件都支持 JTAG 协议，如 DSP、FPGA 器件等。标准的 JTAG 接口是四线：TMS、TCK、TDI、TDO，分别为模式选择、时钟、数据输入和数据输出线。JTAG 接口可对 PSD 芯片内部的所有部件进行编程。

4. 显示设备

随着高性能嵌入式处理器的普及和高档嵌入式系统性能的提高，色彩丰富、画面逼真的终端产品成为人们追求的目标。因此，处理器的性能越来越好、显示器件的色彩越来越丰富，这是高档嵌入式产品发展的大方向。嵌入式系统常用的显示设备包括液晶屏（LED）、显示控制器、FPD 链路、触摸屏及触摸屏用 A/D 转换器四类器件。

1）液晶屏

液晶显示屏又称电子显示屏，由 LED 点阵组成，通过红色或绿色灯珠的亮灭来显示文字、图片、动画、视频，内容可以随时更换，各部分组件都是模块化结构的显示器件。通常由显示模块、控制系统及电源系统组成。显示模块由 LED 灯组成的点阵构成，负责发光显示；控制系统通过控制相应区域的亮灭，可以让屏幕显示文字、图片、视频等内容；电源系统负责将输入电压电流转为显示屏需要的电压电流。LED 显示屏可以显示变化的数字、文字、图形图像，不仅可以用于室内环境，还可以用于室外环境，具有投影仪、电视墙等无法比拟的优点。另外，LED 还具有亮度高、工作电压低、功耗小、小型化、寿命长、耐冲击和性能稳定等优点。LED 的发展前景极为广阔，目前正朝着更高亮度、更高耐气候性、更高的发光密度、更高的发光均匀性、可靠性、全色化方向发展。

2）触摸屏

触摸屏附着在显示器的表面，如果能测量出触摸点在屏幕上的坐标位置，则可根据液晶屏上对应坐标点的显示内容获知触摸者的意图。按技术原理可分为电阻、电容、红外、表面声波、矢量压力传感技术（已经淘汰）等种类。其中，电阻式常用的是四线和五线触屏。目前，触摸屏的制造商包括美国的 ELO、MicroTouch，日本的 Minato 和 Carrolltouch 等，主要面向电阻、电容和表面声波屏。

9.2.2　软件系统构建

嵌入式软件系统包括嵌入式操作系统、嵌入式数据库和设备驱动程序三个部分。

1. 嵌入式操作系统

嵌入式操作系统（embedded operating system，EOS）是一种支持嵌入式系统应用的操作系统软件，它负责嵌入式系统的全部软、硬件资源的调度、分配、控制并发活动。为了达到嵌入式系统的实时性，与一般通用操作系统不同，嵌入式操作系统通常为实时操作系统（real-time embedded operating system，RTOS）。

嵌入式操作系统是嵌入式系统的重要组成部分，包括操作系统内核、设备驱动程序、网络模块、图形模块等。图 9.4 给出了 RTOS 的一般软件结构。

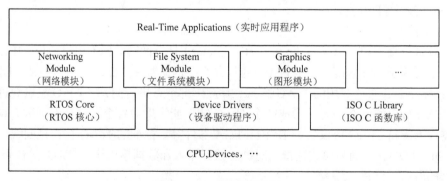

图 9.4　RTOS 软件结构

嵌入式操作系统通常具有实时性、可靠性、可裁剪性、可扩展性、可移植性等特性，是基于强占式调度策略的微内核系统，是为了简化不同平台的程序开发与移植，精练地对有限的资源进行充分利用与管理的操作系统。

当前，国外成熟的嵌入式操作系统很多，得到业界更多关注的主要有 VxWorks、

WindowsCE、嵌入式 Linux、Android、IOS 等。国内也有一些研究所介入了嵌入式操作系统的开发，比较成熟的有华东计算技术研究所研发的 ReWorks 系统、中国航空工业集团公司第六三一研究所研发的 AcoreOS 等。

1）嵌入式 Linux

嵌入式 Linux 是开放源码嵌入式操作系统的典型代表，具有多任务、稳定性高、内核可裁减等特性。由于其开放源码、免费、可定制性强，所以具有很强的竞争力，已经有越来越多的嵌入式产品开发商开始使用嵌入式 Linux 作为其底层的操作系统平台。但是，Linux 本质上属于通用操作系统，缺少强实时性支持，因此，嵌入式 Linux 在不需要强实时性的嵌入式产品中更加适用，典型的产品有智能手机（这类产品中的实时性主要通过专用硬件芯片来保证）、查询终端等。

2）Android

Android 是美国谷歌（Google）公司开发的基于 Linux 平台的开源手机操作系统。由于 Android 操作系统的内核是 Linux，Android 操作系统拥有 Linux 操作系统的全部特点，同时，Android 又增加了特殊功能，如多任务、多点触摸、特色 UI 等。Android 和 Linux 一样属于通用操作系统，缺少强实时性支持。

3）IOS

IOS 最初是设计给 iPhone 使用的，后来陆续套用到 iPod touch、iPad 及 AppleTV 等产品上。IOS 与苹果的 MacOSX 操作系统一样，属于类 Unix 的商业操作系统。IOS 的用户界面的概念基础上是能够使用多点触控直接操作，如控制方法包括滑动、轻触开关及按键；与系统交互包括滑动、轻按、挤压及旋转。在 IOS 系统上开发需要用到控件来解决界面和交互如何展现的问题。

2. 嵌入式数据库

嵌入式数据库是一种具备了基本数据库特性的数据文件，与采用引擎响应方式驱动的传统数据库相比，嵌入式数据库采用程序方式直接驱动，嵌入到了应用程序进程中，消除了与客户机服务器配置相关的开销。这种数据库是使用精简代码编写的，体积通常都很小，对于嵌入式设备，其速度更快，效果更理想。在运行时，它们需要较少的内存，通过 SQL 来轻松管理应用程序数据，而不依靠原始的文本文件。常见的嵌入式数据库主要有 Progress、MySQL、mSQL、SQLite 等。

1）Progress

Progress 软件公司在 Linux 操作系统上开发的数据库产品为 Progress Version8.3，现在已经到了 10.2c 版本。它是一套完善的集成开发工具、应用服务器和关系型数据库产品，提供了可扩充的多层 Linux 支持，在嵌入式数据库市场中拥有很高的占有率。Progress 已推出用于 Linux 的 Progress Version9、Progress（r）WebSpeed（r）Version3、Progress（r）Apptivity（tm）和 Progress（r）SonicMQ（tm）部署产品。

2）MySQL

MySQL 是多用户、多进程的 SQL Data Base Server。它包括一个 Server Daemon（Mysqld）和 Client Programs 与 Libraries 的 Client/Server 实现工具；比较适合小而简单的数据库，对复杂的操作要求支持不是很好。MySQL 的使用许可：如果是普通的最终用户，使用 MySQL 不需要付钱；但如果是直接或间接地出售 MySQL 的服务程序或相关产品，或是在一些客户端维护 MySQLserver 并收取费用，或是在发行版中包括 MySQL，就需要获得许可。

3）mSQL

mSQL 是一个单用户数据库管理系统。由于它短小精悍，其应用系统特别受到互联网用户青睐。mSQL 并非是完全的 Freeware，在大学中使用此软件，或是为了学术研究与慈善等非营利性目的，才能免费得到使用权（Freelicense），否则就得付费注册才能得到正式的版权。

4）SQLite

SQLite 支持绝大多数标准的 SQL92 语句，采用单文件存放数据库，速度快，存储量也不是问题。实际上，很多情况并不需要存储过程或复杂的表之间的关联，这时会发现 SQLite 在大小和功能之间找到了一个理想的平衡点。在操作语句上更类似关系型数据库的产品，使用非常方便。SQLite 的版权允许无任何限制地应用，包括商业性的产品。

3. 设备驱动程序

系统的每一个外围物理设备——键盘、显示器、鼠标、串口、并口、网络适配器等都有一个专用于控制该设备的设备驱动程序。它是操作系统的重要组成部分，对于特定的硬件设备来说，其所对应的设备驱动程序往往是不同的，如网卡、声卡、键盘、鼠标、显卡等。对于操作系统来说，挂接的设备越多，所需要的设备驱动程序也越多。操作系统本身并没有对种类繁多的硬件设备提供通用的设备驱动，在没有设备驱动程序支持下操作系统无法正常支配硬件行为。这时就需要开发一套适合自己产品的设备驱动。对于嵌入式系统开发，更没有通用的驱动可以使用，因此，设备驱动程序开发是整个嵌入式系统开发过程中必不可少的部分。

1）设备驱动程序接口函数

在系统内部，I/O 设备的存取通过一组固定的接口来进行，这组接口是由每个设备的设备驱动程序提供的，以便系统在适当的时候调用相应的设备。一般来说，设备驱动程序能够提供如下几个接口。

open 函数：打开设备准备操作。对字符设备文件进行打开操作，都会调用设备的 open 函数。open 函数必须对将要进行的 I/O 操作做好必要的准备工作，如清除缓冲区等。如果设备是独占的，即同一时刻只能有一个程序访问此设备，则 open 函数必须设置标志以表示设备处于忙状态。

close 函数：关闭设备。当最后一次使用设备结束后，调用 close 函数。独占设备必须标记设备可再次使用。

read 函数：从设备上读取数据。对于有缓冲区的 I/O 操作，一般是从缓冲区里读数据。对字符设备进行读操作将调用 read 函数。

write 函数：向设备写数据。对于有缓冲区的写操作，一般是把数据写入缓冲区里。对字符设备文件进行写操作将调用 write 函数。

ioctl 函数：执行读、写之外的其他操作。

2）Linux 设备驱动程序的加载方式

Linux 下设备驱动有静态编译到内核和模块（module）形式的动态加载两种加载方式。

静态编译到内核。随着内核启动一起被加载到内存的优点在于用户可以随时对它进行调用而无须安装，缺点是使内核变大。每次启动都要加载的输入输出设备常采用这种编译方式。

模块形式的动态加载。这是 Linux 内核一个非常重要的特点，调试时和普通应用程序一样，可以通过 NFSmount 方式来调试，非常方便。将硬件驱动程序编写成可加载的内核模块，虽然会因为寻找驱动模块而增加系统资源的占用和运行时间，但与庞大的内核所消耗的资源相比显得微不足道。将硬件驱动程序编写成可加载的内核模块，还可为软件开发提供许多便利。

3）驱动程序开发案例

（1）Linux 串口驱动程序分析与开发。串行通信是嵌入式系统中常见的通信方式，因其使用方便、编程简单而被广泛用在系统调试及系统与外界通信中。几乎所有的 MPU 都内置了串行的硬件控制模块，在嵌入式系统中实现串口驱动具有很重要的意义。在 Linux 中，串口驱动都放在/driver/serial/目录下，Linux 内核给串口驱动程序的开发提供了更好的接口，其主要函数在/driver/serial/serialcore.c 文件中实现。该函数主要的作用有两个：①调用函数进行串口的初始化，对相关的串口寄存器进行赋值操作；②通过函数进行串口驱动程序注册，之后调用函数来添加一个串口。

在使用串口核心层通用串口驱动层的接口后，串口驱动要完成的工作主要包括：①定义结构体的实例，并根据具体硬件情况和驱动进行初始化；②在模块初始化时调用接口以注册 DART 驱动并添加端口，在模块卸载时调用接口以注销 DART 驱动并移除端口；③根据具体硬件的 datasheet 实现成员函数，这些函数的实现是开发 DART 驱动的主要工作。

（2）网络驱动程序开发。Linux 网络驱动程序的体系机构可划为如图 9.5 所示的四个层次，从上到下依次为网络协议接口层、网络设备接口层、设备驱动功能层及设备媒介层。

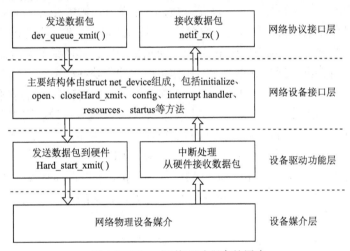

图 9.5　Linux 网络驱动程序的层次

Linux 内核中提供了网络设备接口及以上层次的代码，所以开发特定的网络设备驱动程序最主要的工作就是完成设备驱动功能层，主要包括数据的接收、发送等控制操作。在 Linux 中所有的网络设备都抽象为一个接口，即网络设备接口。它既包括网络纯软件设备接口，如回环（loopbac）设备，也包括了硬件网络设备接口，如以太网卡。所有的网络设备都是通过以 devbase 为头指针的设备链表来管理的。结构体 netdevice 中包含很多供系统访问和协议层调用的设备方法，包括设备初始化和系统注册用的 init 函数、打开及关闭网络设备的 open 和 stop 函数、处理数据包发送的 hard_startxmit 函数及中断处理函数等。

（3）基于帧缓冲（framebuffer）的 LCD（liquid crystal display）显示驱动程序开发。LCD 是基于液晶电光效应的显示器件。液晶显示的工作原理是液晶的物理特性，液晶工作时其本身并不发光，而是使用外部光线，所以其能耗较低。LCD 中使用的液晶照明的方式有两种，即传送式和反射式。传送式屏幕需要使用外加光源照明，称为背光（backlight）；反射式屏幕不需要外加照明电源，而是使用周围环境的光线。一般而言，在嵌入式系统中常用的是传送式背光屏幕。

图 9.6 展示了集成了 LCD 控制器的嵌入式处理器的工作流程，其中，处理器内核是整个处理器的核心，其他的片上外设都通过总线和处理器连接。LCD 控制器工作时通过 DMA 请求占用系统总线，直接通过 SDRAM 控制器读取 SDRAM 中指定显示缓冲区的数据，该数据经过 LCD 控制器转换成液晶屏扫描数据的格式，驱动液晶屏显示。

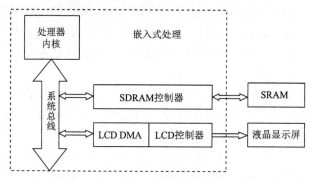

图 9.6　集成 LCD 控制器的微处理器结构

在嵌入式 Linux 中，LCD 驱动其实就是帧缓冲区的驱动。帧缓冲是 Linux 为显示设备提供的一个接口，把显存抽象后的一种设备，它允许上层应用程序在图像模式下直接对显示缓冲区进行读写操作。用户不必关心物理内存的起止、换页机制等，具体细节都由 FrameBuffer 设备来完成。用户可以直接进行读写操作，而写操作可以立即反映在屏幕上。在嵌入式 Linux 中，帧缓冲驱动程序分三层：最底层是基本控制台程序，提供文本控制台的常规接口；第二层驱动程序提供视频模式绘图的接口；顶层特定于具体硬件，LCD 控制器的启用/禁用、深度和模式，以及调色板等。实际上，编写缓冲器驱动时只需要实现顶层驱动，即特定于硬件的驱动。

帧缓冲设备也属于字符设备，驱动采用"文件层-驱动层"的接口方式。在文件层上提供的是和其他字符设备一样的 file_operations 的文件操作接口，而在和硬件相关的驱动层，定义了另外一些数据结构和函数指针，通过它们来最终实现底层的显示驱动。图 9.7 是 Frame Buffer 设备接口示意图。

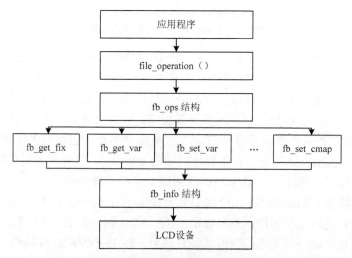

图 9.7　Frame Buffer 设备接口示意图

开发帧缓冲设备的驱动和字符设备基本一致，根据开发流程和帧缓冲驱动组成，帧缓冲区驱动的具体实现：①FrameBuffer 设备是主设备号为 29 的字符设备，次设备号指定同一类设备的顺序。Linux 下可支持多个帧缓冲设备，最多可达 32 个。②帧缓冲初始化过程的实现。通过初始化函数初始化 LCD 控制器，设置显示模式和显示颜色数，分配 LCD 显示缓冲区。③几个关键结构体。structfb_info 是 FrameBuffer 驱动程序中最核心的结构体，它记录了当前 FrameBuffer 帧缓冲设备的全部信息，包括设备的参数、状态及其操作函数指针。④驱动程序接口函数。与标准的字符设备一样，帧缓冲设备为 LCD 驱动提供了统一的文件操作结构。

9.2.3 嵌入式系统图形界面

图形用户界面（graphical user iterfaces，GUI）是设备与用户之间沟通的桥梁。近年来的市场需求显示，越来越多的嵌入式系统，包括 PDA、机顶盒、DVD/VCD 播放机、WAP 手机等系统均要求提供全功能的 Web 浏览器，这包括 HTML4.0 的支持、JavaScript 的支持，甚至包括 Java 虚拟机的支持。而实现这一切的基础是有一个高性能、高可靠的 GUI 的支持。嵌入式 GUI 就是在嵌入式系统中为特定的硬件设备或环境而定制的图形用户界面系统。嵌入式系统对 GUI 的基本要求包括轻型、占用资源少、高性能、高可靠性、可配置等特点。

目前，GUI 的实现方法主要有两种：一种是直接开发满足自身需要的 GUI 系统；另一种是采用某些比较成熟的 GUI 系统进行移植，现在较为流行的包括 OpenGUI、Qt/Embedded、MicroWindows 及 MiniGUI 等。

1. OpenGUI

OpenGUI 在 Linux 系统上已存在很长时间了，最初的名字叫 FastGL，只支持 256 色的线性显存模式，目前也支持其他显示模式，并且支持多种操作系统平台，如 MS-DOS、QNX 和 Linux 等，不过目前只支持 x86 硬件平台。OpenGUI 分为三层，最底层是汇编语言编写的快速图像引擎；中间层提供了图像绘制 API，包括线条、矩形、圆弧等，并兼容了 Borland 的 BGIAPI；第三层用 C++编写，提供了完整的 GUI 集。

OpenGUI 提供了一个二维绘图原语，并提供对消息驱动的 APL 及 BMP 文件格式的支持。OpenGUI 支持鼠标和键盘的事件，在 Linux 上基于 FrameBuffer 或者 SVGALib 实现绘图。因为其基于汇编语言的内核并利用 MMX 指令进行优化，所以 OpenGUI 运行速率非常快，但其可移植性就受影响。OpenGUI 比较适合于基于 x86 平台的实时系统。

2. Qt/Embedded

Qt/Embeded 是一个专门为嵌入式系统设计图形用户界面的工具包，是 Qt 库开发商 TrollTech 软件公司的产品，它为各种系统提供图形用户界面的工具包，Linux 的系统 GUI KDE 就是基于 Qt 库开发的。Qt/Embedded 是模块化和可裁减的，采用 C++编写。自从 Qt/Embedded 以 GPL 条款形式发布以来，有大量的嵌入式 Linux 开发商转到了 Qt/Embedded 系统上。但是目前 Qt/Embeded 还存在一些缺点。

（1）Qt/Embeded 是一个 C++库函数，尽管 Qt/Embeded 声称可以裁剪到最少 630K，但是这使得 Qt/Embeded 库已经基本上失去了使用价值。低的程序效率和大的系统资源消耗对运行 Qt/Embeded 的硬件平台提出了更高的要求。

（2）Qt/Embeded 库目前主要针对手持式信息终端，由于对硬件加速支持的匮乏，很难应用到对图形速度、功能和效率要求较高的嵌入式系统中，如机顶盒、游戏终端等。

（3）Qt/Embedde 提供的控件风格沿用了 PC 风格，并不适合许多手持设备的操作要求，而且 Qt/Embeded 结构过于复杂，很难进行底层的扩充、定制和移植。

3. MicroWindows

MicroWindows 是一个较早出现的开放源码的嵌入式 GUI 软件，目前由美国 CenturySoftware 软件公司维护。它的主要特色在于提供了比较完整的图形功能，支持多种外部输入设备，包括液晶显示器、鼠标和键盘等。MicroWindows 可以运行在支持 32 位的色彩/灰度空间，还实现了对 VGA16 平面模式的支持，能通过调色板技术将 RGB 格式的颜色空间转换成目标机器上最相近的颜色，然后显示出来。

MicroWindows 的核心基于显示设备接口，绝大部分是用 C 语言开发的，移植性很强，目前已经移植到包括 ARM 在内的多种平台上。MicroWindows 虽然具有很多的特点，但它的图形引擎也存在很多问题，如不支持硬件加速、采用未经过优化的低效算法等。

4. MiniGUI

MiniGUI 是一个面向实时嵌入式系统或者实时系统的轻量级图形用户界面系统。MiniGUI 几乎全部的代码都是用 C 语言开发的，提供了完备的多窗口机制和消息传递机制，以及众多的控件和其他 GUI 元素，支持各种流行图像文件及 Windows 的资源文件。另外，比较其他的 GUI 系统，其主要特点有：

（1）MiniGUI 是一个轻量级的图形界面系统。

（2）完善地对中日韩文字、输入法的多体字和多字符集支持。

（3）提供图形抽象层（GAL）及输入抽象层（IAL），以适应嵌入式系统各种显示和输入设备。

（4）提供 MiniGUI-Threads、MiniGUI-Lite、MiniGUI-Standone 三种不同的版本以满足不同的嵌入式操作系统。

（5）提供了丰富的应用软件，其商业版本提供了手机、PDA 类产品、多媒体、机顶盒产品及工业控制方面的诸多程序。

9.2.4　基于Android平台的软件开发

嵌入式操作系统目前流行 Android 平台，其上的应用软件开发语言选择 Java，需要建立 Java 和 Android 的集成开发环境（IDE）。Android studio 只是一个框架平台，它拥有许多功能强大的插件作为支持，也是一款灵活、跨平台的集成开发环境。基于 Android 系统开发 GIS 软件时，常会用到 Android 专属的软件开发工具包，即 Android SDK。先安装 ADT（Android Development Tools）插件，再建立 Android studio 和 Android SDK 连接关系，就可以在 Android studio 中启动模拟器，进行 GIS 软件程序编写与调试。

1. Android 系统的软件开发环境

Android 系统具有其独特的软件开发和调试流程。在嵌入式开发中，由于嵌入式设备资源受限，首先需要在开发主机上搭建交叉编译环境，在主机上编写程序代码，编译通过后，将编译好的二进制执行文件下载到目标板上运行，然后通过主机与目标板之间的串口等连接线进行调试，即交叉调试，其具体开发流程如图 9.8 所示。

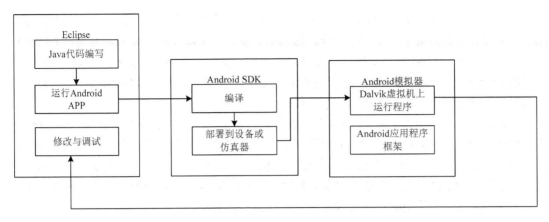

图 9.8　Android 应用程序开发和调试流程图

Android studio 集成开发环境提供了功能丰富、使用方便的代码编写环境及强大的测试与调试机制。另外,Android SDK 作为 Android studio 集成开发的插件,提供了各种版本的 Android 系统所必需的类库和包。而 Android 模拟器作为 Android SDK 的一部分也集成在 Android studio 上,由于模拟器可对复杂的硬件环境进行模拟,基本免除了对实际开发板的依赖。因此,一个 Android 应用程序可以完全在开发主机的 Android studio 开发环境下编写、编译和调试,只有在最后测试中,才需要将应用程序的执行文件下载到目标板上运行。

2. Android 系统常用组件

在 Android 平台上,可以开发功能丰富、内容多样的应用程序,如视频播放、文本编辑、信息提示等。这些功能都可以通过 Android 系统的四类组件来实现,分别是 Activity、Service、Broadcast Receiver 和 Content Provider。

每一个 Android 平台应用程序都由一个或者多个组件构成,当要用到其中某个组件时,Android 系统就将其实例化。并且每个组件都有生命周期,随着程序的运行,会不停地创建、停止、销毁等。具体功能如表 9.2 所示。

表 9.2　Android 应用程序的四种组件

组件名	功能	应用范例
Activity	提供当前程序操作	视频播放、文本编辑
Service	提供后台进程运行	数据下载
Broadcast Receiver	接收信息	信息提示
Content Provider	存取数据	SQLite 数据库

Activity 是大多数 Android 应用程序中最基本的组件之一。在 Activity 中,可以启动程序、控制程序流程,是整个应用程序设计的核心。因为 Activity 总是和用户的交互有关,所以,每个 Activity 组件在创建时,都会自动创建一个新窗口,并且加载页面布局。设计应用程序的关键之一是控制程序的运行流程,Activity 组件中,通过 onCreateU、onStartU、onReaumeU、onPauaeU、onStopU、onDeatroy 和 onReatartU 七个函数控制 Acticity 的生命周期,从而控制程序运行流程。通过对 Activity 生命周期的灵活运用,可以很好地保存和恢复应用程序的数据和信息。

Service 组件的重要性与 Activity 差不多，它提供了系统后台运行的机制，是一种生命周期长、但没有界面的服务。在很多场合，如数据下载、音乐播放等，并不需要用户进行操作时，可以用 Service 组件控制这些程序让其后台运行，从而不影响用户进行其他程序操作。

Broadcast Receiver 是对 Broadcast 进行过滤、接收和响应的组件。Broadcast 是一种广播接收器，常常运用在应用程序之间的信息传送。

Context Provider 组件为应用程序间的数据传递提供了途径，它隐藏了数据的具体存储方式，对外实现了统一的接口。这种抽象层，为上层应用的编写带来了极大的方便。常用到两大 Android 组件：Activity 和 Service。其中，Activity 是系统软件的核心，主要负责视图显示与地图信息处理，包含地图信息处理模块和用户界面；Service 主要处理地图数据的读取及后台记录地理信息位置等功能。主要软件组成包含关系如图 9.9 所示。

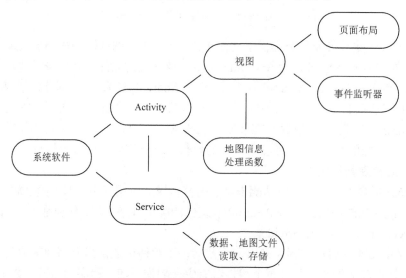

图 9.9　系统软件组成包含关系

视图是最基本的用户界面元素，它包含了主界面和菜单界面的布局，以及界面上的按键控件和事件监听器；地理信息处理函数主要是各个功能模块的具体算法实现。而地图数据的读取主要由 Service 组件控制，为了在程序暂停或退出时对已查询和处理的数据进行保存。

3. 用户界面设计与实现

用户界面是人与设备间进行"交流"的接口，用户界面的好坏直接影响用户使用体验。Android 系统软件用户界面由视图组件和事件监听器组成。同时，为了让 Android 的用户界面不经修改而适应于不同的设备，Android 系统为开发者提供了一套框架，并使用了 XML 格式的界面描述文件。在这套框架下，Android 系统软件用户界面设计时，主要关心布局的设计和事件处理器的设计这两个方面。

1）用户界面布局

Android 系统对一个项目的目录结构有独特的框架。其中，res/layout/用来存放每个界面布局的文件目录；res/values 用来存放被其他文件所引用的 XML 格式的资源文件。这种将界面布局文件、资源文件与具体实现函数代码分开存放的设计，也正符合 MVC 架构的设计思想。同时，Android 系统的界面布局文件用 XML 格式的文件存储，使用 XML 语言编写，这种设计使得用户界面简单直观、结构清晰，为后期的修改与维护提供了很大的便利。设计用户界面布局，主要有两个方面的工作：第一，为界面做总体布局；第二，在界面上布置界面元素和菜单。Android 系统提供了五大界面布局，其名称和布局方式如表 9.3 所示。

表 9.3　Android 系统五大界面布局

名称	布局方式
LinearLayout（线性布局）	按照垂直或水平的顺序依次排列子元素
RelativeLayout（相对布局）	按照各子元素之间的位置关系排列
FrameLayout（单帧布局）	将子元素放于界面左上角，重叠排列
TableLayout（表格布局）	以 N 行 N 列的方式排列子元素
AbsoluteLayout（绝对布局）	用坐标属性表明子元素位置

　　其中，最常用的布局是 LineraLayout 和 RelativeLayout。而 AbsoluteLayout 因为可能不会很好地适配不同屏幕大小的终端，Android 官方已经不建议使用了。这五种布局还可以相互嵌套使用，为开发者提供了丰富的布局方式。

　　确定了界面布局，接下来就要在界面上添加界面元素。界面元素就是在界面中展示的各个小组件，如 Button（按钮）、TextView（文本框）、Tab（标签组件）、Dialog（对话框）等。另外，还可以定义自己设计的组件。

　　最后是菜单的创建，Android 系统提供了三种菜单，分别是 OptionMenu（选项菜单）、ContextMenu（上下文菜单）、SubMenu（子菜单）。其中，OptionMenu 使用最多，在按下设备的菜单键时显示。

　　在主界面上，为了尽可能大地展示数字地图的范围，仅在主界面上排列两个基本的放大缩小按键。总体上看，两个按键位于数字地图的右下角。而两个按键之间是按左右顺序依次排列。因此在主界面上，设计了 RelativeLayout 与 LinearLayout 的嵌套组合布局。在 RelativeLayout 布局中，放置了两个界面元素：一个是自行定义的 MapView 组件；另一个是嵌套了 LinearLayout 布局。在 LinearLayout 布局中，又有两个界面元素，分别是两个 Button 元素，用于提供地图放大、缩小的功能。对于每一个布局和界面元素，都有一些属性必须进行设置，主要是对其 ID 号、大小、位置、背景等进行设置。这些属性同样是在 XML 布局文件中进行设置。其中，一个 Button 元素的 XML 实现代码可以如下。

```
<Button
android: id="@+id/ToolButton1"
androidlayoutwidth="wrap_content"
androidlayoutheight"wrap_content"
androidlayoutgravity="bottom"
android: gravity"right"
androidtext=', 放大, />
```

　　其中，android：id 定义了该元素的唯一标识，Android 系统将自动为这个元素生成唯一的整型值。其他重要的属性有：layout width 和 layout height 属性规定了元素大小；layout-gravity 和 gravity 属性设置了元素位置；text 属性设置了元素中显示的文本。同样，RelativeLayout 和 LinearLayout 也有一些属性必须设置，其基本方法与设置 Button 属性的方法相似，在此就不做过多描述。

2）用户界面事件处理器

完成了页面布局，接下来就要实现用户与设备进行交互的事件，如按键事件（Keypress）、触摸事件（Touchevent）、菜单导航事件（Menu Navigation）等。大部分的用户交互事件都会被 Android 系统捕获，之后传递给相应的回调方法进行处理。例如，当用户按下设备上的"返回"按键时，系统捕获按键事件 KEYCODEBACK，将其传递获得焦点的 Activity 或者视图中相对应的 OnBackPressed（）方法，然后执行 OnBackPressed（）方法内的程序。开发者可以通过继承 eventhandler 类或者重载回调函数，对这些事件进行处理和响应。

系统开发中，一般有三类事件响应需要进行监听和处理：第一个是 Button 按钮的事件响应；第二个是菜单项被点击时的事件响应；第三个是在 MapView 地图主界面上的屏幕触摸事件，包括按下及滑动两种事件。

对于 Button 按钮的事件响应，Android 系统提供了事件监听器进行捕获。监听器等待某一个已经注册事件的发生，当事件发生时，监听器将事件信息发送给响应的回调方法进行处理。在设计中，为系统中的两个 Button 分别注册事件监听器 setOnclickListener，当 Button 被按下时，就调用它的 OnClick 方法。通过重载 OnClick（）方法，就能控制 Button 的功能。主要代码设计框架如下。

```
private Button zoomin=null; //创建 button 对象
zoomin=（Button）find View By Id（R.id.ToolButton1）; //将 zoomin 与 button 关联
zoomin.setOnclickListener（newOnClickListener（）{//为 zoomin 注册监听器
@override  //重载 onClick（）方法
public void onClick（Viewarg0）{
…
}}）;
```

对于菜单项的点击响应，系统会调用 onOptionsItemSelected（）方法。通过传递所选菜单项的 ID，可以对不同的菜单项进行区分。然后，通过 switch 语句分别对各个菜单项进行不同的事件处理。

系统中地图界面的屏幕触摸事件，需要处理两种事件：一种是按下并滑动一段距离后触发的事件，主要在地图漫游和标绘功能时进行响应；另一种是按下时触发的事件，主要在使用地图标记和地图量算功能时进行响应。对于每一个视图控件，屏幕触摸事件触发时，系统会调用 onTouchEventU 方法。通过手势检测器 GestureDetector 可以重载此方法，从而设置手势监听器 SimpleOnGestureListener（）监听屏幕触发事件。本系统中，主要监听按下和滑动事件，因此需要重载 onDown（）和 onFlingU 方法，从而处理按下和滑动屏幕时的事件响应。

9.3　嵌入式 GIS 开发

嵌入式 GIS 是基于嵌入式系统开发的 GIS 产品。它是运行在嵌入式计算机系统上高度浓缩、高度精简的 GIS 软件系统。它与台式 PC 机不同，基础内核要小，功能适用，文件存储量要小。而 GIS 空间数据包括图形数据、拓扑数据、参数数据及属性数据等，其数据量非常大，所需存储空间也应很大。所以，针对嵌入式设备的特点并结合 GIS 应用程序的需求要重新设计 GIS 平台。

9.3.1　嵌入式GIS设计原则

大多数应用中，嵌入式 GIS 应用程序必须满足低内存、低存储和实时性要求。然而，GIS 空间数据包括图形数据、拓扑数据、参数数据和属性数据，数据量非常大，所需存储空间也相应很大。正确处理存储空间容量需求问题，应遵循如下设计原则。

（1）减少 GIS 数据的物理存储量。用最少的数据量表示空间实体，这是最基本的方法。例如，矩形可以用两个点坐标表示，而不需要像普通四边形那样用四个点坐标。但是，过于简单的数据结构可能会出现表示上的歧义或者导致效率降低，因此，应该选择适当的数据结构，在保持正确性和效率的前提下，尽量节省存储空间。

去掉多余的附属数据。选用合适的索引方式，并且优化索引的存储方式，减少数据量。这种方法同样需要考虑正确性和效率问题。

采用压缩算法，对空间数据进行压缩，节省存储空间。通常采用的压缩方法有整数代替浮点坐标、稀疏密集采样点等。对于参数数据（包括笔宽、颜色、宽度和高度等）和属性数据，压缩程度更大。按传统方法，一幅地图中的各个实体都要一对一地存储其相应的参数数据和属性数据，然而一般情形下，一幅地图中很多实体的参数数据、属性数据是相同的。例如，一幅有 10000 个实体的地图中可能只有不到 100 种的参数数据，并且其实体的属性数据或者是空的或者是相同的，可以采用统计方法，只存储不同的参数数据和属性数据，然后建立索引。采用数据压缩是降低存储空间的有效途径。当然，经过压缩的数据需要解压缩。一般来说，压缩率越高，算法越复杂，压缩和解压缩的时间也越长，因此，效率的提高是个很大的问题。

（2）减少内存占用。嵌入式设备通常没有多少空间容纳像 PC 机那么多的内存，因此，必须保证嵌入式 GIS 应用程序适应嵌入式设备的低内存环境。由于 GIS 空间数据中的实体数相当多，在编写嵌入式 GIS 应用程序时，每一件和内存分配相关的事情都变成了问题。为了正确处理这种关于内存需要的问题，应采用以下设计原则：选择合适的算法，特别是在选择空间分析算法时，尽量减少实体的内存分配空间；保持静态变量的大小和数量为最小；集中分配应用程序的内存。

对 GIS 数据按图层进行组织和管理，根据需要分块分层调入 GIS 数据。整幅地图的 GIS 空间数据量往往是非常大的，然而在一定时刻所需要的可能仅仅只是整幅地图的某一小块或某一图层，所以可以仅仅调入所需要的图层，避免不必要的内存开销。

（3）尽量提高空间数据的访问速度，使空间数据的检索速度尽量快。减少数据冗余，即同样的数据尽量减少在 FLASH 存储器中对其访问的次数，相应地也就减少了访问时间。减少无用数据：在空间数据检索过程中，需要对大量空间数据进行检查，捡取其中符合条件的数据。其间必然会访问到许多不需要的数据，增加访问时间。

采用索引技术可以减少对无用数据的访问，节省访问时间。针对 FLASH 存储器顺序访问速度比随机访问速度快的特点和空间数据访问的区域集中性，将空间位置邻近的空间数据存储在相邻的内存空间，可以减少随机定位访问地址的次数，减少访问时间。

9.3.2　嵌入式GIS架构

嵌入式 GIS 架构可以分为三个层次：硬件平台、嵌入式操作系统层和嵌入式 GIS 应用软件层，如图 9.10 所示。

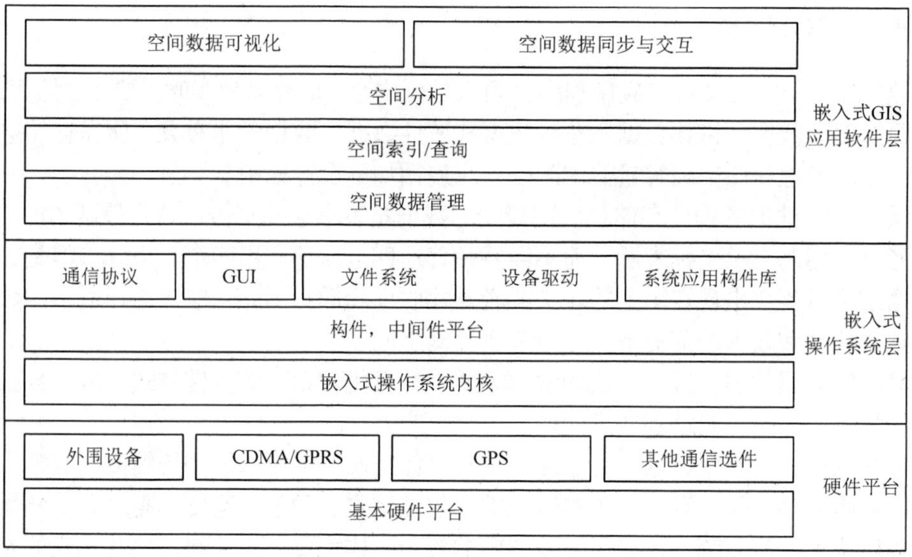

空间数据可视化			空间数据同步与交互		
空间分析					嵌入式GIS
空间索引/查询					应用软件层
空间数据管理					
通信协议	GUI	文件系统	设备驱动	系统应用构件库	
构件，中间件平台					嵌入式 操作系统层
嵌入式操作系统内核					
外围设备	CDMA/GPRS	GPS		其他通信选件	
基本硬件平台					硬件平台

图 9.10　嵌入式 GIS 系统结构图

嵌入式 GIS 又可分为外部连接和 GIS 两部分。外部连接部分是系统与外部进行信息交换的接口，包括 GPS 数据、无线通信及空间数据的导入或升级等。GIS 部分主要包括空间查询分析、图形显示、路径规划、地图匹配等，所有功能的操作都在空间数据管理的基础上完成。

外部连接部分可分为空间数据导入、导航定位数据接收、通信系统连接三个部分。

（1）空间数据导入。因为嵌入式 GIS 软件具有自身独立的数据格式，所以在嵌入式 GIS 中应设计一个数据导入接口，将格式转换后的数据载入系统中，以满足系统的需要。

（2）导航定位数据接收。导航定位部分采用定位/导航的方式，将导航定位系统（如 GPS）的接收机与设备物理连接，把接收机接收到的导航定位数据，通过相应的接口传输到设备中，按照相应格式读取定位数据，并将定位数据转换到空间矢量数据所在的坐标系中，最后通过地图匹配，实现移动目标点的定位。

（3）通信系统连接。通信部分接口分为发送部分和接收部分。发送部分即将用户信息（如当前的位置信息）通过无线通信或卫星通信发送回服务中心和传递给其他相关的用户，接收部分则接收服务中心或其他相关用户发布的信息，以便实时、快速、准确地传递各种信息。

嵌入式 GIS 的核心部分主要功能包括：

（1）空间数据管理功能。包括空间数据库、空间映射、空间索引等。空间数据管理是整个 GIS 部分的基础，其他各部分功能都是基于空间数据管理实现的。

（2）空间数据可视化功能。主要是电子地图功能。包括地图显示、浏览、图层管理等。

（3）查询检索功能。包括兴趣目标信息分类查询、地名查询及定位等。根据用户的需要，用户可在整个图幅范围内对目标点进行分类查询，以找到自己感兴趣的点目标位置，而且可根据所了解的地名，在整个图幅范围内进行精确及模糊查询，并对搜索后的目标进行定位。

（4）路径分析功能。包括路径规划与途经道路的属性查询、轨迹跟踪及记录与回放等。根据图幅内交通层的属性及特征，运用最优路径算法，找出用户从出发点及途经点到目标点的多点最优路径，还可根据需要实时显示及查询途经道路和地物的属性，并可对用户的行动路线进行记录及回放。

（5）导航定位功能。包括移动目标点的定位、自动实时动态导航及示警等。根据接收到的卫星定位数据，对用户当前位置进行精确定位，并根据需要，在给定的阈值下，利用矢量数据的空间拓扑关系，通过地图匹配的方法，将接收到的定位数据匹配到图幅的交通线上，对移动目标进行定位或实时动态导航。同时，在动态导航的过程中，在给定的阈值范围内，当偏离前进方向时能进行语音示警，以便用户确认站立点，修正前进方向。

（6）信息标注功能，即兴趣地物信息标注。对用户感兴趣的目标点的位置在图上进行标注，并对其属性进行详细的记录。在通信设施完备的条件下，根据需要，还可通过通信系统将标注信息实时传输到服务中心及相关用户，以对下一步的行动提供依据。

9.3.3　地理数据组织与调度

嵌入式 GIS 的关键是如何满足嵌入式 GIS 实时性需求，解决嵌入式系统有限的计算资源与海量的地理空间数据之间的矛盾，提高嵌入式 GIS 显示和处理效率。

1. 分区组织存储

分区组织，是在内存中开辟与终端个数相等的定位数据缓冲区存储定位数据，定位数据达到终端时先存储在缓冲区中，直至定位点个数达到缓冲区容量时，写入定位数据文件并清空缓冲区。为了提高数据管理的实时性，在内存中创建定位数据索引缓存，每一个索引对应一个定位数据区，包含定位数据区所属的终端 ID、序号和写入数据个数。系统采用"分区组织存储"方案，不仅减少了数据读写次数，提高了数据存储卡寿命，同时实现了定位数据的实时存储，并提供了导航线轨迹显示和回放功能。

2. 细节层次技术

借鉴"细节层次（LOD）技术"实现当前时刻地图数据按需读取，可减少不必要的地理数据占用大量读写时间和内存需求，满足嵌入式系统低配置特性并加快系统响应速度。其原理是，将需要显示的地理要素按重要程度区分等级，并把各级相对次要的地图要素剔除出显示要素集，进一步减少参与屏幕显示的数据量，提高缓冲区数据准备的效率，进而加快显示速度。

3. 动态多分辨数据调度方法

使用"动态多分辨数据"调度方法实现周边区域数据缓存。通过预先读取缓存算法，在内存中建立高速缓存，即在高速介质（内存）中做低速介质（外存）的部分映射，将大量数据读写时间分散在若干 CPU 空闲时间片内进行，使系统所需数据尽可能多地在高速介质中找到，减少直接访问低速介质的次数，弥补嵌入式平台外设访问速度较慢的不足。当显示等级发生变化，部分地图要素不需要显示时，更新预取区，删除不属于新的预取区内的数据，并将属于新的预取区且当前没有在预取范围内的数据读入预取区。

4. 多任务双缓存方法

采用"多任务双缓存"方法进行实时地图缩放显示和漫游。其原理是，利用 CPU 工作时间间隙，在前台缓存中提取数据进行漫游的同时，根据漫游的方向趋势，在后台缓存中组织下一漫游画面的数据，当前台缓存中的数据不能满足显示要求时，再从已组织好数据的后台缓存中读取后续数据。这样循环往复，屏幕上显示的总是已绘制好的地图画面，避免了数据更新过程的可见导致漫游停顿现象，人们从视觉上也感觉不到地图移动的停顿。

9.3.4　地理信息主要功能

地理信息主要功能包括地图显示、空间分析和信息标注三个部分。其中，数字地图显示模块又是地理分析模块的基础。

1. 数字地图显示模块

任何 GIS 都离不开数字地图的显示，任何对地理信息的分析也都建立在地图显示的基础之上。可以说，数字地图的显示是设计开发 GIS 的基础，其中，涉及矢量数据文件的读取、地理坐标的变换、MapView 组件的实现等。

地图显示的一系列方法会在地图视图类中进行调用。因为系统软件启动后，会运行 Activity 中的 OnCreate（）方法，此时加载地图视图控件，就会调用其中的地图绘制方法，显示数字地图。通过这些方法，就可以根据空间实体的类型和位置，在屏幕上绘制相应的范围和图标，并用文字标记相应的属性信息。

地图缩放功能是通过点击主界面上的 Button 实现的，通过 Button 的监听器 OnClickListener 实现点击后地图放大缩小。设计中为缩放功能设计了两个类，分别是：ZoomIn 类，实现地图放大功能；ZoomOut 类，实现地图缩小功能。

地图漫游功能则是当屏幕触发滑动响应时进行触发，在 MyMapView 类中的 OnTouchEvent 方法中实现。设计中为漫游功能设计了 PanTool 类来实现。同时，系统中可设计 IMapTool 接口来集中表现对地图几何变换的特征。

无论缩放还是漫游功能，主要是通过图形的基本几何变换实现的，每变换一次，就需要对图形的坐标进行重新计算，即需要对地图进行重绘。

2. 空间分析模块

地图的显示仅仅是 GIS 的基本功能，用户除了需要浏览地图外，同时也要对各种空间实体进行标记和分析，这也是 GIS 的价值所在。由于嵌入式系统计算能力有限，很难实现较复杂的空间分析，嵌入式 GIS 分析模块常用两个部分：地图量算和最优路径分析。

1）地图量算

地图量算是地图分析最基本，也是最常用的功能之一。用户经常关心两点之间的距离，或者某一区域的范围。常用地图量算功能有两种：距离测量和面积测量。这两种功能是路径规划、区域规划等功能的基础。而这两种功能的实现，需要用到上文提到的信息标注和标绘功能。具体来说，测量结果是通过信息标注来展现的，而范围面积的展示需要用到信息标绘。

2）最优路径分析

最优路径分析是地理网络分析中最常见的基本功能，也是嵌入式导航软件需要具备的功能。路网网络中的最优路径是指在路网网络中满足某些优化条件的一条路，包括距离最短或最长、通行时间最短、运输费用最低、行使最安全、容量最大等。

3. 地理信息标注模块

地理信息标注模块包括地图信息的标注和标绘，标注功能是实现展示地图分析结果的一种方式。

1）地图信息标注

与地图显示时的空间实体属性信息的标记不同，这里的标注功能是在属性信息之外的一种自定义记录功能。可以对地图上任意坐标进行题注，记录特定的坐标位置。同时，信息标注功能也是地图分析结果的一种展示功能，例如，在距离测量功能中，可以通过信息标注的方式，将测量的结果展示在测量的空间实体旁边，使得分析的结果信息直观显示，利于做进一步的计算和分析。对信息标注需要提供给用户输入自定义文字的接口，运用 Android 系统中的 Dialog（对话框）组件，来完成这一需求。设计 Dialog，需要设置其标题、文本输入框，以及确定、取消按键。

2）地图信息标绘

地图标绘功能是对信息标注功能的提升，具体来说，信息标注是对某一空间坐标点的题注，而信息标绘是对某条路径或者某个范围的标记。从本质上来讲，信息标注是文字性的记录，而信息标绘是图画性的记录。对用户而言，标绘功能提供了更生动、更形象的地图记录方式。信息标注与信息标绘的实现有共同的地方，都是需要新建图层。不同的是，标绘功能需要给用户提供一个画笔工具，而不是一个对话框组件。用一个面符号和一个线符号来完成标绘功能。首先对于路径的标绘，设计 LineSymbol 类，其定义与 TextSymbol 类似，都继承了 Symbol 类，不同的是，特别设计了 setWidth（）方法，用来设置线宽。

9.4　移动 GIS 开发

移动 GIS 是以移动互联网为支撑，以智能手机或平板电脑为终端，以 WebGIS 数据服务为平台，以移动定位（卫星定位、手机定位和室内定位）为基础的综合集成系统，是继桌面 GIS、WebGIS 之后又一新的技术热点，移动定位、移动办公等越来越成为企业或个人的迫切需求，使得各种基于位置的应用层出不穷。

9.4.1　移动GIS架构

经过多年发展，GIS 已从单机工具型软件系统逐步走向了分布式、网络化的应用软件平台，从独立 GIS 系统逐步过渡到具有高度资源整合能力和对外服务能力的服务式 GIS。GIS 服务是一种面向服务软件工程方法的 GIS 技术体系，它支持按照一定规范把 GIS 的全部功能以服务的方式发布出来，可以跨平台、跨网络、跨语言地被多种客户端调用，同时能聚合来自其他服务器发布的 GIS 服务。GIS 服务可以更全面地支持 SOA，通过对多种 SOA 实践标准与空间信息服务标准的支持，可以使用于各种 SOA 架构体系中，与其他 IT 业务系统进行无缝的异构集成，从而可以更容易地让应用开发者构建业务敏捷应用系统。基于 SOA 架构的"云+端"的移动 GIS 架构，由应用层、服务层、数据层组成，其总体架构如图 9.11 所示。

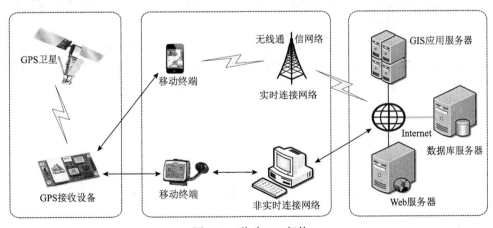

图 9.11　移动 GIS 架构

移动 GIS 是以空间数据库为数据支持，地理应用服务器为核心应用，无线网络为通信桥梁，移动终端为采集工具和应用工具的综合系统。

1. 移动终端设备

移动 GIS 的客户端设备是一种便携式、低功能、适合地理应用，并且可以用来快速、精确定位和地理识别的设备。硬件主要包括掌上电脑（PDA）、便携式计算机、WAP 手机、GPS 定位仪器等。软件主要是嵌入式的 GIS 应用软件。用户通过该终端向远程的地理信息服务器发送服务请求，然后接收服务器传送的计算结果并显示出来。移动 GIS 的应用是基于移动终端设备的。便携、低耗、计算能力强的移动终端正日益成为移动 GIS 用户的首选。

2. 无线通信网络

无线通信网络是连接用户终端和应用服务器的纽带，它将用户的需求无线传输给地理信息应用服务器，再将服务器的分析结果传输给用户终端。在移动通信领域，无线接入技术可以分为两类：一是基于数字蜂窝移动电话网络的接入技术，已有 CDMA、GPRS、GSM、TDMA、CDPD、EPGE 等多种无线承载网络；二是基于局域网的接入技术，如蓝牙、无线局域网等技术。

3. 地理应用服务器

移动 GIS 中的地理应用服务器是整个系统的关键部分，也是系统的 GIS 引擎。它位于固定场所，为移动 GIS 用户提供大范围的地理服务及潜在的空间分析和查询操作服务。该应用服务器应具备以下功能：数据的整理和存储功能、地理信息空间查询和分析功能、图形和属性查询功能、强计算能力和处理超大量访问请求的能力；数据更新功能，及时向移动环境中的客户提供动态数据；可连接空间数据库，对海量数据进行存储和管理。

移动 GIS 的服务器是地理信息移动服务平台强大的后台服务机制，包含有 Web 服务器、GIS 应用服务器和数据库服务器。GIS 应用服务器是整个系统的关键部分，它提供大范围的地理服务、空间分析和查询操作服务，以及对移动终端的调度管理及监控服务等。服务器具有以下主要特征。

（1）提供高质量地图、地理和属性查询、数据下载、地名字典、邻接分析、地理编码及传输服务等。

（2）能同时处理大量请求服务及可能具有的数以百万计的访问请求。

（3）由于移动计算发展迅速，很难预料将来的发展规模，服务器必须具有可扩展性能以保证系统的兼容性及扩展性。

（4）地理服务必须保证每时每刻都可获得，因此服务器必须稳定且可靠，使用成型的商业技术（如标准硬件）及 GIS 和数据库管理系统（DBMS）软件配置，来保证它的可靠性。另外，数据库服务器是移动 GIS 数据的存储中心，主要负责管理数据，是应用服务器进行地理应用服务的数据来源。

9.4.2　移动终端与服务器交互

1. 数据交互

移动端与服务器交互的数据主要有基础地理信息数据、增量地理信息数据、位置信息数据、动态信息数据。

（1）基础地理信息数据。基础地理信息数据主要是指二维矢量与栅格数据、三维地物与地形数据。移动端存储容量有限，其内部基础地理信息数据分为离线数据与在线数据两大部分。其中，离线数据主要包含大尺度可概要描述地理空间的二维矢量与栅格数据、三维地物与地形数据。而在线数据，则是包含小尺度、可详细表达地理空间的二维矢量与栅格数据、三维地物与地形数据，由服务器实时提供。以上各类数据的数据结构，必须符合嵌入式平台的显示要求，数据结构应尽量简单。例如，导航矢量数据只需包含几何数据及对应的名称属性，显示等级属性等满足显示要求即可。而对于栅格位图数据，每张位图不应太大，一般为64×64像素，格式主要为 JPG 或 PNG。

（2）增量地理信息数据。增量地理信息数据是对移动端离线地理信息数据的更新，以保证数据的现势性，该部分数据主要由服务器端提供。

（3）位置信息数据。位置信息数据主要是指移动端提供的位置信息，通过该位置信息服务器可提供基于位置的服务。

（4）动态信息数据。动态信息数据主要由三部分组成：一是当移动端用于数据生产更新时，向服务端发送的更新数据；二是服务端向移动端用户发送的包含与人生活相关，又实时变化的非地理信息数据，如商场促销活动、影院电影场次等生活服务信息；三是由服务器向移动端发送的动态指令信息。移动端与服务器数据交互过程如图 9.12 所示。

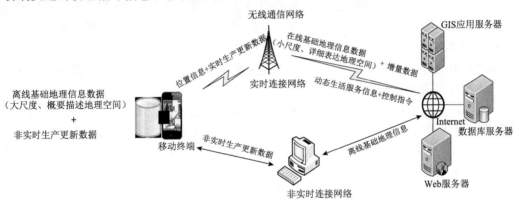

图 9.12　移动终端与服务器数据交互

2. 服务交互

移动端与服务器的服务交互，主要是指服务器向移动端所提供的服务。服务器向移动端提供的服务有缓冲区分析、日照分析、通视分析、天际线分析、最优路径规划、定位导航、周边信息查询、目标跟踪等，如图 9.13 所示。

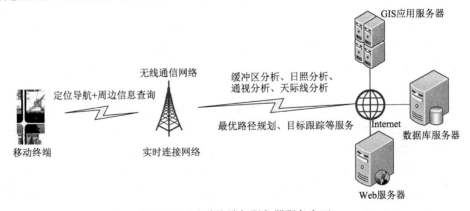

图 9.13　移动终端与服务器服务交互

9.4.3　移动GIS功能

移动端软件系统包括定位导航、移动数据采集、移动 GIS 办公及数据传输等功能。

1. 定位导航

描述卫星状态，辅助数据的采集，并根据采集的数据及已有数据进行导航。GPS 定位技术可为用户提供随时随地的准确位置信息服务。其基本原理是将 GPS 接收机接收到的信号经过误差处理后解算得到位置信息，再将位置信息传给所连接的设备，连接设备对该信息进行一定的计算和变换后传递给移动终端。

2. 移动数据采集

针对不同业务模式，数据采集功能有所侧重。例如，行业数据采集的不定期更新（管线资源、污染源信息等）及遥感影像纠正 GPS 坐标的采集，主要确定基础位置信息及简单属性。对于移动办公，还需要多媒体数据的采集（图像、录音、视频等），丰富 GIS 属性，作为办公的凭证。

在地形复杂处，无法利用卫星定位系统获得点位坐标，可以利用外接设备的连接辅助测量。同时，在不同的行业应用中，可以连接各种不同的传感器，进行行业数据的采集。

3. 移动 GIS 办公

移动 GIS 办公主要用于地图的显示、缩放、漫游、查询与分析等。该功能应尽量保证具有精简的内核和快速的浏览速度。

（1）地图显示。支持地图的放大、缩小、平移、鹰眼，在地图渲染上支持各种色彩和样式的定制，支持要素动态闪烁效果。采用动态标注，有效地解决标注的有效避让，使得图面更加清晰易读。控制地图图层的显示与关闭。支持输入关键字进行属性的精确或模糊查找，然后在地图上定位该要素。属性更新与保存，也支持 Info 信息工具，点击要素图元实现图形到属性的查询，主要用于目标的查询（包括分类查询、图文互查）。

（2）空间判断。支持各种要素之间空间位置关系的判断（如方位、距离、拓扑等关系），如周边查询。支持地图匹配定位、GPS 的实时轨迹跟踪，以及结合 GPS 定位数据的导航功能等。

（3）空间分析。距离分析提供了在地图上丈量距离的功能，通过确定哪些地图要素与其他要素相互接触或相邻，确定地图要素间邻近或邻接的功能。缓冲区分析就是在点、线、面实体（或称缓冲目标）周围建立一定宽度范围的多边形。例如，通过缓冲区分析，可以辅助调查及救灾工作的展开，对受影响区域做出相应的处理措施，建立警示来疏散人群以免事故的蔓延，预测灾害范围，及时防范以缩小灾害影响范围。路径规划支持高效率的搜索算法，建立线拓扑数据和索引，在嵌入式设备资源有限的条件下，通过索引搜索路径。

4. 数据传输

由于移动终端在性能上远低于个人计算机，对图形的缩放、查询、分析等功能的效率都比较低，此时需要设计适合移动终端的高效数据结构。遥感影像的处理利用影像金字塔算法，不同级别显示不同的内容，提高了显示速度；矢量数据可以通过数据分割，在移动终端中快速显示与编辑。将已有数据（遥感影像、矢量及其他历时数据）下载到移动终端，在野外进行数据的采集。通过叠加及分析，将数据进行更新。数据传输包括数据上传与数据下载。采集数据后，现场工作人员将数据传送到信息中心的空间数据服务器上，同时服务器又可以将经过处理的有用数据传回移动 GIS 终端，以满足外出采集数据所必需的基本数据内容。

9.4.4 移动GIS应用

1. 测绘领域

在测绘领域，移动 GIS 主要应用于野外测量、外业数据采集等方面。

野外测量方面，主要应用于 RTK 设备的手簿，实现相关的测量和放样计算；实现角度转换、距离换算、坐标换算、距离测量、角度测量、面积测量、填挖方测量等测量功能；实现线放样、道路放样等放样功能。

外业数据采集，现已大范围地应用于测绘相关领域。在内业基于遥感数据，勾绘出相关的基础矢量要素数据，最终按格网分发成移动终端可识别的数据。在外业，相关的操作人员对已有的内业数据进行空间和属性的核查、对错误的数据进行编辑修改、对缺少的数据进行外业数据采集。

2. 行业产品

现在移动 GIS 产品已广泛应用于电力、国土、林业、农业、水利、环保、城管、物流、交通等各领域。在行业中应用的典型业务有地图浏览、地图定位、数据采集、属性记录、数据上传至服务器、轨迹记录、路线导航等。例如，移动 GIS 在电力中的应用主要是进行电力巡线，巡查的过程中，发现相关的电线或电力塔故障，记录下相关的位置、故障描述及照片，传送至后台服务器，管控中心即可根据故障安排相关的人员进行维修维护。维修人员可根据上报的数据导航至相关位置，并进行维修维护工作，维修的结果也可直接反馈至后台服务器。

这两年，移动设备的软硬件都有了很大的发展，如网络定位技术、室内定位技术、网络通信技术、惯性定位技术、摄像头等。随着这些技术的发展，移动 GIS 在行业办公领域必将有越来越大的应用。

3. 大众化产品

大众化的产品主要应用于生活的各方面。现在移动 GIS 在大众领域最广泛的应用当属手机电子地图，手机电子地图产品包含了地图浏览、地图定位、周边地址查询、公交换乘、行车导航、步行导航、餐饮、住宿、娱乐等与生活相关的功能。移动 GIS 已深入百姓生活的方方面面，为人们的出行带来了相当大的便利。

随着移动互联网的发展，大众生活类的 APP 与移动 GIS 结合得越来越紧密。移动 GIS 在打车、购物、保险、旅游等大众应用领域也会有越来越多、越来越深入的应用。

第 10 章　地理信息系统软件产品

GIS 技术架构经历了单机版（桌面版）、组件式、C/S、B/S、Web Server 等发展阶段。国内外流行的 GIS 软件系统主要包括：国外面向专业应用的 ArcInfo 系列、面向办公的 MapInfo、国内的 SuperMap、MapGIS 等商业软件，以及以 GRASS、QGIS、uDig、MapServer、GeoServer 等为代表的开源软件，其也在一定程度上为 GIS 应用提供了基础。

10.1　主流 GIS 软件

目前，商业化的 GIS 软件是地理信息应用主流，据统计，全球已有 400 多种 GIS 软件产品。对于国外软件来说，由于 GIS 技术研究起步早，软件产品已经相当成熟，美国环境系统研究所公司（ESRI）的 ArcGIS、MIS 公司的 MapInfo 等都是有名的国外 GIS 软件。

10.1.1　ESRI产品

美国环境系统研究所公司是世界最大的地理信息系统技术提供商。1981 年 ESRI 发布了它的第一套商业 GIS 软件——ArcInfo 软件。1986 年，PC 版 ArcInfo 的出现标志着 ESRI 成功地向 GIS 软件开发公司转型。今天，根据不同的应用需求，ArcGIS 按照可伸缩性原则为使用者提供从桌面端、服务器端、移动端直至云端的 GIS 产品，每个 GIS 产品都有不同的分工。其总体产品体系及其软件所处的位置和作用如图 10.1 所示。

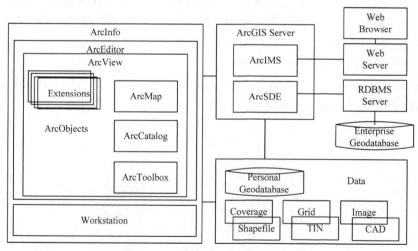

图 10.1　ESRI 的 GIS 产品组成及其关系

1. 数据模型

在应用需求的推动下，ArcGIS 先后推出了多种数据格式模型，如基于文件夹的 ArcInfo Coverage（第一代）、基于文件的 ArcView 的 Shapefile 文件（第二代），以及基于 ArcSDE 空间数据库引擎的空间数据库 GeoDatase（第三代）等。Coverage 是面向拓扑的，Shape 和

SDE 是面向几何的，所以数据转换之间会有一定缺失。ArcSDE 和后来推出的 Geodatabase 都具有大数据量管理能力，具有数据访问权限管理。

Coverage 是 ArcInfo Workstation 的原生数据格式。Coverage 是一个集合，它可以包含一个或多个要素类，之所以称之为"基于文件夹的存储"，是因为在 Windows 资源管理器下，它的空间信息和属性信息是分别存放在两个文件夹里。空间信息以二进制文件的形式存储在独立的文件夹中，文件夹名称即为该 Coverage 名称，属性信息和拓扑数据则以 Info 表的形式存储。Coverage 将空间信息与属性信息结合起来，并存储要素间的拓扑关系。Coverage 是一个非常成功的早期地理数据模型。ESRI 不公开 Coverage 的数据格式，但是提供了一个交换文件（interchange file），即 E00，并公开数据格式，方便 Coverage 数据与其他格式的数据之间的转换。

Shapefile 是 ArcViewGIS3.x 的原生数据格式，属于简单要素类，用点、线、多边形存储要素的形状，却不能存储拓扑关系，具有简单、快速显示的优点。一个 Shapefile 是由若干个文件组成的，空间信息和属性信息分离存储，所以称之为"基于文件"。每个 Shapefile 都至少由同名的三个文件组成：*.shp 存储几何要素的空间信息，即 XY 坐标；*.shx 存储有关 *.shp 存储的数据索引信息，它记录在*.shp 中空间数据是如何存储的，XY 坐标的输入点在哪里，有多少 XY 坐标对等信息；*.dbf 存储地理数据的属性信息，是一个较老格式的 dBase 表格。这三个文件是一个 Shapefile 的基本文件，Shapefile 还可以有其他一些文件，但所有这些文件都与该 Shapefile 同名，并且存储在同一路径下，较为常见的有：*.prj，如果 Shapefile 定义了坐标系统，那么它的空间参考信息将会存储在*.prj 文件中；*.shp.xml，这是对 Shapefile 进行元数据浏览后生成的 xml 元数据文件；*.sbn 和*.sbx，这两个存储的是 Shapefile 的空间索引，它能加速空间数据的读取，这两个文件是在对数据进行操作、浏览或连接后才产生的。

从 ArcGIS8.3 版本开始，推出第三代数据模型 Geodatabase。同时，ArcGIS8.3 屏蔽了对 Coverage 的编辑功能，用户如果需要使用 Coverage 格式的数据，需将 Coverage 数据转换为其他可编辑的数据格式。Geodatabase 支持在标准的数据库管理系统（DBMS）表中存储和管理地理信息。Geodatabase 支持多种 DBMS 结构和多用户访问，且大小可伸缩。Geodatabase 可以分为两种，如图 10.2 所示，一种是基于 Microsoft Access 的 Personal Geodatabase；另一种是基于 Oracle、SQL Server、Informix 或者 DB2 的 Enterprise Geodatabase，因为它需要中间件 ArcSDE 进行连接，所以后者又称为 ArcSDE Geodatabase。Personal Geodatabase 的容量上限为 2GB，这显然不能满足企业级的海量地理数据的存储需求。Geodatabase 用于空间数据管理的中间件 ArcSDE，通过使用 Oracle 这样的大型关系数据库，能存储近乎"无限"的海量数据（仅受硬盘大小的限制）。Geodatabase 作为 ArcGIS 的原生数据格式，体现了很多第三代地理数据模型的优势。

在 Geodatabase 中，不仅可以存储类似 Shapefile 的简单要素类，还可以存储类似 Coverage 的要素集，并且支持一系列的行为规则对其空间信息和属性信息进行验证。表格、关联类、栅格、注记和尺寸都可以作为 Geodatabase 对象存储。这些在 Perasonal Geodatabase 和 ArcSDE Geodatabase 中都是一样的（栅格的存储有点小差异，但对用户来说都是一样的）。ArcSDE Geodatabase 通过版本的机制，可支持多用户、长事务编辑。Geodatabase 有多种转换工具支持 Coverage、Shapefile、CAD 等矢量数据向 Geodatabase 的转换。在 Personal Geodatabase 和 ArcSDE Geodatabase 间只要复制、粘贴即可，无须转换。

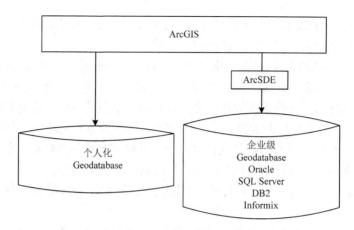

图 10.2　两种 Geodatabase

2. 产品组成

ESRI 提供桌面版、网络服务器版及移动终端三大方面的产品。

1）桌面产品

ArcGIS Desktop 是 ESRI 的代表产品。根据用户不同的应用需求提供基础版、标准版和高级版三个级别的独立软件产品，每个级别的产品提供不同层次的功能水平，如图 10.3 所示。另外，三个级别的产品提供了可选的扩展模块，使用户可实现高级分析应用。

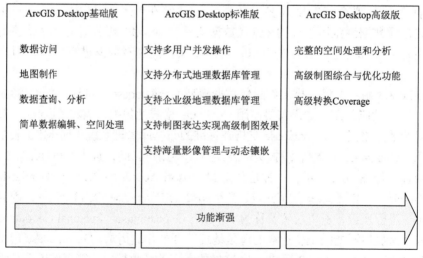

图 10.3　桌面版软件功能比较

ArcGIS Desktop 包含 ArcMap、ArcCatalog、ArcToolbox，以及 ModelBuilder、ArcScene、ArcGlobe 等用户界面组件。ArcMap 实现了地图数据的显示、查询和分析；ArcCatalog 用于基于元数据的定位、浏览和管理空间数据；ArcToolbox 是由常用数据分析处理功能组成的工具箱；ArcMap 是传统的 GIS 内容制作、编辑、执行地理处理分析、制图与空间数据管理的桌面工具，包含基于地图的所有功能。三个应用的协调工作，可以完成任何从简单到复杂的 GIS 工作，包括地图制图、数据管理、地理分析和空间处理；还包括与 Internet 地图和服务的整合、地理编码、高级数据编辑、高质量的制图、动态投影、元数据管理、基于向导的截面和对近 40 种数据格式的直接支持。ArcGlobe 是 ArcGIS 桌面系统中 3D 分析扩展模块中的一部分，为查看和分析 3DGIS 数据提供了一种独特而新颖的方式：具有空间参考的数据被放置在 3D 地球表面上，并在其真实大地位置处进行显示。ArcGlobe 具有对全球地理信息、多分辨率的交互式浏览功能，支持海量数据的快速浏览。如同 ArcMap 一样，ArcGlobe 也是利用 GIS 数据层组织数据，显示 GIS 数据格式中的信息。

2）服务端软件

服务端产品用于提供基于网络的 GIS 实现，它们运行于服务器上，具有良好的伸缩性。ArcGIS Enterprise 是 ArcGIS 平台的核心组成部分，是运行在组织内部基础设施上的完整的 WebGIS 平台，是 ArcGIS for Server 启用的全新名字。作为 ArcGIS 服务器产品线的下一个演进阶段，ArcGIS Enterprise 是一个全功能的制图和分析平台，包含强大的 GIS 服务器及专用的 WebGIS 基础设施来组织和分享工作成果，使用户可随时随地在任意设备上获取地图、地理信息及分析能力。ArcGIS Enterprise 产品包含四个组成部分：ArcGIS Server、Portal for ArcGIS、ArcGIS Data Store、ArcGIS Web Adaptor。

最新版本 10.5 的服务端软件 ArcGIS Enterprise 主要包括 ArcGIS GIS Server、ArcGIS GeoAnalytics Server、ArcGIS GeoEvent Server、ArcGIS Image Server 等，如图 10.4 所示。

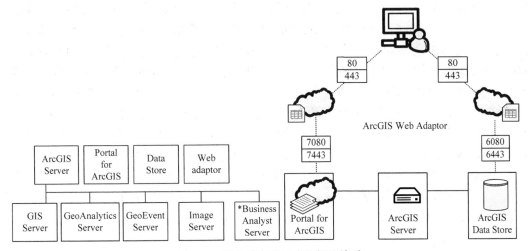

图 10.4 服务端产品组成及相互关系

（1）ArcGIS Server 是 ArcGIS Enterprise 的核心组件，ArcGIS Server 是一个完整的服务器端 GIS 产品，用于构建集中管理、支持多用户的企业级 GIS 应用的平台。ArcGIS Server 提供了丰富的 GIS 功能和服务。它不仅包括地图，还拥有大量的 GeoProcessing 服务。开发人员使用 ArcGIS Server 可以构建 Web 应用、Web 服务和其他运行在标准的.NET 和 J2EEWeb 服务器上的企业应用。ArcGIS Server 也可以通过桌面应用以 C/S（Client/Server）的方式访问。

此外，ArcGIS Server 能够产生地图瓦片（MapTile），提供瓦片式 GIS 服务；支持 WMS 和 WFS 标准，同时提供 Rest 服务。ArcGIS Server 提供了五种服务器产品，这五种产品也是 ArcGIS Server 的五种角色：①ArcGIS GIS Server 提供基础 GIS 服务能力，是基本配置；②ArcGIS GeoAnalytics Server，新增的矢量和表格大数据分析工具；③ArcGIS GeoEvent Server，提供实时大数据接入、存储、可视化和分析能力；④ArcGIS Image Server，提供基于海量的栅格和影像数据集的分析能力；⑤ArcGIS Business Analyst Server，提供商业分析的能力。

（2）Portal for ArcGIS 是 WebGIS 的门户，是 ArcGIS 平台资源管理和访问出口。帮助用

户实现多维内容管理、跨部门协同分享、精细化访问控制、发现和使用 GIS 资源。Portal for ArcGIS 还提供了 Web App Builder for ArcGIS 及众多即拿即用的应用模板，使用户能够建立可在任何地方、任何设备上运行的直观且专用的 Web 应用程序，无须编写任何代码即可快速构建应用。Portal for ArcGIS 集成了丰富强大的标准空间分析工具、用于矢量大数据分析的 GeoAnalytics 工具及用于栅格大数据分析（raster analytics）工具。Portal for ArcGIS 为企业提供了一个直观的即用型工作空间，便于企业内部门之间、企业与企业之间的相互共享与协作。提供了即拿即用的在线制图环境，用户无须安装、维护专业的 GIS 软件平台，也无须具备专业的 GIS 知识背景，通过在线的制图平台即可轻松实现业务数据上图和二三维地图的制作。通过智能的搜索机制，用户可以便捷地发现组织中的资源，制作自己的地图并实现一键式保存和共享。Portal for ArcGIS 为用户准备了丰富的 Web 应用模板，使用这些轻量级的应用开发框架，用户能轻松制作出各式 Web 应用。同时，为用户提供了轻量级的 Web App Builder for ArcGIS，可零代码实现应用快速创建和跨平台应用部署。

（3）ArcGIS Data Store 是新一代 WebGIS 系统的数据存储，可用于设置 Portal for ArcGIS 托管服务器所使用的不同类型的数据存储。ArcGIS Data Store 可以轻松地配置和管理各种类型的数据存储，支持大数据分布式存储、支持发布大量托管要素图层、支持发布托管场景图层等。有别于传统的数据，ArcGIS Data Store 是一个混合数据库，按需安装、易于部署、性能优越，完美地支撑 ArcGIS 新一代 WebGIS 大数据、实时、三维等全新功能。ArcGIS Data Store 包含三种类型的数据库：关系型存储、切片缓存型存储、时空大数据存储。关系数据存储：采用 Postgre SQL 技术。切片缓存数据存储采用 CouchDB 技术，主要用于支持 Portal for ArcGIS 网站的托管三维数据。时空大数据存储是为大数据分析、实时专门打造，利用 Elastic Search 技术，具有快速、实时、高并发、高吞吐等特点，在 WebGIS 平台中主要用来归档 ArcGIS GeoEvent Server 实时数据，并且存储 ArcGIS GeoAnalytics Server 的结果。

（4）ArcGIS Web Adaptor 用于将 GIS 服务器与现有的企业级 Web 服务器相集成。Web 适配器通过普通 URL（通过选择的端口和网站名称）接收 Web 服务请求并将这些请求发送到站点上的各个 GIS 服务器计算机，如图 10.5 所示。

3）在线 ArcGIS Online

ArcGIS Online 是基于云的协作式平台，允许组织成员使用、创建和共享地图、应用程序和数据，以及访问权威性地图和 ArcGIS 应用程序。通过 ArcGIS Online，用户可以访问 ESRI 的安全云，在其中将数据作为发布的 Web 图层进行创建、管理和存储，还可以利用其扩展 ArcGIS Desktop、ArcGISPro、ArcGIS Enterprise、ArcGIS WebAPI 和 ArcGIS Runtime SDKs 的功能。ArcGIS Online，可使用和创建地图、访问即用型图层和工具、作为 Web 图层发布数据、协作和共享、使用任何设备访问地图、使用 Microsoft Excel 数据制作地图、自定义 ArcGIS Online 网站及查看状态报告。ArcGIS Online 还可用作构建基于位置的自定义应用程序的平台。用户可通过浏览器、ArcGIS Desktop、ArcGIS Pro、Web 浏览器、移动设备、桌面地图查看器、Apps 等来访问 ArcGIS Online。ArcGIS Online 以基于服务的架构提供各种 Web 服务。ArcGIS Online 上的 GIS 地图、要素、分析工具和共享项目能够被发出 Web 请求的设备检索到。在针对 Web、移动设备及桌面应用程序开发出自己的解决方案后，用户便可以访问这些 ArcGIS Online 内容和服务。ArcGIS RestAPI 可管理 ArcGIS Online 组织内的用户、组和项目。

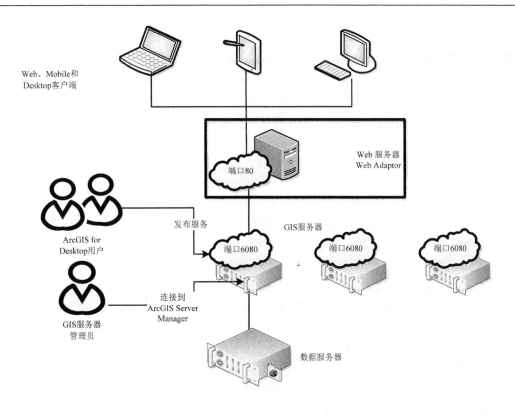

图 10.5　ArcGIS 的网络软件组成

3. 二次开发

ArcGIS 的二次开发提供了两大类开发包：基于高级语言的 AO 和 ArcGIS Engine，以及基于网络和移动设备的众多 SDK。

（1）AO 和 AE。ArcGIS Engine 是一个用于创建客户化 GIS 桌面应用程序的开发组件包，是构建于 ArcObjects 之上的为二次开发提供各种函数接口的函数库，ArcObjects 是 ArcGIS 产品构建的一套核心组件。使用 AE 可以为客户的定制应用程序，或在其他应用程序中嵌入 GIS 功能。ArcGIS Engine 提供多种开发的接口，可以适应.NET、Java 和 C++等开发环境。开发者可以使用这些组件来开发和 GIS 相关的地图应用，应用程序可以建立并且部署在 Microsoft Windows 和 Linux 等通用平台上，这些应用程序包括从简单的地图浏览到高级的 GIS 编辑程序。

（2）网络和移动设备 SDK。ArcGIS 平台提供了多样化的技术选项来构建地理空间应用程序，用户可以基于个人开发经验和偏好进行选择，包括 ArcGIS WebAPI 及 ArcGIS RestAPI 等。WebAPIs 包括 ArcGISAPI for Java Script 和 ArcGIS Python API，基于 Web 技术和强大的地理空间分析能力，用于创建高效率、智能可视化的应用程序。基于 ArcGISAPI for Java Script 可以轻松构建适用于任何设备的炫酷地图应用程序。Python API 使用 notebook 作为开发环境，用于在线逐行运行代码，结果立即可见，便于代码共享和协同。ArcGIS RestAPI 基于 Web 服务进一步扩展平台能力。

ArcGIS Runtime SDKs 用于在多种平台和设备上构建和部署原生应用程序。即使在离线环境下，也能在原生应用中体验强大的空间分析能力。它提供六种开发 SDK，可以使用

Android、iOS、Java、macOS（Objective-C/Swift）、.NET、Qt（C++/QML）SDK 及其相应的开发环境快速地构建地图应用，并将应用程序部署在 Windows、Mac、Linux、Android、iOS 和 WindowsPhone 等六大平台上。目前，ArcGIS Runtime 最新的版本是 100.0.0，采用全新的架构、统一的 API，所有 SDK 采用新的概念、模式和功能，拥有更优越的性能和跨平台功能稳定性。集成 ArcGIS 平台众多能力，拥有许多新功能，如使用移动地图包、矢量切片、更加真实的三维场景等。

10.1.2　MapInfo软件

Pitney Bowes MapInfo 公司是 Pitney Bowes Inc.（NYSE：PBI）公司的一部分。MapInfo 为客户提供整合软件、资讯的服务，并协助客户做出有远见的决策。MapInfo 协助政府及企业顾客满足各层次各部门的需求，从财产经营、网络规划到位置筛选、风险管理或是手机传输最近服务的应用等。

MapInfo 是一种数据可视化、信息地图化的桌面解决方案。它依据地图及其应用的概念，采用办公自动化的操作，集成多种数据库数据，融合计算机地图方法，使用地理数据库技术，加入地理信息系统分析功能，形成了极具实用价值的、可以为各行各业所用的大众化小型软件系统。MapInfo 含义是 "Mapping+ Information"（地图+信息），即地图对象+属性数据。

MapInfo 定位是桌面地图系统，在地图可视化方面拥有全球较大量的用户群。MapInfo 是一个界于 CAD 与 GIS 之间的系统，支持空间数据的长事务处理和版本管理功能。MapInfo 不足之处在于缺乏 GIS 拓扑分析与管理能力，而且图形处理能力稍差；MapInfo 的数据格式都不支持拓扑关系；不支持空间数据的拓扑关系，其本身不具备网络分析和选址的功能，不具备图库检索的功能；不具备 DTM 功能；数据格式相对单一，基于文件的 TAB 和基于数据库的 MapInfo SpatialWare 之间转换方便。不支持拓扑关系的存储和管理，若用于开发电信、电力、自来水等需要拓扑分析功能的应用系统，拓扑分析功能完全需要二次开发实现，增加了二次开发的工作量和系统建设周期。

1. 产品组成

MapInfo 产品全面整合了 GIS、位置智能与数据库、地图绘制、信息分析、数据挖掘、网络技术及其他多方面的计算机主流技术而形成便于开发客户应用的系列产品：①桌面产品，MapInfo Professional、Vertical Mapper、Engage 3D Pro、Compass、MapMarker；②开发平台，MapXtreme 2008、MapXtreme Java、SpatialWare 等；③解决方案，Stratus、Exponare、Anysite、LIC（位置智能组件）；④企业级位置服务平台，nvinsa、数据产品 Street Pro 等。

（1）Professional：是 MapInfo 的核心产品，界面友好、易于使用、制图美观，是基于 PC 的桌面地图软件。它是世界各地的商业分析人士和大多数 GIS 专业人士的首选，完美地用于观察与分析位置与数据之间关系。主要特征包括：与关系数据库管理器（RDBMS）的紧密连接，空间数据的编辑与空间分析、查询，3D 视图和分析，完备美观的图表分析工具，集成的报表工具和网页输出，以及打印布局用于输出布局合理、精细漂亮的地图。客户更可以利用 Professional+ MapBasic/VB/VC++/Delphi 开发自定义的界面和功能模块，使之更贴近用户的操作习惯和业务需求。一款物美价廉、功能完备的 Professional Runtime 产品为客户的应用提供核心运行环境，以降低客户部署应用程序的成本。

（2）MapBasic：为 Professional 开发提供的内嵌开发语言。MapBasic 编程语言可创建定制化的地图应用、增加 MapInfo Professional 的功能、开发可重复使用的工具、把 MapInfo Professional 整合到其他应用中等。MapBasic 包含功能强大的语句，允许用户用只有几行的代码把地图和地理信息系统添加到应用中。MapBasic 程序可以利用通用的语言如 VisualBasic、C++、PowerBuilder 及 Delphi 嵌入 Professional 开发地图应用。MapBasic 语言已经受到市场上上百家第三方应用的认可。

（3）MapX：主要的 ActiveX 控件，开发人员可以快速地使用当前流行的开发语言，如 VB、VC++、Delphi 将它集成到客户端的应用中去。MapX 是真正的 OLE（object linking and embedding）控件，可以嵌入用户新的或现有的应用程序中，帮助用户增强表格数据的分析能力和可视效果，提高生产力，提高管理水平。它的主要特性包括：与关系数据库管理器（RDBMS）的紧密连接，空间数据的编辑与空间分析、查询，专题分析，以及图像输出与打印。

（4）MapXtreme Java：遵循工业标准 J2EE 架构使用纯 Java 开发的产品，创建 Web 地图应用服务的工具集，应用部署在 Internet/Intranet 上。把应用服务中的地图和程序放在服务器端，保证系统与数据的安全性，便于维护和功能升级与扩展，节省成本，用户数量增多时也便于扩充。最终用户仅需要标准的浏览器即可以访问地图应用。主要特性包括：与关系数据库管理系统（RDBMS）的紧密连接，空间数据的编辑与空间分析、查询，专题分析，以及图像输出与打印，面向开发者提供完整的地图应用解决方案。

（5）MapXtreme 2008：基于微软的.Net 架构开发的产品。MapXtreme 2005 产品使得开发人员可以享用微软的.NET 技术架构的所有特性，如跨语言性、创建 Web 服务、部署分布式应用等先进技术。MapXtreme 2005 将 Professional、MapX、MapXtreme for Windows 产品的功能和易用性集中在统一的对象模型上，为合作伙伴、客户提供了创建基于 Windows 平台的应用或产品。因为 MapXtreme 2005 对于桌面应用和网络应用来说，底层模型完全相同，所以桌面应用系统或者 Web 应用可以共享相同的底层代码，大大缩短了开发时间，提高了投入产出比。主要特性包括：数据访问、地图选择和查询、专题图、标注、对象处理和地理分析、地图样式、管理投影和坐标系统、控件和标准工具、性能优化和状态保持、地理编码及路径分析的客户端支持等。

（6）SpatialWare：众所周知，数据库管理系统（RDBMS）中保存着企事业单位所有的重要的和完全的数据，包括员工信息、客户信息、设备信息、财务信息等，是所有企事业信息管理系统建立的基础。随着空间信息（位置信息）对于企事业管理的重要性日益加强和空间数据量的日益增多，对于空间信息的安全性、一致性，以及能够与其他数据统一管理的要求使得将空间数据存储到关系数据库中去成为一个必然的发展趋势。目前，能够提供对空间数据支持的关系数据库并不是很多，Oracle8i 之后的版本提供了空间对象的管理机制，MapInfo 可以直接连接 Oracle8i 之后的所有数据库版本，访问其中的空间数据。但是对于其他数据库，如 Informix、IBMDB2、SQLServer，MapInfo 提供了一个中间件产品 SaptialWare，用于解决空间数据存放到关系数据库中并可以管理的问题。

（7）MapXMobile：MapInfo MapXMobile 是一个可以运行在 PocketPC 的 MapX 平台，如 Compaq 的 iPAQ 和 HP 的 Jornada。它是一个开发工具，可以让客户开发新的移动软件，进而扩展现有的软件。用 MapXMobile 建立的软件可以单独在设备上运行，并能够和 PocketPC 的 WindowsCE 操作系统兼容，不需要无线连接。MapXMobile 是 MapX 和 MapXtreme 用于为无线设备创建地图应用的特殊版本。主要特性包括：地图显示与操作、栅格图像和格网显示、对象编辑及处理、专题分析、ADO 连接、GPS 集成、MapXtreme 连通。

（8）Vertical Mapper：Vertical Mapper 是一个强健的格网分析应用。格网是从一个位置到另一个位置的一组连续数据，如高程数据、温度数据或者家庭的平均收入。例如，分析空间上连续数据的趋势，可以生成渲染效果的图像（grid），也可以生成 3D 效果图。Vertical Mapper 可以嵌在 MapInfo Professional 中运行，也可以配合 MapInfo MapX 运行。前者直接使用 MapInfo Professional 中的 Vertical Mapper 菜单，后者需要使用 Vertical Mapper SDK 进行开发。

（9）MapInfo Compass：是一个基于空间检索进行空间数据和文档管理的元数据管理系统，它与其他数据管理系统最大的不同是通过内嵌的 GIS 技术实现空间数据的管理，在地图上实现空间数据和位置的关联。可以管理多种类型的数据，允许不同类型的用户以不同的方式进行数据访问。

（10）Engage 3D：可以利用点数据或多边形数据创建连续的表面来增强 MapInfo Professional 软件的数据展现与分析功能。可将 MapInfo Professional 视图传送到交互、实时的三维环境中，建立 Fly-through 动画。有了 Engage 3D 的交互式用户界面和实时预览功能，创建网格表面变得非常方便、十分简单。使用强大的表面生成工具和外观控制工具真正提升了可视化和分析功能。用户可以把任何地图窗口视图发送到三维空间的某一水平面（固定 Z 轴），或者将地图叠加在数字高程表面上，在三维空间内任意展现其数据。

（11）Enage 3D Pro：是 MapInfo 公司提供的一款强大的栅格分析和三维数据显示分析的应用程序，除了丰富的栅格生成功能以外，还提供强大的栅格数据管理和分析、三维数据生成、DEM，以及矢量数据图层等叠加显示和分析等功能，是 GIS 用户进行三维数据展示分析的重要工具。Enage 3D Pro 可以嵌在 MapInfo Professional 中运行。

（12）MapInfo Location Intelligence Component（MapInfo 位置智能组件）：是一流的位置智能技术和 BI 产品界面相结合的产品，如 Business Object、MicroStrategy、Cognos。通过此位置智能组件，分析人员能生成并运行报表，在地图中查看报表中数据，以及进一步从空间角度查询和分析数据。通过此集成软件可以进行全面双向的分析。也就是说，会在地图中显示报表数据的变动，也可以在报表中创建基于位置的查询和筛选器。图 10.6 是 MapInfo 产品的体系结构。

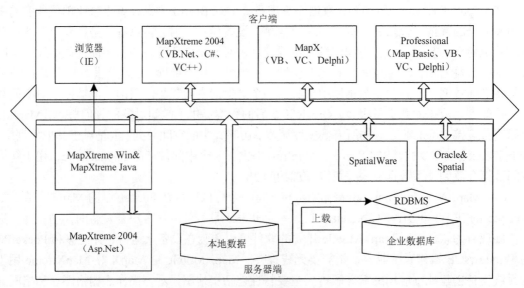

图 10.6　MapInfo 产品组成

2. 数据组织

MapInfo 的地理几何对象模型如图 10.7 所示,其所有的可实例化类都是从 Geometry 派生而来的。

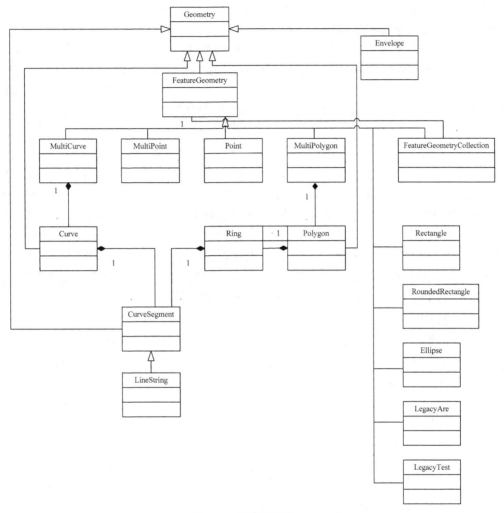

图 10.7　数据模型图

MapInfo 采用双数据库存储模式,即其空间数据与属性数据是分开存储的。属性数据存储在关系数据库的若干个属性表中,而空间数据则以 MapInfo 自定义格式保存于若干文件之中,两者通过一定的索引机制联系起来。为了提高查询和处理效率,MapInfo 按图层来组织地图,这个图层也称矢量图,即根据不同的专题将地图分层,每个图层存储为若干个基本文件。从配准过的栅格图形提取地图的某一方面的特征,形成一个图层,每个图层对应一个表,多个图层重叠形成一幅完整的地图。在创建每个图层时都要建立一张表,MapInfo 通过这种方式使表与地图之间建立联系。

表和层是 MapInfo 中两个重要的概念,MapInfo 通过表的形式把地图和数据有机地结合在一起。用户用 MapInfo 打开或输入数据文件时,MapInfo 将创建一个表。该表由四个部分组成:

（1）属性数据的表结构文件（.tab），用来定义地图属性数据的表结构，包括字段数、字段名称、字段类型和字段宽度、索引及相应图层的关键空间信息描述。

（2）属性数据文件（.dat），用来存放完整的地图属性数据。

（3）索引文件（.id），用来记录地图中每一个空间对象在空间数据文件（.map）中的位置指针，用于连接图形对象和数据。

（4）空间数据文件（.map），具体包含了各地图对象的几何类型、坐标信息和颜色信息等，还描述了该空间对象对应的属性数据记录在属性数据文件（.dat）中的记录号。其中，.tab文件和.dat文件是MapInfo表中必需的两个文件，一个MapInfo表至少应该包括一个.tab文件和一个.dat文件。.map和.id文件不是必需有的，但是如果有了.map文件，那么.id文件也必须存在。

MapInfo虽然没有公开其内部的数据结构，但它给出了用于格式交换的数据结构，即mif与mid。当用户在MapInfo中将一张MapInfo地图表以mif格式转出后，MapInfo会同时在用户指定的保存目录下生成两个文件（*.mif、*.mid）。其中，*.mif文件保存了该MapInfo表的表结构及表中所有空间对象的空间信息：每个点对象的点位坐标、符号样式；每个线对象的节点个数、节点坐标、线样式；每个区域对象包含的子区域个数、每个子区域的节点数、节点坐标等、填充模式。而*.mid文件则按记录顺序保存了每个空间对象的所有属性信息。这两个文件都为文本性质的文件，用户可以通过相应的文件读写方法实现对文件内容的读写。MapInfo通过Import和Export提供对这个中间格式的支持。

3. 二次开发

MapInfo提供三种形式的二次开发SDK：①以MapInfo作为独立开发平台，利用MapBasic所进行的二次开发模式；②将MapInfo作为OLE对象的开发模式；③利用基于ActiveX的MapX控件所进行的开发模式。

10.1.3　SuperMap系列

SuperMapGIS是北京超图软件股份有限公司推出的地理信息系统软件平台。系统采用全组件化技术，二次开发方便。统一的"数据集"支持按几何特征（点、线、面、注记）空间数据与属性数据无缝管理，按地物分类特征的分层定义实现地理数据模型。各种产品之间都使用相同的数据格式，无须任何处理就可以直接使用。SuperMap与嵌入式产品之间，也仅需进行简单转换就可以直接使用；也提供了多种数据格式，这些格式有统一的对象模型和结构定义，因而数据转换也很方便；支持空间数据的长事务处理和版本管理功能；解决多用户并发编辑时的冲突。桌面产品集成了最新的SuperMap SDX/SDX+5空间数据库引擎技术，无须任何额外处理，就能直接把空间对象数据及其属性数据一体化存储到大型数据库中，并在此基础上提供数据的权限分配、事务管理等高级功能。不仅如此，桌面产品支持异构环境数据库，即可以访问多个数据库。这些数据库可以在不同的操作系统下，也可以具有不同的逻辑结构。无论是文件格式还是空间数据库格式都支持拓扑关系存储管理功能。另外，针对交通网络资源管理中一根管道包含多条光纤/铜缆、一条道路有多车道的特殊情况，SuperMap专门提供了解决方案，通过RuleMask可以对道路中的车道进行网络路径搜索，大大减少了二次开发的工作量。与此同时，SuperMap还支持在编辑时动态维护网络拓扑关系。独特的结点连接关系矩阵为解决网络节点处理复杂的连接关系提供了方便。

1. 产品结构

SuperMap 包括桌面或组件 GIS 平台、云 GIS 平台软件、移动 GIS 开发平台、网络客户端 GIS 开发平台，以及相关的空间数据生产、加工和管理工具。其最新版本 9D 的软件组成及软件之间的关系和各自位置如图 10.8 所示。与 ESRI 产品介绍类似，移动 GIS 开发平台主要以二次开发接口的形式存在，因此这部分内容放到二次开发中进行介绍。

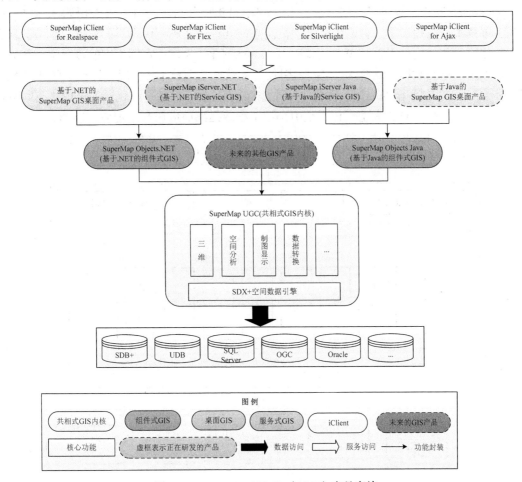

图 10.8　SuperMapGIS 9D（2017）产品家族

1）桌面 GIS

SuperMap iDesktop 9D 是通过 SuperMap iObjects.NET 9D、桌面核心库和.NET Framework 4.0 构建的插件式桌面 GIS 应用与开发平台，提供高级版、专业版和标准版三个版本，具备二三维一体化的数据处理、制图、分析、海图、二三维标绘等功能，支持对在线地图服务的无缝访问及云端资源的协同共享，可用于空间数据的生产、加工、分析和行业应用系统快速定制开发，可以高效地进行各种 GIS 数据处理、分析、二三维制图及发布等操作。基于它可以快速搭建自己的桌面 GIS 应用平台，包括 x64 和 x86 两个产品。

SuperMap iDesktop Cross 9D 是业界首款开源的跨平台全功能桌面 GIS 软件，突破了专业桌面 GIS 软件只能运行于 Windows 环境的困境，可在 Linux 环境中完美运行。具备空间大数据管理、可视化任务调度的能力，也可用于数据生产、加工、处理、分析及制图。

SuperMap ENCDesigner 9D 是插件式的电子海图设计与应用平台，它是基于.NET 框架开发的海图行业软件，不仅提供与海图相关的数据转换、数据管理、数据显示等基础功能，还提供海图物标编辑、物标关系管理、海图数据检核等高级海图功能，确保电子海图数据的生产，提高海图数据生产质量。

2）空间数据引擎

SuperMap 同样也提供了数据引擎技术，如图 10.9 所示。SuperMap SDX+是 SuperMap 的空间引擎技术，它提供了一种通用的访问机制来访问存储在不同引擎里的数据。这些引擎类型有数据库引擎、文件引擎和 Web 引擎，是 SuperMapGIS 软件数据模型的重要组成部分。它采用先进的空间数据存储技术、空间索引技术和数据查询技术，实现了具有"空间-属性数据一体化"、"矢量-栅格数据一体化"和"空间信息-业务信息一体化"的集成式空间数据引擎技术，无论是对 GIS 大型工程还是中小型工程或是桌面应用都是理想的选择。

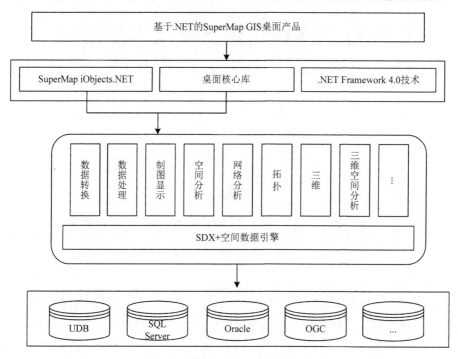

图 10.9 桌面 SuperMap 软件组成

3）云 GIS

SuperMapGIS 9D 产品系列中的云 GIS 平台软件包括 SuperMap iServer、SuperMap iPortal、SuperMap iExpress、SuperMap iManager、SuperMap iData Insights 及超图在线 GIS 平台（SuperMap Online）。

SuperMap iServer 9D：云 GIS 应用服务器，是基于高性能跨平台 GIS 内核的云 GIS 应用服务器，具有二三维一体化的服务发布、管理与聚合功能，并提供多层次的扩展开发能力。提供全新的空间大数据存储、空间大数据分析、实时流数据处理等 Web 服务，并内置了 Spark 运行库，降低了大数据环境部署门槛，通过提供移动端、Web 端、PC 端等多种开发 SDK，可快速构建基于云端一体化的空间大数据应用系统。主要包括 SuperMap iServer 服务器和 SuperMap iClient 客户端两个部分。这里主要介绍 SuperMap iServer 服务器，有关 SuperMap iClient 介绍请参见下文客户端部分。

iServer 采用面向服务的体系架构 SOA，强调使用服务封装不同的功能单元，服务所暴露的接口通过契约规定其功能性和非功能性的作用和特征，从而实现在广域网络环境下的业务集成和互操作，而不受平台环境的限制并易于重用。SuperMap iServer 可提供的服务类型如下：REST 服务，基于 REST 的架构以资源形式提供 GIS 功能接口，包含地图功能、数据功能、分析功能、三维功能等；OGCW*S 服务，即 OGC 标准服务，如 WMS、WFS、WMTS 等。

iServer 服务框架是一个三层结构的体系，它们分别是 GIS 服务提供者、GIS 服务组件层和服务接口层。这种三层结构首先实现具体的 GIS 功能实体，其次通过第二层次的模块将 GIS 功能实体封装为粗粒度的组件，在功能实体与第二层的 GIS 服务组件，以及 iServer 服务与客户端之间都是通过接口层规定的标准接口进行交互。SuperMapi Server 通过 GIS 服务接口（GISService Interface）发布多种类型的服务，包括 Web 服务（Web Service）和原生服务（Native Service，如 RMI、WCF、TCP 等）。Web 服务包括 REST 服务、SOAP 服务、OGCW*S 服务（WMS、WMTS、WFS、WCS、WPS 等）、KML 服务、GeoRSS 服务、二进制形式的服务等。这些服务对外以 GIS 服务接口的形式表现出来，如 REST 服务接口、SOAP 服务接口等，用户通过对这些服务接口的调用可以使用 iServer 提供的 GIS 服务功能。除了 GIS 功能的组成模块之外，作为企业级的 GIS 服务器，SuperMap iServer 在系统体系结构上充分体现了它的服务器能力，主要包括集群、缓存、管理、日志等。

SuperMap iPortal 9D：云 GIS 门户服务器，是集 GIS 资源的整合、查找、共享和管理于一身的 GIS 门户平台，具备零代码可视化定制、多源异构服务注册、系统监控仪表盘等先进技术和能力。内置在线制图、数据洞察、场景浏览、应用创建等多个 WebAPP，为平台用户提供直接可用的在线专题图制作、数据可视化分析、"零"插件三维场景浏览、模板式应用创建等实用功能，可快速构建各级地理信息平台的云端一体化门户站点。

SuperMap iExpress 9D：云 GIS 分发服务器。可作为 GIS 云和端的中介，通过服务代理与缓存加速技术，有效提升云 GIS 的终端访问体验，并提供二三维瓦片本地发布与多结点更新推送能力，可用于快速构建跨平台、低成本的 WebGIS 应用系统。作为最轻量级的 GIS 服务器，SuperMap iExpress 包含了一个 GIS 服务器应有的主要组成部分：

GIS 服务是 GIS 功能处理的实体，它是由 SuperMap iExpress 提供并装载在 GIS 服务器上的服务，包括地图服务（map service）、数据服务（data service）、网络分析服务（network analyst service）、空间分析服务（spatial analyst service）等。这些 GIS 服务分别处理不同功能类型的 GIS 请求。管理员通过 SuperMap Web Manager 来对 GIS 服务进行管理和控制。

SuperMap Web Manager，是 SuperMap 提供的服务管理工具，提供远程的、动态的、基于 Web 的服务配置管理模式，为用户提供了方便、简洁、直观、灵活的管理方式。使用 SuperMap iExpress 的 Web Manager 可以方便地管理 GIS 服务，包括：添加、删除服务、控制服务的启动和停止等；管理 GIS 服务器的系统服务，包括 GIS 服务器的管理、日志、缓存等服务的管理，以及安全控制、备份恢复等系统管理功能。

SuperMap iExpress SDK，不仅是轻量级的 GIS 服务器，还是一个 GIS 开发平台，自带了 SDK（software development kit，软件开发工具包），支持用户进行扩展，以满足特殊需求，使 SuperMap iExpress 系统与用户业务系统更好地集成。

SuperMap iManager 9D：云 GIS 管理服务器，是全面的 GIS 运维管理中心，可用于应用服务管理、基础设施管理、大数据管理。提供基于容器技术的 Docker 解决方案，可一键创建 SuperMapGIS 大数据站点，快速部署、体验空间大数据服务。可监控多个 GIS 数据结点、GIS 服务结点或任意 Web 站点等类型，监控硬件资源占用、地图访问热点、结点健康状态等指标，实现 GIS 系统的一体化运维监控管理。其中，GIS 云管理系统（SuperMap iCloudManager）是构建云 GIS 平台的关键。iCloudManager 负责对接云计算 IaaS（基础设施即服务）平台，提供部署 GIS 环境、管理 GIS 环境、监控 GIS 环境及负载均衡等功能。

作为 GIS 云管理系统，SuperMap iCloudManager 使 GIS 环境的部署、运维更简单。以 GIS 集群环境为例，传统地搭建一个 GIS 集群，需要分配机器、安装操作系统、复制 iServer 包、装许可驱动/配置许可、登录每个 iServer 进行集群配置、部署/更新业务数据等。流程复杂、周期长，特别是部署 LinuxGIS 集群时，时常还会因为对 Linux 不熟悉出现各种问题。在 iCloudManager 中，搭建 GIS 集群，只需单击"添加 GIS 集群"按钮，输入结点个数，即可一键实现。iCloudManager 可以便捷创建的 GIS 环境有：GIS 功能服务环境、GIS 切图业务环境、GIS 制图业务环境、GIS 门户环境及通用平台环境。所有的 GIS 环境都支持审批、租期机制。

SuperMap iDataInsights：是一款简单高效、丰富灵活的地理数据洞察 Web 端应用，提供了本地和在线等多源空间数据接入、动态可视化、交互式图表分析与空间分析等能力，借助简单的操作方式和数据联动效果，助力用户挖掘空间数据中的潜在价值，为业务决策提供辅助。

超图在线 GIS 平台（www.supermapol.com）提供在线的 GIS 数据、GIS 平台，以及应用托管的按需租赁服务，打造一站式在线 GIS 数据与应用平台。通过以租代建的使用方式，降低 GIS 服务使用门槛，减少成本投入，便捷、高效构建 GIS 应用。

2. 数据组织

SuperMapGIS 的数据组织结构主要包括工作空间、数据源、数据集、地图、场景、布局等。类似于树状层次结构，通过应用程序界面上的工作空间管理器表现。在 SuperMap iDesktop 9D 系列产品中用户的一个工作环境对应一个工作空间，每一个工作空间都具有树状层次结构，该结构中工作空间对应根结点。一个工作空间包含唯一的数据源集合、唯一的地图集合、唯一的布局集合、唯一的场景集合和唯一的资源集合（符号库集合），对应着工作空间的子结点。

（1）数据源集合：组织和管理着工作空间中的所有数据源，数据源是由各种类型的数据集（如点、线、面、栅格/影像等类型数据）组成的数据集集合。一个数据源可包含一个或多个不同类型的数据集，也可以同时存储矢量数据集和栅格数据集。

（2）地图集合：用来管理存储在工作空间中的地图数据，用户在工作空间中显示和制作的地图都可以保存在工作空间中，便于下次打开工作空间时浏览地图。

（3）布局集合：用来管理工作空间的布局数据，布局主要用于对地图进行排版打印。

（4）场景集合：用来管理存储在工作空间中的场景数据，用户在工作空间中显示和制作的场景都可以保存在工作空间中。

（5）资源集合：即符号库集合，用来管理工作空间中的地图和场景中所使用的符号库资源，包括点符号库、线符号库和填充符号库。

3. 二次开发

包括基于高级语言的组件式开发接口、基于浏览器脚本的开发接口及面向移动设备的嵌入式开发 SDK。

（1）组件 GIS 开发平台包括三个产品。

SuperMap iObjects Java 9D 是面向大数据应用、基于二三维一体化技术构建的高性能组件式 GIS 开发平台，适用于 Java 开发环境，具有与 SuperMap iObjects.NET 9D 相同的架构和 GIS 功能，提供快速构建大型 GIS 应用系统的能力，满足 GIS 应用系统或应用服务器的快速开发，具有跨平台的特性。

SuperMap iObjects C++ 9D 是面向大数据应用、基于二三维一体化技术构建的高性能组件式 GIS 开发平台，适用于 C++开发环境，提供快速构建大型 GIS 应用系统的能力。

SuperMap Objects.NET 基于.NET 组件技术标准，以组件的方式提供强大的 GIS 功能，适用于用户快速开发专业 GIS 应用系统，或者通过添加图形可视化、空间数据处理、数据分析等功能，提供快速构建大型 GIS 应用系统的能力为传统管理信息系统（MIS）增加 GIS 功能，把 MIS 提升到一个新的高度。

基于.NET 的桌面二次开发平台是一套运行在桌面端的专业 GIS 软件，是通过 SuperMap iObjects.NET 7C、桌面核心库和.NET Framework 4.0 构建的插件式 GIS 应用，集成了二维桌面和三维桌面的全部功能，是二三维一体化的桌面产品，它不仅支持将二维数据动态投影到三维场景中显示，设置风格、制作专题图、进行分析、查询等，而且在二维制图中可以使用三维模型和三维符号。为了满足用户的不同需求，这套软件分为三个级别的产品：SuperMap iDesktop 9D 标准版、专业版、高级版。支持将 SuperMap iObjects.NET 7C 开发的各种 GIS 功能和基于.NET 语言开发的业务功能，以插件的形式集成到基于.NET 的桌面二次开发平台的基础框架中，并且可以定制和扩展界面，从而得到一个独一无二的个性化 GIS 桌面。

（2）客户端脚本 SDK。包括嵌入式设备开发 SDK 及面向浏览器的开发包两大部分。具体包括：

SuperMap iClient 9D for Android/iOS 是针对移动端提供的 SDK 开发包，支持 Android、iOS 平台，帮助用户快速构建轻量级的移动端 GIS 应用。SuperMap iMobile 9D for Android/iOS 是一款全新的移动 GIS 开发平台，具备专业、全面的移动 GIS 功能。支持基于 Android、iOS 操作系统的智能移动终端，用于快速开发在线和离线的移动 GIS 应用。

SuperMap iClient 3D for WebGL 是基于 WebGL 技术实现的三维客户端开发平台，可用于构建无插件、跨操作系统、跨浏览器的三维 GIS 应用程序。

SuperMap iClient 3D for Plugin 是基于 SuperMap UGC（UniversialGISCore）内核研发的专业三维 GIS 网络客户端开发平台，由 Web 三维 GIS 插件和 Java Script API 组成，可用于构建全功能、高性能的跨浏览器三维 GIS 应用程序。

SuperMap iClient for Java Script 9D 是云 GIS 网络客户端开发平台。基于现代 Web 技术栈全新构建，是 SuperMap 云四驾马车和在线 GIS 平台系列产品的统一 JS 客户端。SuperMap iClient for Java Script 9D 集成了领先的开源地图库，且核心代码以 Apache2 协议完全开源，连接了 SuperMap 与开源社区。9D 版本共包含五个产品，提供了多套地图基础库，用户可按需选择和使用：SuperMap iClient for Leaflet、SuperMap iClient for OpenLayers、SuperMap iClient for MapboxGL、SuperMap iClient Classic 及 SuperMap iClient 3D WebGL。

10.1.4　MapGIS软件

MapGIS 是中国地质大学（武汉）开发的通用工具型 GIS 软件，它是在地图编辑出版系统的 MapCAD 基础上发展起来的，可对空间数据进行采集、存储、检索、分析和图形表示。MapGIS 包括了 MapCAD 的全部基本制图功能，可用于十分复杂的地形图和地质图出版制图。同时，它能对地形数据与各种专业数据进行一体化管理和空间分析查询，从而为多源地学信息的综合分析提供了一个理想的平台。

MapGIS 采用面向对象技术和全组件化技术，面向服务的分布式多层结构的 GIS，特别是搭建式开发平台（build platform），实现 0 编程的二次开发，同时又提出数据中心 DataCenter（具有空间数据仓库功能+空间构件仓库功能）概念。目前，正研制网格地理信息系统（GridGIS）采用全新的面向地理实体对象（如道路、河流、居民地等）的空间数据模型：①可描述对象、类、子类、子类型、关系、有效性规则、数据集、地理数据库；②非空间关系类型有关联、继承（完全、部分）、组合（聚集、组成）、依赖；③非空间关系的多重性有 1-1、1-M、N-M；④实体的空间共生性可实现共享几何实体或空间数据（强引用）；⑤完整集成和自动维护空间拓扑关系；⑥同时支持属性域、空间规则和关系规则。

空间数据引擎产品 MapGIS-SDE 达到 TB 级的空间数据存储与处理能力（单个物理数据库设计容量可达 32TB，实体数设计长度为 64 位）；企业服务器集群的设计架构使系统的数据容量不受限制；增量复制的多级服务器机制提高了用户访问海量空间数据的效率；完全一致的文件和 RDBMS 存储方式，支持小型应用到大型应用的平滑升级；多种高效的索引技术组成的多级索引提高了海量数据的检索效率（B + 树、外包络矩形、R 树、索引分割格网、空间编码四叉树）；分组查询和分块传输提高了查询检索的整体性能。同时，支持空间查询语言 GSQL 查询；在 SDE 中直接支持空间数据的拓扑关系；与拓扑关系相关的分析处理和操作的效率高；应用系统开发和数据准备容易。

无论是文件格式还是空间数据库格式都支持拓扑关系存储管理功能。支持在编辑时动态维护网络拓扑关系，基于拓扑关系的"连接关系矩阵"解决网络应用中复杂的连接关系，有效支持最短路径、最佳路径、游历方案、上下游追踪、空间定位、资源分配、关阀搜索、动态分段等网络分析；为各种应用，如交通网络、供水网络、供气网络、供热网络、通信网络等扫清障碍，MapGIS 提供强大的分析功能，如区对区、线对区、点对区、区对点、点对线等叠加分析；Buffer 分析、属性数据分析；地表和地形分析、坡度、坡向分析、分水岭、流域分析；最短路径、最佳路径、游历方案、上下游追踪、空间定位、资源分配、关阀搜索、动态分段等网络分析；栅格分析、影像分析。

MapGIS 空间分析处理性能极高，在科学技术部测评中取得很好的表现。MapGIS 支持空间叠加分析、空间缓冲区分析、网络分析，以及矢量数据的查询、检索和运算。MapGIS 支持基于 GSQL 的空间查询。对于矢量相关的属性数据，或者矢量叠加得到的属性连接表，可进一步作属性统计分析，以便得出各种要素之间的定量关系。

1. 产品组成

MapGIS 产品的体系框架包括 MapGIS 10.2 Desktop 桌面平台、MapGIS 10.2 Mobile 移动 GIS 平台及 MapGIS 10.2 IGServer 服务器开发平台。

（1）MapGIS 10.2 Desktop 桌面平台提供了空间数据管理、矢量化、数据编辑处理、分析统计、三维建模、布局输出等功能。针对不同的业务需求，提供可定制的应用服务，完成复杂 GIS 分析任务并辅助决策，如图 10.10 所示。

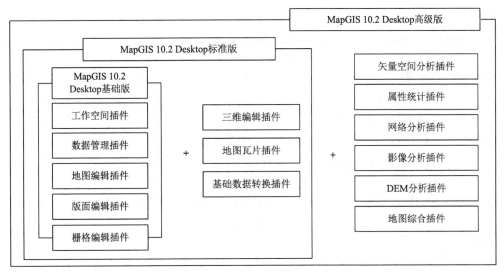

图 10.10　桌面版产品版本比较

（2）MapGIS 10.2 Mobile 移动 GIS 平台面向行业和大众领域，提供了专业、丰富的移动 GIS 功能，能够支持多样的数据来源、良好的地图操作、出众的可视化、强大的在线离线编辑、性能卓越的移动三维，以及网络分析、空间分析、路径导航等地理分析功能，可用于快速开发和构建各种主流智能移动设备上的移动 GIS 应用，如图 10.11 所示。

图 10.11　MapGIS 10.2 Mobile 移动 GIS 平台架构示意图

（3）MapGIS 10.2 IGServer 服务器开发平台具备数据与功能的开放性、服务资源的开放性、二次开发的开放性三个显著特点。提供.NET 与 Java 两个版本，支持二三维一体化。具备丰富的、多维度的 GIS 功能，包括遥感、GPS 应用、三维 GIS 应用等。

2. 数据组织

MapGIS 数据文件主要包括工程文件和工程内各工作区的文件。工作区是 MapGIS 提出的一个概念，简单地说，工作区就是一个数据池，存放实体的空间数据、拓扑数据、图形数据和属性数据，每个工作区都对应于一个 MapGIS 数据文件。数据文件主要有以下几种。

点工作区（.MPJ 文件）：工程文件，存放工程中所有的工作区文件。

点工作区（.WT 文件）：点（PNT）。

线工作区（.WL 文件）：线（LIN）、节点（NOD）。

区工作区（.WP 文件）：线（LIN）、节点（NOD）、区（REG）。

网工作区（.WN 文件）：线（LIN）、节点（NOD）、网（NET）。

表工作区（.WB 文件）：无空间实体，仅有表格记录。

（1）点元：点元是点图元的简称，有时也简称点，点元是指由一个控制点决定其位置的有确定形状的图形单元。它包括字、字符串、文本、子图、圆、弧、直线段等几种类型。它与"线上加点"中的点概念不同。

（2）弧段：弧段是一系列有规则的、顺序点的集合，用它们可以构成区域的轮廓线。它与曲线是两个不同的概念，前者属于面元，后者属于线元。

（3）区/区域：区/区域是由同一方向或首尾相连的弧段组成的封闭图形。

节点：节点是某弧段的端点，或者是数条弧段间的交叉点。

（4）属性：就是一个实体的特征，属性数据是描述真实实体特征的数据集。显示地物属性的表通常称为属性表，属性表常用来组织属性数据。

工作区文件主要有点工作区文件（*.WT）、线工作区文件（*.WL）和区域工作区文件（*.WP）等几种，不同工作区文件构成有一些不同，但是大体结构是一致的，一般包括三大部分：①文件头信息，包括文件类型、数据区头信息的起始位置等；②数据区头信息，存储各种结构的数据的字节起始位置和总字节数；③数据区，存储点、线、区域、属性等各种数据。

数据读取时首先读文件头信息，通过文件头信息中数据区头信息的起始位置读取数据区头信息，在数据头信息中存储各数据区的起始位置和总字节数，通过这些信息找到各数据区位置获取数据。

3. 二次开发

同样，MapGIS 也提供了桌面、服务器、移动终端浏览器等三大方面的二次开发包供用户选择。

面向桌面端应用开发，MapGIS 10.2 提供了两套开发思路：其一是基于 MapGIS 的二次开发库，在.NET Framework 框架上，构建应用系统，即 Objects 开发；其二同样基于 MapGIS 二次开发库，在 MapGIS 插件框架上，采用"框架+插件"模式构建应用系统，即插件式开发。

服务器端开发提供了 MapGIS IGServer 软件。MapGIS IGServer 作为云 GIS 软件 MapGIS 10.2 的新一代云服务开发平台，采用 T-C-V 软件结构（terminal-cloud-virtual 的缩写），又称为软件的端-云-虚三层结构。T-C-V 三层结构分别为：终端应用层（T 层）、云计算层（C 层）、虚拟设备层（V 层），如图 10.12 所示。基于 MapGIS 微内核群，MapGIS IGServer 提供.NET 与 Java 两套技术体系的 GIS 功能服务。终端应用能够灵活调用二次开发库的 API 接口，可以很好地适应用户的技术开发体系。

虚拟设备层（V 层）：利用虚拟化技术，将计算机、存储器、数据库、网络设备等硬件设备组织起来，虚拟化成一个个逻辑资源池，对上层提供虚拟化服务。各类空间与非空间数据，包括卫星影像数据、矢量地图数据、三维模型数据、增值服务数据等，以及其他网络数据源的数据，逻辑上组织成一个数据资源池，并通过使用空间数据库引擎技术（SDE）与中间件技术，实现海量、多源、异构数据的一体化管理。

云计算层（C 层）：在支持超大规模、虚拟化的硬件架构的基础上，提供面向服务、分布式架构的功能全面、性能稳定、简便易用的高效共享服务软件平台，建立了海量地理信息数据、服务的资源管理与服务体系框架，按照"即插即用"的思想及聚合服务的理念构建服务资源，提供多层次的应用服务及解决方案。

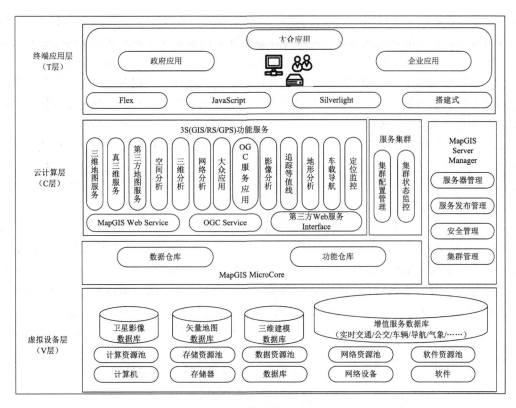

图 10.12 平台体系架构图（T-C-V）

MapGIS Server Manager 作为平台的服务管理器，肩负 IGServer 基础内核与 Web 服务的管理重任，提供服务器管理、服务发布管理（包括二三维地图服务、OGC 服务）、集群管理、安全管理等功能，是平台的重要组成部分。MapGIS Server Manager 以网站方式提供，用户通过 Web 客户端交互操作进行管理配置，非常简便。

终端应用层（T 层）面向政府、企业、大众，支持多种 Web 浏览器（如 IE、Firefox 等），支持各种 Web 应用程序的访问，并且多端应用可以一体化有机集成。在终端应用层面上，基于云平台的开发框架，主要支持 Flex、Silverlight、JavaScript 和搭建式开发等开发方式。用户通过客户端与云平台服务层进行交互，主要包括以下几个方面。

（1）基于 JavaScript 的二次开发，客户端提供基于 OpenLayers 框架的 JavaScript 开发库，全面支持 REST 服务开发的纯客户端开发，同时可结合 J2EE 和.NET 等主流服务器端开发，集成性强、灵活性大、扩展性高、兼容性好。

（2）基于 Flex/Silverlight 的二次开发。

（3）基于搭建式的二次开发，搭建式开发方式需依赖 MapGIS 数据中心技术，结合 MapGIS 数据中心设计器（MapGIS Visual Studio），提供快速搭建 WebGIS 应用的二次开发框架，可以与 OA 进行无缝融合。该方式运用自定义控件等新技术，在实现海量数据管理和空间信息共享的基础上，真正做到快速搭建和零编程。

MapGIS 10.2 Mobile，全称 MapGIS 10.2 移动 GIS 开发平台，是中地数码推出的 MapGIS10.2 产品系列中的移动端 GIS 平台产品。MapGIS 10.2 Mobile，依托 MapGIS 10.2 在云端提供丰富的地理信息空间信息服务支持，实现移动端的信息服务共享，面向行业和大众领域，提供无差异的在线和离线式 GIS 服务，构建完整的行业解决方案。MapGIS 10.2 Mobile 是一个开发平台，一个可以让企业结合各种移动特性进行业务快速定制和开发的专业 GIS 移动开发平台；是可以让软件开发者根据兴趣偏好进行各种与空间位置相关的应用开发的工具平台，大量可重用的工具模块可以让开发者在最短时间内搭建并完成各种模型的设计，是用户进行众多崭新服务模式设计和创意开发的起点。美观的地图显示与人性化的交互操作使移动 GIS 的应用服务更加贴近用户、贴近生活。

MapGIS 10.2 Mobile 作为一个专业的移动 GIS 开发平台，其功能覆盖了 GIS 应用系统的各个方面，无缝对接 Web 端服务器平台 MapGIS IGServer，支持移动端在线与离线模式，支持移动二三维一体化应用。基于统一的跨平台内核层，支持 Android、iOS、WindowsMobile 等主流操作系统，对外提供统一的二次开发接口。

MapGIS 10.2 Mobile 的体系架构一共分为三层，如图 10.13 所示。最底层的是 C++内核层，提供 C++封装的各种 GIS 功能内核；中间为组件层，针对主流的移动操作系统（如 Android、iOS 等）封装对应的 GIS 功能组件，分别提供二次开发包；顶层为应用层，基于中间层的 GIS 功能组件开发 APP，实现诸如数据采集、移动执法、资源监察、运营调度等行业的移动应用功能。对于二次开发人员，重点关注中间层，基于平台的组件层实现各自领域的应用程序。

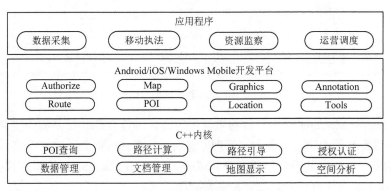

图 10.13　软件体系架构

MapGIS IGServer 的二次开发体系架构如图 10.14 所示，主要分为三层：MapGIS 微内核、GIS 服务器、应用层，每层均提供扩展机制。该平台提供.NET 与 Java 两套 GIS 服务器，全面支持.NET 框架与 J2EE 框架下的二次开发与应用，使其在 Windows 系统下拥有稳定可靠的安装和使用维护的能力，对 J2EE 的全面支持让其拥有卓越的跨平台能力，可完全部署在高效安全的 Linux、UNIX、AIX 等系统下。基于 MapGIS IGServer 的二次开发框架，可根据项目需求灵活选择应用，构建部署高性能的应用程序。

MapGIS IGServer 平台以"简便、易用、高效"原则为二次开发主导思想，分别提供基于 JavaScript、Flex、Silverlight 搭建式的二次开发包，支持传统的 GIS 开发模式——定制性开发，同时支持云 GIS 环境下的 MapGIS 10.2"纵生"式的全新开发模式。新开发模式重构 GIS 开发方式，打造了一种更为快捷、高效的"云"开发模式，推荐使用。面向 Web 端的 GIS 应用开发，"纵生"开发模式以基于 JavaScript、Flex、Silverlight 的二次开发为基础，按照 Web 应用标准规范将应用拆分为开发框架与功能插件，各个功能插件相互独立，可同步或者异步进行开发，具有纵生、迁移、聚合、重构的特性。此开发模式打破了传统的 WebGIS 开发与应用方式，简化终端应用构建，对项目级应用则可以有效整合利用团队开发资源，快速构建、维护简便。

对于应用开发者而言，开发框架与功能插件之间互相独立，Web 应用的开发框架与功能插件开发并行实施，将大大缩短开发周期，同时也更好实现了代码或功能的复用。

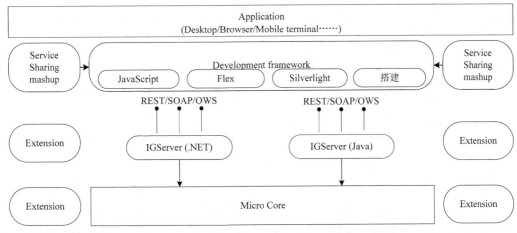

图 10.14　MapGIS IGServer 的二次开发体系架构

10.1.5　软件比较

对于国产软件来说，虽然 GIS 研究自 20 世纪 80 年代初才开始，但经过 90 年代的快速发展，已经产生了一批具有自主知识产权的 GIS 基础软件。这些软件在功能上与国外软件的差距正在缩小，部分性能甚至已经超越了国外软件，因而具有更高的性价比。

空间数据库引擎 SDE 是 GIS 软件的重要组成部分，也是各大软件厂商的核心技术，上述四个软件在这方面的主要对比如表 10.1 所示。

表 10.1　SDE 对比

项目	ArcGIS	MapInfo	MapGIS	SuperMap
技术名称	SDE、Geodatabase	SpatialWare	MapGIS-SDE	SDX（Spatial Databasee Xtension）
支持数据库	Oracle、SQL Server、DB2、Informix、Postgre SQL	Oracle、SQL Server、Sybase、INGRES、DB/2 Data Base Manager、SQL Base、Netware SQL、XDB	Oracle、SQL Server、DB2、Informix、DM2、SyBase	Oracle、SQL Server 等
支持数据类型	仅仅支持点、线、面、注记。CAD 数据导入后参数化对象转换为简单线、面对象，造成大量数据膨胀	点、线、面、注记、圆弧、圆、椭圆、曲线等。由于支持参数化对象，CAD 数据导入后膨胀较小	面向地理实体的空间数据模型，可描述任意复杂度的地理实体和空间特征，如点、线、面、注记、圆弧、圆、椭圆、曲线等。由于支持参数化对象，CAD 数据导入后膨胀较小	点、线、面、注记、圆弧、圆、椭圆、曲线、GeoPath 和复合对象等。由于支持参数化对象，CAD 数据导入后膨胀较小
数据保密与信息安全	利用关系数据库的数据访问权限控制，具有很好的数据安全策略	利用关系数据库的数据访问权限控制，具有很好的数据安全策略	利用关系数据库的数据访问权限控制，具有很好的数据安全策略	利用关系数据库的数据访问权限控制，具有很好的数据安全策略
是否支持拓扑关系	SDE 不支持 Geodatabase 支持	不支持	支持	支持
是否支持数据压缩	不支持	不支持	支持	支持

项目	ArcGIS	MapInfo	MapGIS	SuperMap
支持复杂几何对象	不支持	不支持	支持	支持
长事务支持	支持	支持	支持	支持
地图范围无限制	SDE 的地图范围仅能向北和东方扩展，向南和向西则受限制	不支持	支持	支持
是否支持 SQL 查询	支持	支持	支持	支持
是否支持 GSQL 查询	支持	支持	支持	不支持

ArcGIS 只有二维半处理能力，如 DEM 分析、TIN 分析等基本功能，没有真三维 GIS 功能。虽然后来推出了 ArcGlobe、ArcScene，但是在数据的处理方面功能仍然有所欠缺。MapInfo 只有二维处理能力，不支持 DTM。MapGIS 具有三维模型数据（TIN、三维景观、三维地质）一体化存储管理能力，具有三维数据的 LOD_RTree 索引技术和面向实体及拓扑的数据组织管理能力；除有高程数据 TIN/GRID 模型的建立、处理等基本功能外，还具有三维地质构造建模、断层处理技术、三维数码景观动态建模技术等功能。SuperMap 只有二维半处理能力，二维半的建模和分析、可视化、缩放、旋转、漫游等操作，支持用户制作分层设色的影像，同时提供了一些方法进行实时的三维透视效果、纹理映射、飞行模拟等。

ArcInfo 在地图编辑功能方面能力欠佳，一直困扰着 ArcGIS 用户，AO 提供一些地图编辑功能，但是所能创建的几何对象类型不多，而且智能捕捉能力也弱。MapInfo 地图编辑功能比较方便，能创建的地图对象也较丰富，但在捕捉功能方面较弱。MapGIS 具有强大图形编辑功能，可重新定制的实体符号化统一了 GIS 与 CAD 模型。SuperMap 具有较强的图形编辑能力，在很大程度上减小了图形编辑的工作量。

在数据采集方面，ArcGIS、MapInfo 无类似专业的数据采集软件。使用传统的桌面 GIS 软件进行数据编辑时，往往需要不断切换可编辑图层，来指定当前绘制的几何对象存放到什么图层，这样既耗费时间也容易出错。此外，通过数字化人员输入编码的方式来区分同层的不同地物要素类型，这也是一个容易出错的工作，大量数据错误检查的工作严重影响数据采集的效率。MapGIS MapSUV 专门用于 GIS 数据的获取和更新，实现了测、编、管、绘内外业一体化。MapSUV 充分利用计算机强大的计算处理能力集成了多种测量方法和解析算法，用该系统进行外业空间数据和属性的采集，可以直接存储为 MapGIS 标准的点、线、面文件，即进入 MapGIS 及其系列软件系统无须进行转换，避免数据转换时造成数据信息的丢失或混乱。SuperMap 基于 SuperMap Survey 专业数据采集软件，先由数据采集管理员定义数据结构并构建数据采集界面参数库，数字化人员通过所见即所得的方式绘制指定类型的几何对象，无须不断切换可编辑图层、无须输入要素编码，避免了大量错误的发生，大幅提高了效率。

10.2 开源 GIS 软件

开源 GIS 软件目前已经形成了一个比较齐全的产品线。在 www.freegis.org 网站上，会发现众多各具特色的 GIS 软件。老牌的综合 GIS 软件 GRASS，数据转换库 OGR/GDAL，地图投影算法库 Proj4、Geotrans，也有比较简单易用的桌面软件 QuantumGIS，Java 平台上有

MapTools，MapServer 则是优秀的开源 WebGIS 软件。各种空间分析，尤其是模型计算是开源 GIS 领域的强项。开源 GIS 技术虽然先进，但是缺乏良好的能够满足商用的发行版本，因此涉足开源 GIS 领域的多是技术爱好者和专业人员，而少有商业人士问津。如果能提供一个比较系统的、达到商用要求的开源 GIS 解决方案，并能获得稳定发行版，如同 Linux+ Apache+MySQL+PHP 那样，开源 GIS 前途将不可限量。

10.2.1　开源桌面GIS

代表性的开源桌面版 GIS 软件包括 GRASSGIS、QuantumGIS、MapWinGIS、OSSIM、SharpMap、uDig 及 GMap 等。

1. GRASSGIS

GRASSGIS 是美国军方开发的 GIS，开源后一直受到美国大学教师的青睐，它可以提供很多 ArcGIS 能提供的分析功能（当然每一种功能可选的算法没后者多），但是 GRASS 的界面比较丑陋，很多功能需要手动运行命令。目前，GRASS 已经覆盖大多数 GIS 系统的操作函数，有超过 300 个经典算法。

2. QuantumGIS

QuantumGIS 是一个用户界面友好的地理信息系统，可运行在 Linux、UNIX、MacOSX 和 Windows 平台之上。支持 Vector、Raster 和 Database 格式，尤其是能够很好地支持 PostGIS。QGIS 可以很好地支持 GRASS 的算法接口，成为 GRASS 的一个重要的前端表现工具。二者之间的关系，可以说，QGIS 就是一个简化版本的 GRASS。

QuantumGIS 由 GarySherman 于 2002 年开始开发，并于 2004 年成为开源地理空间基金会的一个孵化项目。版本 1.0 于 2009 年 1 月发布。QuantumGIS 以 C++写成，GUI 使用了 Qt 库。允许集成使用 C++或 Python 写成的插件。除了 Qt 之外，QuantumGIS 需要的依赖还包括 GEOS 和 SQLite。同时，也推荐安装 GDAL、GRASSGIS、PostGIS 和 PostgreSQL。

相较于商业 GIS，QuantumGIS 的文件体积更小，需要的内存和处理能力也更少。因此，它可以在旧的硬件上或 CPU 运算能力被限制的环境下运行。QuantumGIS 被一个活跃的志愿者开发团体持续维护着，他们定期发布更新和错误修正。现在，开发者们已经将 QuantumGIS 翻译为 31 种语言，被使用在全世界的学术和专业环境中。

3. MapWinGIS

MapWinGIS 主要由两部分组成：MapWindowGIS Desktop 和 MapWinGIS 组件库。它是独立于 MapWindowGIS 桌面应用程序和开发平台的软件组件集，它的开发环境是 VS.net 2003，是类似 ArcGIS 的 ArcObject（AO）组件集，可以称它为"MWO"。MapWindow 桌面应用程序是基于 MapWinGIS 核心组件库 MapWinGIS.ocx 的应用程序，它完成了用户常用的一些 GIS 基本空间数据浏览功能及一些扩展功能，这些扩展功能主要是通过 MapWindow 插件来实现的。MapWindow 基本功能主要包括：空间数据浏览、选择、放大、缩小、漫游、满屏显示、属性表编辑器、距离量算等。

4. OSSIM

OSSIM（Open Source Software Image Map）是一个用于遥感、图片处理、地理信息系统、照相测量方面的高性能软件。OSSIM 库主要使用 C++完成，支持多种平台，现在包括 Linux、dows、MacOSX 和 Solaris，并且可以移植到其他平台。因为 OSSIM 库使用了模型-

控制器-视图（MCv）结构，所以算法及实现与 GUI 是分离的，使得 OSSIM 可以支持多种 GUI 接口。第一个 GUI 的实现使用了 Qt，其他的 GUI 框架及接口也在开发计划中（如 Cocoa/Windows 等）。

OSSIM 自 1996 年至今，由 www.ossim.org 进行该开源项目的维护，现在隶属于地理空间开源基金会。项目开发人员拥有在商业和政府遥感系统及应用软件领域工作多年的经验，由美国多个情报、防务领域的政府部门提供资助。

5. SharpMap

SharpMap 是一个基于.NET2.0 使用 C#开发的 Map 渲染类库，可以渲染各类 GIS 数据（目前支持 ESRIShape 和 PostGIS 格式），可应用于桌面和 Web 程序，目前稳定版本为 0.9（2.0beta 已发布），代码行数 10000 行左右。SharpMap 目前可以算是一个实现了最基本功能的 GIS 系统，通过同 NTS 等开源空间类库的结合可以在 SharpMap 中实现空间变换、缓冲区等功能，但一些很重要的功能，如投影、比例尺、空间分析、图形的属性信息、查询检索等实现的不全面。

6. uDig

基于 EclipseRCP 的 uDig 开源项目既是一个 GeoSpatial 应用程序，也是一个平台。开发者可通过这个平台来创建新的衍生应用程序，是 Web 地理信息系统的一个核心组件。

7. GMap

GMap.NET 是一个强大、免费、跨平台、开源的.NET 控件，它在 Windows Forms 和 WPF 环境中能够通过 Google、Yahoo、Bing、OpenStreetMap、ArcGIS、Pergo、SigPac 等实现寻找路径、地理编码及地图展示功能，并支持缓存和运行在 Mobile 环境中。GMap.NET 是一个开源的 GEO 地图定位和跟踪程序。

10.2.2　开源网络 GIS

网络 GIS 包括两大部分：运行在服务器端的服务器软件及运行于客户端的客户端软件。客户端软件目前包括两大类：一类是运行于网页浏览器的 WebGIS 软件平台；另一类是运行于各种移动终端的软件。开源软件中服务端软件最负盛名的当属 MapServer 和 GeoServer，客户端则主要以运行于浏览器的 WebGIS 的脚本为主，主要是以 JavaScript 和 Flex 为主。随着 Adobe 及众多浏览器厂商宣布放弃 Flash 的支持，基于 Flex 的浏览器开发也开始面临过时的境遇，使得在浏览器开发方面 js 逐渐成为最大主流。

1. 服务器软件

MapServer 是一套基于胖服务器端/瘦客户端模式的实时地图发布系统。客户端发送数据请求时，服务器端实时地处理空间数据，并将生成的数据发送给客户端。

MapServer（http：//mapserver.org/）由美国明尼苏达大学开发，它的开发最初由美国航空航天局（National Aeronautics and Space Administration，NASA）支持，以使其卫星图像开放给公众。底层采用 C 来编写，基于 CGI 脚本实现页面调用支持 PHP、JSP 等多种语言，并对 OGC 的 WMS 和 WFS 提供支持，效率很高可以媲美 ArcGIS Server，并且借助于 GDAL 支持几乎所有 GIS 数据源。但是相对来说界面简陋一些，并且没有内置 AJAX 支持。MapServer 是一个开放源代码的开发环境，用于建立空间互联网应用。它可以作为 CGI 程序或通过 MapScript 运行。MapScript 通过 SWIG 技术支持数种编程语言。MapServer 并不是一套全能的 GIS 系统，它更擅长于在网络上展示空间数据，在服务器端实时地将地理空间数据处理成地图发送给客户端。MapServer 拥有一个庞大的社区，并有一个来自全球的近 20 名核心开发人员致力于产品的维护和增强。同时，还有各种不同的组织机构为 MapServer 的开发和维护提供资助。

MapServer 利用 GEOS、OGR/GDAL 对多种失量和栅格数据的支持，通过 Proj.4 共享库实时地进行投影变换。同时，还集合 PostGIS 和开源数据库 PostgreSQL 对地理空间数据进行存储和 SQL 查询操作，基于 Kamap、MapLab、Cartoweb 和 Chameleon 等一系列客户端 JavaScfiptAPI 来支持对地理空间数据的传输与表达，并且遵守开放地理空间信息联盟（OGC）制定的 WMS、WFS、WCS、WMC、SLD、GML 和 FilterEncoding 等一系列规范。对不同项目的借鉴和运用，增强了 MapServer 的功能，并使开发团队更多地关注于网络制图的核心功能。

Maperver 能运行在大多数的商业系统所不支持的 Linux/Apache 平台，可在大多数 UNIX 下编译及在 Windows 下运行。

GeoServer（http：//geoserver.org/）符合 J2EE 规范，实现了 WCS、WMS 及 WFS 规格，支持 TransactionWFS(WFS-T)，其技术核心整合了颇负盛名的 JavaGIS 工具集——GeoTools。对于空间信息存储，它支持 ESRIShapefile 及 PostGIS、Oracle、ArcSDE 等空间数据库，输出的 GML 档案满足 GML2.1 的要求。因为它是纯 Java 的，所以更适合于复杂的环境要求，而且开源、开发组织可以基于 GeoServer 灵活实现特定的目标要求，而这些都是商业 GIS 组件所缺乏的。

GeoServer 作为一个纯粹的 Java 实现，被部署在应用服务器中，简单的如 Tomcat 等；它的 WMS 和 WFS 组件响应来自于浏览器或 uDig 的请求，访问配置的空间数据库，如 PostGIS、OracleSpatial 等，产生地图和 GML 文档传输至客户端。

2. 客户端软件

客户端软件包括运行在浏览器的脚本及用于地图缓存的软件。在浏览器脚本 API 中，最有名的当属 OpenLayers 及 Leaflet。而缓存软件 TileCache 则独树一帜。除此之外，Mapnik 是地图数据渲染引擎的代表者，MapBOX 是全球盛名的电子地图制作厂商。

OpenLayers（http://openlayers.org/）是目前为止开源 GIS 领域功能最为齐全、最强大的 js 框架，用于在浏览器中实现地图浏览的效果和基本的缩放、漫游等功能。支持的地图来源包括 WMS、GoogleMap、KaMap、MSVirtualEarth 等。也可以用简单的图片作为源，在这一方面，OpenLayers 提供了非常多的选择。此外，OpenLayers 实现了行业标准的地理数据访问方法，如 OGC 的 WMS 和 WFS 协议。OpenLayers 可以简单地在任何页面中放入动态的地图，可以从多种的数据源加载显示地图。MetaCarta 公司开始开发了 OpenLayers 的初始版本，同时将它开放给了公众以作为各种地理信息系统的应用。

Leaflet（http://leafletjs.com/）是一个为建设移动设备友好的互动地图而开发的现代的、开源的 JavaScript 库。它由 VladimirAgafonkin 带领一个专业贡献者团队开发，虽然代码仅有 33KB，但它具有开发人员开发在线地图的大部分功能。Leaflet 设计坚持简便、高性能和可用性好的思想，在所有主要桌面和移动平台能高效运作，在现代浏览器上会利用 HTML5 和 CSS3 的优势，同时也支持旧的浏览器访问。支持插件扩展，有一个友好、易于使用的 API 文档和一个简单的、可读的源代码。使用和阅读 Leaflet 是一种享受。它可以在所有主流的桌面和移动平台上有效地工作，可以扩展大量的插件，拥有一个漂亮、易于使用和记录良好的 API，以及一个简单可读的源代码。

TileCache（http：//tilecache.org/）是一个实现 WMS.C 标准的服务器软件，TileCache 提供了一个基于 PythonTile 的 WMS.C/TMS 服务器，同时具有可插入的缓存和后台渲染机制。在最简单的应用中，只要求 TileCache 访问磁盘可以运行 Python 的 CGI 脚本。同时，可以连接需要缓存的 WMS 服务。使用这些资源，用户可以创建任何 WMS 服务在本地硬盘的缓存，同时使用支持 WMS-C 标准的客户端，或任何支持 TMS 的客户端，如 OpenLayers 和 wordKit 就可以访问这些缓存数据。

Mapnik（http：//mapnik.org/）是一个用于开发地图应用程序的工具。Mapnik 用 C++编写，同时有 Python 接口。使用 Mapnik 可以很方便地进行桌面和 Web 应用程序开发。Mapnik 主要提供地图的渲染功能，使用 AGC 库同时提供世界级的标注引擎。可以说，Mapnik 是现在最强大的开源地图渲染工具。

Mapbox 是一个可以创建各种自定义地图的网站，如 Foursquare、Pinterest、Evernote、Github、500px 等大牌都使用 Mapbox 创建自己的地图，Mapbox 宣称要构建世界上最漂亮的地图。

10.2.3　开源GIS组件

1. 数据管理组件

PostgreSQL 是一种对象-关系型数据库管理系统（ORDBMS），也是目前功能最强大、特性最丰富和最复杂的自由软件数据库系统。它起源于伯克利（BSD）功能最强大、特性最丰富和最复杂的研究计划，是最重要的开源数据库产品开发项目之一，有着大量用户。1986年，加州大学伯克利分校的 Michael Stonebraker 教授领导了 Postgres 的项目，它是 PostgreSQL 的前身。随后出现了 PostGIS，PostGIS 是对象-关系型数据库系统 PostgreSQL 的一个扩展，它的出现让人们开始重视基于数据库管理系统的空间扩展方式，而且使 PostGIS 有望成为今后管理空间数据的主流技术。

目前，开源空间信息软件领域性能最优秀的数据库软件当属 PostgreSQL 数据库，而构建在其上的空间对象扩展模块 PostGIS 则使得其成为一个真正的大型空间数据库。PostGIS 在对象关系型数据库 PostgreSQL 上增加了存储管理空间数据的能力，相当于 Oracle 的 spatial 部分。PostGIS 最大的特点是符合并且实现了 OpenGIS 的一些规范，是最著名的开源 GIS 数据库。

GDAL（http：//www.gdal.org/）是一个基于 C++的栅格格式的空间数据格式解释器。作为一个类库，对于那些用它所支持的数据类型的应用程序来说它代表一种抽象的数据模型。GDAL 支持大多数的栅格数据类型。在开发上 GDAL 支持多种语言的接口，如 C/C++、Perl、Python、VB6、Java、C#。

OGR（http：//www.gdal.org/ogr/）是 C++的简单要素类库，提供对各种矢量数据文件格式的读取（某些时候也支持写）功能。OGR 是根据 OpenGIS 的简单要素数据模型和 SimplefeaturesforCOM（SFCOM）构建的。OGR 也支持大多数的矢量数据类型。

GeOxygene（http：//www.oxygene-project.sourceforge.net/）基于 Java 和开源技术同时提供一个实现 OGC 规范和 ISO 标准可扩展的对象数据模型（地理要素、几何对象、拓扑和元数据）。它支持 Java 开发接口。数据存储在关系数据库中（RDBMS）保证用户快速和可靠地访问数据，但用户不用担心 SQL 描述语句，它们通过为应用程序建立 UML 和 Java 代码的模型,在对象和关系数据库之间使用开源软件进行映射。到现在可以使用 OJB 同时支持 Oracle 和 PostGIS 中的数据。

GML4J（http：//gml4j.sourceforge.net/）是一个作用于 Geography Markup Language（GML）的 JavaAPI 工具。当前 GML4J 的作用是一个 GML 数据的扫描器,通过它可以读取和解释那些代表地理要素、几何对象、它们的几何、要素的属性、集合对象的属性、复杂属性、坐标系统和其他的 GML 结构的 XML。现阶段 GML4J 只支持 GML 读取和访问,在以后将支持 GML 数据的修改。

2. 分析组件

JTS（JavaTopologySuite,http：//sourceforge.net/projects/jts-topo-suite/）是一套二维的空间谓词和函数的应用程序接口,由 Java 语言写成,提供了全面、延续的和健壮的基本的二维空间算法的实现,效率非常高。NetTopology Suite（http://nts.sourceforge.net/）则是一个.NET 的开源项目,该项目的主要目的是将 JTS 应用程序提供给.NET 应用程序使用。

GSLIB（http：//www.gslib.com/）是一个提供了空间统计的程序包,它是当前最强大和综合的一个统计包,并且具有灵活性和开放的接口。其缺点是缺少用户支持,用户界面不友好且缺少面向对象建模能力。

PROJ.4（http：//trac.osgeo.org/proj/）是一个开源的地图投影库,提供对地理信息数据投影及动态转换的功能,WMS、WFS 或 WCSServices 也需要它的支持。

GeoTools（http：//www.geotools.org/）也是遵循 OGC 规范的 GIS 工具箱。它拥有一个模块化的体系架构,这保证每个功能部分可以非常容易地加入和删除。GeoTools 目标是支持 OGC 所有的规范及各类国际规范和标准。GeoTools 已经在一个统一的框架下开发了一系列 Java 对象集合,其完全满足了 OGC 的服务端的各种服务并且提供了 OGC 兼容的单独应用程序。GeoTools 项目由一系列的 API 接口及这些接口的实现组成。开发一整套产品或应用程序并不是 GeoTools 的目的,但是其鼓励其他应用项目使用它以完成各类工作。GeoTools.NET（http：//geotoolsnet.sourceforge.net/Index.html）则是与 Java 对应的.NET 版本。

10.2.4　开源软件开发环境

对于一个典型的 GIS 应用系统,系统的各个层次都可以构建在开放的 GIS 开发框架之下。同时,系统需要有桌面应用,又需要可以发布 Web 应用。因此,在.NET 环境下,利用开源 GIS 进行项目开发大致可分为两种。

1. Web 环境

使用 PostGIS+ SharpMap/MapWindow/MapServer/GeoServer+ TileCache+ OpenLayers 进行开发,在该开发模式下,PostGIS 主要用于存放空间数据,同时用于处理空间查询及空间操作。PostGIS 基于 PostgreSQL 实现了 OGC 的（simple features specifications for SQL）标准。PostGIS 是当前最先进的开源空间数据库,功能强大而且相当稳定。SharpMap/MapWindow6 可以提供 WMS 服务,同时地图渲染非常美观,但是 WMS 本身效率不是很高,每次请求都要重新动态地渲染生成用户请求的地图图片,效率非常低。因此,可以选择 MapServer 或者 GeoServer 进行数据的发布,作为数据服务的服务端。通过对 GDAL 提供更多地理数据格式的支持,几乎涵盖所有的矢量和遥感数据。

即使是使用了服务端软件专门负责数据的发布,在效率上仍然是不够的,在多用户并发要求比较高的情况下仍然需要进一步扩展，最常用的方法技术是引入缓存。这里选择TileCache 作为 WMS 的缓存引擎，在逻辑上位于 OpenLayers 与 MapServer、GeoServer 之间，用于管理服务端软件生成的数据，同时处理前台 OpenLayers 传递的请求。TileCache 将用户浏览过的图片缓存到缓存服务器本地硬盘，这样下次用户请求同样数据的时候就不用再通过地图渲染引擎，而是直接读取本地缓存地图，大大地提高了地图访问速度。

通过 OpenLayers 作为客户端可以很快速地搭建客户端系统。OpenLayers 可以读取通过TileCache 提供的缓存数据，同时 OpenLayers 界面美观性能优越大大降低了客户端开发的工作量。

2. 桌面环境

使用 PostGIS+NetTopologySuite+SharpMap/MapWindow6 进行开发，在该开发模式下，PostGIS 作为数据库引擎，以及数据管理和分析工具；NetTopologySuite 作为空间数据操作和管理的中间件；SharpMap/MapWindow6 作为提供嵌入式 GIS 开发组件，提供 GIS 功能。PSN适合用户在微软.NET 开发环境下，小型的嵌入式 GIS 系统的开发。PostGIS 有.NET 的数据访问组件，NetTopologySuite 和 SharpMap/MapWindow6 完全是基于 C#的开源项目。因此，可以很方便地集成开发桌面 GIS 应用系统。

最后，需要说明的是，不管哪种开发方式都需要事先对数据进行预处理，如格式统一、投影变换、数据裁剪等，此时可以选择上面的桌面软件。一般情况下，QGIS 和 MapServer配合较好，uDig 和 GeoServer 配合较好是推荐的方式。

第 11 章　地理信息系统软件开发

地理信息系统包括硬件、软件和地理空间数据，GIS 软件是地理信息系统的核心。目前，GIS 软件开发分为自主 GIS 软件、应用型 GIS 软件（二次开发）和网络 GIS 三种模式。自主 GIS 软件开发，完全从底层开始，不依赖于任何 GIS 平台，针对应用需求，运用程序语言在一定的操作系统平台上编程实现地理信息采集、处理、存储、分析、可视化和地图制图输出等功能。这种方法的优点是按需开发、量体裁衣、功能精炼、结构优化，有效利用计算机资源。但是对于大多数 GIS 应用者来说，这种模式专业人才要求高、难度大、周期长、软件质量难控制。应用型 GIS 软件开发，针对应用的特殊需求，在基础 GIS 软件上进行功能扩展，达到自己想要的功能。这种方式具有省力省时、开发效率高等优点，但缺乏灵活性、受很多限制，开发出来的系统不能离开基础 GIS 平台。网络 GIS 应用软件开发，应用者利用地理信息网络服务商提供的地理信息数据和服务功能 API，不需要庞大的硬件与技术投资就可以轻松快捷地建立 GIS 应用系统。这是实现地理信息共享的最佳途径，让开发者开发一个有价值应用，付出的成本更少，成功的机会更多，已经成为越来越多互联网企业发展服务的必然选择。

11.1　自主 GIS 软件开发

利用基础 GIS 提供的开发工具进行二次开发可以充分利用支撑软件所具有的强大功能，开发比较容易，但开发的系统要在支撑软件的环境中运行，系统往往比较庞大，相应成本也高，对一些应用系统功能需求不高、硬件资源特殊、系统功能和运行效率有特殊需求的系统来说，二次开发就不太适合。从底层开发 GIS 软件，摆脱了 GIS 支撑软件的限制，便于系统的移植。自主 GIS 软件开发分为两种类型：一种是应用型地理信息系统，针对应用的特殊需求，以某一专业、领域或工作为主要内容，包括专题地理信息系统和区域综合地理信息系统；另一种是工具型地理信息系统，也称基础 GIS，具有空间数据输入、存储、处理、分析和输出等 GIS 基本功能，同时提供 GIS 开发工具软件包，如 ArcInfo 等。自主 GIS 软件开发，涉及软件设计语言、数据结构、数据库、图形可视化、软件开发工具等方面的计算机知识。

11.1.1　软件需求分析

开发软件系统最为困难的部分就是要准确说明开发什么，最为困难的概念性工作便是要编写出详细的技术需求，这包括所有面向用户、面向机器和其他软件系统的接口。需求问题是软件开发失败的主要原因，能否开发出高质量的软件，很大程度上取决于对要解决的问题的认识及如何准确地表达出用户的需求。如果做错，这将是会最终给系统带来极大损害的一部分，并且以后再对它进行修改也极为困难。

软件需求分析的基本任务是和用户一起确定要解决的问题，建立软件的逻辑模型，编写需求规格说明书文档并最终得到用户的认可。它是一个对用户的需求进行去粗取精、去伪存真、正确理解，然后把它用软件工程开发语言表达出来的过程。通过需求分析使得分析者深刻地理解和认识系统，并将其完全、准确地表达，其结果不仅起到沟通（用户和开发者）作用，还是后续工作的依据。需求分析的主要方法有结构化分析方法、数据流程图和数据字典等。

需求可分解为四个层次：业务需求（business requirement）、用户需求（user requirement）、功能需求（functional requirement）和非功能需求。

（1）业务需求：业务需求是反映组织机构或客户对软件高层次的目标、要求。这项需求是用户高层领导机构决定的，它确定了系统的目标、规模和范围。业务需求是需求分析阶段制定需求调研计划、确定用户核心需求和软件功能需求的依据，应在进行需求分析之前确定，通常在项目定义与范围文档中予以说明。

（2）用户需求：用户需求是用户使用该软件要完成的任务。要弄清这部分需求，应该充分调研具体的业务部门，详细了解最终用户的工作过程、所涉及的信息、当前系统的工作情况、与其他系统的接口等。用户需求是最重要的需求，也是最容易出现问题的部分。

（3）功能需求：功能需求定义了软件必须实现的功能。由于用户是从完成任务的角度对软件提出需求的，通常是凌乱的、非系统化的、冗余的，开发人员无法据此编写程序。分析人员必须在充分理解用户需求的基础上，将用户需求整理成满足特定业务需求的软件功能需求。

（4）非功能需求：非功能需求是对功能需求的补充。可以分为两类：一类是用户关心的一些重要属性，如有效性、效率、灵活性、完整性、互操作性、可靠性、健壮性、可用性；另一类是对使用者来说很重要的质量属性，如可维护性、可移植性、可复用性、可测试性。

在系统开发的早期，以对用户所进行的简单需求分析为基础，快速建立目标系统的原型，用户对原型进行评估并提出修改意见，从而使用户明确需求。快速原型方法既可针对整个系统，也可针对系统的某部分功能。

11.1.2　软件总体设计

软件总体设计又称概要设计，其总体目标是将需求分析阶段得到的目标系统的逻辑模型，变换为目标系统的物理模型，简单地说，就是根据需求分析的"做什么"，确定系统应该"怎么做"。软件设计是一个把软件需求变换成软件表示的过程。包括确定能实现软件功能、性能要求集合的最合理的软件系统结构，设计实现的算法和数据结构。软件设计的结果是软件设计规格说明书。

在总体设计过程中，系统分析员要先复审软件计划、软件需求分析提供的文档，审定后进入设计。下面是总体设计阶段的具体任务。

1. 软件系统架构方法

软件体系结构是构建计算机软件实践的基础，是对已确定的需求的技术实现构架。软件系统架构负责规划软件系统的运行模式、层次结构、调用关系、实现技术途径，确定计算机硬件和软件之间的衔接。抽象来说，它是计算机系统结构，或称计算机体系结构，是一个系统在其所处环境中最高层次的概念。

1）系统顶层设计

顶层设计是运用系统论的方法，从全局的角度，统筹考虑系统各层次和各要素，追根溯源，统揽全局，在最高层次上寻求问题的解决之道。主要特征：

一是顶层决定性，顶层设计是自高端向低端展开的设计方法，核心理念与目标都源自顶层，因此顶层决定底层，高端决定低端。

　　二是整体关联性，顶层设计强调设计对象内部要素之间围绕核心理念和顶层目标所形成的关联、匹配与有机衔接。

　　三是实际可操作性，设计的基本要求是表述简洁明确，设计成果具备实践可行性，因此，顶层设计成果应是可实施、可操作的。

　　2）自顶向下划分

　　运用系统的观点，采用"自顶向下"的分析方法，把一个复杂的系统由粗到细、由表及里地分析和认识，在充分掌握现行技术现状和分析用户信息需求的基础上，把复杂对象分解为简单组成部分，并确定这些组成部分的基本属性和关系，明确系统的范围和系统开发的目标，确定对系统的综合要求，最终形成系统功能及实现软件开发的概念模型。在 GIS 研制的过程中，最常见的方法是将系统按职能划分成一个个职能子系统，然后逐个研制和开发。

　　3）面向对象抽象

　　软件架构是一系列相关的抽象模式，用于指导大型软件系统各个方面的设计。在实现阶段，这些抽象组件被细化为实际的组件，如具体某个类或者对象。软件架构描述的对象是直接构成系统的抽象组件。各个组件之间的连接则明确和相对细致地描述了组件之间的通信。在面向对象领域中，组件之间的连接通常用接口来实现。软件架构是指在一定的设计原则基础上，从不同角度对组成系统的各部分进行搭配和安排，形成系统的多个结构而组成架构，包括该系统的各个组件、组件的外部可见属性及组件之间的相互关系。组件的外部可见属性是指其他组件对该组件所做的假设。软件架构定义和设计软件的模块化、模块之间的交互、用户界面风格、对外接口方法、创新的设计特性，以及高层事物的对象操作、逻辑和流程。

　　4）软件架构

　　软件架构是一个软件系统从整体到部分的最高层次的划分。一般而言，软件系统的架构有两个要素。

　　（1）软件系统从整体到部分的最高层次的划分。一个系统通常是由元件组成的，而这些元件如何形成、相互之间如何发生作用，则是关于这个系统本身结构的重要信息。详细地说，就是要包括架构元件（architecture component）、联结器（connector）、任务流（task-flow）。架构元素，也就是组成系统的核心"砖瓦"，而联结器则描述这些元件之间通信的路径、通信的机制、通信的预期结果，任务流则描述系统如何使用这些元件和联结器完成某一项需求。

　　（2）做出建造一个系统产品的顶层设计的决定。在建造一个系统之前会有很多的重要决定需要事先做出，而一旦系统开始进行详细设计甚至建造，这些决定就很难更改甚至无法更改。显然，这样的决定必定是有关系统设计成败的最重要决定，必须经过非常慎重的研究和考察。

2. 软件系统结构设计

　　软件系统结构（简称软件结构）设计，即确定组成系统的程序及相互的关系。具体内容为：①采用某种设计方法，将一个复杂的系统按功能划分成模块；②确定每个模块的功能；③确定模块之间的调用关系；④确定模块之间的接口，即模块之间传递的信息；⑤评价模块结构的质量。

　　从以上内容看，软件结构的设计是以模块为基础的，以需求分析的结果为依据，从实现的角度进一步划分为模块，并组成模块的层次结构。

　　软件结构的设计是总体设计关键的一步，直接影响下一阶段详细设计与编码的工作。软件系统的质量及一些整体特性都在软件结构的设计中决定，因此，应采用好的设计方法，选取合理的设计方案。

3. 数据结构及数据库设计

对于大型数据处理的软件系统，数据结构与数据库设计是总体设计阶段的又一重要任务。

1）数据结构的设计

在需求分析阶段，通过数据字典对数据的组成、操作约束、数据之间的关系等进行描述，确定数据的结构特性。在总体设计阶段，数据结构的设计任务主要是对数据字典的一些相关内容加以细化，到详细设计阶段则规定其具体的实现细节。所以在总体设计阶段，应使用抽象的数据类型，如在总体设计阶段采用概念模型"栈"定义某数据结构，而在详细设计中设计"栈"的实现，如用线性表或链表，通过以上方法实现对数据结构设计的逐步细化。设计有效的数据结构，将大大简化软件模块处理过程的设计。

2）数据库的设计

数据库的设计是指数据存储文件的设计，主要进行以下几方面设计。

（1）概念结构设计：在数据分析的基础上，采用自底向上的方法根据用户需求设计数据库模型，所以称它为概念模型。概念模型可用实体联系模型（E-R 模型）表示，也可以用 3NF 关系群表示。其中，E-R 模型较常用，它既是设计数据库的基础，也是设计数据结构的基础。

（2）逻辑结构设计：E-R 模型是独立于数据库管理系统（DBMS）的，逻辑结构设计是将概念模型转换成某种数据库管理系统（DBMS）支持的数据模型。数据模型是由 E-R 模型转换，并用 3NF 理论规范而得到的，要结合具体的 DBMS 特征来建立数据库的逻辑结构。对于关系型的 DBMS 来说，将概念结构转换为数据模式、子模式并进行规范，确定数据结构的定义，即定义所含的数据项、类型、长度及它们之间的层次或相互关系的表格等。

（3）物理结构设计：对于不同的 DBMS 物理环境不同。物理结构设计就是设计数据模式的一些物理细节，为数据模型在设备上选定合适的存储结构和存取方法，以获得数据库的最佳存取效率。其主要内容包括：文件的组织形式（顺序、索引或随机）、数据项存储要求、索引的建立、存储介质的分配及存取路径的选择等。

4. 软件功能设计

软件设计可以分为概要设计和详细设计两个阶段。实际上软件设计的主要任务就是将软件分解成若干子系统，然后进行模块设计。概要设计就是结构设计，其主要目标是给出软件的模块结构。模块是指能实现某个功能的数据和程序说明、可执行程序的程序单元，可以是一个函数、过程、子程序、一段带有程序说明的独立的程序和数据，也可以是可组合、可分解和可更换的功能单元。

软件设计阶段是采用合适的设计方法进行系统结构、数据和过程的设计。其中，系统结构的设计定义软件组成及各主要成分之间的关系，构造软件系统的整体框架；数据设计完成数据结构的定义。过程设计则是对软件系统框架和数据结构进行细化，对各结构成分所实现的功能，用很接近程序的软件表示形式进行过程性描述。编码阶段将过程性描述转换为某种程序设计语言描述的源代码，最后经过测试即得到完整有效的软件系统。

软件设计阶段是软件开发阶段的上游阶段，该阶段是后续开发工作的基础。在设计阶段所做的种种决策直接影响软件的质量，没有好的设计，就没有稳定的系统，也不会有易维护的软件。

为实现工程化的开发，在设计过程中充分体现软件工程的"抽象""信息隐蔽""模块化"等基本原则，将软件设计分两步完成：首先进行总体设计，将软件需求转化为数据结构和软件的系统结构。然后进行详细设计，通过对结构表示进行细化，得到软件的详细的数据结构和算法。

5.可靠性设计

可靠性设计也称质量设计。在软件开发的一开始就应确定软件可靠性和其他质量指标，考虑相应措施，确保所做的设计具有良好的质量特性，使软件易于修改和易于维护。

11.1.3　软件详细设计

总体设计阶段，完成了软件的结构设计，划分了模块，并规定了各模块的功能及它们之间的联系。在此之后，按软件开发工程化的观点，应进入详细设计阶段。详细设计阶段的根本目标是确定应该怎样实现所要求的系统，给出软件模块结构中各个模块的内部过程描述。经过这个阶段的设计工作，得出对目标系统的精确描述，这个描述在编码阶段可由程序员直接翻译成用某种程序设计语言书写的程序。

1. 详细设计的任务

在详细设计（又称过程设计或算法设计）阶段中，根据概要设计提供的文档，确定每一个模块的算法、内部的数据组织，选定工具清晰正确表达算法，编写详细设计说明书、详细测试用例与计划。这一阶段的主要任务包括：

（1）模块的算法设计。确定为每个模块采用的算法，选择某种适当的工具表达算法的过程，写出模块的详细过程性描述。

（2）模块内的数据结构设计。确定每一模块使用的数据结构。

（3）模块接口设计。确定模块接口的细节，包括对系统外部的接口和用户界面，对系统内部其他模块的接口，以及模块输入数据、输出数据及局部数据的全部细节。

（4）其他设计。根据软件系统的特点，还可能进行数据库设计、代码设计、输入/输出格式设计及人机界面设计等。

（5）模块测试用例设计。为每一个模块设计出一组测试用例，以便在编码阶段对模块代码进行预定的测试，模块的测试用例是软件测试计划的重要组成部分，通常应包括输入数据、期望输出等内容。

（6）编写详细设计说明书。在详细设计结束时，应该把上述结果写入详细设计说明书，并且通过复审形成正式文档，作为下一阶段（编码阶段）的工作依据。

（7）详细设计评审。对详细设计的结果进行评审。

2. 详细设计的原则

详细设计阶段的任务还不是具体地编写程序，而是要设计出程序的"蓝图"，在下一阶段由程序员根据这个蓝图写出实际的程序代码。所以，详细设计的结果基本上决定了最终的程序代码的质量，因此，详细设计过程中应当遵循以下原则。

（1）因为详细设计的蓝图是给人看的，所以模块的逻辑描述要清晰易读、正确可靠。在软件的生命周期中，设计测试方案、诊断程序错误、修改和改进程序等都必须首先读懂程序。人们读程序的时间往往比写程序的时间要长得多，因此，衡量程序的质量不仅要看它的逻辑是否正确、性能是否满足要求，还要看它是否容易阅读和理解。详细设计的目标不仅仅是逻辑上正确地实现每个模块的功能，更重要的是设计出的处理过程应该尽可能简明易懂。

（2）选择恰当描述工具来描述各模块算法。在理想的情况下对算法的描述可采用自然语言，其优点是不熟悉软件的人，不需要学习即可理解。但自然语言在语法上和语义上往往具有多义性，所以必须使用约束力强的表达方式实现处理过程的描述。

3. 详细设计的方法

结构化程序设计方法是实现上述目标的关键技术，作为一种设计程序的技术，其思想是：采用自顶向下、逐步求精的设计方法。认为任何程序，不论多复杂，都可以通过顺序、分支、重复三种基本结构复合实现。通过始终保持各级程序单元的单入口/单出口控制结构，使设计出来的程序结构清晰，容易阅读，容易修改和容易验证。详细设计方法的基本内容可归纳为如下几点。

（1）用自顶向下逐步求精方法完成程序设计，即对一个复杂问题的详细设计不应该立即用计算机指令、数字和逻辑符号来表示，而应该用较自然的抽象语言来表示，从而得出抽象程序。抽象程序对抽象的数据进行某些特定的运算并用某些合适的记号（可能是自然语言）来表示。对抽象做进一步分解，并进入下一个抽象层次，这样的精细化过程一直进行下去，直到程序能够被计算机接受为止。自顶向下逐步求精的方法符合人类解决复杂问题的一般规律，不仅可以显著地提高软件开发的成功率和生产效率，同时采用先全局后局部、先整体后细节、先抽象后具体的逐步求精过程导出的程序层次结构清晰，易读易理解。

（2）使用单入口/单出口的控制结构，确保程序的静态结构与动态执行情况相一致，保证程序易理解。

（3）程序的控制结构一般采用顺序、选择、循环三种结构来构成。经典的控制结构为顺序，IFTHENELSE 分支，DO-WHILE 循环。扩展的还有多分支 CASE，DO-UNTIL 循环结构，固定次数循环 DO-WHILE 结构。确保结构简单。

（4）程序语言中应尽量少用 GOTO 语句，以确保程序结构的独立性。

采用结构化设计方法，可改善控制结构，降低程序的复杂程度，从而提高程序的可读性、可测试性、可维护性。其主要缺点包括：结构化方法编制的源代码较长，运行时间有所增加；有些结构化语言不直接提供单入口/单出口的基本控制结构；个别情况下结构化程序的结构也十分复杂。但是，随着硬件技术的飞速发展，结构化程序的运行效率低，在大多数情况下已不是严重问题。通过有限制地使用 GOTO 可以达到既满足程序结构清晰的要求，又能够保证程序执行效率的效果。

4. 详细设计的工具

模块内部处理过程的表示方法称为详细设计工具。对详细设计工具的基本要求是：应该能指明控制流程、处理功能、数据组织及其他方面的实现细节，并能提供对设计的无歧义描述，便于模块的理解、复审和维护，进而能够将过程描述自然地转换成代码，并保证详细设计与代码完全一致，从而保证在编码阶段能把对设计的描述迅速地翻译成质量好的程序代码，而且使得软件测试和维护人员不需要阅读程序代码，就能了解模块内部的程序结构。

为了达到这些要求，设计工具应具有下述属性。

（1）模块化：支持模块化软件的开发，并提供描述接口的机制。例如，能够直接表示子程序和块结构。

（2）简洁：设计描述易学、易用和易读。

（3）便于编辑：支持后续设计和维护，以及在维护阶段对设计进行的修改。

（4）机器可读性：设计描述能够直接输入，并且很容易被计算机辅助设计工具识别。

（5）可维护性：详细设计应能够支持各种软件配置项的维护。

（6）自动生成报告：设计者通过分析详细设计的结果来改进设计，通过自动处理器产生有关的分析报告。

（7）强制结构化：详细设计工具能够强制设计者采用结构化构件，有助于采用优秀的设计。

（8）数据表示：详细设计具备表示局部数据和全局数据的能力。

（9）逻辑验证：软件测试的最高目标是能够自动检验设计逻辑的正确性，所以设计描述应易于进行逻辑验证，进而增强可测试性。

（10）编码能力：可编码能力是一种设计描述，研究代码自动转换技术可以提高软件效率和减少出错率。

目前，软件详细设计的工具有很多，它们可以分为：①图形工具，利用图形工具可将过程的细节用图形描述出来。②表格工具，可以用一张表来描述过程的细节，在表中列出各种可能的操作和相应的条件。③语言工具，用某种高级语言（称为伪码）来描述过程的细节。

不同的详细设计工具有不同的属性，对结构化设计方法的支持程度也不同，可根据具体软件项目的要求进行选择。

11.1.4　软件编码

软件编码是指把软件设计转换成计算机可以接受的程序，即写成以某一程序设计语言表示的"源程序清单"。充分了解行业软件开发语言、工具的特性和编程风格，有助于开发工具的选择及保证软件产品的开发质量。软件的设计开发过程经过需求分析、总体设计和详细设计几个阶段，已经形成了基本编程框架。最后就是通过编码对设计进一步具体化，实现相应功能。运用软件工程方法设计软件，主要是为了提高软件质量。软件质量在很大程度上取决于设计的质量，同时，编码的好坏也是影响软件质量十分重要的因素，如果编码中存在各种问题，那么，再好的设计也无法体现出来。另外，编码质量的好坏，也直接影响软件测试和软件维护工作的进行。

影响编码质量的因素是多方面的，选择的程序设计语言、采用的程序设计风格等都对编码质量产生影响。

解决某一问题可选择的程序设计语言可能有多种，选择哪一种更有利于软件的开发、软件功能的实现，以及软件测试维护工作进行，则需要综合考虑以下各方面因素来决定。

（1）从用户方面考虑。如果所开发系统的维护工作是由用户自己来完成，那么需要根据用户的要求，选择一种既有利于系统功能实现，又是用户所熟悉的程序设计语言。

（2）从程序员方面考虑。对于有经验的程序员来说，学习一种新的程序设计语言并不困难，但是，要完全掌握一种新语言却需要大量的实践。如果和其他标准不矛盾，就应该选择一种程序员熟悉的语言来进行，相对来说，熟悉的语言可以提高开发效率并减少错误的发生。

（3）软件的可移植性要求。如果目标系统将在不同的计算机环境下运行，或者预期的使用寿命很长，则需要选择一种标准化程度高，并且程序的可移植性好的语言实现设计。

（4）应用领域。选择程序设计语言很重要的一个方面应该看软件的应用领域，不同的语言有不同的适用范围，适合的程序设计语言所提供的编程环境有利于程序员实现功能，在一定程度上简化编程，且有利于后期的测试和维护工作。

11.1.5　软件测试

软件测试的目的是以较小的代价发现尽可能多的错误。实现这个目标的关键在于设计一套出色的测试用例。设计出一套出色的测试用例，关键在于理解测试方法。不同的测试方法有不同的测试用例设计方法。两种常用的测试方法是白盒法，测试对象是源程序，依据的是程序内部的逻辑结构来发现软件的编程错误、结构错误和数据错误。软件测试步骤分为四步，即单元测试、集成测试、确认测试、系统测试，具体过程如下。

1. 单元测试

单元测试也称模块测试，是针对软件设计的最小单元——程序模块进行测试的工作。其目的是发现模块内部的错误，修改这些错误使其代码能够正确运行。其中，多个功能独立的程序模块可并行测试。单元测试主要从以下五个方面进行。

（1）模块接口测试。程序模块作为一个独立的功能模块，需要有输入和输出信息，输入信息方面根据具体情况选择：如果输入是通过参数传递得到的，则主要检查形参和实参的数目、次序、类型是否能够匹配；如果由终端读入，则检查读入数据数目、次序、类型是否符合要求，另外，根据程序模块的功能查看输出的结果是否正确。

（2）局部数据结构测试。模块的局部数据结构是最常见的错误来源，应该设计测试数据检查各种数据类型的说明是否符合语法规则；变量命名和使用是否一致；局部变量在引用之前是否被赋值或初始化等。

（3）路径测试。设计一些有代表性的测试数据，尽量覆盖模块中的可执行路径，重点是各种逻辑情况的判定和循环条件的内部及边界的测试，从程序的执行流程上发现错误。

（4）程序异常测试。好的程序设计要具有健壮性，也就是能够预见到程序隐藏的错误或异常情况的发生。通常情况下，这些错误或异常不会被触发，但并不表示它们不存在。例如，代码中的除法操作，要求除数不能为 0，如果对程序中除数可能为 0 的情况没有进行处理，一旦在运行过程中除数为 0，程序就会出错。再如，计算机突然断电，在异常关闭程序前，能否自动对重要数据进行存储等问题，都应在考虑范畴之内。因此，程序中要设置适当的处理错误的通路，保证程序出现错误时能够由程序进行干预，而不是系统进行干预。

（5）边界条件测试。软件在边界出现错误是很常见的，因此，应注意各种边界条件的测试。例如，数据取值范围的最大值和最小值；n 次循环语句的第 n 次执行等，都存在出错的可能，在选择测试用例时，重点对这些方面进行测试。

对于以上的模块测试，考虑单个程序模块无法独立执行，需要依靠必要的辅助手段进行，因此，需要设计相应的辅助模块去模拟相关内容。这些辅助模块分为两种：一种是驱动模块，相当于被测模块的主程序，即提供程序执行的入口，并能够准备测试数据，提供给被测试模块，运行并输出结果查看执行情况；另一种是桩模块，也称存根模块，当被测试的程序模块需要其他低一级的子模块的支持时，并不需要将子模块的所有功能都带进来，只需根据实际情况提供必要的支持即可，这一功能是由桩模块来完成的，桩模块要根据被测模块所需的功能进行建立：如果程序模块只需要数据支持，那么桩模块只需要提供数据；如果程序模块需要子模块的部分功能，则桩模块的建立就相对复杂了。

由于模块相对短小且功能独立，易于测试并发现错误；如果模块的内聚程度高，测试数据将减少，测试能力将提高，也便于对错误进行修改，因此，单元测试是一项基础的、重要的测试，测试好的模块可进行组装实现较完整的功能。

2. 集成测试

集成测试也称组装测试，它的任务是按照一定的策略对单元测试的模块进行组装，并在组装过程中进行模块接口与系统功能测试。进行组装测试时要考虑以下几个问题：①在把各个模块连接起来的时候，注意数据穿越模块接口时是否会丢失；②一个模块的功能是否会影响另一个模块的功能；③各个子模块连接后，是否会产生预期的功能；④全局的数据结构是否会出现问题；⑤单个模块的错误积累起来可能会迅速膨胀；⑥在进行集成测试的过程中可能会暴露很多单元测试中隐藏的错误，较好地定位并排除这些错误，很大程度上取决于集成测试采用的策略与步骤。

3. 确认测试

确认测试也称有效性测试，目的是验证软件的有效性，即验证软件的功能和性能及其是否符合用户要求。软件的功能性能要求参照软件需求说明书。确认测试是在开发环境下，具体测试过程如下。

首先，制订测试计划，计划的内容可由开发方起草，最终的定稿要和用户共同协商，评定此测试计划是否满足要求。

然后，按照测试计划中的测试步骤，严格审查每一项的测试过程和测试结果，对其进行评定，最后总的测试结果是参照各项的结果确定的。

最后，对软件的相关配置进行审查。包括查看文档是否齐全、内容与实际情况是否一致、产品质量是否符合要求等内容。

4. 系统测试

经过了前面一系列测试过程，软件的功能已基本符合要求，进行系统测试的目的是测试软件到实际应用的系统中后，能否与系统的其余部分协调工作，以及对系统运行可能出现的各种情况的处理能力。

系统测试的任务主要有：测试软件系统是否能与硬件协调工作，测试与其他软件协调运行的状况。系统测试应该由若干个不同方面测试组成，目的是充分运行系统，验证系统各部件是否都能正常工作并完成所赋予的任务。下面是几类主要的系统测试。

（1）恢复测试。恢复测试主要检查系统的容错能力。当系统出现错误时，能否在指定时间间隔内修正错误并重新启动系统。恢复测试首先要采用各种办法强迫系统失败，然后验证系统是否能尽快地恢复。如果系统的恢复是自动的，需验证重新初始化、数据恢复和重新启动等机制的正确性；如果系统的恢复靠人工干预，除以上几方面的验证外，还需估测平均恢复时间，确定其是否在可接受的范围内。

（2）安全测试。安全测试主要检查系统对非法侵入的防范能力。测试过程中，测试人员需要模拟各种办法试图冲破安全防线。例如，对密码进行截取或破译；对系统中重要文件进行破坏等。测试手段包括各种破坏安全性的方法和工具。

任何系统都很难做到百分百的安全，只要能使得非法侵入的代价超过被保护信息的价值，就符合安全性的要求了。

（3）强度测试。强度测试主要检查程序在一些极限条件下的运行情况。因此，在进行强度测试时，需要提供一些超过正常输入量、最大的存储能力的测试数据，查看系统的运行状况。例如，运行需要最大存储空间的测试用例；运行可能导致虚存操作系统崩溃或磁盘数据剧烈抖动的测试用例等。强度测试总是迫使系统在异常的资源配置下运行，从而确定程序在功能、性能方面的极限状况。

（4）性能测试。性能测试主要检查系统是否满足需求说明书中规定的性能。特别是那些实时和嵌入式系统，有严格要求的，如一个教学过程进行直播，要查看图像和声音的传输速度，在保证声音和图像同步的基础上允许有短暂的延时，但是，如果延时过长，程序在性能上就存在问题。虽然从单元测试起，每一测试步骤都包含性能测试，但只有当系统真正集成之后，在真实环境中运行才能全面、可靠地测试验证它的整体性能，系统性能测试就是为了完成这个任务。性能测试有时与强度测试相结合，经常需要其他软硬件的配套支持。

另外，还有一些像版本间的兼容性测试、安装测试、最终提交的文档测试等，总之，通过系统测试保证软件系统能够在整体的功能和性能上满足用户的要求。

11.1.6　软件维护

维护是指在已完成对软件的研制工作并交付使用以后，对软件产品所进行的一些软件工程的活动，即根据软件运行的情况，对软件进行适当修改，以适应新的要求，以及纠正运行中发现的错误，编写软件问题报告、软件修改报告。一个中等规模的软件，如果研制阶段需要1～2年的时间，在它投入使用以后，其运行或工作时间可能持续5～10年。

在软件产品开发完成并交付用户使用后，就进入软件的运行维护阶段，这一阶段是软件生命周期的最后阶段，也是时间持续最长的阶段。软件维护工作会一直伴随着软件，到软件不再被使用。软件维护的任务就是保证软件在一个相当长的时期能够正常运行，满足客户不断提出的需求。

软件维护技术不像开发技术那样成熟、规范，修改软件的时候也经常会引入新的错误，因此，软件维护是一项成本高、工作量大、持续时间长的工作。但是，很多情况下，软件的修改可能只是在现有的应用基础上增加部分新的功能，由于修改现有的软件比重新开发一个软件要合算得多，而且软件维护的直接效果是在保证软件在原来的使用人群的基础上，功能更加完善，提高了软件的商业竞争力。因此，维护工作对于很多软件是必不可少的。

为了有效地进行软件维护，在提出一项软件维护要求的同时，软件维护的相关工作就应开始了，首先是要成立一个维护组织，维护人员应选择专业的，具有一定维护经验的人员，根据用户的维护要求，确定维护工作的责任分配、工作流程、文档的记录及评审的标准。

在进行软件维护时，首先根据用户的需求来确定维护的类型，对于改正性维护，需要先评价错误的严重程度，如果错误十分严重，影响用户的日常工作，则必须马上安排人手，分析问题的原因，确定修改方案，并立刻着手进行修改；如果错误不十分严重，至少不会影响软件其他功能的执行，那么此项维护可和其他的软件维护工作一起组织，统一安排时间。

如果是适应性维护或完善性维护的要求，需要先评价每个维护要求的优先次序。优先级非常高的维护要求应立即安排人员开始维护工作；否则，维护工作将和其他开发任务一样，统一安排时间和排序进行维护。其中，完善性维护工作相当于在原来的基础上进行二次开发，有时，二次开发对原来的内容改动很大，甚至需要变动部分的基础架构。软件维护组织在综合考虑工作量、可利用情况、商业需要及软件的今后发展前景等情况后，有权决定是否安排这项工作。

然后是确定维护技术工作的内容，具体包括：软件设计的修改、软件设计的评审、源程序代码修改、软件测试计划、软件配置评审等，保证维护工作符合维护申请报告的要求。

最后，在软件维护工作结束后，进行一次维护情况评审，相当于软件维护的总结，为以后的维护工作提供有效的管理经验，具体的评审应从以下几方面考虑：①在目前情况下，软件设计、编码、测试过程，哪些方面可以改进？②维护工作是否全面？③维护工作中出现的主要或次要的障碍是什么？④要求维护的类型中是否需要预防性维护？

在软件维护活动进行的同时，需要记录一些与维护工作有关的数据信息，这些信息可作为估计软件维护的有效程度，确定软件产品的质量，确定维护的实际开销等工作的原始数据。具体内容包括源程序名称、源程序的语句条数、机器代码指令条数、使用的程序设计语言、程序安装的日期、程序安装后的运行次数、程序安装后运行出现的故障次数、程序变动的层次及名称、修改程序所增加的源程序语句条数、修改程序所删除的源程序语句条数、每次修改所付出的"人时"数、程序修改的日期、软件维护人员的姓名、维护申请报告的名称、维护类型、维护开始和完成的日期、花费在维护上的"人时"数、维护工作的净收益等。对每项维护任务都应该收集上述数据，为后面的评价提供数据源。

软件维护的最后一项工作是对整个维护活动进行评价，依赖前面的维护文档记录，对维护工作做一些度量。

11.2　基于基础 GIS 二次开发

自主开发的 GIS 各个组成部分之间的联系最为紧密，综合程度和操作效率最高。但由于地理信息系统的复杂性，开发的工作量是十分庞大的，开发周期长。对于大多数开发者来说，能力、时间、财力方面的限制使其开发处理的产品很难在功能上与商业化 GIS 工具软件相比。随着地理信息系统应用领域的扩展，应用型 GIS 的开发工作日显重要。如何针对不同的应用目标，高效地开发出既合乎需要又具有方便美观丰富的界面形式的地理信息系统，是 GIS 开发者非常关心的问题。虽然基础 GIS 为人们提供了强大的功能，但由于专业应用领域非常宽泛，任何现有基础 GIS 功能都不能解决所有的专业问题。为此，基础 GIS 厂商提供了开发组件和相应的开发接口，允许用户扩展基础 GIS 的功能。随着 GIS 应用深入，GIS 软件共享的需求越来越大，开发所需的组件功能可由不同厂家生产，要求不同厂家的组件遵守共同的接口标准，GIS 组装成应用系统更加灵活容易。这种矛盾一方面可以通过提高 GIS 组件的功能能力来缓解；另一方面深度应用需要的 GIS 功能还需自己编写，根据应用需求开发 GIS 解决。

11.2.1　应用型GIS开发需求分析

应用型 GIS 是 GIS 和用户业务集成与融合的结果，根据用户业务需求和应用目的，其解决一类或多类实际应用的问题。除了具有 GIS 的基本功能外，更重要的是，用户业务过程用计算机化的形式表示，在此过程中，文档、信息或任务按照预定的规则传递，相关人员、已有软件之间相互协作，以实现整体的业务目标。还有解决地理空间实体空间分布规律、分布特征及其相互依赖关系的应用模型和方法。根据地理信息系统应用需求，结合专业领域业务模型和空间分析模型，构建各种专业应用系统，解决地理空间现象空间分布规律、分布特征及其相互依赖关系，以及发展过程的科学问题。这些应用系统除了具备基础 GIS 的强大空间分析功能外，还具有应用模型数值求解、预测预报和过程模拟等功能。

软件需求分析就是把软件计划期间建立的软件可行性分析求精和细化，分析各种可能的解法，并且分配给各个软件元素。需求分析是软件定义阶段中的最后一步，确定系统必须完成哪些工作，也就是对目标系统提出完整、准确、清晰、具体的要求。

1. 应用系统分析

以系统的整体最优为目标，对系统的各个方面进行定性和定量分析。它是一个有目的、有步骤的探索和分析过程，为决策者提供直接判断和决定最优系统方案所需的信息和资料，从而成为系统工程的一个重要程序和核心组成部分。

从广义上说，系统分析就是系统工程；从狭义上说，就是对特定的问题，利用数据资料和有关管理科学的技术、方法进行研究，以解决方案和决策的优化问题。

系统分析的要素有五点：①期望达到的目标。复杂系统是多目标的，常用图解方法绘制目标图或目标树，以及多级目标分别相应的目标——手段系统图。确立目标及其手段是为了获得可行方案。可行方案是诸方案中最强壮（抗干扰）、最适应（适应变化了的目标）、最可靠（任何时候可正常工作）、最现实（有实施可能性）的方案。②达到预期目标所需要的各种设备和技术。③达到各方案所需的资源与费用。④建立方案的数学模型。⑤按照费用和效果优选的评价标准。

系统分析的步骤一般为：确立目标、建立模型、系统最优化（利用模型对可行方案进行优化）、系统评价（在定量分析的基础上考虑其他因素，综合评价选出最佳方案）。进行系统分析还必须坚持外部条件与内部条件相结合；当前利益与长远利益相结合；局部利益与整体利益相结合；定量分析与定性分析相结合的原则。

2. 应用业务建模

业务是什么？业是指工作岗位，务是指事情，合在一起就是工作岗位上的事情。作者觉得业务的含义就是完成一项具体的工作，涉及人员分工、工作步骤、时限要求、工作成果、验收标准等潜在的属性。业务分析是业务建模的基础，它的首要成果应该是分析出业务中涉及的主体，有抽象的，也有具体的。这些主体的概念一经明确，就具有了活力，有特征、有行为、有生命，所以需要反复推敲。业务分析的第二项成果是梳理出哪些是变化的，哪些是不变的。对变化进行封装，让变化所带来的不确定性只影响局部范围，是程序员进阶需要掌握的一项基本技能。业务分析的第三项成果是需要分析出哪些工作应该机器完成，哪些需要人工完成。随着计算机应用技术的发展，机器能做的事情越来越多，本着"事务型工作自动化、管理型工作流程化、决策型工作智能化"的原则，一点点地提高业务运作效率。

GIS 应用的开发都是基于部门的功能而建的，是为了解决某项目而建立的应用系统，这种方式建立的应用系统针对特定的功能区域，甚至无法实现多个应用系统共同运作。解决之道就是从业务建模入手，建立用户的业务模型，进行适当的切割，选取稳定的软件架构，分析出用户的业务实体，描述用户管理和业务所涉及的对象和要素，以及它们的属性、行为和彼此关系。业务建模强调以体系的方式来理解、设计和构架企业信息系统。这方面的工作可能包括了对业务流程建模、对业务组织建模、改进业务流程、领域建模等。它反映了业务组织的静态的和动态的本质抽象特征。业务分析的目的就是构建原始的业务模型，业务建模因而是对业务组织的静态特征和动态特征进行抽象化的过程。静态特征包括：业务目标、业务组织结构、业务角色、业务成果等。动态特征主要指业务流程。

业务建模（business modeling）是以软件模型方式描述企业管理和业务所涉及的对象和要素，以及它们的属性、行为和彼此关系，业务建模强调以体系的方式来理解、设计和构架企业信息系统。

业务模型为企业提供一个框架结构，以确保企业的应用系统与企业经常改进的业务流程紧密匹配。可以说，业务建模主要是从业务的角度而非技术角度对企业进行建模。业务模型一般包括下面一些视图。

（1）组织视图：组织结构的静态模型。包括：层次组织结构的人员资源、生产资源（如设备，运输等），以及计算机、通信网络结构等。

（2）数据视图：业务信息的静态模型。包括：数据模型、知识结构、信息载体、技术术语和数据库模型等。

（3）功能视图：业务流程任务的静态模型。包括：功能层次、业务对象、支持系统和应用软件等。

（4）控制（业务）视图：动态模型，展示流程运转情况，并能够将业务流程与流程相关的资源、数据及功能等联系起来。包括：事件驱动过程链、信息流、物流、通信图、产品定义、价值增值图等。

业务模型是分别从业务过程和客户对应的业务状况及业务参与者的角度来描述系统的业务过程。

业务建模的思路与步骤：①明确业务领域所在的业务体系，业务领域在体系中的作用，与其他业务领域的关系；②明确业务领域内的主要内容、业务目标、服务对象，构建领域内的业务层次；③明确各业务的背景、目标、内容；④明确各业务的流转顺序；⑤明确各业务节点的职能；⑥明确各业务中业务规则的算法；⑦明确各业务输入、输出的数据及参考的资料；⑧明确各业务的业务主角与业务角色。

3. 数据流程分析

数据是信息的载体，也是今后系统要处理的主要对象。因此，必须对系统调查中所有搜集的数据及统计处理数据的过程进行分析和整理。如有不清楚的问题，应立刻返回弄清楚；如发现有数据不全、采集过程不合理、处理过程不畅、数据分析不深入等问题，应在本次分析过程中研究解决。

数据流程分析就是把数据在现行系统内部的流动情况抽象出来，舍去具体组织机构、信息载体、处理工作等物理组成，单纯从数据流动过程来考察实际业务的数据处理模式。数据流程分析主要包括对信息的流动、变换、存储等的分析。其目的是发现和解决数据流动中的问题。这些问题有数据流程不畅、前后数据不匹配、数据处理过程不合理等。问题产生的原因可能是现行管理混乱，数据处理流程本身有问题，也有可能是调查了解数据流程有误或作图有误。调查的目的就是尽量地暴露系统存在的问题，并找出加以解决的方法。

数据建模是一个用于定义和分析在组织的信息系统的范围内支持商业流程所需的数据要求的过程。对现实世界进行分析、抽象，并从中找出内在联系，进而确定数据库的结构并使用计算机以数学方法描述物体和它们之间的空间关系。依据它们相互之间及与所在的二维或三维空间的关系精确放置。建模过程中的主要活动包括：①确定数据及其相关过程（如实地销售人员需要查看在线产品目录并提交新客户订单）。②定义数据（如数据类型、大小和默认值）。③确保数据的完整性（使用业务规则和验证检查）。④定义操作过程（如安全检查和备份）。⑤选择数据存储技术（如关系、分层或索引存储技术）。

现有的数据流程分析多是通过分层的数据流程图（data flow diagram，DFD）来实现的。

4. 应用功能分析

功能分析是软件开发的核心内容，功能分析的结果可以用信息系统功能模型来描述。

（1）功能划分。功能需求定义了开发人员必须实现的软件功能，使得用户能完成他们的任务，从而满足业务需求。实现上需要基于专业领域的划分，管理上需要基于客户需求的划分。按专业领域划分确实可以解决很多实现上的问题，这里指的是功能上的实现，避免了在同一模块中不允许存在两个不同专业领域的内容的要求。

（2）功能描述。对系统要实现的功能进行确切的描述。

（3）性能需求。性能需求一般包括：①列出有各种性能要求的功能，如有并发要求的功能及相应的并发要求、有响应时间要求的功能；②数据库容量，或指定时间的业务处理量；③系统用户容量的需求；④如果有机器配置上的要求，则说明相应的机器配置要求；⑤网络环境，如 1MADSL 或者 512k 拨号上网环境；⑥系统运行时间，如 7 天 × 24 小时不间断运行，或者可连续运行一周。

（4）运行需求。软件运行环境，狭义上是软件运行所需要的硬件支持；广义上也可以说是一个软件运行所要求的各种条件，包括软件环境和硬件环境。例如，各种操作系统需要的硬件支持是不一样的，对 CPU、对内存等的要求都是不一样的。而许多应用软件不仅要求硬件条件，还需要软件环境条件的支持，通俗地讲就是，Windows 支持的软件，Linux 不一定支持，苹果的软件只能在苹果机上运行，如果这些软件想跨平台运行，必须修改软件本身，或者模拟它所需要的软件环境。

11.2.2　基础GIS软件选择因素

作为二次开发支撑软件，随着 GIS 应用的深入，对基础 GIS 平台也提出了新的要求，如海量数据的存储、系统的可伸缩性、系统的开放性、多用户的并发访问、Internet 解决方案等。地理信息系统的核心是数据，用来存储和管理所有的空间和属性数据。这势必要求所选用的GIS 软件具备海量数据的存储和管理能力，同时具备多用户高效的并发访问机制等。结合各行业 GIS 应用现状，在选择 GIS 软件平台时，应考虑如下几个主要因素。

1. 系统的可伸缩性

在现代科学技术不断进步的时代，任何一个信息系统都不应是孤立存在和停滞不前的。在设计和规划系统之初，就应该从宏观、从长远的观点来统筹考虑。但因为经费的投入问题、现阶段的应用需求及其他各种硬软环境的制约，又往往无法一步到位。因此，"统筹规划，分步实施"就不失为一种上佳选择。而要做到这一点，系统所依赖的平台的可伸缩性、可扩展性则是关键，从而充分保护用户和开发商的前期投资和工作，保证系统的分步实施不会因为平台的提升和系统规模及功能需求的扩展而陷入进退两难的境地。系统规模应该是可以缩放的，可以小到一个独立的桌面应用，也可以大到为面向企业级的应用系统，应该是在系统建设的不同阶段都有不同定位的产品来对应，给用户留有许多余地，提供基于空间信息的处理与分析，以满足各部门不同阶段、不同应用的需求。

2.系统的安全性

任何一个信息系统，一旦投入实际生产运作中，其安全性的重要程度自是不言而喻的，系统的安全与否应该自投入运作开始就和企业息息相关了。系统的安全性应该包含三个方面的内容：一是系统自身的坚固性，即系统应具备对不同类型和规模的数据和使用对象都不能崩溃的特质，以及灵活而强有力的恢复机制；二是系统应具备完善的权限控制机制以保障系统不被有意或无意地破坏；三是系统应具备在并发响应和交互操作的环境下保障数据安全和一致性。因此，用以建设系统的 GIS 软件应该是久经考验的，并得到市场公认、有着广大用户群体和经过大量工程的成功考验的。

3. 支撑面向对象的数据模型和组建化的 GIS 软件技术

数据模型是现实世界的某一部分的逻辑描述。GIS 数据模型以数字的形式表达现实世界地理对象及其相互关系。数据建模的目的就是在计算机上抽象和表达现实世界，让用户可以通过在它的数据中加入其应用领域的方法或行为，以及其他任意的关系和规则，使数据更具智能和面向领域应用，尽可能地简化开发过程，提高开发效率。

现在，一些大的软件公司，如 ESRI 引入了面向对象的 GIS 数据模型，允许用户建立自己的面向对象的在基本模型基础上扩展的数据模型。面向对象的数据模型与用户通常看待所研究事物的观点及分类很接近，因此直观且使用简单，软件处理的将是面向用户的概念，而不是面向系统的概念。

4. 全关系型 GIS 技术

GIS 软件管理两类数据：空间数据和属性数据。其中，属性数据刻画了对象除空间位置外的性质，这类数据一般是可以结构化的，因此可以用传统的关系型 DBMS 来管理，并实现快速、可靠的检索；而空间数据则刻画对象的空间位置及对象之间的相互关系，结构化的难度较大，因此一般采用文件系统来管理空间数据。这种数据管理的不一致性，一方面增加了 GIS 软件开发的复杂性，另一方面也不易保证数据管理的可靠性，给使用带来不便。

近年来，国外 GIS 与数据库开发商（如 ESRI 公司与 IBM 公司）加紧了联合的步伐，共同开发全关系型的 GIS 软件，使 GIS 软件能充分利用商用数据库中已经成熟的众多特性，如内存缓冲、快速索引、数据完整性和一致性保证、并发控制、安全和恢复机制及分布式处理机制，明显地提高了 GIS 软件管理空间数据的能力。

现在，在新一代全关系型 GIS 支撑软件基础上开发的企业级 GIS 软件已经投入运行，取得了很好的效果。

5. 支持长事务处理和版本管理，支持海量数据管理

在企业的实际应用中，往往有许多工作并不是一挥而就，也不是一个两个人就能够独立完成的，而是需要多人协同作业，需要一周一个月甚至更长时间来完成。在这种情况下，系统的长事务处理和版本管理功能就显得尤为重要。此外，作为一个完善的系统，应该能支持海量数据管理，这在系统建设和应用的初期可能不会显得十分重要，但却是在系统设计过程就应该考虑的问题，避免随着系统应用的进一步加深，数据量达到一定程度时由于系统不支持海量数据管理而带来重建、换平台等一系列问题。

6. 系统的开放性

为了充分利用已有的企业资源，GIS 软件必须具备良好的开放性，除包括支持多种硬件平台、操作系统、数据库以外，还要求能够将已有的各种格式的数据转换为目前可用的数据类型，以及支持多种数据格式的转换。GIS 支撑软件是否开放主要体现在以下三个方面：第一是数据结构特别是图形数据结构的开放性，要求有开放的数据格式，有标准的外部数据交换格式，同时这种数据格式又是可以扩展的，如 ESRI 公司的 Shape 数据格式等。第二是产品二次开发技术的开放性，能够支持通用的开发集成环境，如 Delphi、Visul C++、Visul Basic等；支持通用的商业关系数据库，如 DB2、Orcale 和 SQL Server 等；支持各种必需的工业接口标准等。第三是产品结构的开放性，它们可以按照不同的应用需求，搭配成一种客户/服务器体系结构。

7. 能够提供全方位的企业级解决方案

企业的 GIS 系统是整个企业的应用平台。因此，在选择基础支撑 GIS 系列软件产品时，这些 GIS 软件产品应该支持企业级的 GIS 应用，也就是说，应该能够根据用户的特点，在客户端和服务端为用户提供多种选择。

根据用户应用需要和投资计划的不同，GIS产品系列应该支持从偶尔用GIS功能的用户到复杂的多用户的企业级系统应用。这意味着，随着用户的应用对GIS功能需求的增长，从某个GIS软件家族中选取适合的产品，以后随着系统的扩展而进一步选取较高端的产品，以满足新的GIS的应用需求。

8. 采用工业标准或事实上的工业标准

建设GIS系统是一个投入大、时间长的过程，这要求平台供应商对用户的应用系统提供长期的支持和维护。由于不同的GIS软件在数据结构、开发方式、技术支持上存在巨大差异，当用户从一种GIS软件转换到另一种GIS软件时，往往意味着巨大的投资被浪费；甚至即使采用同一种GIS软件，从一个开发商转换到另一个开发商，也有可能造成数据的丢失，因为开发过程中，不同的开发商对相同的设备设施有着不同的数据描述。因此，采用工业标准和事实上的工业标准有利于保护用户的投资。

另外，由于GIS系统所包含的内容非常庞杂，技术涉及面广，应该采用具有广大用户群的GIS产品，从而在技术支持、产品的稳定性和产品的升级换代等方面得到保证。

11.2.3　GIS应用模型构建

应用模型的构建实际包括目的导向（goal-driven）分析和数据导向（data-driven）操作两个过程。目的导向分析，是将要解决的问题与专业知识相结合，从问题开始，一步步地推导出解决问题所需要的原始数据、精度标准、模型的逻辑结构和方法步骤。数据导向操作，是将已经形成的模型逻辑结构与GIS技术相结合，从各类数据开始，一步步地将数据转换成问题的答案，必要时还需要进行反馈和修改，直到取得满意的结果，最后以图形或图表的形式输出最终结果。

1. GIS应用模型建模过程

（1）模型准备。了解问题的实际背景，明确其实际意义，掌握对象的各种信息。以数学思想来包容问题的精髓，数学思路贯穿问题的全过程，进而用数学语言来描述问题。要求符合数学理论，符合数学习惯，清晰准确。

（2）模型假设。根据实际对象的特征和建模的目的，对问题进行必要的简化，并用精确的语言提出一些恰当的假设。

（3）模型建立。在假设的基础上，利用适当的数学工具来刻画各变量常量之间的数学关系，建立相应的数学结构（尽量用简单的数学工具）。

（4）模型求解。利用获取的数据资料，对模型的所有参数做出计算（或近似计算）。

（5）模型分析。对所得的结果进行数学上的分析。

（6）模型检验。将模型分析结果与实际情形进行比较，以此来验证模型的准确性、合理性和适用性。如果模型与实际较吻合，则要对计算结果给出其实际含义，并进行解释。如果模型与实际吻合较差，则应该修改假设，再次重复建模过程。

（7）模型应用。应用方式因问题的性质和建模的目的而异。

2. GIS应用模型建模途径

应用模型的构建，通常采用以下三种不同的途径。

（1）利用GIS系统内部的建模工具，如利用GIS软件提供的宏语言（VBA等）、应用函数库（API）或功能组件（COM）等，开发所需的空间分析模型。这种模型法是将由GIS

软件支持的功能看作模型部件、按照分析目的和标准，对部件进行有机地组合。因此，这种建模方法充分利用了软件本身所具有的资源，建模和开发的效率比较高。

（2）利用 GIS 系统外部的建模工具，如 Matlab 和 IDL 等。

（3）独立开发实现一个 GIS 应用软件系统，如国产的 SuperMap、MapGIS 等软件就包含了很多自行开发实现的应用分析模型。

11.2.4　构建应用GIS组件

随着地理信息系统应用领域的扩展，应用型 GIS 的开发工作日显重要。如何针对不同的应用目标，高效地开发出既合乎需要又具有方便美观丰富的界面形式的地理信息系统，是 GIS 开发者非常关心的问题。基本思想是把 GIS 的各大功能模块划分为几个控件，每个控件完成不同的功能。各个 GIS 控件之间，以及 GIS 控件与其他非 GIS 控件之间，可以方便地通过可视化的软件开发工具集成起来，形成最终的 GIS 应用。控件如同一堆各式各样的积木，它们分别实现不同的功能（包括 GIS 和非 GIS 功能），根据需要把实现各种功能的"积木"搭建起来，就构成了应用系统。

GIS 组件分为基础组件、高级通用组件和应用组件三种，组件封装的粒度依次由小到大，所提供功能逐渐增强，但仅仅这三种层次的组件对专业应用问题的解决支持不够，都没有在其特定应用领域提出成熟通用的解决方案。构建成熟可靠的 GIS 应用模型组件，使其既具有组件 GIS 无缝集成、扩展性强的优点，也具有专业模型数值计算快、预测预报等特点，成为 GIS 应用模型构建最常见的方法。

1. GIS 应用模型组件的构建

GIS 应用模型组件的设计首先要坚持 GIS 组件的设计原则，进行良好的接口和功能划分，采用可靠高效的算法，注重组件的效率、稳定性和适用范围。GIS 应用模型具有综合性、复杂性的特点，决定了 GIS 应用模型组件的设计比较低层次 GIS 组件的设计要求要高。各领域特点使得研制通用的 GIS 应用模型组件和模型组件库的技术目前还不现实，因此，尤其重要的一点是 GIS 应用模型组件设计要以领域专题应用为首要原则，设计在本领域内具有高内聚性和高复用性的高级应用模型组件，同时要根据模型的适用范围尽量提供多的模型组件功能接口，这样在很大程度上增强了模型组件的通用性和可维护性。

进行 GIS 应用模型组件的构建分为三个步骤：①根据需求进行 GIS 应用模型的逻辑层次设计，设计其相应的实现算法和流程图。②根据 GIS 应用模型的逻辑模型，应用 UML 统一建模语言进行软件构件层次的设计。③应用组件开发方法在可视化开发环境中选取合适的专业模型组件和 GIS 组件进行 GIS 应用模型的构建。

2. 模型可视化及其互操作

对于 GIS 应用模型来讲，空间分析和交互操作应是其重要的功能，而可视化是其不可缺少的组件之一。应用模型可交互性的设计可分三个层次：数据参数层次、变量层次和模型结构层次。可采用面向对象的处理方法实现应用模型的互操作。①根据应用模型基类定义模型的对外接口，各个模型重载这个接口，完成模型的具体操作。②系统对应用模型的操作则主要借助于对象之间发送消息来进行，消息常被设计成一组标准的相关消息（协议），每一类都用这种协议来生成、修改、删除、存取与测试，结构化模型对象能够响应任何子类所能响应的协议。模型管理系统还可以把参数作为消息传递给模型类，使模型根据传来的消息创建实例，并作为一个对象继承模型类的所有属性操作，经过实例化，满足用户的需要。③模型对数据库的访问也可以按继承关系处理，在事先定义一个数据访问类的基础上，提供模型对数据库中数据存取的标准方法，一般模型通过继承该类来存取所需的数据，特殊模型可通过重载其中的访问来完成特殊的数据存取访问。

3. 基于组件式 GIS 应用开发框架

组件式 GIS 应用系统不依赖于某种特定的开发语言，在通用的开发环境下（如 VisualBasic、PB 或 Delphi）可以将 GIS 应用模型组件、GIS 功能组件及其他应用工具组件无缝集成起来，借助空间数据引擎实现组件 GIS 应用系统的开发（图 11.1）。

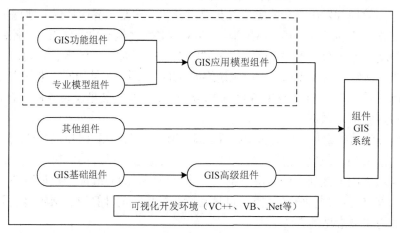

图 11.1　基于 GIS 应用模型组件与 GIS 组件的 GIS 应用系统开发

图 11.1 中，GIS 功能组件与专业模型组件无缝集成构建 GIS 应用模型组件，这里的 GIS 功能组件指的是传统 GIS 组件（基础组件、高级通用组件和应用组件）的一种，而具体 GIS 功能组件的选取由 GIS 领域应用需求决定。GIS 高级组件是实现高级 GIS 功能而又不能单独解决领域问题的 GIS 组件，如 MapX、MapObjects 等，GIS 高级开发组件仅具备通用的 GIS 数据管理和基本空间分析功能。它与 GIS 应用模型组件区别在于，GIS 应用模型组件面向的是领域应用，而 GIS 高级组件面向的是通用 GIS 功能划分和模块封装。

应用模型的组件化，将极大地促进 GIS 应用模型的集成应用。尽管现有一些 GIS 工具软件不支持使用软件组件进行二次开发，但 GIS 应用系统开发者可以使用可视化编程工具，如 VisualC++、Delphi 等作为开发平台，利用 GIS 工具组件与模型组件，开发出高效无缝而且适应未来网络环境需要的集成系统。

11.3　基于 API 网络 GIS 软件开发

地理信息数据始终是地理信息系统的重要组成部分，无论开发人员还是最终用户都希望以最小的代价、最快的速度、最简单的方法获取足够准确的地理信息数据。随着 GIS 应用的扩张和深入，地理信息资源共享的需求越来越迫切，地理信息网络服务商利用网络平台，不仅提供高清电子地图和遥感影像，而且提供地图应用编程接口（API，如 Google Maps API），地理信息用户将地图嵌入自己的应用并提取坐标和开发新的地理信息应用系统。网络服务型 GIS 正在成为一种新的地理应用和开发模式，把复杂的网络 GIS 划分成小的组成部分，通过编程接口提供用户。一些对地图精度和信息保密要求不高（无须实地测量）、自身数据量不大、用户不多的地理应用，如物流、旅游管理等系统完全可以建立在这个平台上。

11.3.1　应用程序接口

应用程序接口（API）是一组定义、程序及协议的集合，实现计算机软件之间的相互通信。API 的一个主要功能是提供通用功能集。程序员通过使用 API 函数开发应用程序，可以避免编写无用程序，减轻编程任务。API 同时也是一种中间件，为各种不同平台提供数据共享。

1. 应用程序接口分类

根据单个或分布式平台不同软件应用程序间的数据共享性能，将 API 分为四种类型。

（1）远程过程调用（RPC）：通过作用在共享数据缓存器上的过程（或任务）实现程序间的通信。

（2）标准查询语言（SQL）：是标准的访问数据的查询语言，通过通用数据库实现应用程序间的数据共享。

（3）文件传输：文件传输通过发送格式化文件实现应用程序间数据共享。

（4）信息交付：指松耦合或紧耦合应用程序间的小型格式化信息，通过程序间的直接通信实现数据共享。

2. 应用程序接口设计

随着软件规模的日益庞大，系统的职责得到合理划分十分重要。在编程接口设计的实践中，良好的接口设计可以降低系统各部分的相互依赖，提高组成单元的内聚性，降低组成单元间的耦合程度，从而提高系统的维护性和扩展性。当前应用于 API 的标准包括 ANSI 标准 SQLAPI。另外，还有一些应用于其他类型的标准尚在制定之中。API 可以应用于所有计算机平台和操作系统。这些 API 以不同的格式连接数据（如共享数据缓存器、数据库结构、文件框架）。每种数据格式要求以不同的数据命令和参数实现正确的数据通信，但同时也会产生不同类型的错误。因此，除了具备执行数据共享任务所需的知识以外，这些类型的 API 还必须解决很多网络参数问题和可能的差错条件，即每个应用程序都必须清楚自身是否有强大的性能支持程序间通信。相反，因为这种 API 只处理一种信息格式，所以该情形下的信息交付 API 只提供较小的命令、网络参数及差错条件子集。正因为如此，交付 API 方式大大降低了系统复杂性，所以当应用程序需要通过多个平台实现数据共享时，采用信息交付 API 类型是比较理想的选择。

应用层的应用程序接口有很多，并且发展很快，比较常见的如 Socket、FTP、HTTP 及 Telnet。例如，FTP 协议就是文件类接口，基于 FTP，用户可以实现文件在网络间的共享和传输。而 Socket 和 HTTP 可归结为数据通信接口，基于这两种接口，用户可以开发网络通信应用程序，以及 Web 页面交互程序。当然如果从编程开发角度看，无论是 FTP、HTTP 还是 Telnet，都是基于 Socket 接口开发出来的应用层协议，是对 Socket 接口的进一步封装和抽象，从而为用户提供更高一层的服务和接口。

3. 应用程序开放接口

在互联网时代，把网站的服务封装成一系列计算机易识别的数据接口开放出去，供第三方开发者使用，这种行为称为开放网站的 API，与之对应的，所开放的 API 就被称作 OpenAPI。网站提供开放平台的 API 后，可以吸引一些第三方的开发人员在该平台上开发商业应用，平台提供商可以获得更多的流量与市场份额，从而达到双赢的目的，开放 API 是大平台发展、共享的途径。

　　OpenAPI 按照制定者与遵循者的关系可以简单划分成两个大类：①专有。一个 API 制定出来主要是为制定者本身提供应用开发接口的，这样的 API 称为专有 API，如 Facebook 的 API。大部分的 API 制定之初都是专用 API，极特别的情况除外（如 Google 的 Open Social，制定出来是给其他网站用，形成一种标准）。②标准。一个 API 称之为标准 API，要么是业内形成事实标准，要么是已经被标准化组织采纳，被业内很多服务提供者所遵循。

　　几乎所有的网站在开放接口的时候都会同时提供一套供用户认证身份的专有 API。但是 OpenID 在致力于提供一个标准的、通用的注册 API，所有网站都遵守了 OpenID 规范。用户通过注册类的 API 设置密码认定服务。

　　使用 OpenAPI 构建业务是实现开放式业务结构的关键技术，也是下一代网络区别于传统电信网的主要特点之一。在 OpenAPI 的环境下，可以对原有的一些碎片化的数据进行重组，使其变得更有关联。也就是利用其他网站的 OpenAPI 提供的内容进行重新搭配，从而制作出独特的、具有新价值的 Web 应用系统。当前最具代表性的当属运用 Map API 提供的开放地理信息而创作出的令人眼花缭乱、极具创意的地理信息系统。

11.3.2　Map API

　　API 是预先定义的函数，提供应用程序与开发人员访问例程的能力，无须访问源代码或了解内部工作机制。Map API 是一种通过 Java 等开发语言将地图嵌入网页或应用程序中的 API，这种 API 提供了大量实用工具用以处理地图，提供了卫星影像图、地图、街景、三维地形、三维建筑等地理信息服务及开放接口，并且可以通过各种服务向地图添加内容，实现在网页、FLASH 应用、手机客户端操作地图、叠加位置信息的功能，以及扩展更多地以地图为基础的应用程序。本节以百度地图 API、高德地图 API 及 GoogleMaps API 为例，介绍 Map API。

1. 常用地图 API 简介

（1）百度地图 API。

官网网址：http：//developrr.baidu.com/map/。

使用条件：对于公众服务类网站是免费的，非商用网站需要申请 Key，开发者使用时必须保留其 Logo。

API 类型：移动应用版（包含 Android 版及 iOS 版）、Web 浏览器版。

服务种类：定位、数据检索、基础地图显示、轨迹追踪、数据云检索、距离计算等。

（2）高德地图 API。

官网网址：http：//lbs.amap.com/。

使用条件：开发者需要申请密钥且使用时必须保留其 Logo。

API 类型：JavaScript 版、移动版（iOS/Android/Win-dows　phone/Windows8）。

服务种类：基础地图显示、室内地图显示、室内定位、POI 精准搜索、周边查询、路线规划等。

（3）GoogleMaps API。

官网网址：https：//developers.google.com/。

使用条件：开发者需美国法律允许，使用前需要申请密钥，并在开发应用的"法律声明"部分加入 GooglePlay 服务提供方说明文本。可通过调用 GoogleApiAvailabili-ty.getOpenSource SoftwareLicenSeInfo 的方法取得提供方说明文本。

API 类型：Web 浏览器版，移动类型（包括 Android 版和 iOS 版）并可通过 HTTPWeb 服务使用。

服务种类：基础地图、3D 建筑、室内平面图和轻型模式、街景图像、自定义标记、信息窗和聚合线等。

2. 常见地图 API 对比

1）开发环境及适用平台

（1）API 类型方面。三大地图 API 都拥有 JavaScript 类型的 API。Google 拥有 7 种类型的 API，高德拥有 5 种类型的 API，百度拥有 4 种类型的 API。

（2）平台适用方面。针对网络平台的适用性，百度地图 API 和 GoogleMaps API 能在 Windows、Mac、Linux 的所有平台中使用。高德地图 API 支持大部分主流的网页浏览器，不兼容 IE 浏览器 6.0 及以上版本和 Firefox 浏览器 2.0 及以上版本。但在移动平台方面，高德地图 API 显然比 Google Maps API 及百度地图 API 更具优势，特别是它能很好地支持 Android、iOS 系统。

2）地图操控及功能服务

在基础地图显示方面，GoogleMaps API 以 7 种视图显示效果荣居榜首。百度和高德都支持卫星地图及 3D 地图。此外，在国产地图 API 中，只有高德地图 API 支持英文显示。在对地图的基本操作、显示图层及服务等方面，高德地图 API 和百度地图 API 各有优势，然而在鼠标运用和各类搜索上，前者明显优于后者。实时交通查询功能方面，只有高德地图 API 具有。

在移动平台上，以 Android 平台及 iOS 平台为例，高德地图 API 和百度地图 API 明显要比 GoogleMaps API 的操作性更强、功能更完善。此外，三者当中，只有高德地图 API 支持矢量地图显示。

3）用户群体比较

（1）高德地图 API。如今，高德地图 API 已渗透到游戏、社交、电商、出行、O2O、运动、智能硬件等行业，高德地图 API 在各行业的合作案例：①游戏，如阴阳师、球球大作战、地球入侵、城市精灵 GO；②社交，如陌陌、微博、in、钉钉、映客；③电商，如亚马逊、淘宝、天猫、闲鱼；④出行，如滴滴出行、首汽约车、神州专车、易到用车、曹操专车、摩拜单车、OfO 共享单车；⑤O2O，如饿了么、美团外卖、美团、达达；⑥运动，如乐动力、Keep、动动、咕咚；⑦智能硬件，如大疆、阿巴町智能手表、Sonny Smart-BTrainer。

（2）百度地图 API。与高德地图 API 相比，百度地图 API 渗透的行业也多达 7 个，有共享出行、LBS 游戏、上门服务、物流配送、房产行业及智慧交通等，百度地图 API 在各领域的合作案例：①共享出行，如小鸣单车、骑呗单车、智享单车、7 号电单车、奇奇出行；②LBS 游戏合作厂商，如网易游戏、趣满天下；③上门服务，如 e 袋洗、爱鲜蜂、点到、一米鲜、小马管家、百度外卖；④物流配送，如百度外卖、货拉拉、顺丰速运、圆通速递；⑤房产行业，如搜房网、小猪短租、百姓网；⑥智慧交通合作案例，如公安部交通管理科学研究所春运平安播报、交通运输部出行云平台、江苏省交通运输厅全要素合作、河南省交通运输厅"十一"联合发布；⑦商业地理，如龙湖地产、万科、悦荟万科、IFS 国际金融中心、McDonald、万达电影、分众传媒、宁波市规划设计研究院智能交通科技出行。

在共享单车模块中，百度地图 API 推出鹰眼轨迹 SDK 来帮助开发者展示与搜索附近可用单车。此外，百度地图 API 采用 Mavp 大数据可视化库及百度慧眼大数据服务，辅助开发者对外展示产品数据，分析城市人口，指导车辆投放，勾勒用户画像，分析客流来源去向。

（3）GoogleMaps API。与高德地图 API 及百度地图 API 相比，GoogleMaps API 也渗透到 6 个行业，如出行、健身、物流风险评估、旅游住宿、饮食和摄影等。GoogleMaps API 在各行业的合作案例：①出行，如 CitiBike、Dash Harley Davidson、CDOT；②健身，如 lcon Fitness、Runtastic、WalkScore；③物流风险评估，如 AllState；④旅游住宿，如 Airbnb、Expedia、The New York Time；⑤饮食，如 FoodSpotting、Eleven；⑥摄影，如 Sun Surveror。

4）功能结构对比

地图 API 服务功能的多少、便捷性及用户界面的人性化程度等左右用户的体验感，在地图 API 功能评价中占据重要地位。

功能结构方面，百度地图 API、高德地图 API 和 GoogleMaps API 均包含基础地图显示类、控件类、服务类、基础类、街景类，基本满足用户和开发者需求。

三大地图不同之处：高德地图 API 与百度地图 API 包括云图类，分别为高德云图（AMap.CloudDataI.Layer 云数据图层）及百度云图，都是在 LBS 云服务基础上，允许开发者将存储在 LBS 云数据管理平台中的数据作为一个图层叠加到地图上，同时将经过一定条件筛选出来的数据作为一个图层加载到地图上。高德 AMap.Coud-DataSearch 云数据检索服务，为开发者提供对已有数据的空白格建立检索服务。

3. 地图 API 用法及关键代码

三大地图 API 使用方法大致相同。下面以高德地图 API 的使用方法为例对三大地图 API 的用法及关键代码进行说明。

1）申请 Key

获取 MapAPI 密钥：

（1）在开发者电脑上获取 MD5 指纹。在 eclipse 中打开 Window→preferences 命令，在对话框中选择 Android→Build，在右侧 Build 面板中查看 MD5 指纹。

（2）向高德地图申请开发者 Key。输入网址：http：//lbs.amap.com/consle/key 获取 Key。

2）工程配置

（1）下载开发包。

高德官网目前给开发者提供了 3D 和 2D 地图包，此处以 3D 地图包为例。从高德官网（http：//lbs.amap.com/）下载 3D 地图开发包和搜索开发包并解压。

3D 地图包解压后得到：3D 地图显示包 "AMap3DMap.jar" 和文件夹 "armeabi"。

搜索包解压后得到："A Map_Search_V2.x.x.jar"。

（2）新建工程。

打开 eclipse，新建一个 Android 工程，开发工程中新建 "libs" 文件夹，将地图包、搜索包、"Armeabi" 文件夹一同拷贝到 libs 的根目录下。

（3）添加用户 Key。

在工程的 "AndroidManifest.xml" 文件中<Appliction>标签下<Meta-Data>给 value 的值赋予用户 Key，如下：

```
<meta-data android: name="com.amap.api.v2.apikey" android: value="6810489705
0bd1012edAaa34dfc307352"/>
```

（4）添加用户权限。

在新建工程的 "AndroidManifest.xml" 文件中添加用户权限，代码如下：

```
<uses-permission
```

```
android: name="android.permission.WRITE_EXTERNAL_STORAGE" />
<uses-permission
android: name=" android.permission.ACCESS_NETWORK_STATE" />
<uses-permission
android: name="android.permission.ACCESS_FINE_LOCATION" / >
<uses-permission
android: name=" android.permission.CHANGE_WIFI_STATE"/>
<uses-permission
android: name="android.permission.ACCESS_WIFI_STATE" />
<uses-permission
android: name="android.permission.CHANGE_CONFIGURA-TION"/>
<uses-permission
android: name="android.permission.WRITE_SETTINGS" />
```

11.3.3　基于Map API应用系统开发

网络地图可显示地图图像、地形图及卫星影像，实现全球地理位置搜索、分类信息获取、交通情况查询、行车路线甚至街景展示和显示三维模型等功能。在此基础上，Google 还提供了基于 JavaScript 技术的 API 接口，用户可通过这一接口对 GoogleMap 进行二次开发。以校园电子地图服务系统为例，介绍开发过程。

1. 校园电子地图总体设计

在设计基于 GoogleMap 的校园电子地图时必须要考虑网络地图的交互特性而应该注意的操作简便、互动性强且美观大方等特点。本书所设计实现的校园电子地图界面主要内容包括：地图显示区、图层控制区、选择列表查询区及路线导航区几个区域。地图显示区为网络地图界面中最主要的区域，是对校园最直观的展示，并且各种操作的大量结果都显示在此区域中。此区域还包括对地图进行缩放、平移、比例尺及校园地图缩略图等各种控件，以便于用户进行最基本的操作与查看。另外，在地图的下方还添加了搜索条，便于用户进行地点查询。选择列表查询区是通过提供给用户一些可选择的地点，进而方便用户在未知某些地点信息的时候可以通过选择已有选项进行查看；图层控制区用于对专题图层进行控制，而路线导航区则是提供校园内两地之间的行程路线，以供用户进行参考选择。在完成校园电子地图的设计工作后，需考虑其网络发布系统。电子地图发布系统通常按照客户端（浏览器）、应用服务器和数据服务器三层结构进行设计。GoogleMaps API 对浏览器的要求不高，因此适用于大多数主流浏览器。而客户端的设计重点是提供地图浏览和查询界面，以及把用户的访问和查询请求发送给服务器。应用服务器则负责处理用户的访问与查询请求。本书所设计的校园地图采用 Apache 服务器和服务器端解释的脚本语言 PHP。

数据服务器采用 SQLServer 数据库存储数据库表格，并在接到查询指令后执行相应的操作，进而完成地图的发布。

2. 校园电子地图实现的主要功能

基于 GoogleMaps API 对 GoogleMap 进行二次开发来设计校园电子地图，可实现强大的各种电子地图功能，为地图用户提供海量信息的全方位多角度服务。其主要功能有：

（1）可对地图进行平移缩放、查看比例尺、切换不同类型地图及缩略图等方便快捷的操作。还可通过定制控件来改变控件的外观等属性，从而实现校园个性化的地图界面。

（2）分类图层显示功能。在校园地图中，根据需要设置了不同属性地标数据的分类查看功能，把教学楼、宿舍、食堂、医院和公共场所等设施进行分类以方便用户查询。

（3）查询导航功能。通过添加本地搜索与地标列表设计，实现快速导航功能。

（4）行车路线指南。行车指南是 GoogleMaps API 服务中一大特色，将这项服务添加到校园电子地图中可方便用户出行与最优路线选择。

3. 校园电子地图关键部分设计

在校园电子地图的开发和功能实现中，没有数据就无法实现电子地图的各类功能，因此，地标设计，各类数据的加载读取、显示及对其管理是关键，下面对其进行较深入的探讨。

1）GMarker 地标与 GInfoWindow 信息窗口设计

GMarker 地标用来标记校园地图上地理位置，需要使用 GMap2.addOverlay（）方法将其添加到地图中。它的语法格式为 newGMarker（point，opts）。通过为其中的两个属性参数赋值，可设计个性化图标。另外，还可以为 GMarker 地标添加其他的属性，如 title、draggable、clickable 等。设置地标的各个属性后，则在地图上可显示全新的 GMarker 地标。但是，若地图上只显示各种地标，将不具有实际的可用性，用户无法从中得到所需的任何信息，因此，需要为地标添加信息窗口。Google 地图 API 中的每个地图都可以显示类型为 GInfoWindow 的信息窗口，用户可以通过单击 Google 地图上的地标看到活动的信息窗口。在 GMarker 地标上添加 GInfoWindow 信息可通过两种方法实现，分别是 openInfoWindow（）方法和 openInfoWindowHtml（）方法。另外，GoogleMaps API 还提供了添加多标签信息窗口 GInfoWindowTab 对象的功能。实际操作时，可先创建一个 tabs 数组，对其中的各个 tab 标签创建一个数组；其次在数组中对标签中的内容使用 html 语言进行编写；然后采用 tabs.push（）方法将它们添加到创建的 tabs 数组；最后使用 GMarker.openInfoWindowTabsHtml（）进行显示。GInfoWindow 同样支持加入图片及 FLASH 等多媒体信息。将信息窗口成功添加到地图中后，可在地图中通过其地标标记打开并进行查看。

2）多源数据添加与管理

（1）添加图片数据实现地图叠加层。实现基于 GoogleMap 的校园地图，需要把校园地图的图片数据嵌入 GoogleMap 中，通过添加地图叠加层来实现。创建显示地图后，在此基础上添加校园地图的叠加层。通过 GMap2 对象可以实现创建和显示控制地图。在此基础上还需使用 GMap2.setCenter（point，zoomlevel，opts）函数设定地图中心坐标和缩放级别。另外，通过 GMap2.setMapType（）方法可对地图的类型进行设定。地图创建加载成功后，可以使用 GGroundOverlay 对象添加校园地图的叠加层，再通过 GMap2.addOverlay 方法把校园地图显示到 Google 地图上的指定位置。采用这一方法完成校园地图图片与 Google 地图的初步融合。

（2）读取 XML 数据文件。逐一添加地标标记和信息窗口的方式只适用于添加少量标记或特殊标记，若要添加海量地标标记就可利用 GMarkerManager 地标管理器对象来加载 XML 文件中的大量地标信息。首先需要获取数据 XML 文件，然后对其中的数据进行解析。其具体方法是，使用 NODE.getElementsByTagName（）方法一次性取出所有含地标信息的节点，然后用 NODE.getAttribute（）方法逐一获取其中属性，最后根据取得的数据创建 GMarker 地标对象并存入全局数组，再使用地标管理器。使用地标管理器首先需创建 GMarkerManager 对象，然后采用 addMarkers（）方法把 GMarkerManager 对象一次性添加一组 GMarker 地标，最后通过 GMarkerManager.refresh（）将所添加的地标显示在地图上。

（3）读取 KML 和 GeoRSS 数据文件。在校园地图上直接加载 KML 文档同样可以实现大量地标的上传。KML 文档是 Google 专门开发出来用于 GoogleEarth 桌面程序中各种标记的 XML 文档，而 GeoRSS 文档则是包含地理信息的 RSS 文档，它也是一种 XML 文档。利用 KML 和 GeoRSS 文档可以在 Google 地图上显示 GMarker 地标，并在信息窗口显示相关信息。 KML 文档的加载创建方式为 new GGeoXml（urlOfXml）。其中，"urlOfXml"是需要加载的文档的地址，但需要注意的是，其构造函数接收的是可公开访问的 XML 文件的网址。然后用 Map2.addOverlay（）方法将其添加到地图上。需要注意的是，由于中国的保密政策，中国地区的电子地图都会进行一定的偏移。因此，Google 地图使用 ditu.google.cn 来专门提供中国地区的电子地图，它与 GoogleEarth 卫星图像的正确坐标具有一定偏移。如果把由 GE 生成的 KML 地标文件直接加载到地图上，就会产生偏差，所以需要对地标的地理位置属性进行修改。目前，用于 KML 批量制作的软件有 PathEditor 和 KML generator 等，这些软件可以完成 KML 文件生成及对文件属性进行修改的多种功能。

3）多源数据的相关功能实现

（1）加载 XML 文件可以实现多种功能，这里以通过地标列表形式实现快速导航功能为例。这类功能可通过地址解析缓存和事件监听器的功能实现。

其具体实现思路是：首先加载 XML 文件创建 GMarker 地标对象并存入数组，也可以直接构建一个地址解析响应数组。然后，创建扩展标准 GeocodeCache 的定制缓存，定义该缓存在其中存储相应信息后，调用 setCache（）方法实现功能。采用事件监听器功能时首先需定义数组和 side_bar 属性并把数组信息存入 side_bar，然后定义监听器从而实现功能。

（2）在校园地图中，根据需要还可以设置不同属性地标数据的分类查看功能，如把教学楼、宿舍、食堂、公共设施及医院等场所进行分类，以方便用户查询相关地点的信息。这一功能可通过加载和显示不同类别 XML 文件或 KML 文件来实现。其思路为先定义各个分类的全局变量，然后定义其加载图层和删除图层的标志值。定义好之后即可加载各分类的 KML 文件和地图，通过勾选选项来实现分类显示的功能。

4）行车路线指南

通过使用 GDirections 对象可进行行车路线设计，实现交通路线查询。行车路线在地图上可显示为沿线路绘制的折线或在元素中进行文本描述。在设计行车路线时，首先需要创建 GDirections 对象，然后指定用于接收和显示结果区域及类型，可以为 GMap2 对象和<div>对象。通过 GDirections 对象中的 load 事件和 addoverlay 事件返回行车路线结果并添加到地图和 div 元素中。

通过 GDirections.loadFromWaypoints（）方法还可构建使用一系列路标的多点的行车路线。此方法参数为输入的若干地址或经纬度点数组。每个路标按单独的路线计算并在相应的 GRoute 对象中返回，每个对象中还包括 GStep 对象。GRoute 对象存储路线的路段（类型为 GStep）数目、路线的起点和终点地址解析，以及计算出的其他信息，如距离、历时和终点的精确经纬度。每个 GStep 对象还包含文本描述及计算出的信息，包括距离、历时和精确经纬度。

GoogleMap 为用户提供了强大的各项电子地图功能，同时这一基于异步交互的 Ajax 技术减轻了服务器压力，页面更新时间短，实现了数据的即时交互响应。GoogleMaps API 提供许多地图处理功能，用户通过二次开发，可实现各种个性化及专业领域的服务功能。利用 GoogleMaps API 开发校园电子地图，实现了地图显示查看、地图类型切换、信息查询、图层管理及路线查询等功能，并对数据的导入、加载、管理及其功能实现等进行了详细的探讨与设计，取得了一定成果。

主要参考文献

包建强. 2015. App 研发录. 北京: 机械工业出版社

陈能成. 2009. 网络地理信息系统的方法与实践. 北京: 武汉大学出版社

程雄, 王红. 2004. GIS 软件应用. 武汉: 武汉大学出版社

迟学斌, 赵毅. 2007. 高性能计算技术及其应用. 中国科学院院刊, 22(4): 306-313

都志辉. 2001. 高性能计算并行编程技术. 北京: 清华大学出版社

方裕, 田国良, 史忠植, 等. 2001a. 现代 IT 与第四代 GIS 软件. 中国图象图形学报, 6(9): 824-829

方裕, 周成虎, 景贵飞, 等. 2001b. 第四代 GIS 软件研究. 中国图象图形学报, 6(9): 817-823

方元, 赵冠伟, 何观生. 2009. 基于 Ajax 和 GeoServer 的 WebGIS 设计. 微计算机信息, (1): 219-220

高进. 2013. 基于 MapServer 的电子海图服务系统研究. 大连: 大连海事大学硕士学位论文

龚健雅. 2001. 地理信息系统基础. 北京: 科学出版社

郭明强. 2016. WebGIS 之 OpenLayers 全面解析. 北京: 电子工业出版社

胡圣武, 朱燕霞. 2007. 网络 GIS 的发展及其应用. 测绘工程, 16(4): 5-9

黄杏元, 马劲松. 2008. 地理信息系统概论. 北京: 高等教育出版.

蒋佩伶, 苗放, 张峻骁. 2009. 基于 GeoServer 和 OpenLayers 的 WebGIS 实现. 甘肃科技, 25(22): 33-34

靳军, 刘建忠. 2004. 国内外 GIS 软件的空间分析功能比较. 测绘工程, 13(3): 58-61

康冬舟, 益建芳. 2002. WebGIS 实现技术综述及展望. 信阳师范学院学报(自然科学版), 15(1): 119-124

雷少刚, 卞正富. 2008. 常用 GIS 软件三维功能分析. 计算机应用与软件, 25(7): 180-181

李德仁, 龚健雅, 朱庆, 等. 2000. GeoStar 中国人为"数字地球"设计的 GIS 软件. 遥感信息, (2): 36-40

李德仁, 王树良, 李德毅. 2013. 空间数据挖掘理论与应用. 北京: 科学出版社

李飞雪, 李满春, 梁健. 2006. 基于 SOA 的 WebGIS 框架探索. 计算机应用, 26(9): 2225-2228

梁启靓. 2010. 基于 Geoserver 的开源 WebGIS 开发与应用. 西安: 长安大学博士学位论文

刘建华, 杜明义, 温源. 2015. 移动地理信息系统开发与应用. 北京: 电子工业出版社

刘黎明. 2014. 云计算时代. 北京: 电子工业出版社

刘鹏. 2015. 云计算(第三版). 北京: 电子工业出版社

陆嘉恒, 文继荣. 2013. 分布式系统及云计算概论. 北京: 清华大学出版社

罗津, 陈植华. 2004. 基于 MapObjects 的组件式 GIS 软件应用开发. 计算机与现代化, (3): 37-40

罗军舟, 金嘉晖, 宋爱波, 等. 2011. 云计算: 体系架构与关键技术. 通信学报, 32(7): 3-21

孟小峰, 周龙骧, 王珊. 2004. 数据库技术发展趋势. 软件学报, 15(12): 1822-1836

潘慧芳, 周兴社, 於志文. 2005. CORBA 构建模型综述. 计算机应用研究, 5: 14-16

冉祥生. 2008. 基于 Map Server 的空间信息发布技术研究. 成都: 西南交通大学硕士学位论文

圣荣, 刘友兆, 王庆. 2007. 基于开源 MapServer 的网络空间数据共享系统研究. 农业网络信息, (11): 51-54

宋欣. 2012. 基于开源 GIS 软件的 WebGIS 系统构建及应用研究. 兰州: 兰州交通大学硕士学位论文

孙伟, 马照亭, 张成成, 等. 2009. 一种基于 Map Server 的 KML 地理信息网络服务实现方法. 测绘通报, (12): 58-61

谭章禄, 方毅芳, 吕明, 等. 2013. 信息可视化的理论发展与框架体系构建. 情报理论与实践, 36(1): 16-19

唐黎明, 尤黎明, 周荣福. 2006. GRASS-Linux 下的开源 GIS 软件. 采矿技术, 6(2): 82-84.

陶海冰, 丁伯阳. 2003. VB+MapInfo 的 GIS 软件高级开发在兰江水文的应用. 浙江工业大学学报, 31(5): 562-566

万倩. 2005. 移动空间信息动态服务与分发研究. 成都: 成都理工大学硕士学位论文

王斌君, 吉增瑞. 2009. 信息安全技术体系研究. 计算机应用, 29(B06): 59-62

王鹏. 2009. 并行计算应用及实战. 北京: 机械工业出版社

王珊, 萨师煊. 2006. 数据库系统概论. 北京: 高等教育出版社

邬伦, 刘瑜, 张晶, 等. 2001. 地理信息系统——原理、方法和应用. 北京: 科学出版社

吴信才. 2002. 地理信息系统设计与实现. 北京: 电子工业出版社

吴信才. 2009. 面向网络的新一代地理信息系统. 北京: 科学出版社

吴信才. 2015. 网络地理信息系统. 北京: 测绘出版社

吴长悦, 李国栋. 2002. MapObjects 开发 GIS 软件技术简介. 矿山测量, (2): 16-17

谢仕义, 匡珍春. 2002. 国内外 GIS 软件的发展及其应用. 现代计算机, (10): 33-35

熊汉江, 龚健雅. 2001. 基于三级客户机/服务器模式的 GIS 软件平台设计与实现. 武汉大学学报(信息科学版),
　　26(2): 165-169

熊静, 张箐. 2007. 基于 MapServer 的遥感影像发布系统的研究. 遥感信息, (1): 53-57

徐红云, 解晓萌, 谢耀光, 等. 2014. 大学计算机基础教程(第二版). 北京: 清华大学出版社

阳华, 刘振宇, 许文明. 2011. GeoServer 瓦片缓存机制研究. 网络安全技术与应用, (4): 63-65

杨芙清. 2005. 软件工程技术发展思索. 软件学报, 16(1): 1-7

杨学军. 2012. 并行计算六十年. 计算机工程与科学, 34(8): 1-10

杨彦波, 刘滨, 祁明月. 2014. 信息可视化研究综述. 河北科技大学学报, 35(1): 91-102

袁轶, 郑文锋, 王绪本. 2007. 基于 GeoServer 的 WebGIS 开发. 软件导刊, (5): 96-98

臧卓, 石军南, 赵亮, 等. 2008. 基于 MapServer 的地图信息发布与查询——以洞庭湖湿地为例. 湿地科学,
　　6(4): 473-478

张大鹏, 张锦. 2008. 基于开源 WebGIS 软件的 110 指挥中心警情分析系统. 图书情报导刊, 18(11): 162-164

张大鹏, 张锦, 郭敏泰, 等. 2011. 开源 WebGIS 软件应用开发技术和方法研究. 测绘科学, 36(5): 193-196

张弟, 吴健平. 2013. DotSpatial 开源 GIS 软件扩展研究. 电子世界, (19): 162-162

张贵军, 陈铭, Zhang Jun, 等. 2016. WebGIS 工程项目开发实践. 北京: 清华大学出版社

张剑平. 1999. 地理信息系统与 MapInfo 应用. 北京: 科学出版社

张林波. 2006. 并行计算导论. 北京: 清华大学出版社

张明会. 2005. 组件式地理信息系统平台的研究与设计. 哈尔滨: 哈尔滨工程大学硕士学位论文

张效祥. 2005. 计算机科学技术百科全书. 北京: 清华大学出版社

张永强. 2006. 基于 Geoserver 构建 WebGIS 研究. 光盘技术, (3): 12-14

张卓, 宣蕾, 郝树勇. 2010. 可视化技术研究与比较. 现代电子技术, 33(17): 133-138

周艳明, 陈镇虎. 2001. 分布式 GIS 软件体系结构. 计算机工程, 27(9): 37-39